机器学习

工业大数据分析

李彦夫 张晨◎编著

MACHINE LEARNING

INDUSTRIAL BIG-DATA ANALYSIS

清華大學出版社
北京

图书在版编目（CIP）数据

机器学习：工业大数据分析 / 李彦夫，张晨编著. —北京：清华大学出版社，2023.9
ISBN 978-7-302-60822-6

Ⅰ. ①机… Ⅱ. ①李… ②张… Ⅲ. ①机器学习 Ⅳ. ①TP181

中国版本图书馆 CIP 数据核字（2022）第 080031 号

责任编辑：冯　昕　赵从棉
封面设计：李召霞
责任校对：赵丽敏
责任印制：丛怀宇

出版发行：清华大学出版社
　网　　址：http://www.tup.com.cn，http://www.wqbook.com
　地　　址：北京清华大学学研大厦 A 座　　**邮　　编**：100084
　社 总 机：010-83470000　　**邮　　购**：010-62786544
　投稿与读者服务：010-62776969，c-service@tup.tsinghua.edu.cn
　质量反馈：010-62772015，zhiliang@tup.tsinghua.edu.cn
印 装 者：大厂回族自治县彩虹印刷有限公司
经　　销：全国新华书店
开　　本：185mm×260mm　　**印　张**：16.75　　**字　　数**：374 千字
版　　次：2023 年 10 月第 1 版　　**印　　次**：2023 年 10 月第 1 次印刷
定　　价：55.00 元

产品编号：092331-01

编 委 会

丛 书 序

工业工程起源于 20 世纪初的美国，是在泰勒的科学管理的基础上发展起来的一门工程与管理交叉学科。它综合运用自然科学与社会科学的专门知识，旨在对包括人、物料、设备、能源及信息等要素的集成系统，进行设计、优化、评价与控制，从而提高系统效率、质量、成本、安全性和效益。工业工程的核心目标是解决系统提质增效、高质量运行和发展的问题。一百多年来，工业工程在欧美及亚太等发达国家和地区经济与社会发展中，特别是在制造业发展中，发挥了不可或缺的关键作用。自从 20 世纪 80 年代末引入中国后，工业工程对我国国民经济建设，尤其是中国制造业的迅速崛起起到了重要的推动作用。与此同时，我国的工业工程学科专业建设和人才培养也取得了显著进步。目前，全国已经有 250 多所高校设置了工业工程相关专业。根据 2013 年教育部颁布的本科教学目录，工业工程已经成为独立的专业类别，包含工业工程、质量工程和标准化工程 3 个专业。此外，物流工程、物流管理等专业也与工业工程密切相关。

党的二十大报告明确提出："建设现代化产业体系。坚持把发展经济的着力点放在实体经济上，推进新型工业化，加快建设制造强国、质量强国、航天强国、交通强国、网络强国、数字中国。" 面对当前的形势，实施创新驱动，大力发展实体经济，支撑制造强国建设，全方位实施质量中国建设，加快构建国内国际双循环新的发展格局，促进我国经济与社会发展，尤其是先进制造业与现代服务业高质量发展，急需培养一大批掌握现代工业工程理论方法、具有从事工业工程相关工作能力、具有创新精神和创新能力的工业工程相关专业人才。在新的历史时期，尤其是在物联网、大数据、云计算及人工智能等新信息技术赋能下，工业工程领域也面临着重大发展机遇，亟待更新知识体系，推动理论方法的创新。

为了及时响应新时期工业工程人才培养的需求，教育部高等学校工业工程类专业教学指导委员会及优质课程与教材工作组先后于 2020 年和 2021 年连续发布了《工业工程类优质课程建设方案征集通知》。在经过充分讨论和征求意见后，提出一套系统化的建设课程大纲、优质教材与优质课程建设及优质课程共享一体化方案。其基本原则是以能力培养为核心，课程应突出对学生能力的培养，同时还应凸显工业工程专业不可替代的特色和新时期的新特征。该方案的根本宗旨是提升教学质量和水平，并依托各高校资源和支持，以教指委委员为支点，调动和共享各校优质资源，协同工作。在此基础上，教育部高等学校工业工程类专业教学指导委员会还组建了"高等学校工业工程类教指委规划教材"编委会，共同完成了系列教材的组织与编写工作。本系列教材的建设原则是根据时代发展的新需求，建设全新的教材，而不是已有教材的局部调整和更新。

本系列教材的征集面向全国所有高校，经过编委会专家严谨评审，并依据择优原则选取教学经验丰富、研究成果丰硕的教师团队编写教材。在成稿后，又经过资深专家严格审稿把关，确保入选教材内容新颖、质量上乘、水平卓越。第一批入选的 9 种教材包括：《基础统计：原理与实践》《生产计划与控制》《人因工程：原理、方法和设计》《物流与供应链管理》《管理学导论》《生产与服务大数据分析》《智能运营决策与分析》《服务管理导论》《机器学习：工业大数据分析》。

本系列教材基本涵盖了工业工程专业的主要知识领域，同时反映了现代工业工程专业的主要方法和新时期发展趋势，不仅适用于全国普通高等学校工业工程专业、管理科学与工程专业等专业的本科生，对研究生、高职生以及从事工业工程工作的人员也有较好的参考价值。

由于工业工程发展十分迅速，受时间限制，本系列教材不妥之处亦在所难免。欢迎广大读者批评指正，以便在下一轮建设中继续修改与完善。

编委会

2023 年 9 月

序

随着科技的日新月异，我们已深陷一个数据主导的时代。数据不再仅仅是数字的组合，而是蕴含着丰富信息和知识的瑰宝。它们如同现代社会的命脉，贯穿于各行各业，为我们带来了无数前所未有的机遇与挑战。在这样一个背景下，工业大数据分析作为数据科学的核心领域，正在以前所未有的速度改变着我们的生产方式、商业模式和生活方式。正是基于这样的背景，《机器学习：工业大数据分析》这本书应运而生，为工业界和学术界提供了一份宝贵的知识财富。

本书立足于工业大数据分析的最新理论成果，全面阐述了其基础理论、关键技术、实际应用和发展趋势。全书共分为 9 章，内容涵盖了数据预处理、数据挖掘、机器学习、深度学习、可视化分析等领域，以及在制造、能源、交通、通信、医疗等诸多行业的实际应用。书中案例丰富，理论联系实际，既有深度又富有趣味性，是一本实用性极强的教材和参考书。

首先，我们深知，技术的进步始终基于坚实的数学根基。因此，本书首章详尽地介绍了机器学习所需的数学基础，如线性代数、概率论、优化算法及信号分析等。这些内容不仅铺垫了后续学习的基础，更为实际应用赋予了强大的武器。

随后，本书深度探索了机器学习的多个维度，从经典的监督学习和无监督学习，到当下热议的深度学习和强化学习。不仅阐述了各种技术和方法的核心原理，还分享了它们在实际中的应用和技巧，帮助读者从整体到细节，深入领会工业大数据分析的真谛。

然而，工业大数据分析的魅力并不仅限于其理论和技术，更体现在其如何解决实际问题上。因此，本书后半部分专注于工业大数据分析在各领域的实际应用，涵盖了从生产、能源到电信、交通和医疗等多个领域的实际案例。这些案例不仅展现了工业大数据分析在各种环境下的实际效用，同时也为读者提供了宝贵的实践经验和洞见。

作为一名长期从事工业大数据分析教学和研究的教授，我认为这本书有以下几个优点：第一，内容系统全面，将工业大数据分析基础知识与实际应用案例有机结合，既包含理论也包含实践；第二，每章配有习题和代码案例，有助于读者消化知识，培养动手能力；第三，案例覆盖面广，来自电力、交通、通信、医疗等不同领域，展示了工业大数据分析在实际生活中的广泛应用；第四，书中算法讲解详细，数学推导严谨，文字描述通俗易懂，非专业读者也能吸收；第五，提供代码和数据样本下载链接，便于读者编程实践。鉴于本书作者在该领域的深厚积累，书中内容权威可靠。

总之，本书是理论与实践相结合的优秀教材，非常适合作为工业大数据分析、机器学习、深度学习、人工智能等相关专业的教科书，也可以作为相关领域研究人员或工程技术人员的参考用书。我强烈推荐对工业大数据分析感兴趣的读者阅读这本书。它既包含必要的基础理论，也有丰富的实际应用案例，是工业大数据分析领域难得的优质教材。

最后，我再次对本书的两位作者表示崇高的敬意。他们在工业大数据分析领域建树颇丰，本书的问世也充分展现了他们的学术造诣。我坚信，在他们以及业界大批新生力量的共同推动下，工业大数据分析必将为各行各业注入蓬勃的活力，开启崭新的篇章。

敬请期待！

宗福季

香港科技大学讲座教授

2023 年 9 月

前 言

随着工业互联网以及先进传感器相关技术的快速发展，工业大数据已在众多行业成为现实。工业大数据一般指由工业设备高速产生的大量多元化时间序列数据，广泛应用于现代工业系统的管理和优化。以美国通用电气公司为例，其已经将工业大数据应用于风电场优化、采矿优化等领域。对于风电场优化，200 多台风机上装载的上万个传感器以 40ms 为周期收集风电场各种特征数据，风电场的监控软件再以 1s 的时间间隔处理每台风机的 200 多个标签，为现场运营团队实现了近乎实时的风机健康状况和性能评估；与此同时，风机数据每隔 1min 就会被传输到远程监控中心，由数据科学家和工程师团队分析单个风机和整个风电场的运行状况，提前预测可能出现的关键故障。采矿优化主要是利用安装在磨矿控制回路上的大量传感器实现实时数据采集，再通过本地分析来优化每个磨矿回路的性能，从而优化矿厂的产量。尽管数据量和分析节拍与风电场不同，但是其分级处理机制和数据处理流程与风电场类似。

交通运输行业的工业大数据分析和前两个领域不同，其基本资产（例如飞机和货车）都处于运动状态，这些移动资产和数据中心之间的大量数据通信往往只在资产到达目的地时发生，这就要求移动资产在运行过程中具有较高的自主处理能力，能够高可靠地预测潜在的重大事件并实时上传，而数据处理和调度中心必须能准确标记正在下载的潜在异常信息并对其进行实时分析，同时规划好整个网络的运输能力。以上这些案例只是工业大数据应用的缩影，工业大数据正在现代工业发展中发挥着越来越重要的作用。

随着“制造强国”“质量强国”等系列国家战略的制定和实施，我国经济正在脱虚向实高质量发展的道路上稳步前行。随着我国工业互联网和传感技术的快速发展，工业大数据也已有相当积累。如何应用好这些大数据服务国家战略是亟须解决的重要问题。以深度学习为代表的机器学习方法近年来在大数据分析中成为主流。众多行业都开始应用机器学习对工业系统大数据进行处理和分析，进而改进现有工作方式和工作流程。以工业产品质量检测与控制为例，最初基于简单的统计分析，后经多年发展，逐渐形成了以统计控制、统计推断为主的质量检测方法。近年来，大量的传感器数据促使机器学习、深度学习等方法得以应用于质检和品控，实现了端到端的智能检测和故障预警。

机器学习与大数据相互依存，犹如一对孪生兄弟。机器学习是处理和分析大数据的主要工具，而大数据给机器学习提供了广泛的应用场景。当前我国工业正处于转型上升期，对工业大数据分析和机器学习方面的人才需求巨大。在这一大的宏观背景下，笔者认为有必要将机器学习的基础知识、基本原理、主要方法和我们多年工业项目实践中积累的大数据和丰富案例进行有机的融合，形成一个整体性的知识框架，并通过出版本教材，培养一批熟悉工业大数据处理和分析的人才，服务我国工业的高质量发展。

本书介绍了机器学习领域的一些重要理论和常用方法，以及现行多数教材尚未明晰的一些关键知识点，同时还给出了这些机器学习方法在工业案例中的应用。全书分为 9 章。其中第 1 章为数学基础知识的介绍；第 2 章为经典机器学习知识的讲解，包括监督学习和无监督学习两部分；第 3 章为深度学习，介绍了 ANN、CNN、RNN、GAN 四种神经网络，同时提供了前沿的神经网络阅读材料；第 4 章为强化学习，包含经典的强化学习理论及深度强化学习，并简要介绍强化学习的一些前沿应用；第 5 章介绍了数据处理相关知识；第 6~9 章分别给出了生产系统、能源与电信系统、交通系统以及医疗系统等十余个工业案例。

除第 1 章数学基础知识以外，每章都提供了案例，或来自于经典算例，如 MNIST、CIFAR10 数据集，或来自作者科研团队的工业应用实践，如高铁、5G 通信等。这些案例已在实际问题基础上做了一定的简化与脱密处理，其中所应用的知识覆盖了日常使用的多种机器学习与数据处理方法，学好这些案例，足以完成大多数的工业大数据分析任务。为了方便读者进行编程学习，书中所有案例都基于 Python 进行实现，项目代码以二维码的形式在相应章后体现，读者可以根据需要扫码下载和使用。

本书可以作为机械工程、工业工程、电子工程、电气工程等工科专业高年级本科生与研究生相关课程的教学参考书。

本书得以完成，离不开钱敏、郑文强、武慧、夏鑫、张晨、韩特等作出的重要贡献，在此向他们表示衷心感谢。同时感谢华为技术有限公司、清华长庚医院、中广核集团以及西安铁路局等企业为本书提供案例的背景素材或项目支持。

在编写过程中虽然进行了多次审阅检查，但由于编写时间短，涉及案例范围广，且笔者水平有限，因此难免出现错误，敬请读者批评指正。

编　者

2023 年 5 月

目　录

第 1 章

数学基础

1.1 线性代数

线性代数是数学的一个分支，主要用于处理线性关系问题。机器学习方法中，许多非线性问题往往会近似或转化为易于求解的线性问题，然后用线性代数的语言描述解决。因此，线性代数在机器学习领域扮演着重要的角色。在大数据处理时，需要用线性代数的基本知识对原始数据进行预处理。本节将重点介绍以下内容：线性代数的相关概念和运算规则、线性相关和生成子空间、特征分解和范数。

1.1.1 标量、向量、矩阵和张量

学习线性代数，会涉及以下几个数学概念。

- **标量**：标量是一个单独的数，通常用斜体小写字母表示，如 a。
- **向量**：向量是一列有序排列的数，通常用粗体小写字母表示，如 $\boldsymbol{a}=\begin{bmatrix} a_1 \\ a_2 \\ \vdots \\ a_n \end{bmatrix}\in\mathbb{R}^n$。
- **矩阵**：矩阵是一个由 $n\times m$ 个数 a_{ij} $(i=1,2,\cdots,n;\ j=1,2,\cdots,m)$ 排成的 n 行 m 列的矩形数组，通常用粗体大写字母表示，如

$$\boldsymbol{A}=\begin{bmatrix} a_{11} & a_{12} & \cdots & a_{1m} \\ a_{21} & a_{22} & \cdots & a_{2m} \\ \vdots & \vdots & & \vdots \\ a_{n1} & a_{n2} & \cdots & a_{nm} \end{bmatrix}$$

其中 a_{ij} 称为矩阵的第 i 行第 j 列元素。矩阵 $\boldsymbol{A}$ 可以简记为 $\boldsymbol{A}=(a_{ij})_{n\times m}$ 或 $\boldsymbol{A}=(a_{ij})$ 或 $\boldsymbol{A}_{n\times m}$。所有元素都为 0 的矩阵称为零矩阵，记为 $\boldsymbol{O}$。行数和列数都为 n 的矩阵称为 n 阶方阵，记为 $\boldsymbol{A}_n$。非主对角线上的元素全为 0 的 n 阶方

阵称为 n 阶对角阵，记为 $\boldsymbol{A}=\mathrm{diag}(a_{11},a_{22},\cdots,a_{nn})$。主对角线上的元素都是 1 的 n 阶对角阵称为 n 阶单位矩阵，记为 $\boldsymbol{I}_n$。若矩阵 $\boldsymbol{A}$ 和 $\boldsymbol{B}$ 具有相同的行数和列数，则称 $\boldsymbol{A}$ 和 $\boldsymbol{B}$ 为同型矩阵。

- **张量**：张量是一个元素分布在若干维坐标的规则网络中的高阶数组，通常用花体大写字母表示。张量是向量和矩阵概念的推广，标量是 0 阶张量，矢量是一阶张量，矩阵是二阶张量。而一个三阶张量可看作一个立方体矩阵，可以表示为 $\mathcal{A}=(a_{ijk})$，其中 a_{ijk} 表示张量中坐标为 (i,j,k) 的元素。张量在机器学习中是一个很重要的概念，一张彩色图片可以表示为一个三阶张量，三个维度分别是图片的高度、宽度和色彩；一个包含多张图片的数据集可以表示为一个四阶张量，四个维度分别是图片在数据集中的编号、图片高度、宽度，以及色彩。

设 a 是一个标量，$\boldsymbol{A}=(a_{ij})$，$\boldsymbol{B}=(b_{ij})$，$\boldsymbol{C}=(c_{ij})$ 是三个矩阵，涉及的矩阵运算归纳如下：

- **矩阵的转置**：$\boldsymbol{A}^{\mathrm{T}}=(a_{ji})$，即 $\boldsymbol{A}^{\mathrm{T}}$ 的第 j 行第 i 列元素是 $\boldsymbol{A}$ 的第 i 行第 j 列元素。
- **矩阵加法**：$\boldsymbol{A}+\boldsymbol{B}=(a_{ij}+b_{ij})$，满足交换律和结合律。
- **矩阵数乘**：$a\boldsymbol{A}=(aa_{ij})$，满足结合律和分配律。
- **矩阵乘积**：$\boldsymbol{C}=\boldsymbol{AB}$，其中 $c_{ij}=\sum\limits_k a_{ik}b_{kj}$。矩阵乘积满足结合律和分配律，但是不满足交换律。矩阵乘积的转置满足 $(\boldsymbol{AB})^{\mathrm{T}}=\boldsymbol{B}^{\mathrm{T}}\boldsymbol{A}^{\mathrm{T}}$。
- **矩阵阿达马（Hadamard）积**：又称为**元素对应乘积**，记为 $\boldsymbol{C}=\boldsymbol{A}\odot\boldsymbol{B}$，其中 $c_{ij}=a_{ij}b_{ij}$。
- **矩阵克罗内克（Kronecker）积**：设 $\boldsymbol{A}$ 是一个 $n\times m$ 矩阵，$\boldsymbol{B}$ 是一个 $p\times q$ 矩阵，克罗内克积则是一个 $np\times mq$ 的分块矩阵，可以表示为

$$\boldsymbol{A}\otimes\boldsymbol{B}=\begin{bmatrix} a_{11}\boldsymbol{B} & a_{12}\boldsymbol{B} & \cdots & a_{1m}\boldsymbol{B} \\ a_{21}\boldsymbol{B} & a_{22}\boldsymbol{B} & \cdots & a_{2m}\boldsymbol{B} \\ \vdots & \vdots & & \vdots \\ a_{n1}\boldsymbol{B} & a_{n2}\boldsymbol{B} & \cdots & a_{nm}\boldsymbol{B} \end{bmatrix}$$

- **矩阵的逆**：对于 n 阶方阵 $\boldsymbol{A}$，若存在 n 阶方阵 $\boldsymbol{B}$ 使得 $\boldsymbol{AB}=\boldsymbol{BA}=\boldsymbol{I}_n$，则称 $\boldsymbol{A}$ 为可逆矩阵，$\boldsymbol{B}$ 是 $\boldsymbol{A}$ 的逆矩阵，记为 $\boldsymbol{B}=\boldsymbol{A}^{-1}$。
- **矩阵的行列式**：n 阶方阵 $\boldsymbol{A}$ 的行列式定义为 $\det(\boldsymbol{A})=|\boldsymbol{A}|=\sum(-1)^t a_{1p_1}a_{2p_2}\cdots a_{np_n}$，其中 $p_1,p_2,\cdots,p_n$ 为自然数 $1,2,\cdots,n$ 的一个 n 级排列，t 为此排列的逆序数。其中，由前 n 个自然数排成的一个 n 元有序数组 $p_1p_2\cdots p_n$ 称为一个 n 级的排列。在一个 n 级排列中，如果一个较大的数排在一个较小的数的前面，则称这两个数构成一个逆序。矩阵的行列式运算满足以下性质：① $|\boldsymbol{A}^{\mathrm{T}}|=|\boldsymbol{A}|$；② $|a\boldsymbol{A}|=a^n|\boldsymbol{A}|$；③$|\boldsymbol{AB}|=|\boldsymbol{A}||\boldsymbol{B}|$；④ $|\boldsymbol{A}^{-1}|=|\boldsymbol{A}|^{-1}$。
- **矩阵的迹**：$\mathrm{tr}(\boldsymbol{A})=\sum\limits_i a_{ii}$，即矩阵对角元素的和。

1.1.2 线性相关和生成子空间

定义 1.1.1（线性相关） 给定向量空间 V 中的一组向量 $\boldsymbol{a}_1,\boldsymbol{a}_2,\cdots,\boldsymbol{a}_m$，若存在不全为零的数 $k_1,k_2,\cdots,k_m$ 使得 $k_1\boldsymbol{a}_1+k_2\boldsymbol{a}_2+\cdots+k_m\boldsymbol{a}_m=\boldsymbol{0}$ 成立，则称向量组 $\boldsymbol{a}_1,\boldsymbol{a}_2,\cdots,\boldsymbol{a}_m$ 是线性相关的，否则称为线性无关的。若 $\boldsymbol{a}_1,\boldsymbol{a}_2,\cdots,\boldsymbol{a}_m$ 线性无关且 V 中的任意向量都可以由 $\boldsymbol{a}_1,\boldsymbol{a}_2,\cdots,\boldsymbol{a}_m$ 线性表示，则称 $\boldsymbol{a}_1,\boldsymbol{a}_2,\cdots,\boldsymbol{a}_m$ 是向量空间 V 的一组基，m 称为向量空间 V 的维度，并且称 V 为 m 维向量空间。

定义 1.1.2（生成子空间） 设有 n 维向量组 $\boldsymbol{a}_1,\boldsymbol{a}_2,\cdots,\boldsymbol{a}_m$，则集合 $\{k_1\boldsymbol{a}_1+k_2\boldsymbol{a}_2+\cdots+k_m\boldsymbol{a}_m:k_i\in\mathbb{R},i=1,2,\cdots,m\}$ 是一个向量空间，称为 $\boldsymbol{a}_1,\boldsymbol{a}_2,\cdots,\boldsymbol{a}_m$ 的线性生成子空间，记为 $\mathrm{Span}(\boldsymbol{a}_1,\boldsymbol{a}_2,\cdots,\boldsymbol{a}_m)$。

定理 1.1.1（线性相关性的判定） 向量组 $A=\{\boldsymbol{a}_1,\boldsymbol{a}_2,\cdots,\boldsymbol{a}_m\}$ 线性相关当且仅当以下任一条件成立：

（1）向量组 A 中至少有一个向量能由其余 $m-1$ 个向量线性表示；

（2）齐次方程组 $\boldsymbol{a}_1x_1+\boldsymbol{a}_2x_2+\cdots+\boldsymbol{a}_mx_m=\boldsymbol{0}$ 有非零解；

（3）行列式 $|(\boldsymbol{a}_1,\boldsymbol{a}_2,\cdots,\boldsymbol{a}_m)|=0$。

1.1.3 矩阵的特征分解

定义 1.1.3（特征值和特征向量） 设 $\boldsymbol{A}$ 是 n 阶方阵，若存在数 λ 和 n 维非零列向量 $\boldsymbol{v}$，使得 $\boldsymbol{A}\boldsymbol{v}=\lambda\boldsymbol{v}$ 成立，则称 λ 为方阵 $\boldsymbol{A}$ 的特征值，$\boldsymbol{v}$ 称为方阵 $\boldsymbol{A}$ 的对应于特征值 λ 的一个特征向量。

例 1.1.1 对于矩阵

$$\boldsymbol{A}=\begin{bmatrix}1 & 2 & 2\\ 1 & -1 & 1\\ 4 & -12 & 1\end{bmatrix}$$

下式成立：

$$\begin{bmatrix}1 & 2 & 2\\ 1 & -1 & 1\\ 4 & -12 & 1\end{bmatrix}\begin{bmatrix}3\\ 1\\ -1\end{bmatrix}=1\cdot\begin{bmatrix}3\\ 1\\ -1\end{bmatrix}$$

因此，1 是 $\boldsymbol{A}$ 的特征值，$\begin{bmatrix}3\\ 1\\ -1\end{bmatrix}$ 是 $\boldsymbol{A}$ 的属于特征值 1 的特征向量。

定义 1.1.4（矩阵的特征分解） 设 $\boldsymbol{A}$ 是 n 阶方阵，且有 n 个线性无关的特征向量 $\boldsymbol{v}_i\ (i=1,2,\cdots,n)$，对应的特征值为 $\lambda_i\ (i=1,2,\cdots,n)$，则称分解 $\boldsymbol{A}=\boldsymbol{V}\boldsymbol{\Lambda}\boldsymbol{V}^{-1}$ 为 $\boldsymbol{A}$ 的特征分解，其中 $\boldsymbol{V}=(\boldsymbol{v}_1,\boldsymbol{v}_2,\cdots,\boldsymbol{v}_n)$，$\boldsymbol{\Lambda}=\mathrm{diag}(\lambda_1,\lambda_2,\cdots,\lambda_n)$。

定理 1.1.2（矩阵特征分解的步骤） 设 $\boldsymbol{A}$ 是 n 阶方阵，$\boldsymbol{A}$ 特征分解的步骤如下：

（1）求解特征多项式方程 $|\boldsymbol{A}-\lambda\boldsymbol{I}|=(\lambda-\lambda_1)^{k_1}\cdot(\lambda-\lambda_2)^{k_2}\cdot\cdots\cdot(\lambda-\lambda_s)^{k_s}=0$，得到 $\boldsymbol{A}$ 的全部不相等的特征值 $\lambda_1,\lambda_2,\cdots,\lambda_s$，其中 $k_1+k_2+\cdots+k_s=n$。

（2）依次对每个 k_i 重特征值 λ_i，求解方程组 $(\boldsymbol{A}-\lambda\boldsymbol{I})\boldsymbol{v}=\boldsymbol{0}$，最终得 n 个线性无关的特征向量 $\boldsymbol{v}_i\ (i=1,2,\cdots,n)$。

（3）构建矩阵 $\boldsymbol{V}=(\boldsymbol{v}_1,\boldsymbol{v}_2,\cdots,\boldsymbol{v}_n)$，$\boldsymbol{\Lambda}=\mathrm{diag}(\lambda_1,\lambda_2,\cdots,\lambda_n)$，得矩阵 $\boldsymbol{A}$ 的特征分解 $\boldsymbol{A}=\boldsymbol{V}\boldsymbol{\Lambda}\boldsymbol{V}^{-1}$。

例 1.1.2 求矩阵 $\boldsymbol{A}=\begin{bmatrix}3&1\\5&-1\end{bmatrix}$ 的特征分解。

解 求解 $\boldsymbol{A}$ 的特征多项式方程为

$$|\boldsymbol{A}-\lambda\boldsymbol{I}|=\begin{vmatrix}3-\lambda&1\\5&-1-\lambda\end{vmatrix}=(\lambda-4)(\lambda+2)=0$$

得 $\boldsymbol{A}$ 的两个不同的特征值 $\lambda_1=4,\ \lambda_2=-2$。

将 $\lambda_1=4$ 代入方程组 $(\boldsymbol{A}-\lambda\boldsymbol{I})\boldsymbol{v}=\boldsymbol{0}$，得

$$\begin{cases}v_1-v_2=0\\-5v_1+5v_2=0\end{cases}$$

解得属于特征值 $\lambda_1=4$ 的一个特征向量 $\begin{bmatrix}v_1\\v_2\end{bmatrix}=\begin{bmatrix}1\\1\end{bmatrix}$。

类似地，可求出 $\boldsymbol{A}$ 的属于特征值 $\lambda_2=-2$ 的一个特征向量 $\begin{bmatrix}1\\-5\end{bmatrix}$。

构建矩阵 $\boldsymbol{V}=\begin{bmatrix}1&1\\1&-5\end{bmatrix}$，$\boldsymbol{\Lambda}=\begin{bmatrix}4&0\\0&-2\end{bmatrix}$，则矩阵 $\boldsymbol{A}$ 的特征分解为

$$\begin{bmatrix}3&1\\5&-1\end{bmatrix}=\begin{bmatrix}1&1\\1&-5\end{bmatrix}\begin{bmatrix}4&0\\0&-2\end{bmatrix}\begin{bmatrix}1&1\\1&-5\end{bmatrix}^{-1}$$

定理 1.1.3（特征分解的性质） 设 $\boldsymbol{A}$ 的特征分解为 $\boldsymbol{A}=\boldsymbol{V}\boldsymbol{\Lambda}\boldsymbol{V}^{-1}$，则有以下性质：

（1）$\boldsymbol{A}^{-1}=\boldsymbol{V}\boldsymbol{\Lambda}^{-1}\boldsymbol{V}^{-1}$。若 $\boldsymbol{A}$ 是实对称矩阵，则有 $\boldsymbol{V}^{-1}=\boldsymbol{V}^{\mathrm{T}}$，从而 $\boldsymbol{A}^{-1}=\boldsymbol{V}\boldsymbol{\Lambda}^{-1}\boldsymbol{V}^{\mathrm{T}}$。

（2）$|\boldsymbol{A}|=|\boldsymbol{\Lambda}|=\prod_{i=1}^{n}\lambda_i$。

（3）设多项式函数 $f(x)=a_0+a_1x+a_2x^2+\cdots+a_mx^m$，则有 $f(\boldsymbol{A})=\boldsymbol{V}f(\boldsymbol{\Lambda})\boldsymbol{V}^{-1}$。

例 1.1.3 已知矩阵 $\boldsymbol{A}=\begin{bmatrix}0&10&6\\1&-3&-3\\-2&10&8\end{bmatrix}$，求 $\boldsymbol{A}^n$。

解 先求 $\boldsymbol{A}$ 的特征值和特征向量：

$$|\lambda\boldsymbol{I}-\boldsymbol{A}|=\begin{vmatrix}\lambda&-10&-6\\-1&\lambda+3&3\\2&-10&\lambda-8\end{vmatrix}=(\lambda-1)(\lambda-2)^2$$

求得 $\boldsymbol{A}$ 的特征值为 1 和 2。

将 $\lambda=1$ 代入方程组 $(\lambda\boldsymbol{I}-\boldsymbol{A})\boldsymbol{v}=\boldsymbol{0}$，得

$$\begin{bmatrix} 1 & -10 & -6 \\ -1 & 4 & 3 \\ 2 & -10 & -7 \end{bmatrix}\begin{bmatrix} v_1 \\ v_2 \\ v_3 \end{bmatrix}=\begin{bmatrix} 0 \\ 0 \\ 0 \end{bmatrix}$$

解得一个特征向量 $\begin{bmatrix} 2 \\ -1 \\ 2 \end{bmatrix}$。

将 $\lambda=2$ 代入方程组 $(\lambda\boldsymbol{I}-\boldsymbol{A})\boldsymbol{v}=\boldsymbol{0}$，得

$$\begin{bmatrix} 2 & -10 & -6 \\ -1 & 5 & 3 \\ 2 & -10 & -6 \end{bmatrix}\begin{bmatrix} v_1 \\ v_2 \\ v_3 \end{bmatrix}=\begin{bmatrix} 0 \\ 0 \\ 0 \end{bmatrix}$$

解得两个特征向量 $\begin{bmatrix} 5 \\ 1 \\ 0 \end{bmatrix}$ 和 $\begin{bmatrix} 3 \\ 0 \\ 1 \end{bmatrix}$。

构造矩阵 $\boldsymbol{V}=\begin{bmatrix} 2 & 5 & 3 \\ -1 & 1 & 0 \\ 2 & 0 & 1 \end{bmatrix}$，$\boldsymbol{\Lambda}=\begin{bmatrix} 1 & 0 & 0 \\ 0 & 2 & 0 \\ 0 & 0 & 2 \end{bmatrix}$。另一方面，求解方程组 $\boldsymbol{VU}=\boldsymbol{I}$，得 $\boldsymbol{V}^{-1}=\boldsymbol{U}=\begin{bmatrix} 1 & -5 & -3 \\ 1 & -4 & -3 \\ -2 & 10 & 7 \end{bmatrix}$。由定理 1.1.3（3）得

$$\begin{aligned}\boldsymbol{A}^n=\boldsymbol{V}\boldsymbol{\Lambda}^n\boldsymbol{V}^{-1}&=\begin{bmatrix} 2 & 5 & 3 \\ -1 & 1 & 0 \\ 2 & 0 & 1 \end{bmatrix}\begin{bmatrix} 1 & 0 & 0 \\ 0 & 2^n & 0 \\ 0 & 0 & 2^n \end{bmatrix}\begin{bmatrix} 1 & -5 & -3 \\ 1 & -4 & -3 \\ -2 & 10 & 7 \end{bmatrix}\\ &=\begin{bmatrix} 2-2^n & -10+10\cdot 2^n & -6+6\cdot 2^n \\ -1+2^n & 5-4\cdot 2^n & 3-3\cdot 2^n \\ 2-2^n & -5+10\cdot 2^n & -6+7\cdot 2^n \end{bmatrix}\end{aligned}$$

1.1.4　矩阵的奇异值分解

矩阵特征分解只适用于方阵。当矩阵 $\boldsymbol{A}$ 不是方阵时也可以作类似的分解，即奇异值分解。设矩阵 $\boldsymbol{A}$ 是一个 $n\times m$ 的矩阵，则存在以下分解：

$$\boldsymbol{A}=\boldsymbol{U\Sigma V}^{\mathrm{T}}$$

其中，$\boldsymbol{U}$ 为 $n\times n$ 的正交矩阵，其列为 $\boldsymbol{A}\boldsymbol{A}^{\mathrm{T}}$ 的特征向量，被称为 $\boldsymbol{A}$ 的左奇异向量；$\boldsymbol{V}$ 为 $m\times m$ 的正交矩阵，其列为 $\boldsymbol{A}^{\mathrm{T}}\boldsymbol{A}$ 的特征向量，被称为 $\boldsymbol{A}$ 的右奇异向量；$\boldsymbol{\Sigma}$ 为 $n\times m$ 的对角矩阵，其对角线上非零元素为 $\boldsymbol{A}\boldsymbol{A}^{\mathrm{T}}$ 特征值的平方根，被称为奇异值。

1.1.5 范数

定义 1.1.5（范数） 设 V 是数域 F 上的向量空间，V 的范数是一个函数 $f:V\to\mathbb{R}$，对任意的 $a\in\mathbb{R}$，$\boldsymbol{x},\boldsymbol{y}\in V$ 满足：

（1）$f(\boldsymbol{x})\geqslant 0$ （非负性）；

（2）$f(a\boldsymbol{x})=|a|f(\boldsymbol{x})$ （正齐次性）；

（3）$f(\boldsymbol{x}+\boldsymbol{y})\leqslant f(\boldsymbol{x})+f(\boldsymbol{y})$ （三角不等式）。

定义 1.1.6（常用范数） 设向量 $\boldsymbol{a}=(a_1,a_2,\cdots,a_n)^{\mathrm{T}}$，矩阵 $\boldsymbol{A}=(a_{ij})$，常用的范数归纳如下：

（1）L^1 范数：$\|\boldsymbol{a}\|_1=\sum\limits_{i=1}^{n}|a_i|$；

（2）L^2 范数 (欧几里得范数)：$\|\boldsymbol{a}\|_2=\sqrt{\sum\limits_{i=1}^{n}a_i^2}$；

（3）L^∞ 范数：$\|\boldsymbol{a}\|_\infty=\max\{|a_i|:i=1,2,\cdots,n\}$；

（4）F（Frobenius）范数：$\|\boldsymbol{A}\|_F=\sqrt{\sum\limits_{i,j}a_{ij}^2}$。

1.2 概率论和信息论简介

通常机器学习会被用来处理不确定性量或随机量。针对大数据收集与处理中的不确定性，概率论为随机现象定量规律的探索提供了理论基础，信息论为概率分布的不确定性度量提供了重要工具。两者为不确定性研究提供了有力的理论支撑。本章将重点介绍这两个方面。

1.2.1 概率论

定义 1.2.1（随机变量） 设 Ω 是随机试验的样本空间，如果对每个 $\omega\in\Omega$，都有一个唯一确定的实数 $X(\omega)$ 与之对应，则称定义在样本空间 Ω 上的实值单值函数 $X=X(\omega)$ 为随机变量。按照随机变量的取值情况可将其分为两类：若随机变量的取值只可能取有限个或可列个值，则称其为离散型随机变量；若随机变量可以在整个数轴上取值，或至少有一部分值取某实数区间的所有值，则称其为连续型随机变量。

定义 1.2.2 （分布函数） 设 X 是任意一随机变量，则函数 $P(x)=\Pr(X\leqslant x)$，$x\in\mathbb{R}$，称为 X 的分布函数，记为 $X\sim P$ 或 $X\sim P_X$。分布函数具有以下性质：① 有界性。对 $\forall x\in\mathbb{R}$，有 $0\leqslant P(x)\leqslant 1$。② 单调不减性。当 $x_1\leqslant x_2$ 时，有 $P(x_1)\leqslant P(x_2)$。③ 极限性质。$\lim_{x\to-\infty}P(x)=0$，$\lim_{x\to+\infty}P(x)=1$。④ 处处右连续。对 $\forall x_0\in\mathbb{R}$，有 $P(x_0+0)=\lim_{x\to x_0^+}P(x)=P(x_0)$。

定义 1.2.3（离散型随机变量分布列）　设离散型随机变量 X 的所有可能取值为 $x_1, x_2, \cdots, x_i, \cdots$，称 X 取各个值的概率 $p(x_i) = \Pr(X = x_i) = p_i, i = 1, 2, \cdots$ 为 X 的概率分布列，简称为分布列或分布律，记为 $X \sim p$。

例 1.2.1　一个均匀 0-1 分布的随机变量 X 的分布列可以写作 $p(1) = \Pr(X = 1) = 0.5$，$p(0) = \Pr(X = 0) = 0.5$。

定义 1.2.4（连续型随机变量的概率密度）　设随机变量 $X \sim P$，若存在非负可积函数 $p(x)$，使得对任意的 $x \in \mathbb{R}$，有 $P(x) = \Pr(X \leqslant x) = \int_{-\infty}^{x} p(x)\mathrm{d}x$，则称 $p(x)$ 为连续型随机变量 X 的概率密度函数，简称为概率密度或密度函数，记为 $X \sim p$。

例 1.2.2　若随机变量 X 服从标准正态分布，则其概率密度函数为 $p(x) = \frac{1}{\sqrt{2\pi}} \cdot \exp\left(-\frac{x^2}{2}\right)$。

定理 1.2.1（概率的基本法则）　设 A 和 B 是两个事件，$P(A)$、$P(B)$、$P(AB)$ 分别表示事件 A 的概率分布、事件 B 的概率分布以及事件 A 和 B 的联合分布，则有

（1）$P(A \cup B) = P(A) + P(B) - P(A \cap B)$；

（2）联合分布：$P(AB) = P(A \cap B) = P(A)P(B|A)$；

（3）边际分布：$P(A) = \sum\limits_{b} P(AB) = \sum\limits_{b} P(A|B = b)P(B = b)$；

（4）条件分布：$P(A|B) = \frac{P(AB)}{P(B)}$，其中 $P(B) > 0$；

（5）贝叶斯法则：$P(A{=}a|B{=}b) = \frac{P(A{=}a, B{=}b)}{P(B{=}b)} = \frac{P(A{=}a)P(B{=}b|A{=}a)}{\sum\limits_{a'} P(A{=}a')P(B{=}b|A{=}a')}$。

定义 1.2.5（独立性和条件独立）　设随机变量 X、Y 的联合分布为 P_{XY}，边际分布分别为 P_X 和 P_Y。若对任意的 $x, y \in \mathbb{R}$，有 $P_{XY}(x, y) = P_X(x)P_Y(y)$，则称随机变量 X 和 Y 相互独立，记为 $X \perp Y$。若在给定第三个随机变量 Z 的情况下，对任意的 $x, y, z \in \mathbb{R}$，有 $P_{XY|Z}(x, y|z) = P_{X|Z}(x|z)P_{Y|Z}(y|z)$，则称随机变量 X、Y 在给定随机变量 Z 时条件独立，记为 $X \perp Y|Z$。

例 1.2.3　设甲和乙分别为两台没有任何联系的车床。由历史数据可知，这两台车床在某段时间内停车的概率分别为 0.1 和 0.2。求这段时间内至少有一台车床不停车的概率。

解　用 A 和 B 分别表示甲、乙车床在这段时间内不停车的事件。由于两台车床没有联系，所以事件 A 和 B 相互独立。因而，所求概率为

$$
\begin{aligned}
P(A \cup B) &= P(A) + P(B) - P(AB) = P(A) + P(B) - P(A)P(B) \\
&= 0.9 + 0.8 - 0.9 \times 0.8 = 0.98
\end{aligned}
$$

定义 1.2.6（期望和方差）　离散型随机变量 X 的期望定义为 $E[X] = \sum\limits_{i} x_i p_i$。连续型随机变量 X 的期望定义为 $E[X] = \int_{-\infty}^{+\infty} xp(x)\mathrm{d}x$。$E[(X - E[X])^2]$ 称为 X 的方差，

记为 $\mathrm{var}(X)$。$\sqrt{\mathrm{var}(X)}$ 称为 X 的标准差，记为 $\mathrm{std}(X)$。

例 1.2.4 设随机变量 X 服从（0-1）分布，即 $P(X=1)=p$，$P(X-0)-1-p$。试求 $E[X]$ 和 $\mathrm{var}(X)$。

解 由期望和方差的定义可得

$$
\begin{aligned}
E[X] &= 1\times p + 0\times(1-p) = p \\
\mathrm{var}(X) &= E[(X-E[X])^2] = E[X^2]-(E[X])^2 \\
&= 1^2\times p + 0^2\times(1-p) - p^2 = p - p^2 = p(1-p)
\end{aligned}
$$

定义 1.2.7（协方差和相关系数） 两个随机变量 X 和 Y 的协方差定义为 $\mathrm{cov}\,(X, Y) = E[(X-E[X])(Y-E[Y])] = E[XY]-E[X]E[Y]$，相关系数定义为 $\mathrm{corr}(X,Y) = \dfrac{\mathrm{cov}(X,Y)}{\sqrt{\mathrm{var}(X)\mathrm{var}(Y)}}$。

协方差和相关系数都是衡量随机变量线性相关程度的量，但是协方差会受到变量本身度量单位的影响，而相关系数可看作两个随机变量标准化后的协方差，从而不受量纲的影响。$|\mathrm{corr}(X,Y)|$ 的值越大，表明两随机变量相关程度越强。当 $\mathrm{corr}(X,Y)=0$ 时，称 X 和 Y 线性无关；当 $\mathrm{corr}(X,Y)<0$ 时，称 X 和 Y 线性负相关；当 $\mathrm{corr}(X,Y)>0$ 时，称 X 和 Y 线性正相关。

设 $\boldsymbol{x}=(X_1,X_2,\cdots,X_d)^{\mathrm{T}}$ 是一个 d 维随机向量，则它的协方差矩阵定义如下：

$$
\mathrm{cov}(\boldsymbol{x}) = E[(\boldsymbol{x}-E[\boldsymbol{x}])(\boldsymbol{x}-E[\boldsymbol{x}])^{\mathrm{T}}] = \begin{bmatrix}
\mathrm{var}(X_1) & \mathrm{cov}(X_1,X_2) & \cdots & \mathrm{cov}(X_1,X_d) \\
\mathrm{cov}(X_2,X_1) & \mathrm{var}(X_2) & \cdots & \mathrm{cov}(X_2,X_d) \\
\vdots & \vdots & & \vdots \\
\mathrm{cov}(X_d,X_1) & \mathrm{cov}(X_d,X_2) & \cdots & \mathrm{var}(X_d)
\end{bmatrix}
$$

多元正态分布在统计学和机器学习中都占有重要地位。多元统计分析中的许多重要理论和方法都是直接或间接地建立在正态分布的基础上的。此外，在实际中遇到的随机变量常常服从正态分布或近似正态分布。

定义 1.2.8（多元正态分布） d 维随机向量 $\boldsymbol{x}=(X_1,X_2,\cdots,X_d)^{\mathrm{T}}$ 服从多元正态分布 $N(\boldsymbol{\mu},\boldsymbol{\Sigma})$，当且仅当下面任一条件成立：

（1）该随机向量的密度函数为

$$
p(\boldsymbol{x}) = \frac{1}{\sqrt{(2\pi)^d|\boldsymbol{\Sigma}|}}\exp\left(-\frac{1}{2}(\boldsymbol{x}-\boldsymbol{\mu})^{\mathrm{T}}\boldsymbol{\Sigma}^{-1}(\boldsymbol{x}-\boldsymbol{\mu})\right) \tag{1.2.1}
$$

（2）任何线性组合 $Y=\sum\limits_{j=1}^{d}a_iX_i$ 服从正态分布；

（3）该随机向量的特征函数为 $\Phi(\boldsymbol{t}) = \exp\left(\mathrm{i}\boldsymbol{t}^{\mathrm{T}}\boldsymbol{\mu}-\dfrac{1}{2}\boldsymbol{t}^{\mathrm{T}}\boldsymbol{\Sigma}\boldsymbol{t}\right)$。

在实际应用中，我们常常需要根据已知的样本结果信息来估计模型的参数。常用的一种方法就是极大似然估计。

定义 1.2.9（极大似然估计）　设总体 $\boldsymbol{x} \sim p(\boldsymbol{x};\boldsymbol{\theta})$（对于离散型随机变量，$p(\boldsymbol{x};\boldsymbol{\theta})$ 表示其分布列；对于连续型随机变量，$p(\boldsymbol{x};\boldsymbol{\theta})$ 表示其密度函数）。又设 $\{\boldsymbol{x}^{(i)}: i=1,2,\cdots,n\}$ 是取自总体的样本容量为 n 的样本的观察值。定义似然函数为

$$L(\boldsymbol{\theta}) = \prod_{i=1}^{n} p(\boldsymbol{x}^{(i)};\boldsymbol{\theta}) \tag{1.2.2}$$

未知参数 $\boldsymbol{\theta}$ 的极大似然估计为

$$\hat{\theta}_{\mathrm{MLE}} = \max_{\theta} L(\boldsymbol{\theta}) \tag{1.2.3}$$

例 1.2.5　设随机变量 X 服从正态分布 $N(\mu,\sigma^2)$，其中 μ 及 $\sigma>0$ 都是未知参数。如果取得样本观测值为 $\{x^{(i)}: i=1,2,\cdots,n\}$，求参数 μ 及 σ^2 的极大似然估计。

解　似然函数为

$$L(\mu,\sigma) = \prod_{i=1}^{n} \frac{1}{\sqrt{2\pi}\sigma} \exp\left(-\frac{(x^{(i)}-\mu)^2}{2\sigma^2}\right) = \left(\frac{1}{\sqrt{2\pi}\sigma}\right)^n \exp\left(-\frac{1}{2\sigma^2}\sum_{i=1}^{n}(x^{(i)}-\mu)^2\right)$$

取对数得

$$l(\mu,\sigma) = \ln(L(\mu,\sigma)) = -\frac{n}{2}\ln(2\pi\sigma^2) - \frac{1}{2\sigma^2}\sum_{i=1}^{n}(x^{(i)}-\mu)^2$$

由

$$\begin{cases} \dfrac{\partial l}{\partial \mu} = \dfrac{1}{\sigma^2}\left(\displaystyle\sum_{i=1}^{n} x^{(i)} - n\mu\right) = 0 \\ \dfrac{\partial l}{\partial \sigma^2} = \dfrac{1}{2(\sigma^2)^2}\displaystyle\sum_{i=1}^{n}(x^{(i)}-\mu)^2 - \dfrac{n}{2\sigma^2} = 0 \end{cases}$$

可得参数 μ 及 σ^2 的极大似然估计为

$$\hat{\mu}_{\mathrm{MLE}} = \frac{1}{n}\sum_{i=1}^{n} x^{(i)} \overset{\mathrm{def}}{=} \overline{x}, \quad \hat{\sigma}^2_{\mathrm{MLE}} = \frac{1}{n}\sum_{i=1}^{n}(x^{(i)}-\overline{x})^2$$

1.2.2　信息论

信息论是 20 世纪 40 年代后期从通信实践中总结出来的一门学科。什么是信息？“信息论之父”香农（Shannon）给出了形象的定义：“信息是用来消除不确定性的东西。”那么什么是不确定性呢？对于一个观察者来说，如果一件事情只有一种可能性，那么这件事就是确定的；相反，如果一件事情有多种可能性，那么这件事就是不确定的。比如说背着你掷了一次骰子，让你猜骰子的点数。这时这件事情对你来说有六种可能性，那么

这个事件是不确定的。如何消除这种不确定性呢？很简单，就是让你看一看。你看完了之后知道了点数，这时这件事情对你来说只有一种可能性了。“看一看”这个动作把不确定性消除了。把这个不确定性消除的东西就是信息。很显然，信息是承载在“看一看”这个过程当中的。但是很多时候，不确定性不能被完全消除。还是这个骰子，我们事先已经约定“小”代表 1、2、3 点，“大”代表 4、5、6 点。掷完了之后不是让你看一看，而是告诉你“小”。那么，骰子的点数还是不确定的，但是由 6 种可能性减少到了 3 种可能性，不确定性被消除了一部分。减少的这部分不确定性是由“小”这个信息造成的。从这个例子中我们可以看出：可能性越多，不确定性就越大，从而消除这种不确定性所需要的信息就越多。根据这个思想，可以定义一个事件 $X=x$ 的自信息来量化信息：

$$I(x) = -\ln p(x) \tag{1.2.4}$$

其中，对于离散型随机变量，$p(x)$ 表示其分布列；对于连续型随机变量，$p(x)$ 表示其密度函数。ln 表示底数为 e 的自然对数，$I(x)$ 的单位是奈特（nats）。一奈特是以 $\frac{1}{\mathrm{e}}$ 的概率观测到一个事件时获得的信息量。有些教材使用底数为 2 的对数，这时 $I(x)$ 的单位是比特（bit）或香农（Shannon）。通过比特度量的信息是通过奈特度量的信息的常数倍。

自信息度量了一种情况发生的信息。一个事情往往包含多种可能的情况，每种情况都具有各自的不确定性（等于确定此事件发生的信息的信息量）。因此引入了熵来对整个概率分布中的不确定性进行度量。

定义 1.2.10（熵） 对于任意一随机变量 $X\sim p$，它的熵记为 $H(X)$ 或 $H(p)$，定义为

$$H(X) = E_{X\sim p}[I(X)] = -E_{X\sim p}[\ln p(X)] \tag{1.2.5}$$

可见，一个概率分布的熵是遵循该分布的事件发生所产生的期望信息总量。由此式可知，随机变量的取值个数越多，状态数也就越多，信息熵就越大，混乱程度就越大。当随机分布为均匀分布时，熵最大。如图 1.1 所示，对于服从二值分布的随机变量 X，当概率参数 p 接近 0 或 1 时，分布几乎是确定的，熵较小；当 $p=0.5$ 时，分布是均匀的，熵最大。

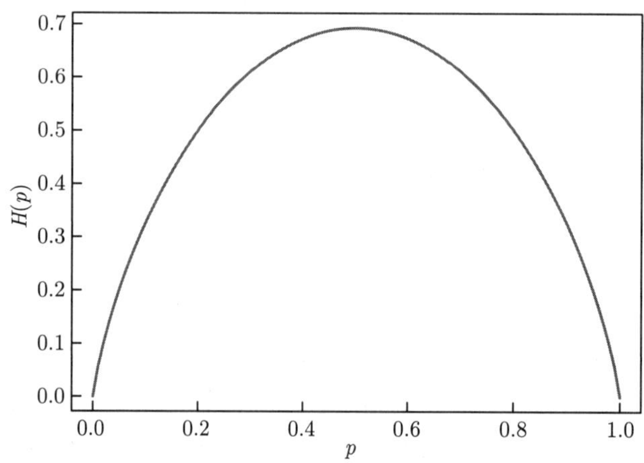

图 1.1 二值随机分布的熵（横坐标表示二值随机变量 X 等于 1 的概率，即 $p=P(X=1)$；纵坐标表示该随机变量的熵，即 $H(X)=-(1-p)\ln(1-p)-p\ln p$）

在概率论中有联合概率和条件概率的概念，将这些概念扩展到信息论中，就可以得到联合熵和条件熵。联合熵 $H(X,Y)$ 表示随机向量 (X,Y) 联合分布的不确定性。条件熵 $H(X|Y)$ 表示随机变量 Y 给定条件下随机变量 X 的条件分布的不确定性。如果随机变量 X 和 Y 是相关的，在给定 Y 的条件下 X 的不确定性会减少，减少的信息量称为 X 和 Y 的互信息，记作 $I(X;Y)$。

定义 1.2.11（联合熵） 两个随机变量 X 和 Y 的联合熵定义为

$$H(X,Y) = -E_{(X,Y)\sim p}[\ln p(X,Y)] \tag{1.2.6}$$

其中，$p(X,Y)$ 表示 X 和 Y 的联合分布密度（或分布列）。

定义 1.2.12（条件熵） 给定随机变量 Y，随机变量 X 的条件熵定义为

$$H(X|Y) = -E_{(X,Y)\sim p}[\ln p(X|Y)] \tag{1.2.7}$$

其中，$p(X|Y)$ 表示给定 Y 条件下 X 的条件分布密度函数。

定义 1.2.13（互信息） 随机变量 X 和 Y 的互信息定义为

$$I(X;Y) = H(X) - H(X|Y) \tag{1.2.8}$$

为了量化两个概率分布的差异，引入了相对熵的概念。相对熵又称为 KL（Kullback-Leibler）散度、KL 距离或信息散度。相对熵常常可以作为一些优化算法的损失函数。此时参与计算的一个概率分布为真实分布，另一个为理论（拟合）分布，相对熵表示使用理论分布拟合真实分布时产生的信息损耗。

例 1.2.6 设两个二值随机变量 X, $Y \in \{0,1\}$，它们的联合分布列如下。请分别计算随机变量 X 和 Y 各自的熵，它们的联合熵、条件熵和互信息。

$p(x,y)$	$(0,0)$	$(0,1)$	(1,0)	(1,1)
(x,y)	1/4	1/4	1/4	1/4

解 由题意可知，X 和 Y 有相同的边际分布为 $p(0) = 1/4 + 1/4 = 1/2$, $p(1) = 1 - 1/2 = 1/2$ 。此分布的熵为 $H(X) = -\left[\frac{1}{2}\ln\left(\frac{1}{2}\right) + \frac{1}{2}\ln\left(\frac{1}{2}\right)\right] = \ln 2$。

由联合熵、条件熵和互信息的定义可得

$$H(X,Y) = -\left[\frac{1}{4}\ln\left(\frac{1}{4}\right) + \frac{1}{4}\ln\left(\frac{1}{4}\right) + \frac{1}{4}\ln\left(\frac{1}{4}\right) + \frac{1}{4}\ln\left(\frac{1}{4}\right)\right] = 2\ln 2$$

$$H(X|Y) = -\left[\frac{1}{4}\ln\left(\frac{1/4}{1/2}\right) + \frac{1}{4}\ln\left(\frac{1/4}{1/2}\right)\right] \times 2 = \ln 2$$

$$I(X;Y) = \ln 2 - \ln 2 = 0$$

定义 1.2.14（相对熵） 设 $p(x)$ 和 $q(x)$ 是随机变量 X 的两个概率分布密度（或分布列），则两个分布的相对熵定义为

$$D_{\mathrm{KL}}(p\|q) = E_{X\sim p}\left[\ln\frac{p(X)}{q(X)}\right] = -H(p) + H(p,q) \tag{1.2.9}$$

其中，$H(p,q)=-E_{X\sim p}[\ln q(X)]$，被称为交叉熵。对于 q，最小化 $D_{\mathrm{KL}}(p\|q)$ 等价于最小化 $H(p,q)$，因为第一项 $H(p)$ 可看作常数。

假设样本数据集 $\{x^{(i)}:i=1,2,\cdots,n\}$ 独立服从概率分布密度函数（或分布列）为 p 的概率分布，我们选择密度函数 $q(x;\theta)$ 来拟合这些样本。估计密度函数（或分布列）q 可通过求未知参数 θ 的极大似然估计来实现，即

$$\begin{aligned}\hat{\theta}&=\arg\max_{\theta}\sum_{i=1}^{n}\ln q(x^{(i)};\theta)=\arg\max_{\theta}E_{X\sim\hat{p}}[\ln q(X;\theta)]\\&=\arg\min_{\theta}H(\hat{p},q)=\arg\min_{\theta}D_{\mathrm{KL}}(\hat{p}\|q)\end{aligned}\tag{1.2.10}$$

其中，$\hat{p}$ 表示数据的经验分布密度函数或分布列。由上式可知，求极大似然估计等价于最小化经验分布和拟合分布的相对熵。

例 1.2.7 假如一个字符发射器随机发出 0 和 1 两种字符，真实发出的分布列为 p，但实际上 p 是未知的。通过观察，得到概率分布列 q_1 与 q_2，各个分布的具体情况如下：

$$p(0)=\frac{1}{2},\quad p(1)=\frac{1}{2}$$

$$q_1(0)=\frac{1}{4},\quad q_1(1)=\frac{3}{4}$$

$$q_2(0)=\frac{1}{8},\quad q_2(1)=\frac{7}{8}$$

经计算得

$$\begin{aligned}H(p)&=-\frac{1}{2}\ln\left(\frac{1}{2}\right)-\frac{1}{2}\ln\left(\frac{1}{2}\right)=\ln 2\\D_{\mathrm{KL}}(p\|q_1)&=\frac{1}{2}\ln\left(\frac{1/2}{1/4}\right)+\frac{1}{2}\ln\left(\frac{1/2}{3/4}\right)=\frac{1}{2}\ln\left(\frac{4}{3}\right)\\D_{\mathrm{KL}}(p\|q_2)&=\frac{1}{2}\ln\left(\frac{1/2}{1/8}\right)+\frac{1}{2}\ln\left(\frac{1/2}{7/8}\right)=\frac{1}{2}\ln\left(\frac{16}{7}\right)\end{aligned}$$

由上式可知，按照概率分布列 q_1 进行编码，要比按照 q_2 进行编码平均每个符号增加的奈特数目少。从分布上也可以看出，实际上 q_1 要比 q_2 更接近实际分布（其与 p 分布的相对熵更小）。

虽然相对熵又被称为 KL 距离，但事实上它并不满足距离的性质，因为它不满足对称性和三角不等式条件。为了解决相对熵的不对称性问题，引入了 JS（Jensen-Shannon）散度。JS 散度是基于 KL 散度的变体，它度量了两个概率分布的相似度，其取值介于 0 和 1 之间。

定义 1.2.15（JS 散度） 设 $p(x)$ 和 $q(x)$ 是随机变量 X 的两个概率分布密度函数（或分布列），则两个分布的 JS 散度定义为

$$\mathrm{JS}(p\|q)=\frac{1}{2}D_{\mathrm{KL}}\left(p\|\frac{p+q}{2}\right)+\frac{1}{2}D_{\mathrm{KL}}\left(q\|\frac{p+q}{2}\right)\tag{1.2.11}$$

例 1.2.8 基于例 1.2.4，计算观察到的分布 q_1 与真实分布 p 的 JS 散度。

解 先求得

$$D_{\mathrm{KL}}\left(p\|\frac{p+q_1}{2}\right)=\frac{1}{2}\ln\left(\frac{1/2}{(1/2+1/4)/2}\right)+\frac{1}{2}\ln\left(\frac{1/2}{(1/2+3/4)/2}\right)=\frac{1}{2}\ln\left(\frac{16}{15}\right)$$

$$D_{\mathrm{KL}}\left(q_1\|\frac{p+q_1}{2}\right)=\frac{1}{4}\ln\left(\frac{1/4}{(1/2+1/4)/2}\right)+\frac{3}{4}\ln\left(\frac{3/4}{(1/2+3/4)/2}\right)=\frac{1}{4}\ln\left(\frac{144}{125}\right)$$

进一步，求得 JS 散度为

$$\mathrm{JS}(p\|q_1)=\frac{1}{2}\times\frac{1}{2}\ln\left(\frac{16}{15}\right)+\frac{1}{2}\times\frac{1}{4}\ln\left(\frac{144}{125}\right)=\frac{1}{4}\ln\left(\frac{16}{15}\right)+\frac{1}{8}\ln\left(\frac{144}{125}\right)$$

如果 p 和 q 离得很远，完全没有重叠时，相对熵的值是没有意义的，而 JS 散度的值是一个常数。这在机器学习算法中就意味着这一点的梯度为 0，即出现梯度消失的问题。为此，定义了 Wasserstein 距离。Wasserstein 距离是两个概率分布之间的距离的度量。即使两个分布的支撑集没有重叠或者重叠非常少，Wasserstein 距离仍然能反映两个分布的远近。

定义 1.2.16（Wasserstein 距离） 设 $p(x)$ 和 $q(x)$ 是随机变量 X 的两个概率分布的密度函数（或分布列），则两个分布的 Wasserstein 距离定义为

$$W(p,q)=\inf_{\gamma\sim\Pi(p,q)}E_{(X,Y)\sim\gamma}[\|X-Y\|] \tag{1.2.12}$$

其中，$\Pi(p,q)$ 表示两个分布组合起来的所有联合分布的集合。

1.3 优化算法

大部分机器学习最后都会归结为一个优化问题。本节我们将重点介绍两类优化算法：梯度下降算法和约束优化算法。

1.3.1 梯度

在介绍优化算法之前，我们先来回顾一下与梯度相关的一些概念。

定义 1.3.1（梯度） 设映射函数 $f:\mathbb{R}^n\to\mathbb{R}$ 可导。对于向量 $\boldsymbol{x}=(x_1,x_2,\cdots,x_n)^{\mathrm{T}}\in\mathbb{R}^n$，函数 f 对 $\boldsymbol{x}$ 的梯度定义为

$$\nabla f(\boldsymbol{x})=\left(\frac{\partial f}{\partial x_1},\frac{\partial f}{\partial x_2},\cdots,\frac{\partial f}{\partial x_n}\right)^{\mathrm{T}} \tag{1.3.1}$$

可简记为 $\nabla_{\boldsymbol{x}}f$ 或 ∇f。其中 $\dfrac{\partial f}{\partial x_i}=\lim_{\Delta x_i\to 0}\frac{f(x_1,\cdots,x_i+\Delta x_i,\cdots,x_n)-f(x_1,\cdots,x_i,\cdots,x_n)}{\Delta x_i}$ 为函数 f 对变量 x_i 的偏导数。

例 1.3.1 求函数 $f(x,y)=6x^2+4y^2-4xy$ 的梯度。

解 首先求函数对于各个变量的偏导数：

$$\frac{\partial f}{\partial x}=12x-4y$$

$$\frac{\partial f}{\partial y}=8y-4x$$

所以，$f(x,y)$ 对向量 $(x,y)^{\mathrm{T}}$ 的梯度为

$$\triangledown f(x,y)=\begin{bmatrix}12x-4y\\8y-4x\end{bmatrix}$$

图 1.2 描绘了函数 $f(x,y)=6x^2+4y^2-4xy$ 及其梯度。

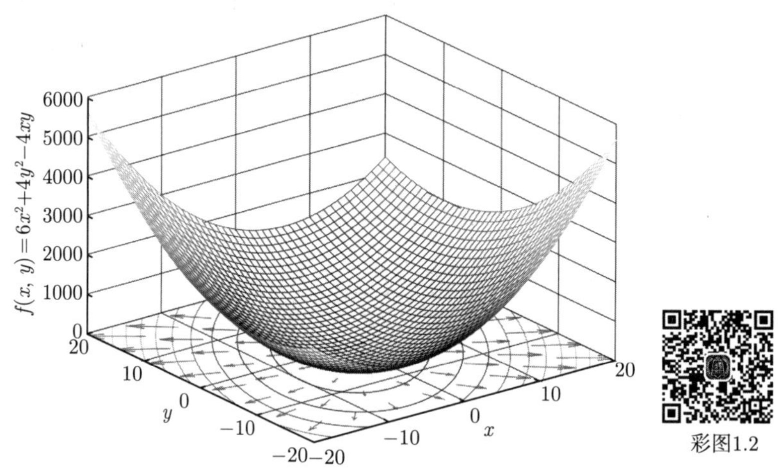

图 1.2　函数 $f(x,y)=6x^2+4y^2-4xy$ 及其梯度

梯度与函数的单调性以及极值有关。根据 Fermat 定理可知，可导函数在某一点取得极值的必要条件是该点梯度为 0。梯度为 0 的点被称为驻点。

定义 1.3.2（雅可比矩阵） 设映射函数 $\boldsymbol{y}=f(\boldsymbol{x})$，其中 $\boldsymbol{x}=(x_1,x_2,\cdots,x_n)^{\mathrm{T}}$，$\boldsymbol{y}=(y_1,y_2,\cdots,y_m)^{\mathrm{T}}$。雅可比（Jacobi）矩阵定义为输出向量每个元素对输入向量每个元素的偏导数构成的矩阵：

$$\boldsymbol{J}(f)(\boldsymbol{x})=\left(\frac{\partial y_i}{\partial x_j}\right)_{m\times n} \tag{1.3.2}$$

简记为 $\boldsymbol{J}(f)$。其中 $\dfrac{\partial y_i}{\partial x_j}$ 表示矩阵 $\boldsymbol{J}(f)(\boldsymbol{x})$ 的第 i 行第 j 列的元素。雅可比矩阵又被称为导数，故又可记作 $\dfrac{\partial \boldsymbol{y}}{\partial \boldsymbol{x}}$。

雅可比矩阵类似于单变量函数的导数，它体现了一个多变量向量函数的最佳线性逼近。设 $\boldsymbol{x}_0\in\mathbb{R}^n$，$f$ 在点 $\boldsymbol{x}_0$ 处可微。当 $\boldsymbol{x}$ 足够靠近 $\boldsymbol{x}_0$ 时，有

$$f(\boldsymbol{x})\approx f(\boldsymbol{x_0})+\boldsymbol{J}(f)(\boldsymbol{x}_0)\cdot(\boldsymbol{x}-\boldsymbol{x}_0) \tag{1.3.3}$$

定义 1.3.3（黑塞矩阵（Hessian matrix））　设映射函数 $f:\mathbb{R}^n \to \mathbb{R}$ 的二阶偏导数存在。对于向量 $\boldsymbol{x}=(x_1,x_2,\cdots,x_n)^{\mathrm{T}}\in\mathbb{R}^n$，函数 f 对 $\boldsymbol{x}$ 的黑塞矩阵为

$$\boldsymbol{H}(f)(\boldsymbol{x})=\left(\frac{\partial^2 f}{\partial x_i x_j}\right)_{n\times n} \tag{1.3.4}$$

简记为 $\boldsymbol{H}(f)$。其中，$\dfrac{\partial^2 f}{\partial x_i x_j}=\dfrac{\partial}{\partial x_j}\left(\dfrac{\partial f}{\partial x_i}\right)$ 表示函数 f 关于变量 x_i 和 x_j 的二阶偏导数。

由式 (1.3.4) 可知，黑塞矩阵等价于梯度的雅可比矩阵。如果函数 f 在定义域内二阶连续可导，则有 $\dfrac{\partial^2 f}{\partial x_i x_j}=\dfrac{\partial^2 f}{\partial x_j x_i}$，可得黑塞矩阵 $\boldsymbol{H}(f)$ 是对称矩阵。类似于一元函数，利用黑塞矩阵可以对多元函数在某点 $\boldsymbol{x}_0$ 处作近似二阶泰勒展开：

$$f(\boldsymbol{x})\approx f(\boldsymbol{x}_0)+(\boldsymbol{x}-\boldsymbol{x}_0)^{\mathrm{T}}\nabla f(\boldsymbol{x}_0)+\frac{1}{2}(\boldsymbol{x}-\boldsymbol{x}_0)^{\mathrm{T}}\boldsymbol{H}(f)(\boldsymbol{x}_0)(\boldsymbol{x}-\boldsymbol{x}_0) \tag{1.3.5}$$

黑塞矩阵常用于牛顿法解决优化问题，利用黑塞矩阵可判定多元函数的极值。

定理 1.3.1（利用黑塞矩阵判定多元函数的极值）　设多元实函数 $f(\boldsymbol{x})$ 在点 $\boldsymbol{x}_0$ 的邻域内有二阶连续偏导数。若 $\nabla f(\boldsymbol{x}_0)=\boldsymbol{0}$，则有如下结论：

（a）当 $\boldsymbol{H}(f)(\boldsymbol{x}_0)$ 是正定矩阵时，$f(\boldsymbol{x})$ 在点 $\boldsymbol{x}_0$ 取得极小值；

（b）当 $\boldsymbol{H}(f)(\boldsymbol{x}_0)$ 是负定矩阵时，$f(\boldsymbol{x})$ 在点 $\boldsymbol{x}_0$ 取得极大值；

（c）当 $\boldsymbol{H}(f)(\boldsymbol{x}_0)$ 是不定矩阵时，$f(\boldsymbol{x})$ 在点 $\boldsymbol{x}_0$ 取不到极值，这时点 $\boldsymbol{x}_0$ 被称为鞍点。

例 1.3.2　求三元函数 $f(\boldsymbol{x})=x_1^2+x_2^2+x_3^2+2x_1+4x_2-6x_3$ 的极值。

解　因为 $\dfrac{\partial f}{\partial x_1}=2x_1+2$，$\dfrac{\partial f}{\partial x_2}=2x_2+4$，$\dfrac{\partial f}{\partial x_3}=2x_3-6$，所以该函数的梯度为 $\nabla f(\boldsymbol{x})=(2x_1+2,2x_2+4,2x_3-6)^{\mathrm{T}}$。令 $\nabla f(\boldsymbol{x})=\boldsymbol{0}$，得驻点 $(-1,-2,3)$。

因为 $\dfrac{\partial^2 f}{\partial x_1^2}=2$，$\dfrac{\partial^2 f}{\partial x_2^2}=2$，$\dfrac{\partial^2 f}{\partial x_3^2}=2$，$\dfrac{\partial^2 f}{\partial x_1 x_2}=0$，$\dfrac{\partial^2 f}{\partial x_1 x_3}=0$，$\dfrac{\partial^2 f}{\partial x_2 x_3}=0$，所以该函数在驻点 $(-1,-2,3)$ 的黑塞矩阵为

$$\boldsymbol{H}(f)(-1,-2,3)=\begin{bmatrix}2&0&0\\0&2&0\\0&0&2\end{bmatrix}$$

因为矩阵 $\boldsymbol{H}(f)(-1,-2,3)$ 是正定矩阵，所以函数在驻点 $(-1,-2,3)$ 取得极小值 $f(-1,-2,3)=-14$。

1.3.2 梯度下降

我们把最优化问题统一表述为最小化问题：

$$\min_{\boldsymbol{x}} f(\boldsymbol{x}) \tag{1.3.6}$$

在求解无约束优化问题时，梯度下降是最常采用的方法之一。梯度下降算法沿着梯度向量的反方向进行迭代以达到函数的极值点，如图 1.3 所示。这个思路很直观：比如我们在一座大山上的某处位置，由于我们不知道怎么下山，于是决定走一步算一步，即在每走到一个位置的时候，求解当前位置的梯度，沿着梯度的负方向，也就是当前最陡峭的位置向下走一步，然后继续求解当前位置梯度，在当前位置沿着最陡峭最易下山的方向走一步。这样一步步地走下去，一直走到觉得我们已经到了山脚。当然这样走下去，有可能我们不能走到山脚，而是到了某一个局部的山峰低处。由此可见，梯度下降不一定能够找到全局的最优解，有可能得到一个局部最优解。当然，如果损失函数是凸函数，梯度下降法得到的解就一定是全局最优解。

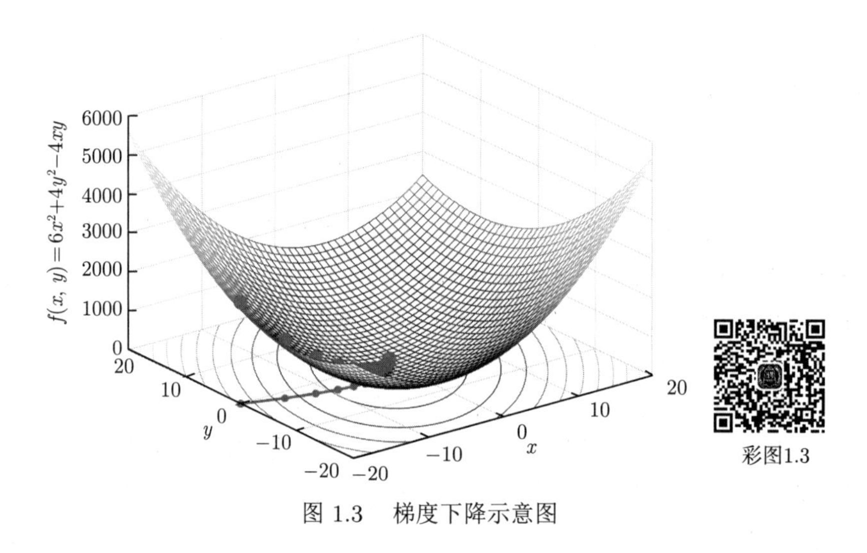

图 1.3　梯度下降示意图

下面从数学角度考虑梯度下降。把多元函数 $f(\boldsymbol{x})$ 在 $\boldsymbol{x}$ 处作一阶泰勒展开：

$$f(\boldsymbol{x}+\Delta\boldsymbol{x}) = f(\boldsymbol{x}) + (\nabla f(\boldsymbol{x}))^{\mathrm{T}}\Delta\boldsymbol{x} + o(\Delta\boldsymbol{x}) \tag{1.3.7}$$

其中，o 表示高阶无穷小。由此可得函数增量与自变量增量的关系为

$$f(\boldsymbol{x}+\Delta\boldsymbol{x}) - f(\boldsymbol{x}) = (\nabla f(\boldsymbol{x}))^{\mathrm{T}}\Delta\boldsymbol{x} + o(\Delta\boldsymbol{x}) \tag{1.3.8}$$

若能满足 $(\nabla f(\boldsymbol{x}))^{\mathrm{T}}\Delta\boldsymbol{x} < 0$，则有 $f(\boldsymbol{x}+\Delta\boldsymbol{x}) < f(\boldsymbol{x})$。可通过选择合适的自变量增量 $\Delta\boldsymbol{x}$ 来满足此条件。易得，在忽略二次及更高的项的条件下，当 $\Delta\boldsymbol{x}$ 的方向与梯度相反时函数值下降最快，故取 $\Delta\boldsymbol{x} = \eta\nabla f(\boldsymbol{x})$。其中，$\eta$ 是一个接近于 0 的正常数，被称作学习率，需要人为设定。从初始点 $\boldsymbol{x}_0$ 开始，使用迭代公式

$$\boldsymbol{x}_{k+1} = \boldsymbol{x}_k - \eta\nabla f(\boldsymbol{x}_k) \tag{1.3.9}$$

函数会沿着序列 $\{\boldsymbol{x}_k\}$，直到达到梯度为 $\boldsymbol{0}$ 的点，这就是梯度下降法。

我们可以通过黑塞矩阵来评估一个梯度下降的表现。在点 $\boldsymbol{x}_k$ 作函数 $f(\boldsymbol{x})$ 的近似泰勒展开：

$$f(\boldsymbol{x}) \approx f(\boldsymbol{x}_k) + (\boldsymbol{x}-\boldsymbol{x}_k)^{\mathrm{T}}\nabla f(\boldsymbol{x}_k) + \frac{1}{2}(\boldsymbol{x}-\boldsymbol{x}_k)^{\mathrm{T}}\boldsymbol{H}(f)(\boldsymbol{x}_k)(\boldsymbol{x}-\boldsymbol{x}_k) \tag{1.3.10}$$

把 $\boldsymbol{x}=\boldsymbol{x}_k-\eta\nabla f(\boldsymbol{x}_k)$ 代入上式，得

$$f(\boldsymbol{x}_k-\eta\nabla f(\boldsymbol{x}_k))\approx f(\boldsymbol{x}_k)-\eta(\nabla f(\boldsymbol{x}_k))^{\mathrm{T}}\nabla f(\boldsymbol{x}_k)+\frac{1}{2}\eta^2(\nabla f(\boldsymbol{x}_k))^{\mathrm{T}}\boldsymbol{H}(f)(\boldsymbol{x}_k)\nabla f(\boldsymbol{x}_k) \tag{1.3.11}$$

由式 (1.3.11) 可知，当 $(\nabla f(\boldsymbol{x}_k))^{\mathrm{T}}\boldsymbol{H}(f)(\boldsymbol{x}_k)\nabla f(\boldsymbol{x}_k)>0$ 时，使得泰勒级数下降最多的学习率为

$$\eta^*=\frac{(\nabla f(\boldsymbol{x}_k))^{\mathrm{T}}\nabla f(\boldsymbol{x}_k)}{(\nabla f(\boldsymbol{x}_k))^{\mathrm{T}}\boldsymbol{H}(f)(\boldsymbol{x}_k)\nabla f(\boldsymbol{x}_k)} \tag{1.3.12}$$

在最坏的情况下，$\nabla f(\boldsymbol{x}_k)$ 是与 $\boldsymbol{H}(f)(\boldsymbol{x}_k)$ 的最大的特征值 $\lambda_{\max}$ 对应的特征向量，则 $\eta^*=\dfrac{1}{\lambda_{\max}}$。可见，当目标函数局部可以由二次函数很好地近似的情况下，黑塞矩阵的最大特征值决定了学习率的量级。

1.3.3 约束优化

在机器学习中，常常需要对损失函数进行优化。但是我们可能希望在给定的集合中来搜索函数的最大值或者最小值，这就是约束优化，如图 1.4 所示。对于带等式约束的最优化问题，可以采用拉格朗日（Lagrange）乘子法求解；对于有不等式约束的优化问题，可以通过 KKT （Karush-Kuhn-Tucker）条件来定义问题的最优解。KKT 条件可以看作拉格朗日乘子法的延伸。

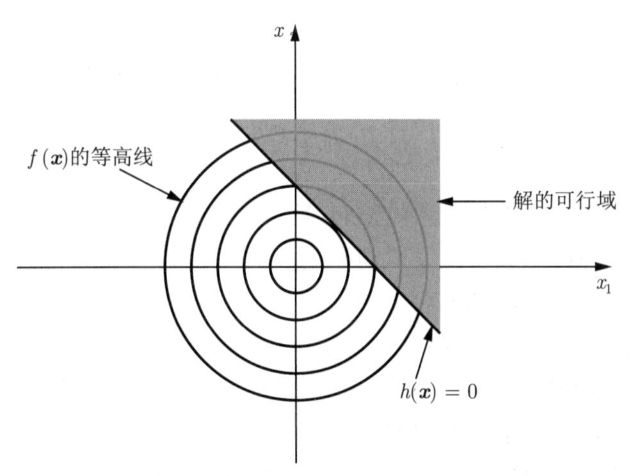

图 1.4 约束优化问题 $\min_{\boldsymbol{x}}\{f(\boldsymbol{x})=4(x_1^2+x_2^2):h(\boldsymbol{x})=2-x_1-x_2\leqslant 0\}$ 的示意图

我们把最优化问题统一表述为最小化问题：

$$\begin{aligned}&\min_{\boldsymbol{x}} f(\boldsymbol{x})\\ &\text{s.t. } h_i(\boldsymbol{x})\leqslant 0,\ i=1,2,\cdots,r_1\\ &\quad\ l_j(\boldsymbol{x})=0,\ j=1,2,\cdots,r_2\end{aligned} \tag{1.3.13}$$

其向量表示为

$$
\begin{aligned}
&\min_{\boldsymbol{x}} f(\boldsymbol{x}) \\
&\text{s.t. } \boldsymbol{h}(\boldsymbol{x}) \leqslant \boldsymbol{0} \\
&\quad\ \ \boldsymbol{l}(\boldsymbol{x}) = \boldsymbol{0}
\end{aligned}
\tag{1.3.14}
$$

对每个约束引入新的变量组成向量 $\boldsymbol{u}=(u_1,u_2,\cdots,u_{r_1})$ 和 $\boldsymbol{v}=(v_1,v_2,\cdots,v_{r_2})$，则优化问题式 (1.3.14) 的广义 Lagrange 定义为

$$
L(\boldsymbol{x},\boldsymbol{u},\boldsymbol{v}) = f(\boldsymbol{x}) + \boldsymbol{u}^{\mathrm{T}}\boldsymbol{h}(\boldsymbol{x}) + \boldsymbol{v}^{\mathrm{T}}\boldsymbol{l}(\boldsymbol{x}) \tag{1.3.15}
$$

其 Lagrange 对偶函数为

$$
g(\boldsymbol{u},\boldsymbol{v}) = \min_{\boldsymbol{x}} L(\boldsymbol{x},\boldsymbol{u},\boldsymbol{v}) \tag{1.3.16}
$$

从而，优化问题式 (1.3.14) 的对偶问题可定义为

$$
\begin{aligned}
&\max_{\boldsymbol{u},\boldsymbol{v}} g(\boldsymbol{u},\boldsymbol{v}) \\
&\text{s.t. } \boldsymbol{u} \geqslant \boldsymbol{0}
\end{aligned}
\tag{1.3.17}
$$

定理 1.3.2（对偶问题的重要性质） 优化问题式 (1.3.14) 的对偶问题式 (1.3.17) 有以下重要性质：

（1）对偶问题总是凸问题；

（2）原问题的最优值 f^* 和对偶问题的最优值 g^* 总满足弱对偶，即 $f^* \geqslant g^*$；

（3）斯莱特（Slater）条件：设原问题是凸的，若存在点 $\boldsymbol{x}$ 满足 $\boldsymbol{h}(\boldsymbol{x}) < \boldsymbol{0}$ 并且 $\boldsymbol{l}(\boldsymbol{x}) = \boldsymbol{0}$，则强对偶 $f^* = g^*$ 成立。

由以上性质可知，当满足强对偶性质时，对偶问题与原问题等价。虽然斯莱特条件可以用来保证强对偶性质，但它仅仅是充分条件，并且未给出原问题和对偶问题最优解的关系。下面介绍 KKT 条件来解决此问题。

定义 1.3.4（KKT 条件） 考虑问题式 (1.3.14)，如果 $\boldsymbol{x}$ 和 $\boldsymbol{u}$、$\boldsymbol{v}$ 满足以下条件：

（1）稳定性条件：$\boldsymbol{0} \in \nabla_{\boldsymbol{x}} L(\boldsymbol{x},\boldsymbol{u},\boldsymbol{v})$；

（2）互补松弛性条件：$\boldsymbol{u} \odot \boldsymbol{h}(\boldsymbol{x}) = \boldsymbol{0}$；

（3）原可行性条件：$\boldsymbol{h}(\boldsymbol{x}) \leqslant \boldsymbol{0}$，$\boldsymbol{l}(\boldsymbol{x}) = \boldsymbol{0}$；

（4）对偶可行性条件：$\boldsymbol{u} \geqslant \boldsymbol{0}$；

则称这组解满足 KKT 条件。

定理 1.3.3（KKT 条件的必要性） 如果 $\boldsymbol{x}^*$ 和 $\boldsymbol{u}^*$、$\boldsymbol{v}^*$ 分别是原问题和对偶问题的解，满足强对偶性质，则它们满足 KKT 条件。

证明

$$
\begin{aligned}
f(\boldsymbol{x}^*) &= g(\boldsymbol{u}^*, \boldsymbol{v}^*) \\
&= \min_{\boldsymbol{x}} f(\boldsymbol{x}) + \boldsymbol{u}^{*\mathrm{T}}\boldsymbol{h}(\boldsymbol{x}) + \boldsymbol{v}^{*\mathrm{T}}\boldsymbol{l}(\boldsymbol{x}) \\
&\leqslant f(\boldsymbol{x}^*) + \boldsymbol{u}^{*\mathrm{T}}\boldsymbol{h}(\boldsymbol{x}^*) + \boldsymbol{v}^{*\mathrm{T}}\boldsymbol{l}(\boldsymbol{x}^*) \\
&\leqslant f(\boldsymbol{x}^*)
\end{aligned}
$$

以上小于等于号都取等号，从而有 $\boldsymbol{u}^{*\mathrm{T}}\boldsymbol{h}(\boldsymbol{x}^*) = 0$。又因为每一项都有 $u_i h_i(\boldsymbol{x}) \leqslant 0$，所以每一项为 0，即 $\boldsymbol{u}^* \odot \boldsymbol{h}(\boldsymbol{x}^*) = \boldsymbol{0}$，互补松弛性条件成立。由于在点 $\boldsymbol{x}^*$ 处函数 $L(\boldsymbol{x}, \boldsymbol{u}^*, \boldsymbol{v}^*)$ 取最小值，所以 $\boldsymbol{0} \in \nabla_{\boldsymbol{x}^*} L(\boldsymbol{x}^*, \boldsymbol{u}^*, \boldsymbol{v}^*)$，稳定性条件成立。

定理 1.3.4（KKT 条件的充分性） 如果 $\boldsymbol{x}^*$ 和 $\boldsymbol{u}^*$、$\boldsymbol{v}^*$ 满足 KKT 条件，则 $\boldsymbol{x}^*$ 和 $\boldsymbol{u}^*$、$\boldsymbol{v}^*$ 分别是原问题和对偶问题的解。

证明

$$
\begin{aligned}
g(\boldsymbol{u}^*, \boldsymbol{v}^*) &= f(\boldsymbol{x}^*) + \boldsymbol{u}^{*\mathrm{T}}\boldsymbol{h}(\boldsymbol{x}^*) + \boldsymbol{v}^{*\mathrm{T}}\boldsymbol{l}(\boldsymbol{x}^*) \\
&= f(\boldsymbol{x}^*)
\end{aligned}
$$

第一个等号成立是由于稳定性条件，第二个等号成立是由于互补松弛性条件。由上式可知，$\boldsymbol{x}^*$ 和 $\boldsymbol{u}^*$、$\boldsymbol{v}^*$ 满足强对偶性质，所以 $\boldsymbol{x}^*$ 和 $\boldsymbol{u}^*$、$\boldsymbol{v}^*$ 分别是原问题和对偶问题的解。

1.4 信号分析基础

随着互联网技术的发展，我们进入了信息爆炸时代。信号作为信息的载体是无处不在的，如随时可见的视频图像信号、随时可听到的语音信号，以及伴随着生命存在的心电、脑电、脉搏等生理信号。本节将介绍信号分析的相关基本概念、信号的分解方法、傅里叶变换以及小波变换。

1.4.1 信号分析的相关概念

在分析信号时，常常会遇到一些典型的信号，如正弦信号、复指数信号、单位阶跃信号、单位冲激信号等。

定义 1.4.1（正弦信号） 正、余弦信号只在相位上相差 π/2，故通常统称为正弦信号。连续时间正弦信号一般表示为

$$
f(t) = A\sin(\omega t + \varphi), \quad t \in \mathbb{R} \tag{1.4.1}
$$

离散时间正弦信号一般表示为

$$
f(n) = A\sin(\omega n + \varphi), \quad n = 0, \pm 1, \pm 2, \cdots \tag{1.4.2}
$$

其中，A 为振幅，ω 为角频率，φ 为初相。信号的周期 T、角频率 ω 和频率 f 的关系为

$$T=\frac{2\pi}{\omega}=\frac{1}{f} \tag{1.4.3}$$

定义 1.4.2（复指数信号） 连续时间复指数信号通常表示为

$$f(t)=A\mathrm{e}^{st}, \quad t\in\mathbb{R} \tag{1.4.4}$$

离散时间复指数信号通常表示为

$$f(n)=A\mathrm{e}^{sn}, \quad n=0,\pm1,\pm2,\cdots \tag{1.4.5}$$

其中 $s=\sigma+\mathrm{i}\omega$ 为复数，σ 是 s 的实部，ω 是 s 的虚部。利用欧拉公式将表达式展开，可得

$$f(t)=A\mathrm{e}^{st}=A\mathrm{e}^{\sigma t}\cos(\omega t)+\mathrm{i}A\mathrm{e}^{\sigma t}\sin(\omega t), \quad t\in\mathbb{R} \tag{1.4.6}$$

$$f(n)=A\mathrm{e}^{sn}=A\mathrm{e}^{\sigma n}\cos(\omega n)+\mathrm{i}A\mathrm{e}^{\sigma n}\sin(\omega n), \quad n=0,\pm1,\pm2,\cdots \tag{1.4.7}$$

定义 1.4.3（单位阶跃信号） 连续时间单位阶跃信号定义为

$$u(t)=\begin{cases}1, & t\geqslant 0\\ 0, & t<0\end{cases} \tag{1.4.8}$$

离散时间单位阶跃信号定义为

$$u(n)=\begin{cases}1, & n=0,1,2,\cdots\\ 0, & n=-1,-2,\cdots\end{cases} \tag{1.4.9}$$

定义 1.4.4（单位冲激信号） 连续时间单位冲激信号定义为连续时间单位阶跃信号的一阶导数：

$$\delta(t)=\frac{\mathrm{d}u(t)}{\mathrm{d}t} \tag{1.4.10}$$

离散时间单位冲激信号定义为离散时间单位阶跃信号的一阶差分：

$$\delta(n)=u(n)-u(n-1)=\begin{cases}1, & n=0\\ 0, & n=\pm1,\pm2,\cdots\end{cases} \tag{1.4.11}$$

信号的基本运算是信号分析的基础，归纳如下。

定义 1.4.5（信号的加（减）、乘（除）） 信号的相加（减）或相乘（除）是信号瞬时值相加（减）或相乘（除）。

定义 1.4.6（信号的时间平移） 将信号 $f(t)$ 的自变量 t 用 $t-t_0$ 替换，得到的信号 $f(t-t_0)$ 称为 $f(t)$ 的时间平移。$f(t-t_0)$ 是 $f(t)$ 在时间轴上整体移动 t_0 个单位的结果。

定义 1.4.7（信号的时间反转） 将信号 $f(t)$ 的自变量 t 用 $-t$ 替换，得到的信号 $f(-t)$ 称为 $f(t)$ 的时间反转。$f(-t)$ 是 $f(t)$ 以 $t=0$ 为轴反褶的结果。

定义 1.4.8（信号的尺度变换） 将信号 $f(t)$ 的自变量 t 用 $at\ (a\neq 0)$ 替换，得到的信号 $f(at)$ 称为 $f(t)$ 的尺度变换。$f(at)$ 是 $f(t)$ 在时间轴压缩或扩展的结果。

定义 1.4.9（卷积运算） 信号 $f_1(t)$ 和 $f_2(t)$ 的卷积积分，简称卷积，定义为

$$f(t)=\int_{-\infty}^{+\infty} f_1(\tau)f_2(t-\tau)\mathrm{d}\tau \tag{1.4.12}$$

简记为 $f_1 * f_2(t)$ 或 $f_1(t) * f_2(t)$。由此可知，实现卷积运算需要完成以下步骤：

（1）变量替换：$f_1(t)$ 和 $f_2(t)$ 中的变量 t 用 τ 替换变成 $f_1(\tau)$ 和 $f_2(\tau)$。

（2）时间反转：将 $f_2(\tau)$ 时间反转，得 $f_2(-\tau)$。

（3）时间平移：将 $f_2(-\tau)$ 平移 t 得 $f_2(t-\tau)$。

（4）相乘：将 $f_1(\tau)$ 与 $f_2(t-\tau)$ 相乘。

（5）积分：求 $f_1(\tau)$ 与 $f_2(t-\tau)$ 的乘积在其重叠部分的积分，即为 t 时刻的卷积运算值。

例 1.4.1 已知两信号波形如图 1.5（a）所示，计算两个信号的卷积并绘出卷积波形图。

解 如图 1.5（b）所示，令 $t=\tau$，先对 $f_1(t)$ 和 $f_2(t)$ 作变量替换得 $f_1(\tau)$ 和 $f_2(\tau)$；随后将 $f_2(\tau)$ 时间反转，得 $f_2(-\tau)$。然后，将 $f_2(-\tau)$ 平移 t 得 $f_2(t-\tau)$，如图 1.5（c）所示。最后，计算 $f_1(\tau)$ 与 $f_2(t-\tau)$ 的乘积在其重叠部分的积分，相当于重叠部分的面积积分。按照以上步骤完成的卷积计算结果及卷积波形图如下：

（1）当 $-\infty<t\leqslant -0.5$ 时，波形如图 1.5（d）所示，且

$$f_1 * f_2(t)=0$$

（2）当 $-0.5<t\leqslant 1$ 时，波形如图 1.5（e）所示，且

$$f_1 * f_2(t)=\int_{-0.5}^{t} 1\times 0.5(t-\tau)\mathrm{d}\tau=\frac{t^2}{4}+\frac{t}{4}+\frac{1}{16}$$

（3）当 $1<t\leqslant 1.5$ 时，波形如图 1.5（f）所示，且

$$f_1 * f_2(t)=\int_{-0.5}^{1} 1\times 0.5(t-\tau)\mathrm{d}\tau=\frac{3t}{4}-\frac{3}{16}$$

（4）当 $1.5<t\leqslant 3$ 时，波形如图 1.5（g）所示，且

$$f_1 * f_2(t)=\int_{t-2}^{1} 1\times 0.5(t-\tau)\mathrm{d}\tau=-\frac{t^2}{4}+\frac{t}{2}+\frac{3}{4}$$

（5）当 $3<t<\infty$ 时，波形如图 1.5（h）所示，且

$$f_1 * f_2(t) = 0$$

图 1.5所示各个子图中重叠部分的积分值即为相乘积分的结果。最后，以 t 为横坐标，作出 $f_1 * f_2(t)$ 的波形曲线，如图 1.5（i）所示。

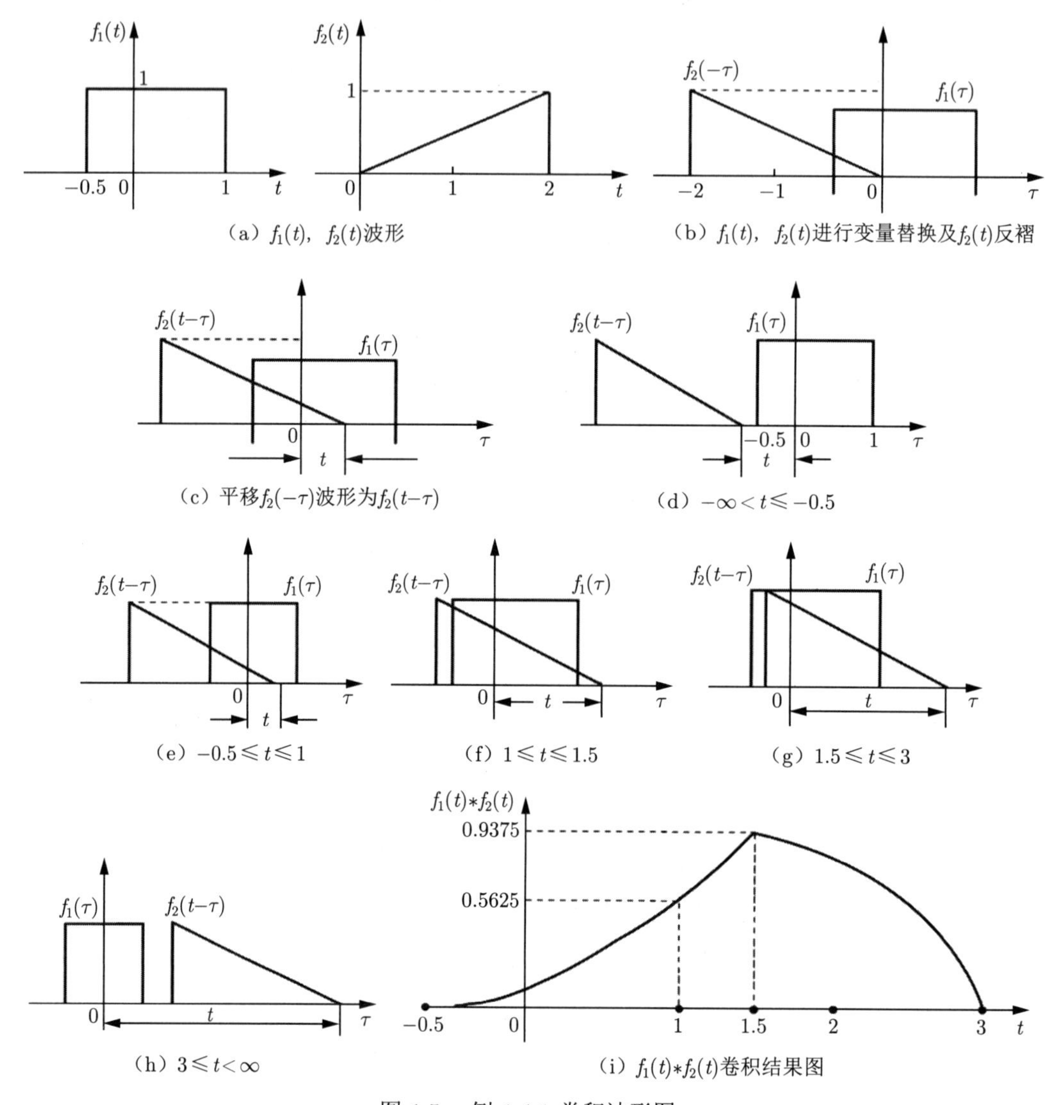

图 1.5　例 1.4.1 卷积波形图

由图 1.5可以看出，卷积中积分限的确定取决于两信号重叠部分的范围。卷积计算结果所占时宽等于两个信号各自时宽之和。

定理 1.4.1（卷积的性质）　设 $f_1(t)$、$f_2(t)$ 和 $f_3(t)$ 是任意三个信号，则有：

（1）交换律：$f_1 * f_2(t) = f_2 * f_1(t)$；

（2）分配律：$f_1 * (f_2 + f_3)(t) = f_1 * f_2(t) + f_1 * f_3(t)$；

（3）结合律：$(f_1 * f_2) * f_3(t) = f_1 * (f_2 * f_3)(t)$；

（4）卷积的微分：$\dfrac{\mathrm{d}}{\mathrm{d}t}[f_1 * f_2(t)] = f_1 * \dfrac{\mathrm{d}f_2}{\mathrm{d}t}(t) + \dfrac{\mathrm{d}f_1}{\mathrm{d}t} * f_2(t)$；

（5）卷积的积分：$\int_{-\infty}^{t} f_1 * f_2(\lambda)\mathrm{d}\lambda = f_1 * \int_{-\infty}^{t} f_2(\lambda)\mathrm{d}\lambda = f_2 * \int_{-\infty}^{t} f_1(\lambda)\mathrm{d}\lambda$。

1.4.2 信号的分解

信号分解是信号时域分析的基本方法，即将复杂信号分解为几个简单信号分量之和，然后对感兴趣的分量进行分析处理。下面介绍几种常见的分解方法。

1. 脉冲分量分解

任意连续时间信号可以表示为单位冲激信号的线性组合。其基本思路是把信号分解为一组矩形窄脉冲之和，如图 1.6 所示。设 t_k 时分解的矩形脉冲高度为 $f(t_k)$，宽度为 Δt_k，则 t_k 处窄脉冲可表示为

$$f_{t_k}(t) = f(t_k)[u(t-t_k) - u(t-t_k-\Delta t_k)] \tag{1.4.13}$$

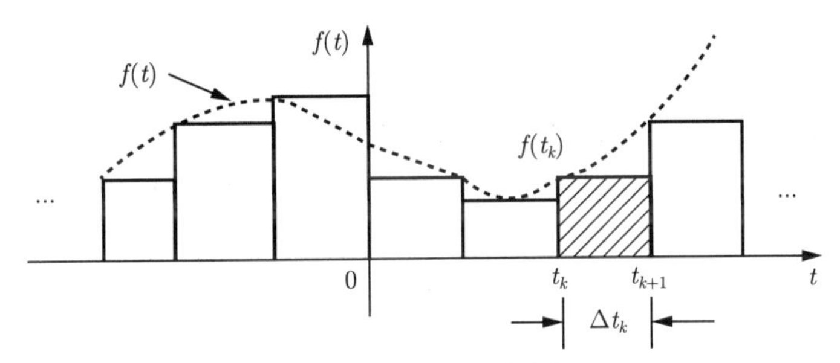

图 1.6 信号的脉冲分解

当 $\Delta t_k \to 0$ 时，矩形脉冲叠加的结果趋近于 $f(t)$，即

$$\begin{aligned} f(t) &= \lim_{\Delta t_k \to 0} \sum_{t_k=-\infty}^{+\infty} f_{t_k}(t) = \lim_{\Delta t_k \to 0} \sum_{t_k=-\infty}^{+\infty} f(t_k)\left[\frac{u(t-t_k) - u(t-t_k-\Delta t_k)}{\Delta t_k}\right]\Delta t_k \\ &= \lim_{\Delta t_k \to 0} \sum_{t_k=-\infty}^{+\infty} f(t_k)\delta(t-t_k)\Delta t_k = \int_{-\infty}^{+\infty} f(\tau)\delta(t-\tau)\mathrm{d}\tau = f * \delta(t) \end{aligned} \tag{1.4.14}$$

2. 正交函数分量分解

定义 1.4.10（正交函数集） 设函数集由 n 个函数 $g_i(t)\ (i=1,2,\cdots,n)$ 构成，这些函数在区间 (t_1,t_2) 内满足

$$\int_{t_1}^{t_2} g_i(t)g_j^*(t)\mathrm{d}t = \begin{cases} K_i, & i=j \\ 0, & i \neq j \end{cases} \tag{1.4.15}$$

则称此函数集为正交函数集。其中，$g_j^*(t)$ 表示 $g_j(t)$ 的共轭。当 $K_i = 1\ (i=1,2,\cdots,n)$ 时，此函数集称为归一化正交函数集。

设信号 $f(t)$ 在区间 (t_1, t_2) 内可由几个相互正交的函数的线性组合近似，即

$$f(t) \approx \sum_{i=1}^{n} c_i g_i(t) \tag{1.4.16}$$

近似的均方误差可表示为

$$\text{MSE}_n = \frac{1}{t_2 - t_1} \int_{t_1}^{t_2} |f(t) - \sum_{i=1}^{n} c_i g_i(t)|^2 \mathrm{d}t \tag{1.4.17}$$

其中 $|\cdot|$ 表示复数的模。为了达到最佳近似，求系数 c_i $(i = 1, 2, \cdots, n)$ 使得均方误差最小。故令 $\dfrac{\partial \text{MSE}_n}{\partial c_i} = 0$ $(i = 1, 2, \cdots, n)$，得

$$c_i = \frac{\displaystyle\int_{t_1}^{t_2} f(t) g_i^*(t) \mathrm{d}t}{\displaystyle\int_{t_1}^{t_2} |g_i|^2(t) \mathrm{d}t} = \frac{1}{K_i} \int_{t_1}^{t_2} f(t) g_i^*(t) \mathrm{d}t \tag{1.4.18}$$

定义 1.4.11（完备正交函数集） 设函数集由一系列相互正交的函数 $g_i(t)$ $(i = 1, 2, \cdots)$ 构成。若对于任意一函数 $f(t)$，在区间 (t_1, t_2) 内都有

$$f(t) = \sum_{i=1}^{+\infty} c_i g_i(t) \tag{1.4.19}$$

则称此函数集为完备正交函数集。

下面介绍几种常用的完备正交函数集。

（1）三角函数集：$\{1, \cos(\omega t), \sin(\omega t), \cos(2\omega t), \sin(2\omega t), \cdots\}$ 在区间 $(t_0, t_0 + 2\pi/\omega)$ 内组成完备正交函数集。任意周期为 $T = 2\pi/\omega$ 的周期函数 $f(t)$ 都可以由这些三角函数的线性组合来表示，称为 $f(t)$ 的傅里叶级数展开，即

$$f(t) = \frac{a_0}{2} + \sum_{n=1}^{+\infty} [a_n \cos(n\omega t) + b_n \sin(n\omega t)], \quad t_0 < t < t_0 + 2\pi/\omega \tag{1.4.20}$$

其中，系数 a_n、b_n 可由式 (1.4.18) 求得。合并同频率的项可得

$$f(t) = c_0 + \sum_{n=1}^{+\infty} c_n \cos(n\omega t + \varphi_n) \tag{1.4.21}$$

其中，$c_n = \sqrt{a_n + b_n}$，$\varphi_n = \arctan(-b_n/a_n)$。可以看出，振幅 c_n 和相位 φ_n 都是频率 $n\omega$ 的函数，它们从频率的角度反映了信号的特性，称为信号的**频谱**。所以，通常利用 c_n 和 φ_n 对 $n\omega$ 的关系图来直观地展现信号所包含各频率分量的振幅和相位随频率变化的情况，称为**频谱图**。其中，幅度谱是 c_n-$n\omega$ 的线图，每条线代表该频率分量的振幅；相位图是 φ_n-$n\omega$ 的线图，每条线代表该频率分量的相位。

（2）复指数函数集：$\{e^{in\omega t}: n=0,\pm1,\pm2,\cdots\}$ 在区间 $(t_0, t_0+2\pi/\omega)$ 内组成完备正交函数集。任意周期为 $T=2\pi/\omega$ 的周期函数 $f(t)$ 可以展开为复指数形式的傅里叶级数，即

$$f(t)=\sum_{n=-\infty}^{+\infty}F_n e^{in\omega t} \tag{1.4.22}$$

其中，系数 F_n 可由式 (1.4.18) 求得。

1.4.3 傅里叶变换

前面已经介绍过利用傅里叶级数对周期信号作频谱分析。傅里叶变换的基本思路是把周期信号的傅里叶分析方法推广到非周期信号中。非周期信号 $f(t)$ 可以看作周期为无穷大的周期信号 $f_{T_1}(t)$。对于周期为 T_1 的周期信号 $f_{T_1}(t)$，通过复指数傅里叶级数展开可得

$$f_{T_1}(t)=\sum_{n=-\infty}^{+\infty}F_n e^{in\omega_1 t} \tag{1.4.23}$$

由式 (1.4.18) 求得系数为

$$F_n=\frac{1}{T_1}\int_{-T_1/2}^{T_1/2}f_{T_1}(t)e^{-in\omega_1 t}dt \tag{1.4.24}$$

当 $T_1\to+\infty$ 时，有

$$\lim_{T_1\to+\infty}F_n=\lim_{T_1\to+\infty}\frac{1}{T_1}\int_{-\infty}^{+\infty}f(t)e^{-in\omega_1 t}dt \tag{1.4.25}$$

定义 $F(n\omega_1)=\lim_{T_1\to+\infty}T_1F_n$，则有

$$F(n\omega_1)=\int_{-\infty}^{+\infty}f(t)e^{-in\omega_1 t}dt \tag{1.4.26}$$

再利用 $T_1=2\pi/\omega_1$，得

$$\begin{aligned}f(t)&=\lim_{T_1\to+\infty}f_{T_1}(t)=\lim_{T_1\to+\infty}\sum_{n=-\infty}^{+\infty}\frac{1}{T_1}F(n\omega_1)e^{in\omega_1 t}\\&=\lim_{\omega_1\to0}\frac{1}{2\pi}\sum_{n=-\infty}^{+\infty}F(n\omega_1)e^{in\omega_1 t}\omega_1=\frac{1}{2\pi}\int_{-\infty}^{+\infty}F(\omega)e^{i\omega t}d\omega\end{aligned} \tag{1.4.27}$$

由此得出傅里叶变换的定义。

定义 1.4.12（傅里叶变换）　连续时间信号 $f(t)$ 的傅里叶变换定义为

$$\mathcal{F}[f(t)]=F(\omega)=\int_{-\infty}^{+\infty}f(t)e^{-i\omega t}dt \tag{1.4.28}$$

其中，频谱函数 $F(\omega)$ 表示信号 $f(t)$ 各频率分量在频率轴 ω 上的分布情况。通常 $F(\omega)$ 为复数，故写作

$$F(\omega)=|F(\omega)|\mathrm{e}^{\mathrm{i}\varphi(\omega)} \tag{1.4.29}$$

其中，$|F(\omega)|$ 表示频谱的模，被称为幅度频谱，代表信号中各频率分量的相对大小；$\varphi(\omega)$ 被称为相位频谱，代表信号各频率分量之间的相位关系。由信号的傅里叶变换 $F(\omega)$ 求原信号 $f(\omega)$ 的运算被称为傅里叶逆变换，即

$$\mathcal{F}^{-1}[F(\omega)]=f(t)=\frac{1}{2\pi}\int_{-\infty}^{+\infty}F(\omega)\mathrm{e}^{\mathrm{i}\omega t}\mathrm{d}\omega \tag{1.4.30}$$

定理 1.4.2（傅里叶变换的存在条件） 信号 $f(t)$ 的傅里叶变换存在的充分条件是 $f(t)$ 在无限区间内绝对可积，即

$$\int_{-\infty}^{+\infty}|f(t)|\mathrm{d}t<+\infty \tag{1.4.31}$$

例 1.4.2 求连续时间单位冲激信号 $\delta(t)$ 的傅里叶变换。

解

$$F(\omega)=\int_{-\infty}^{+\infty}\delta(t)\mathrm{e}^{-\mathrm{i}\omega t}\mathrm{d}t=\mathrm{e}^0=1$$

例 1.4.3 求单边指数信号 $f(t)=\mathrm{e}^{-at}u(t)$ 的傅里叶变换，其中 $a>0$，$u(t)$ 是连续时间单位阶跃信号。

解

$$F(\omega)=\int_{-\infty}^{+\infty}\mathrm{e}^{-at}u(t)\mathrm{e}^{-\mathrm{i}\omega t}\mathrm{d}t=\int_{0}^{+\infty}\mathrm{e}^{-at}\cdot\mathrm{e}^{-\mathrm{i}\omega t}\mathrm{d}t=\frac{1}{a+\mathrm{i}\omega}$$

定理 1.4.3（傅里叶变换的性质） 设傅里叶变换 $\mathcal{F}[f_i(t)]=F_i(\omega)\ (i=1,2)$，$\mathcal{F}[f(t)]=F(\omega)$，$a_i,a\in\mathbb{R}\ (i=1,2)$，则有:

（1）线性：$\mathcal{F}[a_1f_1(t)+a_2f_2(t)]=a_1F_i(\omega)+a_2F_i(\omega)$；

（2）时移性：$\mathcal{F}[f(t-t_0)]=F(\omega)\mathrm{e}^{-\mathrm{i}\omega t_0}$；

（3）频移性：$\mathcal{F}[\mathrm{e}^{\mathrm{i}\omega_0 t}f(t)]=F(\omega-\omega_0)$；

（4）尺度变换性：$\mathcal{F}[f(at)]=\dfrac{1}{|a|}F\left(\dfrac{\omega}{a}\right)$；

（5）卷积性：$\mathcal{F}[f_1*f_2(t)]=F_1(\omega)\cdot F_2(\omega)$；

（6）相乘性：$\mathcal{F}[f_1(t)\cdot f_2(t)]=\dfrac{1}{2\pi}F_1(\omega)*F_2(\omega)$。

例 1.4.4 已知 $\mathcal{F}[f(t)]=F(\omega)$，利用傅里叶变换的性质求信号 $f(2t-6)$ 的傅里叶变换。

解 由尺度变换性得

$$\mathcal{F}[f(2t)]=\frac{1}{2}F\left(\frac{\omega}{2}\right)$$

再由时移性得

$$\mathcal{F}[f(2t-6)]=\mathcal{F}[f(2\cdot(t-3))]=\frac{1}{2}F\left(\frac{\omega}{2}\right)\mathrm{e}^{-\mathrm{i}3\omega}$$

1.4.4 小波变换

傅里叶分析的本质是将信号表示为一系列三角函数的加权和，其中权函数即为原信号的傅里叶变换，因此对原信号的研究转化为对其傅里叶变换的研究。由于三角函数的频率是不随时间变化的，并且波形是无始无终的，因此傅里叶分析不具有时间和频率的定位功能，只适用于分析信号组成分量的频率不随时间变化的平稳信号。因此，本节将介绍一种可以克服这些问题的方法——小波变换。

定义 1.4.13（小波变换） 给定一个平方可积的函数 $\psi(t)$，满足

$$\int_{\mathbb{R}-\{0\}} \frac{|\mathcal{F}[\psi(t)]|^2}{\omega} \mathrm{d}\omega < +\infty \tag{1.4.32}$$

令

$$\psi_{a,b}(t) = \frac{1}{\sqrt{a}}\psi\left(\frac{t-b}{a}\right) \tag{1.4.33}$$

其中，a、b 均为常数且 $a>0$。随着 a、b 的不断变化可得到一组函数 $\{\psi_{a,b}(t): a,b \in \mathbb{R}, a>0\}$。给定平方可积的信号 $f(t)$，则 $f(t)$ 的小波变换定义为

$$\mathrm{WT}_f(a,b) = \int_{-\infty}^{+\infty} f(t)\psi_{a,b}^*(t)\mathrm{d}t = \frac{1}{\sqrt{a}}\int_{-\infty}^{+\infty} f(t)\psi^*\left(\frac{t-b}{a}\right)\mathrm{d}t \tag{1.4.34}$$

其中 $*$ 表示共轭。式 (1.4.34) 中的 a、b、t 都是连续变量，所以该式又称为连续小波变换。$\psi(t)$ 被称为基本小波或母小波。$\{\psi_{a,b}(t): a,b \in \mathbb{R}, a>0\}$ 是母小波经过位移和伸缩产生的一组函数，称为小波基函数，简称为小波基。

信号的小波变换 $\mathrm{WT}_f(a,b)$ 是时移 b 和尺度因子 a 的函数，是一个二元函数。其中，时移 b 确定了对信号分析的时间位置，即时间中心。$\psi_{a,b}(t)$ 在 $t=b$ 的附近存在明显波动，波动范围的大小取决于尺度因子 a。当 $a=1$ 时，$\psi_{a,b}(t)$ 的波动范围与 $\psi(t)$ 的波动范围是相同的；当 $a>1$ 时，$\psi_{a,b}(t)$ 的波动范围大于 $\psi(t)$ 的波动范围，而且随着 a 变大，$\psi_{a,b}(t)$ 的波形越来越矮宽，整个函数表现出来的变化越来越缓慢；当 $0<a<1$ 时，$\psi_{a,b}(t)$ 的波动范围小于 $\psi(t)$ 的波动范围，而且随着 a 变小，$\psi_{a,b}(t)$ 的波形越来越尖瘦，整个函数表现出来的变化越来越快。因此，时移 b 和尺度因子 a 联合起来确定了对信号分析的中心位置和分析的时间宽度，如图 1.7所示。

例 1.4.5 已知信号 $f(t)$ 的小波变换为 $\mathrm{WT}_f(a,b)$，求信号 $f_1(t)=f(t-t_0)$ 和信号 $f_2(t)=f(\lambda t)$ 的小波变换。

解 利用小波变换的定义得

$$\begin{aligned}\mathrm{WT}_{f_1}(a,b) &= \frac{1}{\sqrt{a}}\int_{-\infty}^{+\infty} f(t-t_0)\psi^*\left(\frac{t-b}{a}\right)\mathrm{d}t \\ &= \frac{1}{\sqrt{a}}\int_{-\infty}^{+\infty} f(t)\psi^*\left(\frac{t-(b-t_0)}{a}\right)\mathrm{d}t = \mathrm{WT}_f(a,b-t_0)\end{aligned}$$

$$\begin{aligned}
\mathrm{WT}_{f_2}(a,b) &= \frac{1}{\sqrt{a}}\int_{\infty}^{+\infty} f(\lambda t)\psi^*\left(\frac{t-b}{a}\right)\mathrm{d}t = \frac{1}{\sqrt{a}}\int_{-\infty}^{+\infty} f(t)\psi^*\left(\frac{t/\lambda-b}{a}\right)\frac{1}{\lambda}\mathrm{d}t \\
&= \frac{1}{\sqrt{\lambda}}\cdot\frac{1}{\sqrt{\lambda a}}\int_{-\infty}^{+\infty} f(t)\psi^*\left(\frac{t-\lambda b}{\lambda a}\right)\mathrm{d}t = \frac{1}{\sqrt{\lambda}}\mathrm{WT}_f(\lambda a,\lambda b)
\end{aligned}$$

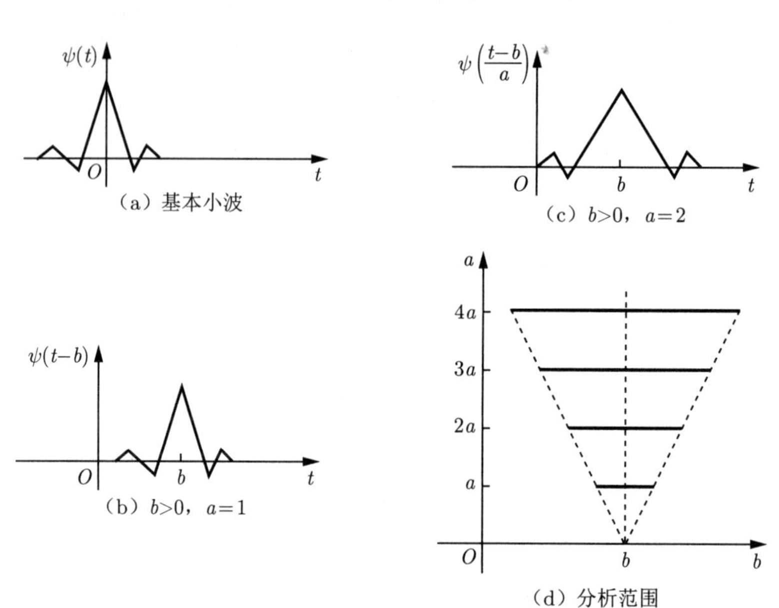

图 1.7　基本小波的时移和伸缩及参数 a,b 对分析范围的控制

习题

1. 设矩阵 $\boldsymbol{A}=\begin{bmatrix}1&0\\0&0\end{bmatrix}$, $\boldsymbol{B}=\begin{bmatrix}0&0\\1&0\end{bmatrix}$，计算 $\boldsymbol{A}^{\mathrm{T}}$, $\boldsymbol{AB}$, $\boldsymbol{BA}$, $\boldsymbol{A}\odot\boldsymbol{B}$, $\boldsymbol{A}\otimes\boldsymbol{B}$。

2. 求以下矩阵的行列式：

$$\boldsymbol{A}=\begin{bmatrix}1&2&3\\4&5&6\\7&8&9\end{bmatrix},\quad \boldsymbol{B}=\begin{bmatrix}3&-7&8&9&-6\\0&2&-5&7&3\\0&0&1&2&3\\0&0&4&5&6\\0&0&7&8&10\end{bmatrix}$$

3. 设向量 $\boldsymbol{a}=\left(\frac{1}{\sqrt{2}},-\frac{1}{\sqrt{2}},0,0\right)^{\mathrm{T}}$，求 $\|\boldsymbol{a}\|_1$、$\|\boldsymbol{a}\|_2$ 和 $\|\boldsymbol{a}\|_\infty$。

4. 设矩阵 $\boldsymbol{A}=\begin{bmatrix}1&2\\2&1\end{bmatrix}$，先计算矩阵 $\boldsymbol{A}$ 的特征值、特征向量和特征分解，然后计算其行列式和逆矩阵。

5. 矩阵 $\boldsymbol{A}$ 定义如下。计算矩阵 $\boldsymbol{A}$ 的奇异值分解。

$$\boldsymbol{A}=\begin{bmatrix}-3 & 1\\ 6 & -2\\ 6 & -2\end{bmatrix}$$

6. 设矩阵 $\boldsymbol{A}=\begin{bmatrix}1 & 0\\ 1 & 3\end{bmatrix}$，$k$ 是一个正整数，计算 $\mathrm{tr}(\boldsymbol{A}^k)$。

7. 张三决定做乳腺癌筛查。假设患乳腺癌的先验概率为 0.004。这项检测的灵敏度为 80%，即如果一个人得了癌症，检测呈阳性的概率为 0.8。用目前的筛查技术，检测是假阳性的概率为 0.1。如果检测呈阳性，张三患癌症的可能性有多大？

8. 证明：当 $a \neq E[X]$ 时，$\mathrm{var}(X) < E[(X-a)^2]$。

9. 证明：协方差矩阵总是半正定的。

10. 证明：相关系数矩阵介于 -1 和 1 之间。

11. 设随机变量 X 的密度函数为

$$p(x)=\frac{1}{2\sigma}\exp\left(-\frac{|x|}{\sigma}\right),\quad -\infty < x < +\infty,\ \sigma > 0$$

它的一组样本观测值为 $\{x^{(i)}: i=1,2,\cdots,n\}$。求未知参数 σ 的极大似然估计。

12. 设两个二值随机变量 X_1，$X_2 \in \{0,1\}$，它们的联合分布列如下。分别计算随机变量 X_1 和 X_2 各自的熵，它们的联合熵、条件熵和互信息。

$p(x_1,x_2)$	(0,0)	(0,1)	(1,0)	(1,1)
(x_1,x_2)	1/6	1/3	1/3	1/6

13. 设随机变量 X 的分布列为 $P(X=i)=\dfrac{1}{8}$，$i=1,2,\cdots,8$，随机变量 Y 的分布列为 $P(Y=i)=\dfrac{1}{2^i}$，$i=1,2,\cdots$。解答以下问题：

（1）计算两个随机变量的熵。哪个随机变量的不确定性更大？

（2）计算两个随机变量的联合熵和互信息。

（3）计算两个随机变量的相对熵。

14. 证明：在所有离散分布中，离散均匀分布具有最大的熵。

15. 证明：$D_{\mathrm{KL}}(p\|q) \geqslant 0$，当且仅当概率分布密度函数（或分布列）$p=q$ 时，$D_{\mathrm{KL}}(p\|q)=0$。（詹生（Jensen）不等式：对于任意凸函数 $f(x)$，有 $f(E[X]) \leqslant E[f(X)]$。）

16. 设函数 $f(x,y)=x^2-y^2+xy$，求梯度 $\nabla f(x,y)$。

17. 考虑函数 $f:\mathbb{R}^n \to \mathbb{R}$

$$f(\boldsymbol{x})=\ln\left(\sum_{i=1}^{m}\exp(\boldsymbol{a}_i^{\mathrm{T}}\boldsymbol{x}+b_i)\right)$$

其中，$\boldsymbol{a}_1$，$\boldsymbol{a}_2$，$\cdots$，$\boldsymbol{a}_m \in \mathbb{R}^n$，$b_1$，$b_2$，$\cdots$，$b_m \in \mathbb{R}$ 为常数。计算 $\nabla f(\boldsymbol{x})$。

18. 求多元函数 $f(x,y,z)=2x^2+y^2-3z^2-xy$ 的黑塞矩阵。

19. 考虑优化问题：

$$\min_{\boldsymbol{x}} \frac{1}{2}\boldsymbol{x}^{\mathrm{T}}\boldsymbol{Q}\boldsymbol{x}+\boldsymbol{c}^{\mathrm{T}}\boldsymbol{x}$$

$$\text{s.t. } \boldsymbol{A}\boldsymbol{x}=\boldsymbol{0}$$

求该优化问题的 KKT 条件。

20. 设信号 $f(t)$ 的傅里叶变换为

$$F(\omega)=\begin{cases}1, & |\omega|\leqslant\omega_0\\ 0, & |\omega|>\omega_0\end{cases}$$

求信号 $f(t)$。

第 2 章

经典机器学习

2.1 监督学习

监督学习（supervised learning）是经典机器学习中最常见的学习方法之一。给定一个带有标签的数据集，监督学习可以从中产生一个模型，这个模型描述了从输入到输出的映射关系，产生这个模型的过程就叫作“学习”。带有标签的数据集也称为有标注数据集。以一个正在做练习题的学生为例，练习册后有题目的参考答案。在这里，练习册就是一个带有标签的数据集（dataset），题目就是输入（input），学生给出的答案就是输出（output），参考答案就是标签（label），学生的大脑就是模型（model）。学生在做完每道题目后会根据参考答案对照修正自己的答案，调整和改进自己的解题思路，这就相当于在训练自己大脑中的“模型”。在做完练习册中的所有题目后，学生完成了对数据集的“学习”，可以正确作答全部（或大部分）的题目。此时，学生的大脑就是一个训练好的模型。因此，监督学习的本质是根据标签所描述的输入/输出关系，学习输入到输出映射的统计规律。

假设有如下的数据集：

$$D = \{(\boldsymbol{x}_1, y_1), (\boldsymbol{x}_2, y_2), \cdots, (\boldsymbol{x}_N, y_N)\}$$

在本书中，我们称集合 D 为样本数据集（简称样本集或数据集）。D 中包含 N 个样本 $(\boldsymbol{x}_i, y_i)$，$i = 1, 2, \cdots, N$，每个样本由一个实例（instance）$\boldsymbol{x}_i \in \mathbb{R}^n$ 和一个标签（label）y_i 组成。其中，标签可以是一个连续的值（即 $y \in \mathbb{R}$），也可以是取自一个标签集合的离散值（即 $y \in \{c_1, c_2, \cdots, c_K\}$）。结合样本数据集 D，我们给出监督学习中的几个常用的基本概念：

（1）输入空间和输出空间

输入空间（input space）是所有可能的输入取值集合，表示为 $\mathcal{X}$；输出空间（output space）则是所有可能的输出取值集合，表示为 $\mathcal{Y}$。这好比学生所有可能遇到的题目，和经过思考后所有可能给出的答案。输入空间和输出空间由具体的问题或数据集决定，可以是有限元素的集合（例如数据集 D 中所有 $\boldsymbol{x}_i$ 的集合和所有 y_i 的集合），也可以是整个欧氏空间。在大部分情况下，输入空间和输出空间是不相同的，但也有可能相同。通常，输出空间的维度远小于输入空间的维度。

（2）特征空间

以数据集 D 为例，样本中的输入 $\boldsymbol{x}_i$ 为实例，可以用一个 n 维的特征向量来表示，即 $\boldsymbol{x}_i=(x_i^{(1)},x_i^{(2)},\cdots,x_i^{(n)})^{\mathrm{T}}$。在这里，$\boldsymbol{x}_i$ 其实是实例的特征向量，但因为在数据集 D 中实例是用特征向量表示的，所以除非需要确切区分二者的情况，可以直接称 $\boldsymbol{x}_i$ 为实例。所有特征向量构成的空间称作特征空间（例如 $\mathbb{R}^n$），特征空间的每一个维度都对应一个特征。例如，$\boldsymbol{x}_i^{(j)}$ 表示实例 $\boldsymbol{x}_i$ 在第 j 个维度的特征值。在上述例子中，如果将练习册中的每道题目看作一个实例，则特征空间可以由所有题目的题型、难度、考察内容等特征构成。例如，一道题目可以是由“困难”、“几何”、“证明题”等特征值表示的特征向量。

（3）假设空间

监督学习的目的在于学习一个从输入空间 $\mathcal{X}$ 到输出空间 $\mathcal{Y}$ 的映射，把这样的映射用模型 $f(\cdot)$ 来表示。模型属于由输入空间到输出空间映射的集合$\mathcal{F}$，这个集合就是假设空间（hypothesis space）。假设空间确定了学习的范围，学习的目的便是从中找到最好的一个模型使得其输出的预测值 $f(x)$ 尽可能接近真实的标签值 y。其中，$x\in\mathcal{X}$，$y\in\mathcal{Y}$，$f(\cdot)\in\mathcal{F}$。算法（algorithm）就是学习的方法，即找到这个“最好的模型”的方法。

（4）训练和测试

在监督学习中，训练（train）是指使用已知的输入数据和标签对模型的参数进行优化的过程，使得模型能够从训练数据中学习到最佳的输入和输出的映射关系 $f(\cdot)$；测试（test）是指使用已经训练好的模型 $f(\cdot)$ 来预测新的未知数据，并将预测结果与真实结果（数据的标签）进行比较，以评估模型的准确性和性能。在上述例子中，学生从练习题中学习解题思路的过程就是训练，可以查看参考答案纠正自己的解答；学习完成后，考试的过程就是测试，只能根据输入的题目给出自己的答案而不能查阅参考答案。

对于给定的数据集 D 而言，可以将其分成两部分：一部分用于训练模型，称为训练集；另一部分用于测试模型的性能，称为测试集。也可以只在数据集 D 上进行训练，使用一个与 D 的结构相似的数据集 T 作为测试集，但是数据集 T 的输入空间和输出空间必须具有与 D 的输入空间和输出空间相同的维度。

在机器学习中，对于模型性能的评估和衡量有以下几个重要概念：

（1）泛化能力

模型的泛化（generalization）能力是指其在处理未见过的新样本（即训练集中没有的样本）时的表现能力，也可以理解为模型对于新样本的适应能力。泛化能力强的模型能够从已有的训练数据中学习到更通用的规律，而不是过度地适应训练数据。这些模型对未知数据也能够给出合适的预测或分类。在上述例子中，泛化能力强的学生可以“举一反三”，在考试中遇到没见过的题目时也能够将训练时学习到的解题思路迁移到新题目上，给出合适的解答。这里所说的未知数据通常还是会和训练样本存在一定的内在关联性（比如分布规律），并非和训练数据毫不相关。

（2）损失函数

损失函数（loss function）用来描述算法的预测值和真实标签不一致的程度（即 $f(x)$ 与 y 的差别）。合适的损失函数可以精确合理地反映算法或模型的拟合效果。随着问题背景的不同，损失函数也会有较大的不同，常见的损失函数有 0-1 损失函数、平方损失函数、交叉熵函数等。通常来说，损失函数的值越小，意味着模型拟合能力越好，即预测值 $f(x)$ 与真实值 y 越接近。

（3）欠拟合与过拟合

欠拟合，指算法模型不能在训练数据集上通过训练得到足够小的误差；而过拟合，指算法模型训练误差和测试误差之间的差距较大，算法模型在训练数据集上表现很好，但在测试数据集上表现比较差。欠拟合往往意味着算法模型复杂度不够，无法学到数据背后的规律特征；过拟合往往意味着算法模型复杂度过高或者模型过度适应了训练数据，而无法很好地泛化到新的数据。在上述例子中，欠拟合的模型代表一个“浅尝辄止”的学生，只在考前匆匆做了一遍题就上了考场，大脑还没有真正理解和掌握其中的知识；而过拟合的模型代表一个对练习题“死记硬背”的学生，却没有理解普遍规律，只会生搬硬套，记住了不适用于考试题（测试集）的训练数据集性质。这两种情况都不能发挥模型的最佳性能。

这些概念都是在模型的训练和测试过程中必须解决的问题，不仅适用于监督学习方法，在无监督学习、强化学习等问题中等也有着重要的作用。理解和掌握泛化能力、损失函数、欠拟合和过拟合等概念，可以帮助我们更好地设计、训练和优化机器学习算法，提高模型的性能和效果。

2.1.1 线性回归模型

1. 基本线性回归模型

线性回归（linear regression）是最基础的监督学习模型之一，具有简洁、高效、解释性强等优点，直到今天仍是统计机器学习领域应用最为广泛的模型之一。

在一个横坐标为 x 轴、纵坐标为 y 轴的二维正交坐标系中，给定样本：$(1,2)$ 和 $(2,3)$。如果用一个线性模型描述输入 x 和输出 y 的映射关系，可以表示为

$$f(x) = wx + b \to y \tag{2.1.1}$$

其中，w 和 b 是该线性模型（直线）的斜率和截距参数。根据线性几何知识，可以求解得到：$w = 1, b = 1$。因此，该线性模型可以表示为：$f(x) = x + 1$。

如果将这个问题拓展到给定样本数据集：

$$D = \{(\boldsymbol{x}_1, y_1), (\boldsymbol{x}_2, y_2), \cdots, (\boldsymbol{x}_N, y_N)\} \tag{2.1.2}$$

和二维坐标系的线性模型相似，线性回归算法也希望通过对输入实例 $\boldsymbol{x}_i$ 进行线性变换后获得一个从输入空间到输出空间的映射 $f(\cdot)$，使得模型根据输入实例预测的输出

$f(\boldsymbol{x}_i)$ 与标签 y_i 尽可能接近。因为实例 $\boldsymbol{x}_i$ 可以展开为：$\boldsymbol{x}_i=(x_i^{(1)},x_i^{(2)},\cdots,x_i^{(n)})^{\mathrm{T}},i=1,2,\cdots,N$，其中的 $x_i^{(j)}$ 表示实例 $\boldsymbol{x}_i$ 的第 j 个特征 $(j=1,2,\cdots,n)$，所以该过程表示为

$$f(\boldsymbol{x}_i)=w_1x_i^{(1)}+w_2x_i^{(2)}+\cdots+w_nx_i^{(n)}+b\rightarrow y_i,\quad i=1,2,\cdots,N \tag{2.1.3}$$

如果用矩阵形式表示，可以构建输入矩阵 $\boldsymbol{X}=(\boldsymbol{x}_1,\boldsymbol{x}_2,\cdots,\boldsymbol{x}_N)$，输出向量 $\boldsymbol{y}=(y_1,y_2,\cdots,y_N)$，权值向量 $\boldsymbol{w}=(w_1,w_2,\cdots,w_n)^{\mathrm{T}}$。线性回归模型就是对输入矩阵 $\boldsymbol{X}$ 进行线性变换，对其中每个实例 $\boldsymbol{x}_i$ 用各维度特征的线性组合 $f(\boldsymbol{x}_i)$ 估计标签 y_i，$i=1,2,\cdots,N$。算法的目标是使得两者的差别尽可能小，如果使用距离 $\|f(\boldsymbol{x}_i)-y_i\|_2$ 定义模型的预测输出 $f(\boldsymbol{x}_i)$ 与标签 y_i 的差别，则线性回归模型的损失函数可以表示为

$$L=\sum_{i=1}^{N}\|f(\boldsymbol{x}_i)-y_i\|_2^2 \tag{2.1.4}$$

寻找线性回归模型的过程就是求解最优参数的过程。为了便于表示，可以将截距参数 b 扩充进权值向量 $\boldsymbol{w}$：$(w_1,w_2,\cdots,w_n,b)^{\mathrm{T}}$，将 $\boldsymbol{x}_i$ 扩充为 $(x_i^{(1)},x_i^{(2)},\cdots,x_i^{(n)},1)^{\mathrm{T}},i=1,2,\cdots,N$，仍记为 $\boldsymbol{w}$ 和 $\boldsymbol{x}_i$。本书对于向量形式使用 $(\cdot)$ 表示，而对于矩阵形式则使用 $[\cdot]$ 表示。因此，如果对扩充后的输入矩阵 $\boldsymbol{X}$ 进行展开，可以写为

$$\boldsymbol{X}=\begin{bmatrix} x_1^{(1)} & x_2^{(1)} & \cdots & x_N^{(1)} \\ x_1^{(2)} & x_2^{(2)} & \cdots & x_N^{(2)} \\ \vdots & \vdots & \ddots & \vdots \\ x_1^{(n)} & x_2^{(n)} & \cdots & x_N^{(n)} \\ 1 & 1 & \cdots & 1 \end{bmatrix} \tag{2.1.5}$$

从而可以将线性回归模型(2.1.3)简化为

$$f(\boldsymbol{x}_i)=\boldsymbol{w}^{\mathrm{T}}\boldsymbol{x}_i \tag{2.1.6}$$

线性回归模型的损失函数可以简化为

$$L(\boldsymbol{w})=\sum_{i=1}^{N}\|\boldsymbol{w}^{\mathrm{T}}\boldsymbol{x}_i-y_i\|_2^2 \tag{2.1.7}$$

此时，最优参数 $\hat{\boldsymbol{w}}$ 的求解可以表示为

$$\begin{aligned}\hat{\boldsymbol{w}}&=\arg\min_{\boldsymbol{w}}L(\boldsymbol{w})\\&=\arg\min_{\boldsymbol{w}}\sum_{i=1}^{N}\|\boldsymbol{w}^{\mathrm{T}}\boldsymbol{x}_i-y_i\|_2^2\end{aligned} \tag{2.1.8}$$

式(2.1.8)可以使用最小二乘法（least square method）进行求解：

$$
\begin{aligned}
L(\boldsymbol{w}) &= \sum_{i=1}^{N} \|\boldsymbol{w}^{\mathrm{T}}\boldsymbol{x}_i - y_i\|_2^2 \\
&= (\boldsymbol{w}^{\mathrm{T}}\boldsymbol{x}_1 - y_1, \boldsymbol{w}^{\mathrm{T}}\boldsymbol{x}_2 - y_2, \cdots, \boldsymbol{w}^{\mathrm{T}}\boldsymbol{x}_N - y_N)\cdot \\
&\quad (\boldsymbol{w}^{\mathrm{T}}\boldsymbol{x}_1 - y_1, \boldsymbol{w}^{\mathrm{T}}\boldsymbol{x}_2 - y_2, \cdots, \boldsymbol{w}^{\mathrm{T}}\boldsymbol{x}_N - y_N)^{\mathrm{T}} \\
&= (\boldsymbol{w}^{\mathrm{T}}\boldsymbol{X} - \boldsymbol{y})(\boldsymbol{X}^{\mathrm{T}}\boldsymbol{w} - \boldsymbol{y}^{\mathrm{T}}) \\
&= \boldsymbol{w}^{\mathrm{T}}\boldsymbol{X}\boldsymbol{X}^{\mathrm{T}}\boldsymbol{w} - 2\boldsymbol{w}^{\mathrm{T}}\boldsymbol{X}\boldsymbol{y}^{\mathrm{T}} + \boldsymbol{y}\boldsymbol{y}^{\mathrm{T}}
\end{aligned} \tag{2.1.9}
$$

将损失函数对 $\boldsymbol{w}$ 求导可得

$$
\frac{\partial L(\boldsymbol{w})}{\partial \boldsymbol{w}} = 2\boldsymbol{X}\boldsymbol{X}^{\mathrm{T}}\boldsymbol{w} - 2\boldsymbol{X}\boldsymbol{y}^{\mathrm{T}} \tag{2.1.10}
$$

令偏导数 $\dfrac{\partial L(\boldsymbol{w})}{\partial \boldsymbol{w}} = 0$，此时 $\boldsymbol{w} = \hat{\boldsymbol{w}}$。则有

$$
\begin{aligned}
\boldsymbol{X}\boldsymbol{X}^{\mathrm{T}}\hat{\boldsymbol{w}} &= \boldsymbol{X}\boldsymbol{y}^{\mathrm{T}} \\
\hat{\boldsymbol{w}} &= (\boldsymbol{X}\boldsymbol{X}^{\mathrm{T}})^{-1}\boldsymbol{X}\boldsymbol{y}^{\mathrm{T}}
\end{aligned} \tag{2.1.11}
$$

式中，$\boldsymbol{X}\boldsymbol{X}^{\mathrm{T}}\hat{\boldsymbol{w}} = \boldsymbol{X}\boldsymbol{y}^{\mathrm{T}}$ 叫作正规方程（normal equation），$(\boldsymbol{X}\boldsymbol{X}^{\mathrm{T}})^{-1}\boldsymbol{X}$ 被称作伪逆，记作 $\boldsymbol{X}^{\dagger}$。伪逆解决了当矩阵 $\boldsymbol{X}$ 不可逆时线性回归的求解问题，可以通过最小二乘法求解得到参数 $\boldsymbol{w}$ 的最优值。

也可以从几何角度，直观地解释最小二乘法的含义。假设试验样本张成一个 p 维空间（满秩的情况）：$\boldsymbol{X} = \mathrm{Span}(\boldsymbol{x}_1, \boldsymbol{x}_2, \cdots, \boldsymbol{x}_N)$，而模型可以写成 $f(\boldsymbol{w}) = \boldsymbol{X}^{\mathrm{T}}\boldsymbol{w}$，也就是 $\boldsymbol{x}_1, \boldsymbol{x}_2, \cdots, \boldsymbol{x}_N$ 的某种组合，而最小二乘法希望 $\boldsymbol{y}^{\mathrm{T}}$ 和这个模型距离越小越好，于是它们的差应该与这个张成的空间垂直，此时 $\boldsymbol{w}$ 为最优参数 $\hat{\boldsymbol{w}}$。因此有

$$
\begin{aligned}
\boldsymbol{X}(\boldsymbol{y}^{\mathrm{T}} - \boldsymbol{X}^{\mathrm{T}}\hat{\boldsymbol{w}}) &= \boldsymbol{0} \\
\boldsymbol{X}\boldsymbol{X}^{\mathrm{T}}\hat{\boldsymbol{w}} &= \boldsymbol{X}\boldsymbol{y}^{\mathrm{T}} \\
\hat{\boldsymbol{w}} &= (\boldsymbol{X}\boldsymbol{X}^{\mathrm{T}})^{-1}\boldsymbol{X}\boldsymbol{y}^{\mathrm{T}}
\end{aligned} \tag{2.1.12}
$$

和式(2.1.11)的结果相同。算法 1描述了线性回归的基本步骤。

Algorithm 1: 线性回归的求解

Input: 输入矩阵 $\boldsymbol{X}$; 标签向量 $\boldsymbol{y}$

Output: 最优参数 $\hat{\boldsymbol{w}}$

(1) 计算伪逆 $\boldsymbol{X}^{\dagger} = (\boldsymbol{X}\boldsymbol{X}^{\mathrm{T}})^{-1}\boldsymbol{X}$;

(2) 计算最优参数 $\hat{\boldsymbol{w}} = \boldsymbol{X}^{\dagger}\boldsymbol{y}^{\mathrm{T}}$;

(3) **return** $\hat{\boldsymbol{w}}$。

---

2. 正则化

在实际应用时，如果给定数据集 D 中的样本数量 N 不远大于实例的特征维度 n，很可能会导致模型复杂度过高，造成“过拟合”的现象。在本章的开始部分介绍过，这就好比一个学生只记住了若干道题目的做法，而考试的范围却是浩如烟海，学生的答案可能会出现“生搬硬套”或者“死记硬背”的情况，对练习过的题目手到擒来，但缺乏变通性，不会把知识迁移到其他题目上。针对这种情况，有以下几种常见的解决方式：

- 增加数据量：最直接的方式是通过使用更多的训练样本，让模型学习到数据中更多有效的特征，从而减少少量无关信息（或噪声）对模型的影响；
- 特征选择：通过减少样本的特征数（俗称降维），使得模型不会过多关注样本中的无关信息，而是重点学习其中更重要、更通用的信息；
- 正则化：为模型的损失函数加上正则化项，实现对模型参数的约束，防止因为模型复杂度过高引起的过拟合现象。

增加数据量的做法我们不作展开，降维方法也会在本书后续的章节中详细介绍。本节我们主要介绍正则化方法。

正则化一般是在损失函数（如式 (2.1.9) 中的最小二乘损失）上加入正则化项，表示根据模型复杂度对模型施加的惩罚。正则化项通常是一个与模型复杂度正相关的函数，即模型越复杂，惩罚越大。因此，正则化项相当于为模型参数的选择加上了约束条件，在一定程度上控制了模型复杂度规模，可防止模型过于复杂，进而产生过拟合现象。通常会采用以下两种正则化项——L1 正则化和 L2 正则化：

$$\text{L1}: \arg\min_{\boldsymbol{w}} L(\boldsymbol{w}) + \lambda\|\boldsymbol{w}\|_1, \quad \lambda > 0 \tag{2.1.13}$$

$$\text{L2}: \arg\min_{\boldsymbol{w}} L(\boldsymbol{w}) + \lambda\|\boldsymbol{w}\|_2, \quad \lambda > 0 \tag{2.1.14}$$

式中，$\|\cdot\|_1$ 代表 L^1 范数，即绝对值；$\|\cdot\|_2$ 代表 L^2 范数，即向量在欧氏空间中的长度。关于范数的介绍详见第 1 章。下面我们以式 (2.1.9) 的最小二乘误差 $L(\boldsymbol{w})$ 为例，对比 L1 正则化和 L2 正则化的区别。

L1 正则化又叫作 LASSO。观察 L1 正则化的表达式(2.1.13)可以发现，加入 L1 正则化项以后的损失函数可以写为 $L(\boldsymbol{w}) + \lambda\|\boldsymbol{w}\|_1$，从最小化损失的角度考虑，假设 $\boldsymbol{w}$ 的维度为 1，用上述损失函数对 $\boldsymbol{w}$ 求导，则有

$$\frac{\partial}{\partial \boldsymbol{w}}(L(\boldsymbol{w}) + \lambda\|\boldsymbol{w}\|_1) = \begin{cases} \dfrac{\partial L(\boldsymbol{w})}{\partial \boldsymbol{w}} + \lambda, & \boldsymbol{w} \geqslant 0 \\ \dfrac{\partial L(\boldsymbol{w})}{\partial \boldsymbol{w}} - \lambda, & \boldsymbol{w} < 0 \end{cases} \tag{2.1.15}$$

因此，只要 $\left|\dfrac{\partial L(\boldsymbol{w})}{\partial \boldsymbol{w}}\right| \leqslant \lambda$，那么损失函数总是在 $\boldsymbol{w} < 0$ 的区间上递减，在 $\boldsymbol{w} > 0$ 的区间上递增，在 $\boldsymbol{w} = 0$ 处取到最小值，即最优参数 $\hat{\boldsymbol{w}} = 0$。所以对于 n 维的 $\boldsymbol{w}$，L1 正则项的存在使得最优参数 $\hat{\boldsymbol{w}}$ 中各维度的值更容易取到 0 解，从而筛选掉部分特征。另外，

从约束优化的角度考虑，L1 正则化等价于如下的优化问题：

$$\begin{cases} \min\limits_{\boldsymbol{w}} L(\boldsymbol{w}) \\ \text{s.t.} \ \ \|\boldsymbol{w}\|_1 \leqslant C \end{cases} \tag{2.1.16}$$

根据式(2.1.9)，目标函数(2.1.16)等价于：

$$\min_{\boldsymbol{w}} L(\boldsymbol{w}) \Rightarrow \min_{\boldsymbol{w}}(\boldsymbol{w}^{\mathrm{T}}\boldsymbol{X}\boldsymbol{X}^{\mathrm{T}}\boldsymbol{w} - 2\boldsymbol{w}^{\mathrm{T}}\boldsymbol{X}\boldsymbol{y}^{\mathrm{T}} + \boldsymbol{y}\boldsymbol{y}^{\mathrm{T}}) \tag{2.1.17}$$

为便于理解，可以假设 $\boldsymbol{w}$ 的维度为 2。此时，从式中可以看出平方误差损失函数 $L(\boldsymbol{w})$ 在 $\boldsymbol{w}$ 的二维平面上的图像是以平面内某一点为中心向外辐射的无数条椭圆形等高线，而 $\|\boldsymbol{w}\|_1 \leqslant C$ 的图像是以 $(0,C),(0,-C),(C,0),(-C,0)$ 为顶点的菱形区域。要使得 $L(\boldsymbol{w})$ 的值最小，除非等高线的中心恰好位于菱形解空间的内部，否则上式求解的最优参数 $\hat{\boldsymbol{w}}$ 一定是这无数条椭圆形等高线和该菱形解空间边界 $\|\boldsymbol{w}\|_1 = C$ 的交点。因此，$\hat{\boldsymbol{w}}$ 很容易落在坐标轴上，即其中某一维度的值为 0。综上可知，L1 正则化更容易取得稀疏解，即最优参数 $\hat{\boldsymbol{w}}$ 中许多维度为 0，相当于对 n 个维度的特征进行了筛选，只保留了其中最重要的一部分特征。

L2 正则化又叫作岭回归（ridge regression）。在式 (2.1.9) 中加入式(2.1.14)的 L2 正则化项，并将其改写为

$$\hat{\boldsymbol{w}} = \arg\min_{\boldsymbol{w}}(L(\boldsymbol{w}) + \lambda\boldsymbol{w}^{\mathrm{T}}\boldsymbol{w}) \tag{2.1.18}$$

这里为了便于求导使用 $\boldsymbol{w}^{\mathrm{T}}\boldsymbol{w}$，在求解目标函数的最小值时，$\boldsymbol{w}^{\mathrm{T}}\boldsymbol{w}$ 与 $\|\boldsymbol{w}\|_2$ 是等价的。将 $L(\boldsymbol{w}) + \lambda\boldsymbol{w}^{\mathrm{T}}\boldsymbol{w}$ 对 $\boldsymbol{w}$ 求导，并令其偏导数为 0，即

$$\frac{\partial L(\boldsymbol{w})}{\partial \boldsymbol{w}} + 2\lambda\boldsymbol{w} = \boldsymbol{0}$$

可以得到基于岭回归模型的最优参数 $\boldsymbol{w} = \hat{\boldsymbol{w}}$:

$$\begin{aligned} &2\boldsymbol{X}\boldsymbol{X}^{\mathrm{T}}\hat{\boldsymbol{w}} - 2\boldsymbol{X}\boldsymbol{y}^{\mathrm{T}} + 2\lambda\hat{\boldsymbol{w}} = \boldsymbol{0} \\ &\rightarrow \hat{\boldsymbol{w}} = (\boldsymbol{X}\boldsymbol{X}^{\mathrm{T}} + \lambda\boldsymbol{I})^{-1}\boldsymbol{X}\boldsymbol{y}^{\mathrm{T}} \end{aligned} \tag{2.1.19}$$

从上式可以发现，利用 L^2 范数进行正则化，不仅可以使模型选择 $\boldsymbol{w}$ 较小的参数，从而在一定程度上解决了过拟合问题，还避免了 $\boldsymbol{X}\boldsymbol{X}^{\mathrm{T}}$ 不可逆的问题。

3. 案例：预测某类癌症特异性抗原水平

在某癌症领域，特异性抗原的水平是评价患者是否有患癌症风险的重要指标，因此，预测特异性抗原指标是一个重要的任务。在研究中发现，多种指标都和特异性抗原指标有所关联。ElemStatLearn[①]就是一个可以使用肿瘤大小、患者年龄等特征预测特异性抗

① 数据来源：网站 The Elements of Statistical Learning.

原指标的数据集，其中包含 97 位患者的信息。表 2.1中选取了其中的 5 个病例作为示例。表中每一行为一个病例的信息，每一列对应着 lcavol、lweight、age、lbph、svi、lcp、pgg45、gleason 等特征以及该患者的特异性抗原指标（lpsa）。

表 2.1　某类癌症数据集的部分展示

病例	lcavol	lweight	age	lbph	svi	lcp	pgg45	gleason	lpsa
1	3.82	3.89	44	−1.39	1	2.17	40	7	4.68
2	−0.58	2.77	50	−1.39	0	−1.39	0	6	−0.43
3	−0.45	4.41	69	−1.39	0	−1.39	0	6	2.96
4	0.51	3.72	65	−1.39	0	−0.80	70	7	1.80
5	1.49	3.41	66	1.75	0	−0.43	20	7	2.52

采用线性回归模型 $f(\boldsymbol{x}_i)=\boldsymbol{w}^{\mathrm{T}}\boldsymbol{x}_i \to y_i(i=1,2,\cdots,N)$ 来估计特异性抗原的水平，并加入 L2 正则化项。为了便于表示，该模型只有权值参数 $\boldsymbol{w}$，不考虑截距参数 b。首先将该数据集划分成训练集和测试集，通常可以使用 80%的样本作为训练集、20%的样本作为测试集。可以写出训练集的实例矩阵 $\boldsymbol{X}$ 和测试集的实例矩阵 $\boldsymbol{X}_{\text{test}}$ 以及对应的标签向量 $\boldsymbol{y}$ 和 $\boldsymbol{y}_{\text{test}}$。根据式(2.1.18)，最优参数 $\hat{\boldsymbol{w}}$ 可以由下面的表达式求得：

$$\hat{\boldsymbol{w}}=\arg\min_{\boldsymbol{w}}(\boldsymbol{w}^{\mathrm{T}}\boldsymbol{X}-\boldsymbol{y})(\boldsymbol{X}^{\mathrm{T}}\boldsymbol{w}-\boldsymbol{y}^{\mathrm{T}})+\lambda\boldsymbol{w}^{\mathrm{T}}\boldsymbol{w} \tag{2.1.20}$$

从上式可以发现，最优参数 $\hat{\boldsymbol{w}}$ 的选择和 L2 正则化项系数 λ 也有关系。因此，可以通过设定不同的 λ，对每个 λ 都利用式(2.1.19)在训练集上求解最优参数：$\hat{\boldsymbol{w}}=(\boldsymbol{X}\boldsymbol{X}^{\mathrm{T}}+\lambda\boldsymbol{I})^{-1}\boldsymbol{X}\boldsymbol{y}^{\mathrm{T}}$，并计算出此时模型在测试集上的预测值和标签值的均方误差 (mean squared error, MSE)：

$$\mathrm{MSE}(\hat{\boldsymbol{w}})=\frac{1}{N}\|\hat{\boldsymbol{w}}\boldsymbol{X}_{\text{test}}-\boldsymbol{y}\|_2^2 \tag{2.1.21}$$

如图 2.1所示，最优正则化项系数 $\hat{\lambda}=3.10$，此时模型在测试集上的 MSE 最小，为 0.574；对应的最优参数 $\hat{\boldsymbol{w}}=(0.604,0.462,-0.018,0.104,0.588,-0.164,0.007,0.114)^{\mathrm{T}}$。从图 2.1 中还可以发现，在不加入正则化项（即 $\lambda=0$）时，模型在测试集上的预测结果和真实标签值的 MSE 较大，说明此时模型的复杂度较高，甚至可能发生了过拟合；随着 λ 的增大，MSE 逐渐减小，这说明加入正则化项以后模型的泛化能力有所提高；但是当 λ 太大时，对应的最优参数 $\boldsymbol{w}$ 倾向于对每一维度都取非常小的值，模型的复杂度变得过低，此时 MSE 也会显著增大，模型将面临欠拟合的风险。

2.1.2 逻辑回归算法

前面介绍的线性回归模型用于处理机器学习问题中的回归（regression）任务，模型学习到的是一个反映从输入到输出的映射关系的连续函数，预测实例的标签就是根据输入的样本点从这个连续函数上取下对应的函数值。机器学习问题中另一种主要的任务是分类（classification）任务，目标是根据输入的实例来预测一个对应的类别。与函数值标签不同，类别标签通常是离散的。

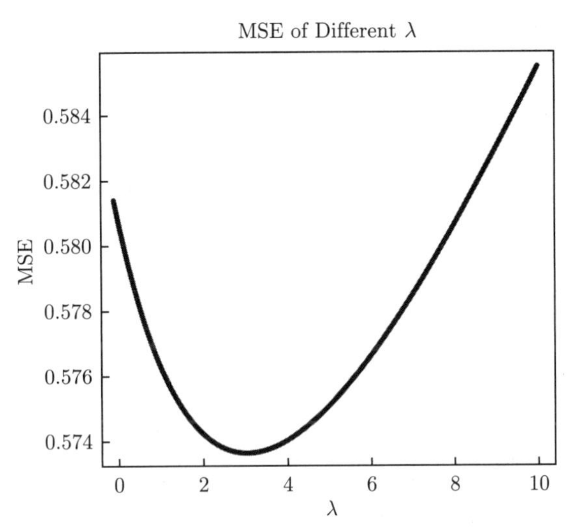

图 2.1　模型采用不同正则化项系数 λ 在测试集上的 MSE

具体来说，对于包含 N 个样本的数据集 $D=\{(\boldsymbol{x}_1,y_1),(\boldsymbol{x}_2,y_2),\cdots,(\boldsymbol{x}_N,y_N)\}$，每个样本由一个实例 $\boldsymbol{x}_i\in\mathbb{R}^n$ 和一个类别标签 $y_i\in\{c_1,c_2,\cdots,c_K\}$ 组成 $(i=1,2,\cdots,N)$。对比前面的回归任务，分类任务中模型的输出空间不再是连续的实数空间 $\mathbb{R}$，而是一个离散的类别标签集 $\{c_1,c_2,\cdots,c_K\}$。K 为数据集中的类别数且通常 $K\geqslant 2$。当 $K=2$ 时，该问题是一个二分类任务；否则，这是一个多分类任务。

因此，一个直观的想法就是：如果输入一个实例 $\boldsymbol{x}$ 使得式 (2.1.3) 中模型的输出 $f(\boldsymbol{x})$ 是 $\{c_1,c_2,\cdots,c_K\}$ 中的离散值，能否直接将回归任务转换为分类任务。以 $K=2$ 时为例，令模型的输出 $f(\boldsymbol{x})$ 为 0 或 1。此时，可以用类似于以下形式的函数表示模型：

$$f(\boldsymbol{x})=\begin{cases}0, & \boldsymbol{w}^{\mathrm{T}}\boldsymbol{x}+b<C\\ 1, & \boldsymbol{w}^{\mathrm{T}}\boldsymbol{x}+b\geqslant C\end{cases}\tag{2.1.22}$$

其中，C 是一个常数。观察上式可以发现，该函数在 C 处不可导，因此无法直接求解参数 $\boldsymbol{w}$ 和 b。如果能定义一个函数 $f(\cdot)$，它不仅具有和函数(2.1.22)相似的特征，还是可导的，那么就能够实现从回归任务到分类任务的拓展。

逻辑回归（logistic regression）模型中就采用了类似的做法。其基本思想是，对数据集 D 中的输入实例 $\boldsymbol{x}$ 进行线性变换，将实例的特征与类别联系起来；再经过一个非线性函数（即逻辑函数）的变换将这个结果 $\boldsymbol{w}^{\mathrm{T}}\boldsymbol{x}+b$ 转化为概率值，并利用这个概率值进行分类。逻辑回归又叫逻辑斯谛回归或者对数几率回归。虽然名称中带有回归，但是逻辑回归其实是一种用于分类任务的监督学习算法。此外，逻辑回归输出的不是一个准确的类别结果，而是一个位于 $[0,1]$ 区间的概率值，再选择概率最大的类别作为分类结果，这样的分类模型叫作概率判别模型，又称软输出。

1. 逻辑函数

回到上面的例子中，什么样的函数才能满足这样的要求呢？逻辑斯谛分布（logistic distribution）的分布函数就具有这样的特点。

定义 2.1.1（逻辑斯谛分布） 设 X 是连续随机变量，若 X 服从逻辑斯谛分布，则其具有如下的分布函数和概率密度函数：

$$F(x)=P(X\leqslant x)=\frac{1}{1+\mathrm{e}^{-(x-\mu)/\gamma}}$$

$$F'(x)=\frac{\mathrm{e}^{-(x-\mu)/\gamma}}{\gamma(1+\mathrm{e}^{-(x-\mu)/\gamma})^2} \tag{2.1.23}$$

式中，μ 为位置参数；γ 为形状参数，$\gamma>0$。

当 $\mu=0,\gamma=1$ 时，逻辑斯谛分布函数 $F(x)$ 的图像如图 2.2所示，这是一个 sigmoid 函数（即图像是一条 S 形曲线的函数）。观察图像还可以发现，$F(x)$ 是一个单调递增函数，函数值始终处于 $[0,1]$ 区间，且 $F(0)=0.5$。当 x 趋于 0 时，函数值变化较快；而当 x 趋于 ∞ 时，函数值趋于稳定。如果将线性变换后的实例特征 $\boldsymbol{w}^{\mathrm{T}}\boldsymbol{x}+b$ 作为横轴，函数的输出作为类别的概率值；则当实例具有明显的类别特征时（即离 0 点较远），函数能够准确区分其类别（概率值为 0 或 1）；即使当实例不具有明显的类别特征时（即离 0 点较近），函数也能根据特征的差异输出区别明显的概率值。此外，函数具有可导性，可以使用梯度下降等优化方法进行模型参数的求解。因此，逻辑斯谛分布函数非常适合用于分类任务。将式(2.1.22)的模型可以改写为

$$f(\boldsymbol{x})=\frac{1}{1+\mathrm{e}^{-(\boldsymbol{w}^{\mathrm{T}}\boldsymbol{x}+b)}} \tag{2.1.24}$$

式(2.1.24)也被称为逻辑函数。

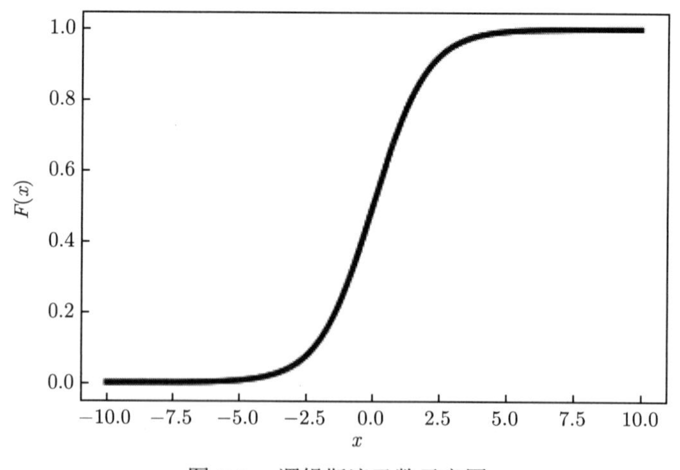

图 2.2 逻辑斯谛函数示意图

和线性回归中类似，可以通过对权值向量 $\boldsymbol{w}$ 和实例的特征向量 $\boldsymbol{x}$ 进行扩充，从而在表达式中省略截距参数 b，使形式更为简洁。扩充后的向量仍记作 $\boldsymbol{w}$ 和 $\boldsymbol{x}$。此时，

$\boldsymbol{w}=(w^{(1)},w^{(2)},\cdots,w^{(n)},b)^{\mathrm{T}}$，对应的实例特征向量为 $\boldsymbol{x}=(x^{(1)},x^{(2)},\cdots,x^{(n)},1)^{\mathrm{T}}$。可以将逻辑函数(2.1.24)简化为

$$f(\boldsymbol{x})=\frac{1}{1+\mathrm{e}^{-\boldsymbol{w}^{\mathrm{T}}\boldsymbol{x}}} \tag{2.1.25}$$

如果对等号两边同时取自然对数，可得到

$$\ln\frac{f(\boldsymbol{x})}{1-f(\boldsymbol{x})}=\boldsymbol{w}^{\mathrm{T}}\boldsymbol{x} \tag{2.1.26}$$

观察上式可以发现，该形式与线性回归模型(2.1.6)十分相似。如果用概率值 $f(\boldsymbol{x})$ 表示某一事件发生的概率，则 $\dfrac{f(\boldsymbol{x})}{1-f(\boldsymbol{x})}$ 表示该事件发生相对于不发生的比值，称为该事件的几率（odds）。因此在分类任务中，式(2.1.26)可以理解为：用实例 $\boldsymbol{x}$ 的线性变换去拟合“将该实例划分为某一个类别”这一事件的对数几率，即对该事件的对数几率的线性回归。因此，逻辑回归沿用了“回归”的名称。

2. 逻辑回归模型

使用逻辑函数进行分类的模型就是逻辑回归模型。具体而言，逻辑函数(2.1.25)将输入实例 $\boldsymbol{x}$ 的线性变换 $\boldsymbol{w}^{\mathrm{T}}\boldsymbol{x}$ 转换为一个非线性的概率值 $f(\boldsymbol{x})\in[0,1]$。因此，逻辑回归模型也可以表示为一个条件概率分布：$P(y\mid\boldsymbol{x})$，其中 $y\in\{c_1,c_2,\cdots,c_K\}$ 是根据输入实例 $\boldsymbol{x}$ 预测的类别。

当 $K=2$ 时，逻辑回归模型是一个二分类模型，也叫作二项逻辑回归模型。假设此时的类别标签集为 $\{0,1\}$，如果用 $f(\boldsymbol{x})$ 表示 $P(y=1|\boldsymbol{x})$，则模型满足如下的条件概率分布：

$$P(y=1|\boldsymbol{x})=\frac{1}{1+\mathrm{e}^{-\boldsymbol{w}^{\mathrm{T}}\boldsymbol{x}}} \tag{2.1.27}$$

$$\begin{aligned}P(y=0|\boldsymbol{x})&=1-P(y=1|\boldsymbol{x})\\&=\frac{\mathrm{e}^{-\boldsymbol{w}^{\mathrm{T}}\boldsymbol{x}}}{1+\mathrm{e}^{-\boldsymbol{w}^{\mathrm{T}}\boldsymbol{x}}}\end{aligned} \tag{2.1.28}$$

对于给定的实例输入 $\boldsymbol{x}$，可以根据上式求出 $P(y=1|\boldsymbol{x})$ 和 $P(y=0|\boldsymbol{x})$。逻辑回归比较两个概率值的大小，选取概率更大的类作为 $\boldsymbol{x}$ 的类别 y。因为 $P(y=1|\boldsymbol{x})+P(y=0|\boldsymbol{x})=1$，所以若 $p(y=1|\boldsymbol{x})$ 大于 0.5，则分到类别 1；反之则分到类别 0。针对个别情况，如两类样本极度不平衡等，也可以调整这个阈值，如令 $P(y=1|\boldsymbol{x})$ 大于 0.3 即分到类别 1，以提高分类的准确性。

当 $K>2$ 时，逻辑回归模型为多分类模型，也叫作多项逻辑回归模型。此时实例 $\boldsymbol{x}$ 的预测分类 $y\in\{c_1,c_2,\cdots,c_K\}$。类似地，逻辑回归模型可以表示为

$$P(y=c_k|\boldsymbol{x})=\frac{\mathrm{e}^{\boldsymbol{w}_k^{\mathrm{T}}\boldsymbol{x}}}{1+\sum\limits_{l=1}^{K-1}\mathrm{e}^{\boldsymbol{w}_l^{\mathrm{T}}\boldsymbol{x}}},\quad k=1,2,\cdots,K-1 \tag{2.1.29}$$

$$P(y=c_k|\boldsymbol{x})=\frac{1}{1+\sum\limits_{l=1}^{K-1}\mathrm{e}^{\boldsymbol{w}_l^{\mathrm{T}}\boldsymbol{x}}},\quad k=K \tag{2.1.30}$$

3. 参数估计

对于逻辑回归模型的学习，可以采用第 1 章中介绍的极大似然估计法来估计模型参数。以 $K=2$ 的情况为例，此时的类别标签集为 $\{0,1\}$。对于训练数据集 D，可以根据式 (2.1.27) 和式(2.1.28)计算出每个实例 $\boldsymbol{x}_i$ 的概率值：$P(y_i=1|\boldsymbol{x_i})$ 和 $P(y_i=0|\boldsymbol{x_i})$。由此可以写出似然函数：

$$L(\boldsymbol{w})=\prod_{i=1}^{N}P(y_i=1|\boldsymbol{x_i})^{y_i}P(y_i=0|\boldsymbol{x_i})^{1-y_i} \tag{2.1.31}$$

对等式两边同时取自然对数，可得对数似然函数为

$$\begin{aligned}\ln L(\boldsymbol{w})&=\sum_{i=1}^{N}[y_i\ln P(y_i=1|\boldsymbol{x_i})^{y_i}+(1-y_i)\ln P(y_i=0|\boldsymbol{x_i})^{y_i}]\\&=\sum_{i=1}^{N}\left[y_i\ln\frac{P(y_i=1|\boldsymbol{x_i})^{y_i}}{P(y_i=0|\boldsymbol{x_i})^{y_i}}+\ln P(y_i=0|\boldsymbol{x_i})^{y_i})\right]\\&=\sum_{i=1}^{N}[y_i(\boldsymbol{w}^{\mathrm{T}}\boldsymbol{x}_i)-\ln(1+\exp(\boldsymbol{w}^{\mathrm{T}}\boldsymbol{x}_i))]\end{aligned} \tag{2.1.32}$$

上式是一个高阶可导连续凸函数，虽然无法通过求导直接求出最优解，但是可以采用梯度下降法、牛顿法等优化算法找到一个近似最优解 $\hat{\boldsymbol{w}}$。此时，逻辑回归模型可以写为

$$\begin{cases}P(y=1|\boldsymbol{x})=\dfrac{1}{1+\mathrm{e}^{-\hat{\boldsymbol{w}}^{\mathrm{T}}\boldsymbol{x}}}\\P(y=0|\boldsymbol{x})=\dfrac{\mathrm{e}^{-\hat{\boldsymbol{w}}^{\mathrm{T}}\boldsymbol{x}}}{1+\mathrm{e}^{-\hat{\boldsymbol{w}}^{\mathrm{T}}\boldsymbol{x}}}\end{cases} \tag{2.1.33}$$

2.1.3 k 近邻法

k 近邻法（k-nearest neighbor）也是传统机器学习中重要的分类算法之一，具有思路简单清晰、易于理解、理论成熟等优点。

1. 算法流程

k 近邻法是一种监督学习算法。其基本思路是，在特征空间中找到与一个待分类实例距离最近的 k 个有标签的实例（称为近邻实例），根据近邻实例的类别标签预测当前实例的类别。k 近邻法也可以用于回归任务，同样地，找到一个样本的 k 个近邻样本，取这 k 个近邻样本的平均标签值作为该样本的预测标签。但通常来说，k 近邻法还是更多地用于分类任务。因此，本书主要介绍基于 k 近邻法的分类模型，算法 2 描述了其分类流程。

Algorithm 2: k 近邻算法

Input: 待分类实例 $\boldsymbol{x}$；样本数据集 $D=\{(\boldsymbol{x}_1,y_1),(\boldsymbol{x}_2,y_2),\cdots,(\boldsymbol{x}_N,y_N)\}$, $\boldsymbol{x}_i\in\mathbb{R}^n$；
$y_i\in\{c_1,c_2,\cdots,c_K\}$ 是实例 $\boldsymbol{x}_i$ 的类别; 近邻的个数为 k。

Output: 实例 $\boldsymbol{x}$ 所属的类为 y。

(1) 根据距离度量，计算样本数据集 D 中所有实例与待分类实例 $\boldsymbol{x}$ 的距离；找出其中与实例 $\boldsymbol{x}$ 距离最近的 k 个点，称为 $\boldsymbol{x}$ 在 D 中的 k 个近邻实例;

(2) 根据分类决策规则，由 D 中的 k 个近邻实例确定 $\boldsymbol{x}$ 的类别 y;

(3) **return** 类别 y。

其中，k 近邻法的分类决策规则往往是多数表决（也称为投票），由输入的待分类实例 $\boldsymbol{x}$ 在 D 中的 k 个近邻实例中所属最多的类决定 $\boldsymbol{x}$ 的类，即如果大多数近邻实例属于某一个类别，则该输入实例也属于这个类别。此外，还有加权多数表决法、距离加权法、模糊多数表决法等分类决策规则。

由此可见，k 近邻法最重要的三个要素为距离度量、k 值选择以及分类决策规则。当上述三要素确定后，对于任意确定的待分类实例输入 $\boldsymbol{x}$，其所属的类别 y 可以唯一地被确定。所以 k 近邻法实际上是模型对特征空间的一种划分。

2. 距离度量

特征空间中，两个实例点的距离反映了两个实例点的相似程度。k 近邻模型的特征空间一般是 n 维实数向量空间 $\mathbb{R}^n$，通常使用欧式距离作为度量，也可以根据实际问题的需要使用其他距离，这里我们简单介绍几种常用的距离。

设 $\boldsymbol{x}_i$ 和 $\boldsymbol{x}_j$ 是特征空间中的两个实例向量，则 $\boldsymbol{x}_i$、$\boldsymbol{x}_j$ 的 L_p 距离可定义为

$$L_p(\boldsymbol{x}_i,\boldsymbol{x}_j)=\left(\sum_{l=1}^{n}|{x_i}^{(l)}-{x_j}^{(l)}|^p\right)^{\frac{1}{p}} \tag{2.1.34}$$

当 $p=2$ 时，称为欧式距离（Euclidean distance），即

$$L_2(\boldsymbol{x}_i,\boldsymbol{x}_j)=\left(\sum_{l=1}^{n}|{x_i}^{(l)}-{x_j}^{(l)}|^2\right)^{\frac{1}{2}} \tag{2.1.35}$$

当 $p=1$ 时，称为曼哈顿距离：

$$L_1(\boldsymbol{x}_i,\boldsymbol{x}_j)=\left(\sum_{l=1}^{n}|{x_i}^{(l)}-x_j^{(l)}|\right) \tag{2.1.36}$$

2.1.4　朴素贝叶斯法

朴素贝叶斯法（naïve Bayes method）是基于贝叶斯定理和特征条件独立假设的分类算法，也是一种常用的监督学习方法。基本思想是根据数据集中已知的类别和实例的条件概率，通过贝叶斯公式计算出每个类别在给定输入实例下的后验概率，然后选取后验概率最大的类别作为该输入的预测结果。

具体来说，对于样本数据集 $D=\{(\boldsymbol{x}_1,y_1),(\boldsymbol{x}_2,y_2),\cdots,(\boldsymbol{x}_N,y_N)\}$，$\boldsymbol{x}_i\in\mathbb{R}^n$，$y_i\in\{c_1,c_2,\cdots,c_K\}$ 是实例 $\boldsymbol{x}_i$ 的类别标签 $(i=1,2,\cdots,N)$。朴素贝叶斯法的目标就是：对于一个输入实例 $\boldsymbol{x}$，找到使得后验概率 $P(c_k\mid\boldsymbol{x})$ 最大的 $c_k(k=1,2,\cdots,K)$ 作为实例 $\boldsymbol{x}$ 的预测类别 $f(\boldsymbol{x})$，即

$$f(\boldsymbol{x})=\arg\max_{c_k}P(c_k\mid\boldsymbol{x}),\quad k=1,2,\cdots,K \tag{2.1.37}$$

其中，$f(\cdot)$ 在分类任务中被称为分类器，使用朴素贝叶斯法的分类器被称为朴素贝叶斯分类器。根据上式，分类器预测的类别 $f(\boldsymbol{x})$ 和实例 $\boldsymbol{x}$ 的真实类别 y 是最接近的。

1. 朴素贝叶斯分类器

要根据样本数据集 D 找到一个朴素贝叶斯分类器，首先需要计算后验概率 $P(c_k\mid\boldsymbol{x})$。根据贝叶斯定理，

$$P(c_k\mid\boldsymbol{x})=\frac{P(\boldsymbol{x},c_k)}{P(\boldsymbol{x})}=\frac{P(c_k)P(\boldsymbol{x}|c_k)}{P(\boldsymbol{x})},\quad k=1,2,\cdots,K \tag{2.1.38}$$

式中，$P(c_k)$ 是类别 c_k 的先验概率，根据概率论知识，可以根据数据集 D 中属于第 k 类的样本数量 N_{c_k} 占样本总数 N 的比例来估计 $P(c_k)$，即：$P(c_k)=\dfrac{N_{c_k}}{N}(k=1,2,\cdots,K)$；而条件概率 $P(\boldsymbol{x}|c_k)$ 涉及对实例 $\boldsymbol{x}$ 所有维度特征的联合概率估计。对于 n 维实例 $\boldsymbol{x}=(x^{(1)},x^{(2)},\cdots,x^{(n)})^{\mathrm{T}}$，$P(\boldsymbol{x}|c_k)$ 可以表示为

$$P(\boldsymbol{x}|c_k)=P(x^{(1)},x^{(2)},\cdots,x^{(n)}\mid c_k) \tag{2.1.39}$$

如果 $\boldsymbol{x}$ 每个维度的特征有 M 种取值，则 $\boldsymbol{x}$ 一共有 M^n 种可能性，计算所有维度的联合概率的量级过于庞大，难以直接对条件概率 $P(\boldsymbol{x}|c_k)$ 进行估计。因此，朴素贝叶斯法采用了特征条件独立性假设，即假设在类别确定的条件下，实例 $\boldsymbol{x}$ 中每个特征之间是相互独立的。表示为

$$P(\boldsymbol{x}|c_k)=P(x^{(1)},x^{(2)},\cdots,x^{(n)}\mid c_k)=\prod_{j=1}^{n}P(x^{(j)}|c_k) \tag{2.1.40}$$

式(2.1.40)是一个强假设，虽然使得条件概率的估计更为简单，但是在一些情况下会影响朴素贝叶斯算法的准确率，例如实例的特征之间存在较强的相关性或者实例的特征维度很高时。

将其代入式 (2.1.38)，可以写为

$$P(c_k\mid\boldsymbol{x})=\frac{P(\boldsymbol{x},c_k)}{P(\boldsymbol{x})}=\frac{P(c_k)\prod\limits_{j=1}^{n}P(x^{(j)}|c_k)}{P(\boldsymbol{x})},\quad k=1,2,\cdots,K \tag{2.1.41}$$

其中，$P(\boldsymbol{x})$ 可以使用全概率公式和特征条件独立性假设进行展开：

$$P(\boldsymbol{x})=\sum_{k=1}^{K}P(\boldsymbol{x}\mid c_k)P(c_k)$$

$$= \sum_{k=1}^{K} \prod_{j=1}^{n} P(x^{(j)}|c_k)P(c_k) \tag{2.1.42}$$

因此，后验概率 $P(c_k \mid \boldsymbol{x})$ 可以写为

$$P(c_k \mid \boldsymbol{x}) = \frac{P(c_k) \prod\limits_{j=1}^{n} P(x^{(j)}|c_k)}{\sum\limits_{k=1}^{K} \prod\limits_{j=1}^{n} P(x^{(j)}|c_k)P(c_k)}, \quad k = 1, 2, \cdots, K \tag{2.1.43}$$

观察上式可以发现，其中 $P(\boldsymbol{x})$ 对于不同的 c_k 都是相同的，不会影响 c_k 的选择，因此式(2.1.37)等价于：

$$\begin{aligned} f(\boldsymbol{x}) &= \arg\max_{c_k} P(c_k \mid \boldsymbol{x}) \\ &= \arg\max_{c_k} P(c_k) \prod_{j=1}^{n} P(x^{(j)}|c_k), \quad k = 1, 2, \cdots, K \end{aligned} \tag{2.1.44}$$

式(2.1.44)就是我们需要求解的预测模型，也就是著名的朴素贝叶斯分类器（naïve Bayes classifier）。

2. 朴素贝叶斯算法

接下来，我们介绍如何根据样本数据集 D 计算朴素贝叶斯分类器中的参数。

式(2.1.44)中 $P(c_k)$ 的计算，可以使用前面介绍的方法：根据数据集 D 中属于第 k 类的样本数量 N_{c_k} 占样本总数 N 的比例来估计 $P(c_k)$，即

$$P(c_k) = \frac{N_{c_k}}{N}, \quad k = 1, 2, \cdots, K \tag{2.1.45}$$

其中，N_{c_k} 可以表示为

$$N_{c_k} = \sum_{i=1}^{N} \mathbb{I}(y_i = c_k) \tag{2.1.46}$$

式中，$\mathbb{I}(\cdot)$ 是一个指示函数（indicator function），当括号中的判定条件成立时，函数值为 1，否则为 0。在这里，对于 $k = 1, 2, \cdots, K$，当数据集 D 中的实例 $\boldsymbol{x}_i$ 的类别标签 y_i 为 c_k 时，函数值为 1；如果将这些样本都放到一个集合里，则可以将数据集 D 根据样本的类别划分为 K 个子集：$D = \{D_{c_1}, D_{c_2}, \cdots, D_{c_K}\}$，$N_{c_k}$ 就是子集 D_{c_k} 的样本规模。

类似地，条件概率 $P(x^{(j)}|c_k)$ 可以写为

$$P(x^{(j)}|c_k) = \frac{N_{k,j}}{N_{c_k}}, \quad k = 1, 2, \cdots, K \tag{2.1.47}$$

其中，$N_{k,j}$ 表示子集 D_{c_k} 中第 j 个维度的特征和 $\boldsymbol{x}$ 的第 j 个维度的特征 $x^{(j)}$ 相同的实例数量。可以表示为

$$N_{k,j} = \sum_{\boldsymbol{x}_i \in D_{c_k}} \mathbb{I}(x_i^{(j)} = x^{(j)}) \tag{2.1.48}$$

算法 3描述了朴素贝叶斯算法的过程。

Algorithm 3: 朴素贝叶斯算法

Input: 样本数据集 $D=\{(\boldsymbol{x}_1,y_1),(\boldsymbol{x}_2,y_2),\cdots,(\boldsymbol{x}_N,y_N)\}$，类别标签集 $\{c_1,c_2,\cdots,c_K\}$；待预测实例 $\boldsymbol{x}$。

Output: 实例 $\boldsymbol{x}$ 的预测类别 $f(\boldsymbol{x})$。

(1) 根据式(2.1.45)计算数据集 D 中各类别的先验概率 $P(c_k)$;

(2) 将数据集 D 根据样本的类别划分为 K 个子集：$D=\{D_{c_1},D_{c_2},\cdots,D_{c_K}\}$;

(3) 在每个子集 D_{c_k} 中，根据式(2.1.47)对 $\boldsymbol{x}$ 每个维度的特征计算关于类别 c_k 的条件概率 $P(x^{(j)}|c_k),\quad j=1,2,\cdots,n$;

(4) 对于实例 $\boldsymbol{x}$，计算每个类别 c_k 的 $P(c_k)\prod\limits_{j=1}^{n}P(x^{(j)}|c_k),\quad k=1,2,\cdots,K$;

(5) 根据朴素贝叶斯分类器(2.1.44)预测实例 $\boldsymbol{x}$ 的类别 $f(\boldsymbol{x})$;

(6) **return** $f(\boldsymbol{x})$。

3. 例题

在如下所示的数据集中，每个实例 $\boldsymbol{x}_i(i=1,2,3,4,5)$ 有两个维度的特征，每个特征的取值范围分别为：$\boldsymbol{x}_i^{(1)}\in\{1,2,3\}$，$\boldsymbol{x}_i^{(2)}\in\{4,5,6\}$；对应的类别标签 $y_i\in\{0,1\}$。如果给定一个实例 $\boldsymbol{x}_{11}=(3,4)$，请利用朴素贝叶斯法预测其类别 y_{11}。

观察表 2.2，可以得到该数据集中各类别的先验概率：

$$P(y=0)=P(y=1)=0.5$$

表 2.2　数据集

	$\boldsymbol{x}_1$	$\boldsymbol{x}_2$	$\boldsymbol{x}_3$	$\boldsymbol{x}_4$	$\boldsymbol{x}_5$	$\boldsymbol{x}_6$	$\boldsymbol{x}_7$	$\boldsymbol{x}_8$	$\boldsymbol{x}_9$	$\boldsymbol{x}_{10}$
$\boldsymbol{x}_i^{(1)}$	1	1	1	1	2	2	2	3	3	3
$\boldsymbol{x}_i^{(2)}$	4	5	4	6	4	6	4	5	6	6
y_i	0	1	1	0	1	0	0	1	0	1

对于实例 $\boldsymbol{x}_{11}$ 每个维度的特征值 $x_{11}^{(1)}=3$ 和 $x_{11}^{(2)}=4$，计算数据集中特征的条件概率：

$$P(x^{(1)}=3|y=0)=0.2$$

$$P(x^{(2)}=4|y=0)=0.4$$

$$P(x^{(1)}=3|y=1)=0.4$$

$$P(x^{(2)}=4|y=1)=0.4$$

对于实例 $\boldsymbol{x}_{11}$，计算:

$$P(y=0)P(x^{(1)}=3|y=0)P(x^{(2)}=4|y=0)=0.5\times0.2\times0.4=0.04$$

$$P(y=1)P(x^{(1)}=3|y=1)P(x^{(2)}=4|y=1)=0.5\times0.4\times0.4=0.08$$

所以，根据朴素贝叶斯分类器(2.1.44)可知，实例 $\boldsymbol{x}_{11}$ 的预测类别 y_{11} 为 1。

2.1.5 支持向量机

支持向量机（support vector machine）是一种重要的二分类算法。给定样本数据集 $D=\{(\boldsymbol{x}_1,y_1),(\boldsymbol{x}_2,y_2),\cdots,(\boldsymbol{x}_N,y_N)\}$，其中实例 $\boldsymbol{x}_i\in\mathbb{R}^n$，类别标签 $y_i\in\{-1,1\},i=1,2,\cdots,N$。分类算法的基本思想是基于训练集 D，在特征空间中找到一个分类超平面，将正负两类实例完全分开。但是，能够正确划分同一个训练样本集的超平面一般有无穷多个，支持向量机的目标便是在这无穷多个超平面中找到最合适的一个超平面作为最终的分类面，这个超平面被称为“最优超平面”。在图 2.3所示的二维样本集中，直观来看最优超平面为图中粗线所示的超平面。因为该分类面处于两个类别的样本“正中间”，面对训练样本的局部扰动，有更好的鲁棒性。一般的训练集都会存在一定的局限性，训练集外的样本可能比图中的样本更接近两个类的真实分类面，这将会使得很多图中其他的划分超平面出现错误，而粗线所示的分类面受到的影响则最小。位于“正中间”的超平面，不仅能够正确划分正负实例，还能够准确区分那些距离最近的、最不容易划分的正负样本，也就是使得不同类别的样本“间隔最大”。因此，对于未知测试集，最优超平面的泛化能力也是最强的。

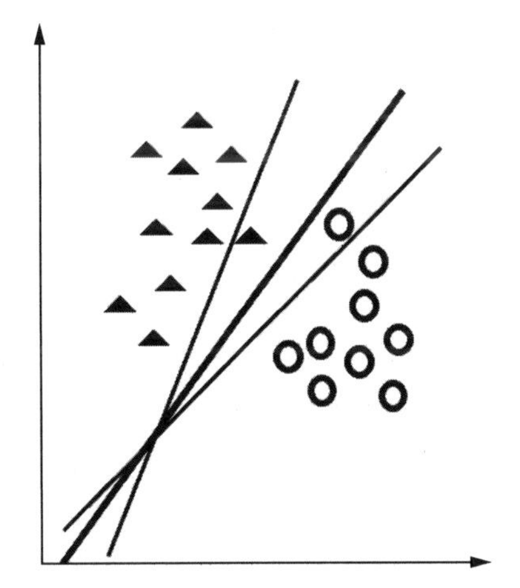

图 2.3 存在多个划分超平面将两类样本分开

1. 线性支持向量机

在样本空间中，超平面可以用如式(2.1.49)所示的线性方程来描述：

$$\boldsymbol{w}^{\mathrm{T}}\boldsymbol{x}+b=0 \tag{2.1.49}$$

式中，参数 $\boldsymbol{w}=(w_1,w_2,\cdots,w_n)^{\mathrm{T}}$ 是超平面的法向量，决定了超平面方向；参数 b 是超平面的截距（也叫位移项），决定了超平面和原点间的距离。一个超平面可以被法向量 $\boldsymbol{w}$ 和截距 b 完全确定。因此，支持向量机模型中用于划分正负样本的分类决策函数 $f(\boldsymbol{x})$ 可以根据式(2.1.49)中的划分超平面描述为

$$f(\boldsymbol{x})=\operatorname{sign}(\boldsymbol{w}^{\mathrm{T}}\boldsymbol{x}+b)=\begin{cases}1, & \boldsymbol{w}^{\mathrm{T}}\boldsymbol{x}+b>0\\-1, & \boldsymbol{w}^{\mathrm{T}}\boldsymbol{x}+b<0\end{cases} \tag{2.1.50}$$

其中，sign 是符号函数，当自变量 $\boldsymbol{w}^{\mathrm{T}}\boldsymbol{x}+b$ 为正时，函数值为 1；当自变量 $\boldsymbol{w}^{\mathrm{T}}\boldsymbol{x}+b$ 为负时，函数值为 -1。

在支持向量机中为了定义约束目标，需要表示从样本点 $(\boldsymbol{x}_i, y_i)$ 到超平面的距离。利用解析几何中的知识可知，实例 $\boldsymbol{x}_i$ 到超平面的距离可以表示为

$$r_i = \frac{|\boldsymbol{w}^{\mathrm{T}}\boldsymbol{x}_i + b|}{\|\boldsymbol{w}\|_2} \tag{2.1.51}$$

其中，$\|\boldsymbol{w}\|_2$ 表示法向量 $\boldsymbol{w}$ 的 L^2 范数。由于距离 r 总是非负的，为了衡量样本点 $(\boldsymbol{x}_i, y_i)$ 是否被正确分类，我们在距离 r_i 的基础上引入几何间隔（geometric margin）的概念，表示为

$$\gamma_i = \frac{y_i(\boldsymbol{w}^{\mathrm{T}}\boldsymbol{x}_i + b)}{\|\boldsymbol{w}\|_2} \tag{2.1.52}$$

γ_i 不仅可以衡量样本点距离超平面的远近，还可以判定该样本点是否被正确分类。当实例 $\boldsymbol{x}_i$ 被正确分类，即 $y_i(\boldsymbol{w}^{\mathrm{T}}\boldsymbol{x}_i + b) > 0$ 时，$r_i = \gamma_i$；否则，$r_i = -\gamma_i$。样本训练集 D 中所有样本点与超平面的几何间隔的最小值表示该训练集与超平面的几何间隔，记为

$$\begin{aligned}\gamma &= \min_{\boldsymbol{x}_i \in D} \gamma_i \\ &= \min_i \frac{y_i(\boldsymbol{w}^{\mathrm{T}}\boldsymbol{x}_i + b)}{\|\boldsymbol{w}\|_2}, \quad i = 1, 2, \cdots, N\end{aligned} \tag{2.1.53}$$

其中，距离超平面最近的样本点（即 $\gamma_i = \gamma$ 的 $\boldsymbol{x}_i$）被称为支持向量（support vector）。支持向量机的最终目的是在正确分类的前提下，找到一个最优超平面，使得训练集 D 与超平面的几何间隔 γ 最大。也就是说，最优超平面不仅要能够正确划分训练集 D 中的实例，还要能够尽可能好地区分距离超平面最近的（正负）实例。对于线性可分的数据集 D，通常存在多个能够正确分类实例的划分超平面，但是有且只有一个最优超平面。由式(2.1.53)可知，最大化几何间隔 γ 可以表示为如下的形式：

$$\begin{cases}\max\limits_{\boldsymbol{w},b} \gamma \Rightarrow \max\limits_{\boldsymbol{w},b} \left[\min\limits_i \dfrac{y_i(\boldsymbol{w}^{\mathrm{T}}\boldsymbol{x}_i + b)}{\|\boldsymbol{w}\|_2}\right] \\ \text{s.t. } y_i(\boldsymbol{w}^{\mathrm{T}}\boldsymbol{x}_i + b) > 0, \quad i = 1, 2, \cdots, N\end{cases} \tag{2.1.54}$$

根据 γ 的定义，在正确分类的前提下，可以将式(2.1.54)进一步展开为

$$\begin{cases}\max\limits_{\boldsymbol{w},b} \left[\min\limits_i \dfrac{y_i(\boldsymbol{w}^{\mathrm{T}}\boldsymbol{x}_i + b)}{\|\boldsymbol{w}\|_2}\right] \\ \text{s.t. } \dfrac{y_i(\boldsymbol{w}^{\mathrm{T}}\boldsymbol{x}_i + b)}{\|\boldsymbol{w}\|_2} \geqslant \gamma, \quad i = 1, 2, \cdots, N\end{cases} \tag{2.1.55}$$

由于超平面的参数 $\boldsymbol{w}$ 对于所有的实例点都相同，因此可以结合式(2.1.53)将上式写成：

$$
\begin{cases}
\max\limits_{\boldsymbol{w},b}\left[\dfrac{\min\limits_{i} y_i(\boldsymbol{w}^{\mathrm{T}}\boldsymbol{x}_i+b)}{\|\ \boldsymbol{w}\ \|_2}\right] \\
\text{s.t. } \dfrac{y_i(\boldsymbol{w}^{\mathrm{T}}\boldsymbol{x}_i+b)}{\|\ \boldsymbol{w}\ \|_2} \geqslant \dfrac{\min\limits_{i} y_i(\boldsymbol{w}^{\mathrm{T}}\boldsymbol{x}_i+b)}{\|\ \boldsymbol{w}\ \|_2}, \quad i=1,2,\cdots,N
\end{cases}
\tag{2.1.56}
$$

观察上式可以发现，对于 $\forall\alpha\in\mathbb{R}$，当 $\boldsymbol{w}\to\alpha\boldsymbol{w}, b\to\alpha b$ 时，$\min\limits_{i} y_i(\boldsymbol{w}^{\mathrm{T}}\boldsymbol{x}_i+b)\to\alpha\min\limits_{i} y_i(\boldsymbol{w}^{\mathrm{T}}\boldsymbol{x}_i+b)$，但目标函数和约束条件并不会发生改变。因此，$\min\limits_{i} y_i(\boldsymbol{w}^{\mathrm{T}}\boldsymbol{x}_i+b)$ 的取值不会影响几何间隔最大化的求解。不妨取 $\min\limits_{i} y_i(\boldsymbol{w}^{\mathrm{T}}\boldsymbol{x}_i+b)=1$，此时将式(2.1.56)写为

$$
\begin{cases}
\max\limits_{\boldsymbol{w},b} \dfrac{1}{\|\ \boldsymbol{w}\ \|_2} \\
\text{s.t. } y_i(\boldsymbol{w}^{\mathrm{T}}\boldsymbol{x}_i+b)\geqslant 1, \quad i=1,2,\cdots,N
\end{cases}
\tag{2.1.57}
$$

支持向量使得约束中的等号成立。此时，两个异类支持向量到超平面的距离之和为 $\dfrac{2}{\|\ \boldsymbol{w}\ \|_2}$，这个距离和也被叫作间隔。在正确分类的情况下，求解具有最大间隔的划分超平面等价于求解训练集与超平面的几何间隔最大化问题。因此式(2.1.57)也可以改写为

$$
\begin{cases}
\max\limits_{\boldsymbol{w},b} \dfrac{2}{\|\ \boldsymbol{w}\ \|_2} \\
\text{s.t. } y_i(\boldsymbol{w}^{\mathrm{T}}\boldsymbol{x}_i+b)\geqslant 1, \quad i=1,2,\cdots,N
\end{cases}
\tag{2.1.58}
$$

该目标函数并不是一个凸函数，为便于求解，可以将其转化为等价的 $\min\limits_{\boldsymbol{w},b}\dfrac{1}{2}\|\ \boldsymbol{w}\ \|_2^2$，从而使得将式(2.1.58)转化为一个凸优化问题：

$$
\begin{cases}
\min\limits_{\boldsymbol{w},b} \dfrac{1}{2}\|\ \boldsymbol{w}\ \|_2^2 \\
\text{s.t. } y_i(\boldsymbol{w}^{\mathrm{T}}\boldsymbol{x}_i+b)\geqslant 1, \quad i=1,2,\cdots,N
\end{cases}
\tag{2.1.59}
$$

式(2.1.59)被称为支持向量机算法的基本型。虽然这是一个可以直接求解的凸二次规划问题，但是随着样本数量或维度的增加，将会面临求解困难、效率低下的限制。因此出于提高效率的考虑，通常需要使用拉格朗日乘子法对该问题构建拉格朗日函数，并转换成对偶形式进行求解。

首先，在式(2.1.59)的每条约束中添加一个非负的拉格朗日乘子 $\lambda_i(i=1,2,\cdots,N)$，可以写出该问题的拉格朗日函数：

$$
L(\boldsymbol{w},b,\boldsymbol{\lambda})=\frac{1}{2}\|\ \boldsymbol{w}\ \|_2^2+\sum_{i=1}^{N}\lambda_i(1-y_i(\boldsymbol{w}^{\mathrm{T}}\boldsymbol{x}_i+b))
\tag{2.1.60}
$$

其中，$\boldsymbol{\lambda}=(\lambda_1,\lambda_2,\cdots,\lambda_N)^{\mathrm{T}}$。因此式(2.1.59)中的基本型等价于以下的拉格朗日函数形式：

$$\begin{cases} \min\limits_{\boldsymbol{w},b} \max\limits_{\boldsymbol{\lambda}} L(\boldsymbol{w}, b, \boldsymbol{\lambda}) \\ \text{s.t. } \lambda_i \geqslant 0, \quad i = 1, 2, \cdots, N \end{cases} \tag{2.1.61}$$

根据拉格朗日对偶性，交换式(2.1.61)中的最大值和最小值符号，就可以得到该问题的对偶形式。有关对偶问题的性质的介绍详见第 1 章。

$$\begin{cases} \max\limits_{\boldsymbol{\lambda}} \min\limits_{\boldsymbol{w},b} L(\boldsymbol{w}, b, \boldsymbol{\lambda}) \\ \text{s.t. } \lambda_i \geqslant 0, \quad i = 1, 2, \cdots, N \end{cases} \tag{2.1.62}$$

由于不等式约束是一个仿射变换，因此，原问题和对偶问题是等价的。对于式(2.1.62)的求解，可以先求出拉格朗日函数 $L(\boldsymbol{w}, b, \boldsymbol{\lambda})$ 关于参数 $\boldsymbol{w}$ 和 b 的极小值，再求解该极小值 $\min\limits_{\boldsymbol{w},b} L(\boldsymbol{w}, b, \boldsymbol{\lambda})$ 关于拉格朗日乘子 $\boldsymbol{\lambda}$ 的极大值。因此，首先将 $L(\boldsymbol{w}, b, \boldsymbol{\lambda})$ 对 $\boldsymbol{w}$ 和 b 分别求偏导数。分别令其偏导数为 0，可以解得

$$b : \frac{\partial}{\partial b} L = 0 \Rightarrow \sum_{i=1}^{N} \lambda_i y_i = 0 \tag{2.1.63}$$

$$\boldsymbol{w} : \frac{\partial}{\partial \boldsymbol{w}} L = \boldsymbol{0} \Rightarrow \boldsymbol{w} - \sum_{i=1}^{N} \lambda_i y_i \boldsymbol{x}_i = \boldsymbol{0} \tag{2.1.64}$$

将式(2.1.63)和式(2.1.64)的结果代入拉格朗日函数(2.1.60)中，可以消去其中的 $\boldsymbol{w}$ 和 b，得到拉格朗日函数 $L(\boldsymbol{w}, b, \boldsymbol{\lambda})$ 关于参数 $\boldsymbol{w}$ 和 b 的极小值：

$$\min_{\boldsymbol{w},b} L(\boldsymbol{w}, b, \boldsymbol{\lambda}) = -\frac{1}{2} \sum_{i=1}^{N} \sum_{j=1}^{N} \lambda_i \lambda_j y_i y_j \boldsymbol{x}_i^{\mathrm{T}} \boldsymbol{x}_j + \sum_{i=1}^{N} \lambda_i \tag{2.1.65}$$

从而可以将式(2.1.62)改写为如下的对偶问题的最终形式：

$$\begin{cases} \max\limits_{\boldsymbol{\lambda}} \left(-\dfrac{1}{2} \displaystyle\sum_{i=1}^{N} \sum_{j=1}^{N} \lambda_i \lambda_j y_i y_j \boldsymbol{x}_i^{\mathrm{T}} \boldsymbol{x}_j + \sum_{i=1}^{N} \lambda_i \right) \\ \text{s.t. } \lambda_i \geqslant 0, \quad i = 1, 2, \cdots, N \\ \qquad \displaystyle\sum_{i=1}^{N} \lambda_i y_i = 0 \end{cases} \tag{2.1.66}$$

通过求解 $\min\limits_{\boldsymbol{w},b} L(\boldsymbol{w}, b, \boldsymbol{\lambda})$ 关于拉格朗日乘子 $\boldsymbol{\lambda}_i$ 的极大值，得到最优的拉格朗日乘子 $\hat{\boldsymbol{\lambda}}$。在此基础上代入式(2.1.63)和式(2.1.64)，便可找到最优划分超平面的法向量 $\hat{\boldsymbol{w}}$ 和截距 $\hat{b}$，即基本型的解。具体的证明过程在此不作展开，有兴趣的读者可以自行查阅相关资料。但是该过程成立的前提条件是原问题与对偶问题满足强对偶关系，也就是必须满足以下的 KKT 条件：

$$\begin{cases} \dfrac{\partial L}{\partial \boldsymbol{w}} = \boldsymbol{0} \\ \dfrac{\partial L}{\partial b} = 0 \\ \lambda_i(1 - y_i(\boldsymbol{w}^{\mathrm{T}}\boldsymbol{x}_i + b)) = 0 \\ \lambda_i \geqslant 0 \\ 1 - y_i(\boldsymbol{w}^{\mathrm{T}}\boldsymbol{x}_i + b) \leqslant 0 \end{cases} \tag{2.1.67}$$

KKT 条件的定义可参考第 1 章中的详细介绍。根据以上的 KKT 条件，可以得到最优超平面的对应参数 $\hat{\boldsymbol{w}}$ 和 $\hat{b}$:

$$\hat{\boldsymbol{w}} = \sum_{i=1}^{N} \lambda_i y_i \boldsymbol{x}_i \tag{2.1.68}$$

$$\hat{b} = y_j - \hat{\boldsymbol{w}}^{\mathrm{T}}\boldsymbol{x}_j = y_j - \sum_{i=1}^{N} \lambda_i y_i \boldsymbol{x}_i^{\mathrm{T}}\boldsymbol{x}_j \tag{2.1.69}$$

$$\exists j, \ \ 1 - y_j(\hat{\boldsymbol{w}}^{\mathrm{T}}\boldsymbol{x}_j + \hat{b}) = 0 \tag{2.1.70}$$

由 KKT 条件(2.1.67)可知，样本点 $(\boldsymbol{x}_i, y_i)$ 必须满足 $\lambda_i = 0$ 或 $1 - y_i(\boldsymbol{w}^{\mathrm{T}}\boldsymbol{x}_i + b) = 0$；从式(2.1.68)可以看出，最优超平面的法向量 $\hat{\boldsymbol{w}}$ 是样本点 $(\boldsymbol{x}_i, y_i)$ 的线性组合，但是 $\lambda_i = 0$ 的样本点不会影响 $\hat{\boldsymbol{w}}$ 的取值；从式(2.1.70)可以看出，最优超平面的截距 $\hat{b}$ 是部分满足 $y_i(\boldsymbol{w}^{\mathrm{T}}\boldsymbol{x}_i + b) = 1$ 向量的线性组合。综上所述，最优划分超平面的选取完全取决于样本集中的支持向量，和其余向量无关。这也体现了支持向量机的一个重要性质：训练得出最优超平面后，大部分的训练样本都不需要保留，最终的超平面仅与支持向量有关。此时，最优超平面和对应的分类决策函数表示为

$$\hat{\boldsymbol{w}}^{\mathrm{T}}\boldsymbol{x} + \hat{b} = 0 \tag{2.1.71}$$

$$f(\boldsymbol{x}) = \mathrm{sign}(\hat{\boldsymbol{w}}^{\mathrm{T}}\boldsymbol{x} + \hat{b}) = \begin{cases} 1, & \hat{\boldsymbol{w}}^{\mathrm{T}}\boldsymbol{x} + \hat{b} > 0 \\ -1, & \hat{\boldsymbol{w}}^{\mathrm{T}}\boldsymbol{x} + \hat{b} < 0 \end{cases} \tag{2.1.72}$$

2. 非线性支持向量机：核方法

在样本训练集 D 线性可分的前提下，支持向量机可以通过最大化间隔的方法求解最优的划分超平面，也就是使得间隔最大的超平面。然而在实际的场景中，训练集 D 是线性可分的假设很可能不成立，即原始的样本空间可能不存在一个线性超平面，可以将两类样本完全正确地分开。如图 2.4所示，在二维平面内无法用线性函数（直线）将正负样本点完全分开，但是存在一个非线性函数能够实现样本的正确分类（也就是图中的曲线）。因此，如果将训练集中的样本映射到一个更高维度的空间中，便可以找到一个超平面，以线性方式对样本进行分类。这就是核方法，该高维空间被称为原始样本空间的特征空间。

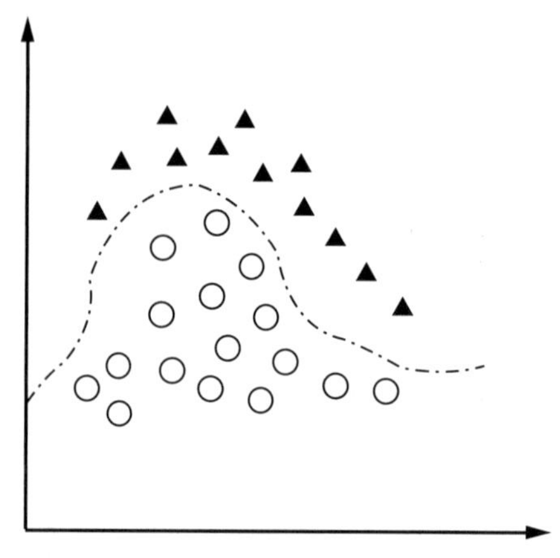

图 2.4　两类样本并不线性可分

核方法是一种基于内积的非线性变换，它可以将原始的样本映射到一个特征空间中，使得在这个高维空间中，数据变得更容易被线性分割。如果原始的样本空间是有限维的空间且存在一个非线性的超曲面正确划分正负样本，则必定存在一个高维的特征空间使映射后的样本线性可分。在特征空间中，可以通过与上一节相似的方式建立基于支持向量机算法的分类模型，并求解划分两类样本的最优超平面。

在特征空间中，$\phi(\boldsymbol{x})$ 表示实例向量 $\boldsymbol{x}$ 映射后的特征向量，则可以由式(2.1.50)推导出特征空间中的分类决策函数：

$$f(\boldsymbol{x})=\operatorname{sign}(\boldsymbol{w}^{\mathrm{T}}\boldsymbol{\phi}(\boldsymbol{x})+b)=\begin{cases}1, & \boldsymbol{w}^{\mathrm{T}}\boldsymbol{\phi}(\boldsymbol{x})+b>0\\ -1, & \boldsymbol{w}^{\mathrm{T}}\boldsymbol{\phi}(\boldsymbol{x})+b<0\end{cases} \tag{2.1.73}$$

在特征空间中，式(2.1.59)中的支持向量机算法基本型可以表示为

$$\begin{cases}\min\limits_{\boldsymbol{w},b}\dfrac{1}{2}\parallel\boldsymbol{w}\parallel_2^2\\ \text{s.t. } y_i(\boldsymbol{w}^{\mathrm{T}}\boldsymbol{\phi}(\boldsymbol{x}_i)+b)\geqslant 1, \quad i=1,2,\cdots,N\end{cases} \tag{2.1.74}$$

类似地，将式(2.1.66)中的对偶问题可以改写为

$$\begin{cases}\max\limits_{\boldsymbol{\lambda}}\left(-\dfrac{1}{2}\sum\limits_{i=1}^{N}\sum\limits_{j=1}^{N}\lambda_i\lambda_j y_i y_j\boldsymbol{\phi}(\boldsymbol{x}_i)^{\mathrm{T}}\boldsymbol{\phi}(\boldsymbol{x}_j)+\sum\limits_{i=1}^{N}\lambda_i\right)\\ \text{s.t. } \lambda_i\geqslant 0, \quad i=1,2,\cdots,N\\ \quad\quad\sum\limits_{i=1}^{N}\lambda_i y_i=0\end{cases} \tag{2.1.75}$$

其中，计算目标函数 (2.1.75) 时需要计算向量 $\boldsymbol{\phi}(\boldsymbol{x}_i)$ 和 $\boldsymbol{\phi}(\boldsymbol{x}_j)$ 的内积 $\boldsymbol{\phi}(\boldsymbol{x}_i)^{\mathrm{T}}\boldsymbol{\phi}(\boldsymbol{x}_j)$。对于高维甚至可能是无穷维的特征空间而言，计算向量的内积非常困难。因此引入核函数（kernel function）作为内积的表征，记作 $k(\cdot,\cdot)$。

$$k(\boldsymbol{x}_i,\boldsymbol{x}_j)=\boldsymbol{\phi}(\boldsymbol{x}_i)^{\mathrm{T}}\boldsymbol{\phi}(\boldsymbol{x}_j) \tag{2.1.76}$$

通过指定核函数 $k(\cdot,\cdot)$ 可以直接求解目标函数而无需具体的映射函数 $\phi(\cdot)$，从而避免了高维向量的内积计算，这被称为核技巧（kernel trick)。同时，借助核函数可以通过解决特征空间的线性分类问题求解原始样本空间的非线性分类问题。引入核技巧后，式 (2.1.75) 可以改写为

$$\max_{\boldsymbol{\lambda}}\left(-\frac{1}{2}\sum_{i=1}^{N}\sum_{j=1}^{N}\lambda_i\lambda_j y_i y_j k(\boldsymbol{x}_i,\boldsymbol{x}_j)+\sum_{i=1}^{N}\lambda_i\right) \tag{2.1.77}$$

结合式(2.1.64), 可以求解得到分类决策函数：

$$\begin{aligned} f(\boldsymbol{x}) &= \operatorname{sign}\left(\sum_{i=1}^{N}\lambda_i y_i \phi(\boldsymbol{x}_i)^{\mathrm{T}}\boldsymbol{\phi}(\boldsymbol{x})+b\right) \\ &= \operatorname{sign}\left(\sum_{i=1}^{N}\lambda_i y_i k(\boldsymbol{x}_i,\boldsymbol{x})+b\right) \end{aligned} \tag{2.1.78}$$

式(2.1.78)也被称为基于核函数的非线性支持向量机。但并非所有的函数都可以作为核函数，下面给出判断核函数的标准。首先给出核矩阵的定义。

定义 2.1.2（核矩阵） 对于样本数据集 $D=\{(\boldsymbol{x}_1,y_1),(\boldsymbol{x}_2,y_2),\cdots,(\boldsymbol{x}_N,y_N)\}$（其中 $\boldsymbol{x}_i\in\mathbb{X}$，$i=1,2,\cdots,N$）, 则 $\mathbb{X}$ 被称为输入空间，对应的核函数 $k(\cdot,\cdot)$ 是 $\mathbb{X}\times\mathbb{X}$ 上的对称函数。则数据集 D 的核矩阵$\boldsymbol{K}$ 定义为

$$\boldsymbol{K}=\begin{bmatrix} k(\boldsymbol{x}_1,\boldsymbol{x}_1) & \cdots & k(\boldsymbol{x}_1,\boldsymbol{x}_j) & \cdots & k(\boldsymbol{x}_1,\boldsymbol{x}_N) \\ \vdots & \ddots & \vdots & \ddots & \vdots \\ k(\boldsymbol{x}_i,\boldsymbol{x}_1) & \cdots & k(\boldsymbol{x}_i,\boldsymbol{x}_j) & \cdots & k(\boldsymbol{x}_i,\boldsymbol{x}_N) \\ \vdots & \ddots & \vdots & \ddots & \vdots \\ k(\boldsymbol{x}_N,\boldsymbol{x}_1) & \cdots & k(\boldsymbol{x}_N,\boldsymbol{x}_j) & \cdots & k(\boldsymbol{x}_N,\boldsymbol{x}_N) \end{bmatrix} \tag{2.1.79}$$

定理 2.1.1（正定核函数） 如果 $k(\cdot,\cdot)$ 是定义在输入空间 $\mathbb{X}\times\mathbb{X}$ 上的对称函数，则 k 是核函数的充要条件是：对于任意数据集 $D'=\{(\boldsymbol{x}_1,y_1),(\boldsymbol{x}_2,y_2),\cdots,(\boldsymbol{x}_{N'},y_{N'})\}$（其中 $\boldsymbol{x}_i\in\mathbb{X}$，$i=1,2,\cdots,N'$），其核矩阵 $\boldsymbol{K}'$ 总是半正定的。因此核函数也常常被称为正定核函数。

根据定理(2.1.1)，核函数具有如下的性质：

（1）对于核函数 k_1、k_2，其线性组合 ak_1+bk_2 也是核函数（$a>0,b>0$）；

（2）对于核函数 k_1、k_2，其直积 $k_1(\boldsymbol{x}_1,\boldsymbol{x}_2)k_2(\boldsymbol{x}_1,\boldsymbol{x}_2)$ 也是核函数（$\boldsymbol{x}_1,\boldsymbol{x}_2\in\mathbb{X}$）；

（3）对于核函数 k_1 和任意的函数 g, $g(\boldsymbol{x}_1)k_1(\boldsymbol{x}_1,\boldsymbol{x}_2)g(\boldsymbol{x}_2)$ 也是核函数（$\boldsymbol{x}_1,\boldsymbol{x}_2\in\mathbb{X}$）。

核方法可以应用在很多问题上。对于严格不可分的分类问题，核方法的本质是通过引入一个特征转换函数（即核函数）可以将原来的不可分数据集变为可分数据集，然后再应用已有的模型（如支持向量机）。通常来说，将低维空间的数据集变为高维空间的数据集后，数据会变得可分（数据变得更为稀疏)。表 2.3 给出了几种常用的核函数。在

实际应用中，根据以上的性质可以对已有的核函数进行组合，选择适用于具体问题的核函数。

表 2.3 几种常用的核函数

函数名称	函数表达式	说明
线性核函数	$k(\boldsymbol{x}_i, \boldsymbol{x}_j) = \boldsymbol{x}_i^{\mathrm{T}} \boldsymbol{x}_j$	最基础的核函数，表示向量内积
多项式核函数	$k(\boldsymbol{x}_i, \boldsymbol{x}_j) = (\boldsymbol{x}_i^{\mathrm{T}} \boldsymbol{x}_j)^n$	n 表示多项式次数，$n \geqslant 1$；$n = 1$ 时，为线性核函数
高斯核函数	$k(\boldsymbol{x}_i, \boldsymbol{x}_j) = \exp\left(-\frac{\Vert \boldsymbol{x}_i - \boldsymbol{x}_j \Vert_2^2}{2\sigma^2}\right)$	σ 表示高斯核的带宽，$\sigma > 0$
Sigmoid 核函数	$k(\boldsymbol{x}_i, \boldsymbol{x}_j) = \tanh(\beta \boldsymbol{x}_i^{\mathrm{T}} \boldsymbol{x}_j + \theta)$	tanh 表示双曲正切函数，其参数 $\beta > 0$，$\theta < 0$

3. 案例：对于带有高斯噪声数据的分类

在本案例中使用支持向量机模型对带有高斯噪声的实验数据进行分类。所用的实验数据包含两类，每类共有 8 个特征。第一类，前三个特征 X_1、X_2、X_3 是独立同分布的标准正态分布的随机数，而后 5 个特征 $X_4 \sim X_8$ 是独立同分布的噪声，满足标准正态分布；第二类，前三个特征 X_1、X_2、X_3 是独立同分布的标准正态分布的随机数，但是每一行数据都满足 $9 \leqslant \sum\limits_{i=1}^{3} X_i \leqslant 25$, 后 5 个特征 $X_4 \sim X_8$ 依然是独立同分布的，满足标准正态分布的噪声。

我们使用 Python 中的机器学习包 scikit-learn（简称 sklearn），导入带有高斯核函数的支持向量机模型，对实验数据进行分类。其中，“X_train” 和 “Y_train” 分别表示训练数据集的样本和类别标签；“X_test” 和 “Y_test” 则分别表示测试数据集的样本和类别标签。代码示例如下，为便于说明，省略了导入数据集的部分。

```
1  from sklearn import svm
2
3  # 通过调节C, sigma的值，来得到最佳分类结果
4  C, sigma = 1.5, 1/16
5  model = svm.SVC(C,kernel='rbf',gamma = sigma)
6  model.fit(X_train,Y_train)
7  final_acc = model.score(X_test,Y_test)
8  print('The acc of classification is %f'%final_acc)
```

2.1.6 决策树

决策树（decision tree）是一种利用树结构、基于实例的特征进行分类或回归的监督学习算法。顾名思义，决策树的模型可以表示为一个树形结构，由多次判断组成。因为每次判断只需要根据实例的部分特征进行决策，所以决策树算法是一种高效、快速的方

法。又因为这种多次判断的过程与人类大脑进行实例分类的过程十分相似，所以决策树模型具备较好的可读性和可解释性，其决策过程也易于理解。决策树算法的执行过程由特征选取、树模型构造、剪枝等部分组成。其中，剪枝是对构造完成的树模型进行简化，通过去除一些节点和分枝以防因为模型复杂度过高引起的过拟合问题（即在测试数据集上的效果远低于训练集），从而提高模型的泛化性。本节主要介绍决策树算法的特征选取和树模型的构造过程，对侧重算法优化的剪枝过程不作展开，有兴趣的读者可以自行查阅《机器学习》（周志华著）、《统计学习方法》（李航著）。

定义 2.1.3（决策树） 决策树是一种描述对实例进行分类的树形结构模型。和所有的树结构一样，决策树由节点（node）和分枝（即有向边（directed edge））构成，内部无环。节点包括根节点（root）、子节点（child node）和叶节点（leaf node）。其中，根节点和子节点都可以称为内部节点（internal node），在决策树中表示某一个特征；叶节点没有子节点，在决策树中表示某一个类别。分枝（branch）代表了每次判断的准则，将实例分配给不同的子节点或叶节点。

和前面几节介绍的监督学习方法相同，给定一个样本集 D 作为决策树模型的训练数据集:

$$D = \{(\boldsymbol{x}_1, y_1), (\boldsymbol{x}_2, y_2), \cdots, (\boldsymbol{x}_N, y_N)\} \tag{2.1.80}$$

其中，N 是数据集 D 中样本 $(\boldsymbol{x}_i, y_i)$ 的总数，$\boldsymbol{x}_i$ 为实例。这里为了简化符号，可以令标签集 $\{c_1, c_2, \cdots, c_K\}$ 为 $\{1, 2, \cdots, K\}$，即 $y_i \in \{1, 2, \cdots, K\}$，为实例对应的 K 种可能的类别标记（$i = 1, 2, \cdots, N$）。实例 $\boldsymbol{x}_i = (x_i^{(1)}, x_i^{(2)}, \cdots, x_i^{(n)})^{\mathrm{T}}$ 是 n 维的向量，n 为实例的特征个数，用 $\mathcal{A} = \{A_1, A_2, \cdots, A_n\}$ 表示数据集 D 的特征集合。

决策树算法从树的根节点出发，选择一个最优的划分特征 $A^* \in \mathcal{A}$ 对所有实例进行判断，根据不同分枝所表示的判断准则（例如：“是” 或 “否”、“大” 或 “中” 或 “小”），将实例 $\boldsymbol{x}_i$ 划分给对应的子节点。再从该子节点出发，重复以上过程，直至所有的实例都被分配给对应的叶节点。因此在决策树中，根节点是唯一的，包含数据集中全部的实例；子节点和叶节点可以有多个，包含每次判断之后的部分实例。因此，决策树算法的目标是根据给定的训练数据集 D, 不断选取特征、增设节点、判断划分，直到构建起一个能够对所有实例都正确分类的决策树模型。

1. 决策树的特征选取

特征选取是决策树算法执行过程中的第一个核心步骤，也是构建决策树模型的关键所在。上文中提到，决策树算法的执行过程就是将样本数据集 D 划分为具有不同特征的子集，所以划分特征是对样本数据集 D 进行分类的标准和重要前提。但是对于样本集 D 而言，根据有些特征可以清晰地划分实例，有些特征却并不能很好地区分实例（例如实例间一些共有的特征）。因此，并非实例中所有的特征 $A_j \in \mathcal{A}$（$j = 1, 2, \cdots, n$）都是对分类有用的，构建决策树模型之前需要从中选取部分最能够区分实例的特征，从而确保分类的效率。在决策树算法中，引入信息增益表示每个特征区分实例的能力，作为特征选取的主要准则。

在给定的训练样本集 D 中有 K 个类别标签 $\{1,2,\cdots,K\}$，假设第 k 类样本所占的比例为 p_k（$k=1,2,\cdots,K$）。结合第 1 章数学基础部分给出的信息熵定义，可以得到 D 的信息熵为

$$H(D)=-\sum_{k=1}^{K}p_k\ln p_k \tag{2.1.81}$$

式中的 $\ln p_k$ 也可以 2 为底数写为 $\log_2 p_k$，本书中使用自然对数的形式。根据定义，信息熵 $H(D)$ 的取值范围为 $[0,\ln K]$。$H(D)$ 越大，分类的不确定性越高；$H(D)$ 越小，分类的不确定性越低。

假设特征 $A_j\in\mathcal{A}$ 共有 M 个可能的取值，也就是说，如果以特征 A_j 作为划分标准，实例可以被划分为 M 类。因此，训练样本集 D 在特征 A_j 下的经验条件熵可以写为

$$\begin{aligned}H(D|A_j)&=-\sum_{m=1}^{M}p_m\sum_{k=1}^{K}\frac{p_{mk}}{p_m}\ln\frac{p_{mk}}{p_m}\\&=-\sum_{m=1}^{M}\frac{|D_j^m|}{N}\sum_{k=1}^{K}\frac{|D_j^{mk}|}{|D_j^m|}\ln\frac{|D_j^{mk}|}{|D_j^m|}\end{aligned} \tag{2.1.82}$$

式中 p_m 代表实例被划分到特征 A_j 中第 m 个取值的概率，表示为 $\frac{|D_j^m|}{N}$，其中 $|D_j^m|$ 表示 D 中被划分到特征 A_j 中的第 m 类的实例数量，即子集 D_j^m 的规模；p_{mk} 代表样本既属于特征 A_j 中的第 m 类又属于类别标签中的第 k 类的概率，表示为 $\frac{|D_j^{mk}|}{N}$，其中 $|D_j^{mk}|$ 表示子集 D_j^m 中属于样本标签 k 的实例数量。经验条件熵 $H(D|A_j)$ 表示数据集 D 在特征 A_j 下的分类不确定性。

由信息熵 $H(D)$ 和经验条件熵 $H(D|A_j)$ 可以引出信息增益的定义：

定义 2.1.4（信息增益） 一个特征 $A_j\in\mathcal{A}$ 带给数据集 D 的信息增益 $g(D,A_j)$ 为信息熵 $H(D)$ 和经验条件熵 $H(D|A_j)$ 之差：

$$\begin{aligned}g(D,A_j)&=H(D)-H(D|A_j)\\&=-\sum_{k=1}^{K}p_k\ln p_k+\sum_{m=1}^{M}p_m\sum_{k=1}^{K}\frac{p_{mk}}{p_m}\ln\frac{p_{mk}}{p_m}\end{aligned} \tag{2.1.83}$$

引入特征 A_j 以后，对数据集 D 进行分类的不确定性会有所降低。式(2.1.83)表示，信息增益就是引入特征后分类的不确定性下降的程度。信息增益越大，分类的不确定性下降越多，表示特征 A_j 对分类起到的作用越大。对于决策树算法而言，随着划分过程的进行，决策树的每个节点包含的样本应该尽可能属于同一类别。因此，在每一次选择划分特征时，应该选择信息增益最大的特征作为最优划分特征 A^*，即

$$A^*=\arg\max_{A_j\in\mathcal{A}}g(D,A_j) \tag{2.1.84}$$

观察式(2.1.83)可以发现，如果特征 $A_j\in\mathcal{A}$ 可能的取值越多（即 M 越大），在相同情况下其信息增益也会增大；但特征可能的取值越多，并不意味着该特征对于划分数据

集 D 的帮助就越大。因此，为了修正信息增益在选取特征时的这一偏好（倾向于选择可能的取值更多的特征），引入信息增益比的概念：

定义 2.1.5 （信息增益比） 一个特征 $A_j \in \mathcal{A}$ 带给数据集 D 的信息增益比 $g_r(D, A)$ 为特征 A_j 带给数据集 D 的信息增益 $g(D, A_j)$ 和数据集关于特征 A_j 的熵 $H_{A_j}(D)$ 的比值，记为

$$
\begin{aligned}
g_r(D, A_j) &= \frac{g(D, A_j)}{H_{A_j}(D)} \\
&= \frac{H(D) - H(D|A_j)}{H_{A_j}(D)}
\end{aligned} \tag{2.1.85}
$$

$$
H_{A_j}(D) = -\sum_{m=1}^{M} p_m \ln p_m \tag{2.1.86}
$$

如果特征 A_j 可能的取值较多，随着 M 的增大，$H_{A_j}(D)$ 也会增大，信息增益比以此来约束对可能的取值较多的特征的偏好。与信息增益相似，在利用信息增益比选择划分特征时，选择信息增益比最大的特征作为最优划分特征 A^*，即

$$
A^* = \underset{A_j \in \mathcal{A}}{\arg\max}\, g_r(D, A_j) \tag{2.1.87}
$$

除了信息增益和信息增益比以外，基尼指数也是决策树算法中选取特征的常用指标。

定义 2.1.6（基尼指数） 数据集 D 的基尼指数 $\text{gini}(D)$ 为

$$
\text{gini}(D) = 1 - \sum_{k=1}^{K} {p_k}^2 \tag{2.1.88}
$$

一个特征 $A_j \in \mathcal{A}$ 对于数据集 D 的基尼指数 $\text{gini}(D, A_j)$ 表示为

$$
\text{gini}(D, A_j)) = 1 - \sum_{m=1}^{M} p_m \text{gini}(D_j^m) \tag{2.1.89}
$$

观察上式和式(2.1.81)可以发现，基尼指数与信息熵的表达方式很相似。基尼指数 $\text{gini}(D)$ 表示数据集 D 中任意两个样本不属于同一个类别标签的概率，和信息熵一样都能表示数据集 D 分类的不确定性。因此，在使用基尼指数作为指标时，应当选取基尼指数最小的特征作为最优划分特征，即

$$
A^* = \underset{A_j \in \mathcal{A}}{\arg\min}\, \text{gini}(D, A_j) \tag{2.1.90}
$$

根据以上几种不同的特征选取方法，可以推导出不同的决策树模型构建算法，例如基于信息增益的 ID3 算法、结合信息增益和信息增益比的 C4.5 算法以及基于基尼指数的分类与回归树（classification and regression tree，CART）算法，等等。

2. 树模型的构建算法

决策树算法执行的第二个步骤是树模型的构建。本书主要介绍基于信息增益的 ID3

算法，其他的几种算法不作展开，感兴趣的读者可以自行查阅《机器学习》（周志华著）、《统计学习方法》（李航著）。

算法 4描述了 ID3 算法构建决策树模型的步骤：从决策树的根节点出发，计算数据集 D 中所有特征 $A_j \in \mathcal{A}$ 的信息增益，按照式(2.1.84)的准则选取最优划分特征 A^*，构建新的分枝和节点并从特征集合 $\mathcal{A}$ 中去除特征 A^*；其中，阈值 ϵ 通常较小，如果信息增益不超过阈值 ϵ，说明此时最优划分特征给分类带来的帮助都是微乎其微的，因此不再继续构建树模型，而是直接返回此时的决策树 T。重复以上步骤，直至数据集 D 中所有的实例都分类完成或者所有的特征都被选择过一遍。此时，决策树模型的构建完成。

Algorithm 4: ID3 算法

Input: 数据集 D，类别标签集 $\{1, 2, \cdots, K\}$；特征集合 $\mathcal{A} = \{A_1, A_2, \cdots, A_n\}$；阈值 ϵ。

Output: 决策树 T。

(1) 初始化：当前节点 $\leftarrow$ 根节点。
(2) **if** D 中实例属于同一个类别标签 $k \in \{1, 2, \cdots, K\}$ **then**
(3) 　　将类别标签 k 作为该节点的类标记;
(4) 　　**return** 单节点决策树 T。
(5) **end**
(6) **if** 特征集合 $\mathcal{A}$ 为空集或者对于所有特征 $A_j \in \mathcal{A}$，所有实例的类别都相同 **then**
(7) 　　将 D 中包含实例最多的类别标签 k^* 作为该节点的类标记。
(8) 　　**return** 单节点决策树 T。
(9) **end**
(10) 计算 $\mathcal{A}$ 中每个特征给数据集 D 带来的信息增益，选择其中信息增益最大的特征作为最优划分特征。
(11) 更新特征集合：$\mathcal{A} \leftarrow \mathcal{A} - \{A^*\}$。
(12) **if** $g(D, A^*) < \epsilon$ **then**
(13) 　　将 D 中包含实例最多的类别标签 k^* 作为该节点的类标记;
(14) 　　**return** 单节点决策树 T。
(15) **end**
(16) **for** 最优划分特征 A^* 可能的取值 $m \in \{1, 2, \cdots, M\}$ **do**
(17) 　　从当前节点创建一个新的分枝和子节点，分枝代表特征 A^* 一种可能的取值 m，子节点包含数据集 D 的子集 D_*^m。
(18) 　　**if** D_*^m 为空集 **then**
(19) 　　　　将 D 中包含实例最多的类别标签 k^* 作为该子节点的类标记;
(20) 　　　　**return** 决策树 T。
(21) 　　**end**
(22) 　　当前节点 $\leftarrow$ 子节点。
(23) 　　将非空子集 D_*^m 作为新的训练集，使用更新后的特征集 $\mathcal{A}$ 重复执行上述步骤(3)~(22)构建子树 T_m 并添加到树 T 中。
(24) 　　**return** 决策树 T。
(25) **end**

2.2 无监督学习

在监督学习方法中，算法根据标注好的数据训练模型，使得模型具有预测样本（实例）类别的能力。但是如果样本的标注非常困难（例如长篇幅文档或技术型文件）或者样本数据集的规模非常庞大，基于监督学习的算法就会面临运行成本高、资源消耗大等问题。

和监督学习一样，无监督学习（unsupervised learning）也是一种机器学习方法。不同的是，监督学习需要从带有标记的数据中学习出预测模型，而无监督学习无需为模型提供预先标注的类别标签。无监督学习算法的目标通常也不是和监督学习一样的预测类别等结果，而是会在数据中寻找内在结构、归纳规律，将相似的数据分组成簇，或是将样本点映射到一个更低维度的空间中，以便进行可视化或其他分析。

给定一个包含 N 个样本的无监督学习样本数据集 D：

$$D = \{\boldsymbol{x}_1, \boldsymbol{x}_2, \cdots, \boldsymbol{x}_N\} \tag{2.2.1}$$

其中样本 $\boldsymbol{x}_i = (x_i^{(1)}, x_i^{(2)}, \cdots, x_i^{(n)})^{\mathrm{T}}$ 是 n 维的向量，n 为样本的特征个数。因为在无监督学习中没有标签，所以为便于说明，不再区分样本和实例，而是统称为样本。同样地，可以根据数据集 D 构建样本矩阵 $\boldsymbol{X} = (\boldsymbol{x}_1, \boldsymbol{x}_2, \cdots, \boldsymbol{x}_N)$，展开后表示为

$$\boldsymbol{X} = \begin{bmatrix} x_1^{(1)} & x_2^{(1)} & \cdots & x_N^{(1)} \\ x_1^{(2)} & x_2^{(2)} & \cdots & x_N^{(2)} \\ \vdots & \vdots & \ddots & \vdots \\ x_1^{(n)} & x_2^{(n)} & \cdots & x_N^{(n)} \end{bmatrix} \tag{2.2.2}$$

此外，无监督学习方法也有着一些和监督学习中相似的基本概念（例如输入空间和输出空间、特征空间、假设空间等）和模型评估性能指标，这里我们不再展开介绍。

因为不需要大量标记的数据，因此在许多情况下，无监督学习更容易应用于大规模数据的处理，节省大量的标注工作和资源投入。常见的无监督学习算法包括降维、聚类、关联规则等等。本书主要介绍其中的降维和聚类算法。

2.2.1 降维

在机器学习算法中，将实际数据表示为特征向量用于模型的输入是必不可少的步骤。在上一节对决策树算法的介绍中，我们发现树模型的规模和计算难度会随着实例（即特征向量）的维度 n（即特征集合 $\mathcal{A}$ 的规模）的增加而增大。因此，如果我们能够使用尽可能少的维度来表示数据的特征向量，或者使用另一个低维向量代替原始的高维特征向量作为模型的输入，就可以大大提高算法的效率。这种降维的方法有助于减少冗余信息和噪声，并且可以使得数据更易于可视化和理解。因此，在实际的数据处理中，对于高维数据的降维已经成为了一项重要的技术。

在当今时代，数据的维度呈现出爆炸式的增长。随着数据维度的增加，数据空间也变得更加复杂，需要更多的样本描述。这样一来，数据量也会呈指数级别地增长，从而导致了所谓的维度灾难问题。这个问题主要表现在高维数据处理中，由于高维数据的特征空间过于庞大，数据稀疏性的增加会对模型的准确性产生负面影响。同时，在高维空间中，许多常见的距离度量方式也会失效，因为距离的计算需要更多的计算量和内存空间，这将导致算法的效率降低。

我们用一个例子来描述这种维度灾难现象：假设 n 维球的体积为 CR^n（其中 C 是与半径和维度无关的常数）那么这个 n 维球与一个边长为 $2R$ 的 n 维超立方体的体积之比为

$$\lim_{n\to\infty}\frac{CR^n}{2^nR^n}=0 \tag{2.2.3}$$

式(2.2.3)体现的便是所谓的“维度灾难”。与之类似，在高维的数据中，因为主要的样本都分布在数据集的边缘，所以数据集是非常稀疏的。因此，可以用低维度的特征向量表达原始数据（或特征向量）的高维度特征，这就是降维。

降维是数据分析和机器学习领域中一个重要的概念，其目的是将高维数据映射到低维空间中，减少数据中的冗余信息和噪声，以便于数据的可视化和分析。降维算法的实现原理可以根据其处理过程的不同，分为多种类型。其中，直接降维是一种常见的降维方式，通过去掉某些稀疏特征，将高维数据压缩为低维数据。此外，线性降维算法也是一种常见的降维方式，将高维数据投影到低维线性空间中，可以通过主成分分析和多维空间缩放等算法实现。另外一种重要的降维算法是非线性降维，这种算法以流形学习为主，可以在不失真的情况下将高维数据映射到低维空间中。等度量映射（Isomap）就是一种常见的非线性降维算法，它可以通过计算数据之间的流形距离来实现降维。总之，根据降维算法的实现原理不同，可以选择不同的降维算法来处理不同类型的数据。本节主要介绍线性降维的相关算法。

1. 主成分分析算法

主成分分析（principal component analysis，PCA）算法是一种经典的线性降维技术，也是目前最常用的降维算法之一。主成分分析算法的目标是将高维数据映射到一个低维子空间，同时尽量保留原始数据的信息。因此，主成分分析模型的主要任务是寻找一个低维子空间，这个子空间最能够代表原始数据的方差和特征，即：

（1）在该子空间中，数据的分布要尽可能分散；

（2）从原始高维数据空间映射到该子空间的过程中，损失的信息要尽可能少。

在原始数据中，数据的各个特征之间可能存在相关性。因此，原始高维特征向量的各个维度之间也很有可能是相关的。这种相关性使得更高维度的特征向量，并不一定会拥有更好的数据描述能力，反而导致了维度的冗余。因此，主成分分析的目标就是找到一组线性无关的向量，构成一个超平面，使得数据投影到这个超平面上时能够满足上述的两个条件，这个超平面就是要寻找的低维子空间。两个条件在数学上表现为：

（1）投影后，数据的方差尽可能大。方差越大，意味着超平面保留的信息越完整；

（2）投影后，数据在超平面补空间上的分量尽可能小。补空间分量越小，意味着从超平面重构原数据的代价越小。

具体来说，主成分分析算法通过计算原始数据的协方差矩阵，得到一组正交基向量。这些线性无关的向量构成了子空间的基，也就是主成分。在这个子空间中，数据在主成分方向上的方差最大，从而可以保留最多的信息。为了使降维过程损失的信息尽可能小，主成分分析算法需要保留足够的主成分，即保留足够的方差来描述原始数据。

下面介绍主成分分析算法的具体过程。

对于 n 维的随机向量 $\boldsymbol{x} = (x^{(1)}, x^{(2)}, \cdots, x^{(n)})^{\mathrm{T}}$ 进行了 N 次独立的观测，构建样本集 $D = \{\boldsymbol{x}_1, \boldsymbol{x}_2, \cdots, \boldsymbol{x}_N\}$。用 $\boldsymbol{x}_i$ 表示 D 中第 i 个观测样本，可以展开为 $\boldsymbol{x}_i = (x_i^{(1)}, x_i^{(2)}, \cdots, x_i^{(n)})^{\mathrm{T}}$，其中的 $x_i^{(j)}$ 表示样本 $\boldsymbol{x}_i$ 的第 j 个特征。用 $\boldsymbol{X} = (\boldsymbol{x}_1, \boldsymbol{x}_2, \cdots, \boldsymbol{x}_N)$ 表示观测数据的样本矩阵，展开后表示为

$$\boldsymbol{X} = \begin{bmatrix} x_1^{(1)} & x_2^{(1)} & \cdots & x_N^{(1)} \\ x_1^{(2)} & x_2^{(2)} & \cdots & x_N^{(2)} \\ \vdots & \vdots & \ddots & \vdots \\ x_1^{(n)} & x_2^{(n)} & \cdots & x_N^{(n)} \end{bmatrix} \tag{2.2.4}$$

给定样本矩阵 $\boldsymbol{X}$, 可以得到一系列样本统计量：

（1）样本的均值向量 $\bar{\boldsymbol{x}} = \frac{1}{N}\sum\limits_{i=1}^{N} \boldsymbol{x}_i$。

（2）样本的协方差矩阵为 $\boldsymbol{S} \in \mathbb{R}^{n\times n}$, 矩阵的第 j 行第 j' 列的元素 $s_{jj'}$ 表示为

$$s_{jj'} = \frac{1}{N-1}\sum_{i=1}^{N}(x_i^{(j)} - \bar{x}^{(j)})(x_i^{(j')} - \bar{x}^{(j')}) \tag{2.2.5}$$

其中，$\bar{x}^{(j)} = \frac{1}{N}\sum\limits_{i=1}^{N} x_i^{(j)}$，代表 N 个观测样本 $\boldsymbol{x}_i$（$i = 1, 2, \cdots, N$）第 j 个维度的特征的均值；$s_{jj'}$ 表示第 j 个维度的特征和第 j' 个维度的特征的协方差（$j, j' \in [1, n]$）。

主成分分析算法首先对样本进行中心化（centralization）处理, 使得样本 $\boldsymbol{x}_1, \boldsymbol{x}_2, \cdots$, $\boldsymbol{x}_N$ 的均值为 0。中心化的过程如下：

$$x_i^{(j)} \leftarrow x_i^{(j)} - \bar{x}^{(j)} \tag{2.2.6}$$

为了便于表示，在下面的推导中，中心化后的样本和样本矩阵依然用 $\boldsymbol{x}_i$ 和 $\boldsymbol{X}$ 来表示。协方差矩阵 $\boldsymbol{S}$ 也可以使用中心化以后的样本矩阵 $\boldsymbol{X}$ 直接计算得到：

$$\boldsymbol{S} = \frac{1}{N-1}\boldsymbol{X}\boldsymbol{X}^{\mathrm{T}} \tag{2.2.7}$$

除了中心化以外，还可以借助协方差矩阵 $\boldsymbol{S}$ 对样本进行归一化（normalization）处理（又称标准化或规范化）：

$$x_i^{(j)} \leftarrow \frac{x_i^{(j)} - \bar{x}^{(j)}}{\sqrt{s_{jj}}} \tag{2.2.8}$$

其中，s_{jj} 是协方差矩阵 $\boldsymbol{S}$ 的第 j 个对角线元素。无论是中心化还是归一化，对样本进行处理后都会有：$\sum\limits_{j=1}^{n} x_i^{(j)} = 0$。这样的性质在后续的推导中发挥着重要的作用。

在原始样本集 D 中，$\boldsymbol{x}_i = (x_i^{(1)}, x_i^{(2)}, \cdots, x_i^{(n)})^{\mathrm{T}}$ 的各个维度并不一定是线性无关的，于是主成分分析算法希望通过将原始样本投影到一个超平面上，找到一组线性无关的向量来表示 $\boldsymbol{x}_i$。假设目标超平面的投影矩阵为 $\boldsymbol{u} = (\boldsymbol{u}_1, \boldsymbol{u}_2, \cdots, \boldsymbol{u}_n)$，则 $\boldsymbol{x}_i$ 投影后在该超平面上的坐标可以表示为 $\boldsymbol{x}_i' = (\boldsymbol{u}_1^{\mathrm{T}}\boldsymbol{x}_i, \boldsymbol{u}_2^{\mathrm{T}}\boldsymbol{x}_i, \cdots, \boldsymbol{u}_n^{\mathrm{T}}\boldsymbol{x}_i)^{\mathrm{T}}$。因为 $\boldsymbol{u}_j = (u_j^{(1)}, u_j^{(2)}, \cdots, u_j^{(n)})^{\mathrm{T}}$（$j = 1, 2, \cdots, n$）是超平面的标准正交基向量，所以对于任意 $\boldsymbol{u}_j$ 和 $\boldsymbol{u}_{j'}(j, j' \in [1, n]$ 且 $j \neq j')$，都有 $\boldsymbol{u}_j^{\mathrm{T}}\boldsymbol{u}_j = 1$ 和 $\boldsymbol{u}_j^{\mathrm{T}}\boldsymbol{u}_{j'} = 0$。因此，$\boldsymbol{x}_i$ 在超平面上的投影坐标 $\boldsymbol{x}_i'$ 中任意两个维度 $\boldsymbol{x}_i'^{(j)} = \boldsymbol{u}_j^{\mathrm{T}}\boldsymbol{x}_i$ 和 $\boldsymbol{x}_i'^{(j')} = \boldsymbol{u}_{j'}^{\mathrm{T}}\boldsymbol{x}_i$ 之间都是线性无关的。

接下来，分别从主成分分析算法的两个条件出发：最大化投影后方差和最小化重构代价，推导寻找投影超平面的过程，即求解超平面的基向量 $\{\boldsymbol{u}_1, \boldsymbol{u}_2, \cdots, \boldsymbol{u}_n\}$。

对于样本 $\boldsymbol{x}_i$ 在超平面上的投影 $\boldsymbol{x}_i'$ 而言，第 j 个维度特征的方差为

$$\operatorname{var}(\boldsymbol{x}'^{(j)}) = \frac{1}{N-1}\sum_{i=1}^{N}(\boldsymbol{x}_i'^{(j)} - \bar{\boldsymbol{x}}'^{(j)})^{\mathrm{T}}(\boldsymbol{x}_i'^{(j)} - \bar{\boldsymbol{x}}'^{(j)}) \tag{2.2.9}$$

其中，$\bar{\boldsymbol{x}}'^{(j)}$ 表示 N 个投影后的样本 $\boldsymbol{x}_i'$ 在第 j 个维度特征上的均值，可写为

$$\bar{\boldsymbol{x}}'^{(j)} = \frac{1}{N}\sum_{i=1}^{N}\boldsymbol{u}_j^{\mathrm{T}}\boldsymbol{x}_i = \boldsymbol{u}_j^{\mathrm{T}}\frac{1}{N}\sum_{i=1}^{N}\boldsymbol{x}_i = \boldsymbol{u}_j^{\mathrm{T}}\bar{\boldsymbol{x}} \tag{2.2.10}$$

投影后的样本在 n 个特征上的方差之和为

$$\begin{aligned}
\operatorname{var}(\boldsymbol{x}') &= \sum_{j=1}^{n}\frac{1}{N-1}\sum_{i=1}^{N}(\boldsymbol{u}_j^{\mathrm{T}}\boldsymbol{x}_i - \boldsymbol{u}_j^{\mathrm{T}}\bar{\boldsymbol{x}})^{\mathrm{T}}(\boldsymbol{u}_j^{\mathrm{T}}\boldsymbol{x}_i - \boldsymbol{u}_j^{\mathrm{T}}\bar{\boldsymbol{x}}) \\
&= \sum_{j=1}^{n}\frac{1}{N-1}\sum_{i=1}^{N}\boldsymbol{u}_j^{\mathrm{T}}(\boldsymbol{x}_i - \bar{\boldsymbol{x}})^{\mathrm{T}}(\boldsymbol{x}_i - \bar{\boldsymbol{x}})\boldsymbol{u}_j \\
&= \sum_{j=1}^{n}\boldsymbol{u}_j^{\mathrm{T}}\left[\frac{1}{N-1}\sum_{i=1}^{N}(\boldsymbol{x}_i - \bar{\boldsymbol{x}})^{\mathrm{T}}(\boldsymbol{x}_i - \bar{\boldsymbol{x}})\right]\boldsymbol{u}_j \\
&= \sum_{j=1}^{n}\boldsymbol{u}_j^{\mathrm{T}}\boldsymbol{S}\boldsymbol{u}_j
\end{aligned} \tag{2.2.11}$$

因此，最大化投影后的样本方差可以写为如下的优化问题：

$$\begin{cases}
\max\sum\limits_{j=1}^{n}\boldsymbol{u}_j^{\mathrm{T}}\boldsymbol{S}\boldsymbol{u}_j \\
\text{s.t.}\boldsymbol{u}_j^{\mathrm{T}}\boldsymbol{u}_j = 1 \\
\quad\ \boldsymbol{u}_j^{\mathrm{T}}\boldsymbol{u}_{j'} = 0 \\
\quad\ j, j' \in [1, n], j \neq j'
\end{cases} \tag{2.2.12}$$

最小化重构代价也就是对投影到超平面上的样本进行重建，将其映射回原始的样本空间，使得重建后的样本与原始样本的区别最小。具体来说，如果从超平面的投影 $\boldsymbol{x}_i'$ 重建 $\boldsymbol{x}_i$，则重建后的样本 $\hat{\boldsymbol{x}}_i$ 可以表示为

$$\hat{\boldsymbol{x}}_i = \sum_{j=1}^{n}(\boldsymbol{u}_j^{\mathrm{T}}\boldsymbol{x}_i)\boldsymbol{u}_j \tag{2.2.13}$$

如果只使用这 n 个基向量中的 q 个（$q < n$）重建 $\boldsymbol{x}_i$，则样本 $\boldsymbol{x}_i$ 的维度可以从 n 维降到 q 维，用 q 个基向量重建的样本 $\hat{\boldsymbol{x}}_i$ 表示为

$$\hat{\boldsymbol{x}}_i = \sum_{j=1}^{q}(\boldsymbol{u}_j^{\mathrm{T}}\boldsymbol{x}_i)\boldsymbol{u}_j \tag{2.2.14}$$

这个过程就是降维。

使用重建的样本 $\hat{\boldsymbol{x}}_i$ 和原始样本 $\boldsymbol{x}_i$ 之间的距离表示二者之间的区别，则重构代价 J 可以表示为

$$\begin{aligned} J &= \sum_{i=1}^{N}||\boldsymbol{x}_i - \hat{\boldsymbol{x}}_i||_2^2 \\ &= \sum_{i=1}^{N}(\boldsymbol{x}_i - \hat{\boldsymbol{x}}_i)^{\mathrm{T}}(\boldsymbol{x}_i - \hat{\boldsymbol{x}}_i) \\ &= \sum_{i=1}^{N}(\hat{\boldsymbol{x}}_i^{\mathrm{T}}\hat{\boldsymbol{x}}_i - 2\boldsymbol{x}_i^{\mathrm{T}}\hat{\boldsymbol{x}}_i + \boldsymbol{x}_i^{\mathrm{T}}\boldsymbol{x}_i) \end{aligned} \tag{2.2.15}$$

根据式(2.2.13)可以将 $\hat{\boldsymbol{x}}_i^{\mathrm{T}}\hat{\boldsymbol{x}}_i$ 和 $\boldsymbol{x}_i^{\mathrm{T}}\hat{\boldsymbol{x}}_i$ 展开为

$$\begin{aligned} \hat{\boldsymbol{x}}_i^{\mathrm{T}}\hat{\boldsymbol{x}}_i &= \sum_{j=1}^{q}[(\boldsymbol{u}_j^{\mathrm{T}}\boldsymbol{x}_i)\boldsymbol{u}_j]^{\mathrm{T}}\sum_{j'=1}^{q}(\boldsymbol{u}_{j'}^{\mathrm{T}}\boldsymbol{x}_i)\boldsymbol{u}_{j'} \\ &= \sum_{j=1}^{q}\sum_{j'=1}^{q}[(\boldsymbol{u}_j^{\mathrm{T}}\boldsymbol{x}_i)\boldsymbol{u}_j]^{\mathrm{T}}(\boldsymbol{u}_{j'}^{\mathrm{T}}\boldsymbol{x}_i)\boldsymbol{u}_{j'} \end{aligned} \tag{2.2.16}$$

$$\begin{aligned} \boldsymbol{x}_i^{\mathrm{T}}\hat{\boldsymbol{x}}_i &= \boldsymbol{x}_i^{\mathrm{T}}\sum_{j=1}^{q}(\boldsymbol{u}_j^{\mathrm{T}}\boldsymbol{x}_i)\boldsymbol{u}_j \\ &= \sum_{j=1}^{q}\boldsymbol{u}_j^{\mathrm{T}}\boldsymbol{x}_i\boldsymbol{x}_i^{\mathrm{T}}\boldsymbol{u}_j \end{aligned} \tag{2.2.17}$$

因为对于任意 $j, j' \in [1, n]$，都有 $\boldsymbol{u}_j^{\mathrm{T}}\boldsymbol{u}_j = 1$ 和 $\boldsymbol{u}_j^{\mathrm{T}}\boldsymbol{u}_{j'} = 0$(当 $j \neq j'$ 时)，所以式(2.2.16)可以继续展开为

$$\hat{\boldsymbol{x}}_i^{\mathrm{T}}\hat{\boldsymbol{x}}_i = \sum_{j=1}^{q}[(\boldsymbol{u}_j^{\mathrm{T}}\boldsymbol{x}_i)\boldsymbol{u}_j]^{\mathrm{T}}(\boldsymbol{u}_j^{\mathrm{T}}\boldsymbol{x}_i)\boldsymbol{u}_j$$

$$= \sum_{j=1}^{q} \boldsymbol{u}_j^{\mathrm{T}} \boldsymbol{x}_i \boldsymbol{x}_i^{\mathrm{T}} \boldsymbol{u}_j \tag{2.2.18}$$

将 $\hat{\boldsymbol{x}}_i^{\mathrm{T}} \hat{\boldsymbol{x}}_i$ 和 $\boldsymbol{x}_i^{\mathrm{T}} \hat{\boldsymbol{x}}_i$ 代入式(2.2.15)，可得到

$$J = \sum_{i=1}^{N} \left[-\left(\sum_{j=1}^{q} \boldsymbol{u}_j^{\mathrm{T}} \boldsymbol{x}_i \boldsymbol{x}_i^{\mathrm{T}} \boldsymbol{u}_j \right) + \boldsymbol{x}_i^{\mathrm{T}} \boldsymbol{x}_i \right] \tag{2.2.19}$$

由于式中 $\boldsymbol{x}_i^{\mathrm{T}} \boldsymbol{x}_i$ 和超平面的基 $\boldsymbol{u}_j$ 无关，在求解最小化重构代价时可以将其当作一个常数。利用线性代数的知识，可以发现式中的 $\sum_{j=1}^{q} \boldsymbol{u}_j^{\mathrm{T}} \boldsymbol{x}_i \boldsymbol{x}_i^{\mathrm{T}} \boldsymbol{u}_j$ 一项和矩阵 $\boldsymbol{u}^{\mathrm{T}} \boldsymbol{x}_i \boldsymbol{x}_i^{\mathrm{T}} \boldsymbol{u}$ 的迹（trace）是正相关的。所以，最小化重构代价等价于如下优化问题：

$$\begin{cases} \min \left(\sum_{i=1}^{N} -\operatorname{tr}(\boldsymbol{u}^{\mathrm{T}} \boldsymbol{x}_i \boldsymbol{x}_i^{\mathrm{T}} \boldsymbol{u}) \right) \\ \text{s.t.} \boldsymbol{u}_j^{\mathrm{T}} \boldsymbol{u}_j = 1 \\ \quad \boldsymbol{u}_j^{\mathrm{T}} \boldsymbol{u}_{j'} = 0 \\ \quad j, j' \in [1, n], j \neq j' \end{cases} \tag{2.2.20}$$

其中，$\operatorname{tr}(\cdot)$ 表示矩阵的迹。从目标函数(2.2.12)和函数(2.2.20)可以看出，最大化投影后的样本方差和最小化重构代价的目标函数其实是等价的，也就是说主成分分析法的两个条件可以同时满足。可以统一写为如下形式：

$$\begin{cases} \max(\boldsymbol{u}^{\mathrm{T}} \boldsymbol{S} \boldsymbol{u}) \\ \text{s.t.} \boldsymbol{u}_j^{\mathrm{T}} \boldsymbol{u}_j = 1 \\ \quad \boldsymbol{u}_j^{\mathrm{T}} \boldsymbol{u}_{j'} = 0 \\ \quad j, j' \in [1, n], j \neq j' \end{cases} \tag{2.2.21}$$

由于投影超平面的每个基都是线性无关的，于是每一个 $\boldsymbol{u}_j$ 的求解可以分别进行，即

$$\hat{\boldsymbol{u}}_j = \arg\max_{\boldsymbol{u}_j} \boldsymbol{u}_j^{\mathrm{T}} \boldsymbol{S} \boldsymbol{u}_j \tag{2.2.22}$$

这是一个经典的约束优化问题，可以使用拉格朗日乘子法来求解这个问题：

$$\hat{\boldsymbol{u}}_j = \arg\max_{\boldsymbol{u}_j} \boldsymbol{u}_j^{\mathrm{T}} \boldsymbol{S} \boldsymbol{u}_j + \lambda(1 - \boldsymbol{u}_j^{\mathrm{T}} \boldsymbol{u}_j) \tag{2.2.23}$$

解式(2.2.23)可得

$$\boldsymbol{S} \hat{\boldsymbol{u}}_j = \lambda \hat{\boldsymbol{u}}_j \tag{2.2.24}$$

从式(2.2.24)中可以看出，要找的投影超平面的基 $\hat{\boldsymbol{u}}_j (j = 1, 2, \cdots, n)$ 就是样本协方差矩阵 $\boldsymbol{S}$ 的特征向量。降维就是从中取其中的 q 个 $(q < n)$ 作为超平面的基。而要使得目

标函数的值最大，则要取的这 q 个基应该是特征值最大的 q 个特征向量。此时构成的投影超平面就是主成分分析算法要找的低维子空间。算法 5描述了主成分分析算法的具体步骤。

Algorithm 5: 主成分分析降维算法

Input: 样本矩阵 $\boldsymbol{X} = (\boldsymbol{x}_1, \boldsymbol{x}_2, \cdots, \boldsymbol{x}_N)$; 低维子空间的维数 q。

Output: 由 q 个低维子空间的标准正交基向量构成的 q 维投影矩阵 $\boldsymbol{u} = (\boldsymbol{u}_1, \boldsymbol{u}_2, \cdots, \boldsymbol{u}_q)$。

(1) 对样本进行中心化（或者规范化）处理;

(2) 计算样本的协方差矩阵 $\boldsymbol{S}$;

(3) 对协方差矩阵 $\boldsymbol{S}$ 进行特征值分解;

(4) 将特征向量按照对应的特征值从大到小排列;

(5) 取从大到小排列的前 q 个特征值所对应的特征向量 $\boldsymbol{u}_1, \boldsymbol{u}_2, \cdots, \boldsymbol{u}_q$;

(6) **return** $\boldsymbol{u} = (\boldsymbol{u}_1, \boldsymbol{u}_2, \cdots, \boldsymbol{u}_q)$。

2. 案例：对 MNIST 手写数字数据集进行降维

MNIST 是著名的机器学习数据集，由图灵奖得主 Yann Lecun 等人整理而成，经过多年的发展，已经成为分类任务的标准测试数据，被誉为“机器学习界的果蝇”。该数据集的训练集共有 6 万张图片，共有 10 类，代表从 0~9 的手写数字，测试集共有 1 万张测试图片。该数据集有多个版本，本节采用黑白版本作为示例（也就是只有一个图层的图片），以便于降维处理和展示。

在进行降维处理前，我们需要先将图片转换成灰度矩阵，这可以通过对 RGB 三个通道进行加权平均值的方式实现。接着，我们可以使用算法 5中的主成分分析算法对矩阵进行降维处理。该算法的主要思想是将高维数据映射到低维空间中，保留尽可能多的原始信息，同时去除冗余信息。经过降维处理后，得到的矩阵需要重新转化为灰度图像。结果如图 2.5（b）所示，可以发现图像变得模糊了。这是因为在使用主成分分析法进行降维处理时，我们只保留了部分主成分，而丢失了一些较小的成分。但这些成分中可能也包含了一部分的信息。因此，降维后的图像可能会失去一些细节，导致图 2.5（b）中的手写数字明显比图 2.5（a）中的数字要模糊许多。不过，在应用主成分分析法时，还可以通过改变主成分的数量来控制保留的信息量。选择主成分数量需要根据具体问题来确定，在降低维度的同时尽可能保留足够的原始信息。通常来说，可以根据保留的主成分所占方差的比例来确定需要保留的主成分个数。例如，可以保留主成分所占方差的 90%，这样可以在保留足够信息的同时，将原始数据的维度大幅降低，从而提高模型的效率和准确性。

2.2.2 聚类

聚类（clustering）算法是一种典型的无监督学习方法，通过学习数据内在的特征和关联而无需预先标注样本的类别，就能将样本划分为多个类别。

划分的标准在于样本之间的相似度。换言之，聚类算法归纳样本的特点，将相似度高的样本划分为同一类别；将相似度低的样本划分到不同类别。因为没有预先标注的标签，所以相似度的衡量在很大程度上决定了算法的性能，这也是聚类算法中最基础、最重要的环节。

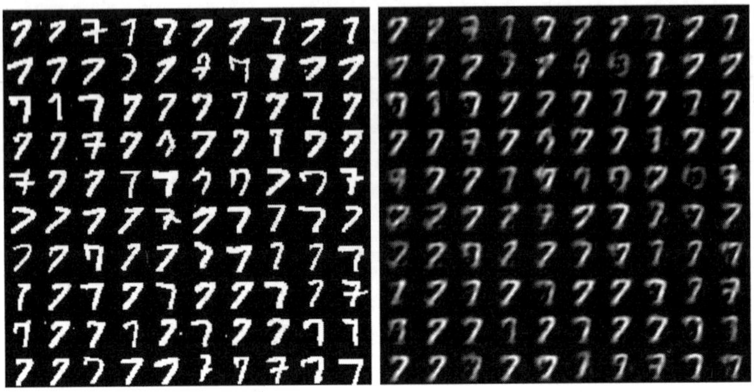

(a) (b)

图 2.5 降维前后的 MNIST 数据集

1. 距离计算

距离（distance）是聚类算法中评判样本相似度的常用指标之一，通常来说距离越大，样本相似度越低；反之，样本相似度越高。因此，在介绍聚类算法之前，我们首先介绍一下距离计算的相关知识。距离可以用一个函数 $\text{dist}(\cdot,\cdot)$ 来表示。当函数 $\text{dist}(\cdot,\cdot)$ 满足以下与距离相关的基本性质时，则 $\text{dist}(\cdot,\cdot)$ 可以被称为距离函数：

- 非负性：对于任意两个样本 $\boldsymbol{x}_i,\boldsymbol{x}_{i'}\in D$，距离一定非负。表示为：$\text{dist}(\boldsymbol{x}_i,\boldsymbol{x}_{i'})\geqslant 0$。
- 同一性：对于任意两个样本 $\boldsymbol{x}_i,\boldsymbol{x}_{i'}\in D$，样本只有到自身的距离为零。表示为：$\text{dist}(\boldsymbol{x}_i,\boldsymbol{x}_{i'})=0$，当且仅当 $\boldsymbol{x}_i=\boldsymbol{x}_{i'}$。
- 对称性：对于任意两个样本 $\boldsymbol{x}_i,\boldsymbol{x}_{i'}\in D$，无论从其中哪一个样本出发，到另一个样本的距离一定是相等的。表示为：$\text{dist}(\boldsymbol{x}_i,\boldsymbol{x}_{i'})=\text{dist}(\boldsymbol{x}_{i'},\boldsymbol{x}_i)$。
- 直递性：对于任意两个样本 $\boldsymbol{x}_i,\boldsymbol{x}_{i'}\in D$，如果途经第三个点 $\boldsymbol{x}_{i''}\in D$ 计算它们之间的距离，则该距离不会比直接计算从 $\boldsymbol{x}_i$ 到 $\boldsymbol{x}_{i'}$ 的距离更小。表示为：$\text{dist}(\boldsymbol{x}_i,\boldsymbol{x}_{i'})\leqslant\text{dist}(\boldsymbol{x}_i,\boldsymbol{x}_{i''})+\text{dist}(\boldsymbol{x}_{i''},\boldsymbol{x}_{i'})$。

闵可夫斯基距离 (Minkowski distance) 是最常用的计算距离的距离函数之一，下面给出相关定义：

定义 2.2.1（闵可夫斯基距离） 对于数据集 D 中的样本 $\boldsymbol{x}_i=(x_i^{(1)},x_i^{(2)},\cdots,x_i^{(n)})^{\mathrm{T}}$ 与 $\boldsymbol{x}_{i'}=(x_{i'}^{(1)},x_{i'}^{(2)},\cdots,x_{i'}^{(n)})^{\mathrm{T}}$，其闵可夫斯基距离为

$$\text{dist}(\boldsymbol{x}_i,\boldsymbol{x}_{i'})=\left(\sum_{j=1}^{n}|x_i^{(j)}-x_{i'}^{(j)}|^p\right)^{\frac{1}{p}} \tag{2.2.25}$$

其中，$p\geqslant 1$。观察上式可以发现，闵可夫斯基距离的形式同本书前面章节中对范数（p-范数）的定义非常相似。当 $p=1$ 时，闵可夫斯基距离为曼哈顿距离：

$$\text{dist}(\boldsymbol{x}_i,\boldsymbol{x}_{i'})=\sum_{j=1}^{n}|x_i^{(j)}-x_{i'}^{(j)}|=\|\boldsymbol{x}_i-\boldsymbol{x}_{i'}\|_1 \tag{2.2.26}$$

当 $p=2$ 时，闵可夫斯基距离便是欧氏距离:

$$\operatorname{dist}(\boldsymbol{x}_i,\boldsymbol{x}_{i'})=\sqrt{\sum_{j=1}^{n}|x_i^{(j)}-x_{i'}^{(j)}|^2}=\|\boldsymbol{x}_i-\boldsymbol{x}_{i'}\|_2 \tag{2.2.27}$$

除此以外，马哈拉诺比斯距离（Mahalanobis distance）也是统计学中常用的一种距离度量。

定义 2.2.2（马哈拉诺比斯距离）　对于样本矩阵 $\boldsymbol{X}$，根据上一节给出的式(2.2.5)可以计算其协方差矩阵，记为 $\boldsymbol{S}$。则 D 中的 n 维样本 $\boldsymbol{x}_i$、$\boldsymbol{x}_{i'}$ 之间的马哈拉诺比斯距离（简称马氏距离）可以定义为

$$\operatorname{dist}(\boldsymbol{x}_i,\boldsymbol{x}_{i'})=[(\boldsymbol{x}_i-\boldsymbol{x}_{i'})^{\mathrm{T}}\boldsymbol{S}^{-1}(\boldsymbol{x}_i-\boldsymbol{x}_{i'})]^{1/2} \tag{2.2.28}$$

观察闵可夫斯基距离和马哈拉诺比斯距离的定义可以发现，后者在计算样本的距离时通过引入协方差矩阵考虑到了不同维度特征的相关性，而前者是在假定各维度特征相互独立的前提下直接计算的距离。因此，在样本各维度特征间存在相关性的情况下，马哈拉诺比斯距离能够更准确地比较样本间的相似度；尤其是在处理高维度样本时，马哈拉诺比斯距离能够更好地捕捉到特征的关联性，从而减少距离的稀疏性带来的影响。但是闵可夫斯基距离的计算相对简单，算法复杂度更低。此外，当样本 $\boldsymbol{x}_i\in D(i=1,2,\cdots,N)$ 各维度的特征相互独立且方差等于 1(对于所有 $j,j'\in[1,n]$，协方差矩阵 $\boldsymbol{S}$ 的第 j 行第 j' 列的元素 $s_{jj'}=1$) 时，马哈拉诺比斯距离等价于欧氏距离。

除了距离，还可以使用相关系数（correlation coefficient）表示样本之间的相似度。相关系数与相似度是正相关的，相关系数越高，样本之间的相似度越高；反之，样本之间的相似度越低。

定义 2.2.3（相关系数）　数据集 D 中的两个样本 $\boldsymbol{x}_i$、$\boldsymbol{x}_{i'}$ 之间的相关系数可以定义为 $r(\boldsymbol{x}_i,\boldsymbol{x}_{i'})$，表示为

$$\begin{aligned}r(\boldsymbol{x}_i,\boldsymbol{x}_{i'})&=\frac{\sum\limits_{j=1}^{n}(x_i^{(j)}-\bar{x}_i)(x_{i'}^{(j)}-\bar{x}_{i'})}{\sqrt{\sum\limits_{j=1}^{n}(x_i^{(j)}-\bar{x}_i)^2}\sqrt{\sum\limits_{j=1}^{n}(x_{i'}^{(j)}-\bar{x}_{i'})^2}}\\&=\frac{\sum\limits_{j=1}^{n}(x_i^{(j)}-\frac{1}{n}\sum\limits_{j=1}^{n}x_i^{(j)})(x_{i'}^{(j)}-\frac{1}{n}\sum\limits_{j=1}^{n}x_{i'}^{(j)})}{\sqrt{\sum\limits_{j=1}^{n}(x_i^{(j)}-\frac{1}{n}\sum\limits_{j=1}^{n}x_i^{(j)})^2}\sqrt{\sum\limits_{j=1}^{n}(x_{i'}^{(j)}-\frac{1}{n}\sum\limits_{j=1}^{n}x_{i'}^{(j)})^2}}\end{aligned} \tag{2.2.29}$$

其中，$\bar{x}_i$ 和 $\bar{x}_{i'}$ 分别表示样本 $\boldsymbol{x}_i$ 和 $\boldsymbol{x}_{i'}$ 各维度特征的均值；观察上式可以发现，对于任意 $\boldsymbol{x}_i,\boldsymbol{x}_{i'}\in D$，其相关系数 $r(\boldsymbol{x}_i,\boldsymbol{x}_{i'})$ 都满足：$|r(\boldsymbol{x}_i,\boldsymbol{x}_{i'})|\in[0,1]$。

衡量相似度的标准还有夹角余弦相似度（cosine similarity）、基于参考模型（reference model）的外部指标，等等，本书中对于这些不作展开介绍，读者可以查阅《机器学习》（周志华著）、《统计学习方法》（李航著）。

2. 类

聚类算法的目的是将样本划分入不同的类中（也叫作簇，cluster）。对于数据集 D 而言，聚类就是将其划分为多个子集，每个样本 $\boldsymbol{x}_i$ 可以属于一个或多个子集。这些子集就是不同的类。所谓聚类也可以形象地描述为“物以类聚”，不仅要尽可能地将同类样本划分到一起，还要尽可能地区分不同类的样本。因此，“类”也是聚类算法中一个重要的概念。首先，给出类的定义。

定义 2.2.4（类） 对于样本集的一个子集 $D_c \subseteq D$，若其中任意两个样本 $\boldsymbol{x}_i$、$\boldsymbol{x}_{i'}$，其距离 $\mathrm{dist}(\boldsymbol{x}_i, \boldsymbol{x}_{i'})$ 都满足：

$$\mathrm{dist}(\boldsymbol{x}_i, \boldsymbol{x}_{i'}) \leqslant C \tag{2.2.30}$$

则集合 D_c 可以称为一个类（或簇）。其中，C 是一个预先设定的常数，且 $C > 0$。对于一个类 D_c，可以定义以下的概念：

- 类中心：即类 D_c 所有样本的均值，表示为

$$\bar{\boldsymbol{x}}_{D_c} = \frac{1}{N_c}\sum_{i=1}^{N_c}\boldsymbol{x}_i \tag{2.2.31}$$

  其中，N_c 为类 D_c 的样本数量。

- 类直径：指类 D_c 中任意两个样本之间的最大距离，表示为

$$\mathrm{dist}(D_c) = \max_{\boldsymbol{x}_i, \boldsymbol{x}_{i'} \in D_c} \mathrm{dist}(\boldsymbol{x}_i, \boldsymbol{x}_{i'}) \tag{2.2.32}$$

- 类的样本协方差矩阵：记为 $\boldsymbol{S}_{D_c}$

$$\boldsymbol{S}_{D_c} = \frac{1}{n-1}\sum_{i=1}^{N_{D_c}}(\boldsymbol{x}_i - \bar{\boldsymbol{x}}_{D_c})(\boldsymbol{x}_i - \bar{\boldsymbol{x}}_{D_c})^{\mathrm{T}} \tag{2.2.33}$$

  其中，n 是样本特征的维度。如果把 $\boldsymbol{S}_{D_c}$ 扩大 $n-1$ 倍，就可得到类 D_c 的样本散布矩阵，表示为

$$\boldsymbol{A}_{D_c} = \sum_{i=1}^{N_{D_c}}(\boldsymbol{x}_i - \bar{\boldsymbol{x}}_{D_c})(\boldsymbol{x}_i - \bar{\boldsymbol{x}}_{D_c})^{\mathrm{T}} \tag{2.2.34}$$

前面我们介绍了样本与样本之间距离的计算方法，因为聚类算法将样本数据集 D 中的样本划分到不同类中，所以为了衡量不同类之间的差异，还需要定义类与类之间的距离。本书中只讨论每个样本只属于一个类的情况。

定义 2.2.5（类间距） 对于样本数据集 D，若 D_c 和 $D_{c'}$ 是两个类。其中，D_c 中包含 N_{D_c} 个样本，类中心为 $\bar{\boldsymbol{x}}_{D_c}$；$D'_c$ 中包含 $N_{D'_c}$ 个样本，类中心为 $\bar{\boldsymbol{x}}_{D'_c}$。则类 D_c 与 $D_{c'}$ 的类间距离可以有以下几种定义方法：

- 最短距离：定义类 D_c 的样本和类 $D_{c'}$ 的样本之间的最短距离为两类之间的距离 $\mathrm{Dist}(D_c, D_{c'})$，表示为

$$\mathrm{Dist}(D_c, D_{c'}) = \min\{\mathrm{dist}(\boldsymbol{x}_i, \boldsymbol{x}_{i'}) | \boldsymbol{x}_i \in D_c, \boldsymbol{x}_{i'} \in D_{c'}\} \tag{2.2.35}$$

- 最长距离：定义类 D_c 的样本和类 $D_{c'}$ 的样本之间的最长距离为两类之间的距离 $\mathrm{Dist}(D_c, D_{c'})$，表示为

$$\mathrm{Dist}(D_c, D_{c'}) = \max\{\mathrm{dist}(\boldsymbol{x}_i, \boldsymbol{x}_{i'}) | \boldsymbol{x}_i \in D_c, \boldsymbol{x}_{i'} \in D_{c'}\} \tag{2.2.36}$$

- 中心距离：定义类 D_c 的类中心 $\bar{\boldsymbol{x}}_{D_c}$ 和类 $D_{c'}$ 的类中心 $\bar{\boldsymbol{x}}_{D_{c'}}$ 之间的距离为两类之间的距离 $\mathrm{Dist}(D_c, D_{c'})$，表示为

$$\mathrm{Dist}(D_c, D_{c'}) = \mathrm{dist}(\bar{\boldsymbol{x}}_{D_c}, \bar{\boldsymbol{x}}_{D_{c'}}) \tag{2.2.37}$$

- 平均距离：定义类 D_c 中的任意样本 $\boldsymbol{x}_i$ 和类 $D_{c'}$ 中的任意样本 $\boldsymbol{x}_{i'}$ 距离的平均值为两类之间的距离 $\mathrm{Dist}(D_c, D_{c'})$，表示为

$$\mathrm{Dist}(D_c, D_{c'}) = \frac{1}{N_{D_c} N_{D_{c'}}} \sum_{\boldsymbol{x}_i \in D_c} \sum_{\boldsymbol{x}_{i'} \in D_{c'}} \mathrm{dist}(\boldsymbol{x}_i, \boldsymbol{x}_{i'}) \tag{2.2.38}$$

3. 聚合聚类

聚合聚类是一种层次聚类算法，即假设样本数据集 D 中可能的类之间存在层次关系，通过迭代将样本划分到不同的类中，再将相似（也就是距离较近）的类聚合到更高层次的类中。如果该过程不断进行，则最终所有的样本都会被聚合为一类，也就是样本数据集 D。在这个过程中，算法会生成一个层次化的分类结果，可以用于后续的分析。

对于给定的样本数据集 D，聚合聚类算法在最开始会将每个样本都单独分成一个类，形成 N 个类。随后，计算每个类和其他类之间的距离，找出距离最近的两个类进行合并。再计算这个新类和其他类之间的距离，继续聚合。每次合并以后，类数量会减少 1，直到满足停止条件或所有的类都被聚合成一个。从上述过程中可以归纳出聚合聚类的三个要素为：

- 距离的计算：对于样本之间的距离，聚合聚类通常使用欧式距离进行计算；而对于类间距离，聚合聚类通常使用最短距离作为准则。
- 合并类的规则：聚合聚类通常每次合并类间距离最小的两个类，即相似度最高的两个类。
- 停止条件：聚合聚类可以通过设置最小类别数量 $N_{\min}$ 作为算法停止运行的条件，也就是当样本被聚合为 $N_{\min}$ 时，返回聚类结果；也可以将 $N_{\min}$ 设置为 1，这样在算法停止时，所有样本都被聚合为一类。通过返回过程中的层次化分类结果，可以查看 D 中各样本之间直观的关系。

如果改变上述三个要素，则可以设计出不同的聚类方法，从而适应不同应用场景的需求。算法 6中介绍了聚合聚类运行的具体步骤。

Algorithm 6: 聚合聚类算法

Input: 样本数据集 $D=\{\boldsymbol{x}_1,\boldsymbol{x}_2,\cdots,\boldsymbol{x}_N\}$; 算法终止时需要满足的类的个数 $N_{\min}$。

Output: 对样本集合的层次化分类结果 $\mathcal{H}$。

(1) 初始化：设置层次化分类结果 $\mathcal{H}$ 为空集;

(2) 计算 D 中 N 个样本两两之间的距离 $\operatorname{dist}(\boldsymbol{x}_i,\boldsymbol{x}_{i'})(\boldsymbol{x}_i\in D_c,\boldsymbol{x}_{i'}\in D_{c'})$;

(3) 构建 $N\times N$ 维的距离矩阵 $\boldsymbol{D}$，$\boldsymbol{D}$ 是一个对称矩阵，其中第 i 行第 i' 列的元素为样本 i 和样本 i' 的距离;

(4) 构造 N 个类：$\mathcal{D}=\{D_{c_1},D_{c_2},\cdots,D_{c_N}\}$，每个类只包含一个样本;

(5) 类数量 $N_c\leftarrow N$;

(6) **while** $N_c>N_{\min}$ **do**

(7) 　　将类间距最小的两个类合并成一个新类 $D_{\tilde{c}}$;

(8) 　　计算新类与当前各类的距离;

(9) 　　更新类数量：$N_c\leftarrow N_c-1$;

(10) 　　更新层次化分类结果 $\mathcal{H}$: $\mathcal{H}\leftarrow\mathcal{H}\bigcup\{D_{\tilde{c}}\}$;

(11) **end**

(12) **return** 层次化分类结果 $\mathcal{H}$。

聚合聚类算法可以处理大规模数据集并能够生成层次化的聚类结构 $\mathcal{H}$，使得聚类结果更加灵活和可解释。然而，聚合聚类算法的缺点包括计算复杂度较高、容易受到噪声和异常值的影响等。在实际应用中，根据样本数据集的特点和需求，选择合适的聚合聚类算法以及合适的距离或相似度度量是非常重要的。

4. *k* 均值聚类

k 均值聚类是最常见的一种聚类算法。通过迭代的方式将样本数据集 D 中的样本划分为 K 个类 $D_{c_1},D_{c_2},\cdots,D_{c_K}$，并给出每个类的类中心 $\bar{\boldsymbol{x}}_{D_{c_k}}(k=1,2,\cdots,K)$。$k$ 均值聚类算法的目标是，对于 $D=\{\boldsymbol{x}_1,\boldsymbol{x}_2,\cdots,\boldsymbol{x}_N\}$ 中每个样本 $\boldsymbol{x}_i(i=1,2,\cdots,N)$，计算该样本到其所属类 D_{c_k} 的类中心 $\bar{\boldsymbol{x}}_{D_{c_k}}$ 距离平方和最小，表示为

$$\begin{aligned}J&=\sum_{k=1}^{K}\sum_{\boldsymbol{x}\in D_{c_k}}\operatorname{dist}(\boldsymbol{x},\bar{\boldsymbol{x}}_{D_{c_k}})^2\\&=\sum_{k=1}^{K}\sum_{\boldsymbol{x}\in D_{c_k}}\|\boldsymbol{x}-\bar{\boldsymbol{x}}_{D_{c_k}}\|_2^2\end{aligned}\tag{2.2.39}$$

式中 $\bar{\boldsymbol{x}}_{D_{c_k}}$ 表示类 D_{c_k} 的类中心，可以根据 $\bar{\boldsymbol{x}}_{D_{c_k}}=\dfrac{1}{N_{c_k}}\sum\limits_{\boldsymbol{x}\in D_{c_k}}\boldsymbol{x}$ 进行计算。其中，N_{c_k} 表示类 D_{c_k} 中包含样本的数量，满足 $\sum\limits_{k=1}^{K}N_{c_k}=N$；这里使用欧式距离作为距离函数，即式(2.2.27)中 $p=2$ 的闵可夫斯基距离。k 均值聚类算法的目标就是最小化式(2.2.39)中的代价函数 J。

但是直接求解以式(2.2.39)作为目标函数的最优化问题是非常困难的，需要考虑样本

数据集 D 所有可能的类划分情况。随着样本数量 N 的增长，这些情况几乎是无穷无尽的，无法在确定的多项式时间 (nondeterministic polynomial) 内直接求解，所以这类问题也被称为 NP 困难问题。因此，k 均值聚类算法通过一种迭代优化的方式来近似求解式(2.2.39)的最优解。算法 7 描述了 k 均值聚类算法的具体步骤。

Algorithm 7: k 均值聚类算法

Input: 样本数据集 $D=\{\boldsymbol{x}_1,\boldsymbol{x}_2,\cdots,\boldsymbol{x}_N\}$；目标类别数 K；阈值 ϵ。

Output: 类划分 $\{D_{c_1},D_{c_2},\cdots,D_{c_K}\}$；类中心集合 $\{\bar{\boldsymbol{x}}_{D_{c_1}},\bar{\boldsymbol{x}}_{D_{c_2}},\cdots,\bar{\boldsymbol{x}}_{D_{c_K}}\}$。

(1) 初始化：对样本进行预处理（例如归一化）；从 D 中随机选择 K 个样本，作为初始的类中心：$\bar{\boldsymbol{x}}_{D_{c_1}},\bar{\boldsymbol{x}}_{D_{c_2}},\cdots,\bar{\boldsymbol{x}}_{D_{c_K}}$。

(2) **while** 类中心集合 $\{\bar{\boldsymbol{x}}_{D_{c_1}},\bar{\boldsymbol{x}}_{D_{c_2}},\cdots,\bar{\boldsymbol{x}}_{D_{c_K}}\}$ 有更新 **do**

(3) 将所有类 D_{c_k} 初始化为空集 $(k=1,2,\cdots,K)$；

(4) **for** $i=1,2,\cdots,N$ **do**

(5) 计算样本 $\boldsymbol{x}_i$ 与各个类中心 $\bar{\boldsymbol{x}}_{D_{c_k}}$ 之间的距离: $\text{dist}(\boldsymbol{x}_{i_k},\bar{\boldsymbol{x}}_{D_{c_k}})=\|\boldsymbol{x}_{i_k}-\bar{\boldsymbol{x}}_{D_{c_k}}\|_2$;

(6) 根据距离最近的类中心确定 $\boldsymbol{x}_i$ 的类标记 k_i: $k_i=\underset{k\in\{1,2,\cdots,K\}}{\text{argmin}}\ \text{dist}(\boldsymbol{x}_i,\bar{\boldsymbol{x}}_{D_{c_k}})$;

(7) 将样本 $\boldsymbol{x}_i$ 分配给对应的类 $D_{c_{k_i}}$：$D_{c_{k_i}}\leftarrow D_{c_{k_i}}\bigcup\{\boldsymbol{x}_i\}$；

(8) 更新类 $D_{c_{k_i}}$ 的数量 $N_{c_{k_i}}$：$N_{c_{k_i}}\leftarrow N_{c_{k_i}}+1$。

(9) **end**

(10) **for** $k=1,2,\cdots,K$ **do**

(11) 计算每个类 D_{c_k} 的类中心 $\bar{\boldsymbol{x}}'_{D_{c_k}}$：$\bar{\boldsymbol{x}}'_{D_{c_k}}=\dfrac{1}{N_{c_k}}\sum\limits_{\boldsymbol{x}\in D_{c_k}}\boldsymbol{x}$；

(12) **if** $|\bar{\boldsymbol{x}}'_{D_{c_k}}-\bar{\boldsymbol{x}}_{D_{c_k}}|>\epsilon$ **then**

(13) 更新当前类的类中心：$\bar{\boldsymbol{x}}_{D_{c_k}}\leftarrow\bar{\boldsymbol{x}}'_{D_{c_k}}$；

(14) **else**

(15) 保持当前类的类中心不变。

(16) **end**

(17) **end**

(18) **end**

(19) **return** 每个类的结果划分 $\{D_{c_1},D_{c_2},\cdots,D_{c_K}\}$ 和对应的类中心 $\{\bar{\boldsymbol{x}}_{D_{c_1}},\bar{\boldsymbol{x}}_{D_{c_2}},\cdots,\bar{\boldsymbol{x}}_{D_{c_K}}\}$。

其中，阈值 $\epsilon>0$ 且是一个值很小的实数。k 均值聚类算法在每个类 D_{c_k} 的类中心都不会再变化时达到收敛。但是在实际应用中，要达到两次计算出的类中心完全相同可能是较为困难（或耗时较长）的。引入阈值 ϵ 后，当两次计算出的类中心差别很小时即可认为算法达到收敛，这样可以极大地提高算法运行效率。同时，也可以通过调整阈值 ϵ 的设置控制算法的精度。

在算法开始之前可以对样本进行归一化的预处理，将样本各维度的均值和方差都限制在较小的范围内，从而提高算法的效率。从算法中可以看出，初始的类中心选择对聚类效果以及算法运行时间都会有很大的影响，而选择合适的 K 个初始类中心仅仅靠完全随机的策略是很难实现的，有可能导致算法收敛很慢。为了解决这个问题，目前，已经有 k 均值 + +、elkan 等改进算法，用来解决初始化和收敛效率的问题，感兴趣的读者可以查找相关资料进行了解。

5. 案例：对一定形状随机点阵的分类

本例中，对于一定形状的随机点阵进行分类。这些点阵有环状、棒状、半圆弧等形状，我们希望聚类的结果能够尽可能接近它们的真实形状分布。图 2.6为 k 均值聚类算法的聚类结果，图 2.7为层次聚类算法的聚类结果。该图表明，对于连接状问题，层次聚类算法效果显著优于 k 均值算法；而对于团簇状问题，两种算法性能相近，k 均值算法略好一些。

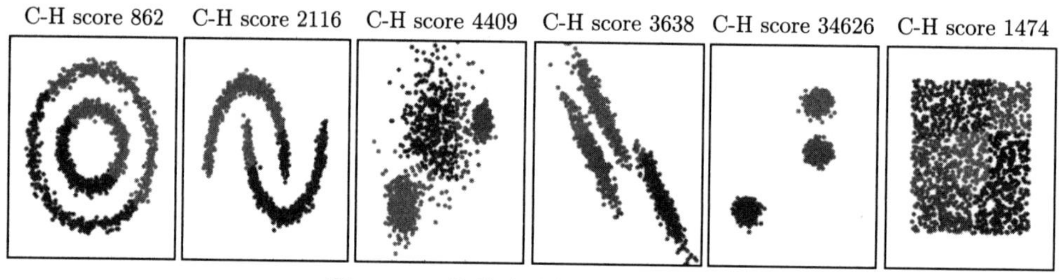

图 2.6 k 均值聚类算法的聚类结果

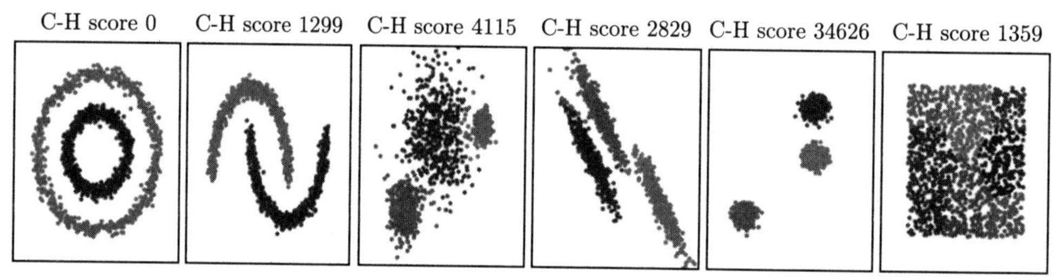

图 2.7 层次聚类算法的聚类结果

习题

1. 证明 $\boldsymbol{\omega}_0^{\mathrm{OLS}}$ 是 $\boldsymbol{\omega}_0$ 的最佳线性无偏估计量。(提示：先证明其为无偏估计，再证明它是方差最小的估计量)

2. 在给定先验分布 $\boldsymbol{\omega} \sim N(0, \tau \boldsymbol{I})$，$\boldsymbol{y} \sim N\left(\boldsymbol{X}\boldsymbol{\omega}, \sigma^2 \boldsymbol{I}\right)$ 的情况下，证明岭回归模型与 $\boldsymbol{\omega}$ 的后验分布等价，并讨论正则化系数 λ 和方差 τ、σ^2 的关系。

3. 证明，带有软间隔的支持向量机：

$$\begin{cases} \min\limits_{\boldsymbol{w}, b} \dfrac{1}{2}\|\boldsymbol{w}\|_2^2 + C\sum\limits_{i=1}^{N} \xi_i \\ \text{s.t.} \quad y_i\left(\boldsymbol{w}^{\mathrm{T}}\boldsymbol{x}_i + b\right) \geqslant 1 - \xi_i, \quad \xi_i \geqslant 0, 1 \leqslant i \leqslant N \end{cases}$$

式中 $C > 0$, 其对偶形式为

$$\begin{cases} \max\limits_{\alpha} \sum\limits_{i=1}^{N} \alpha_i - \dfrac{1}{2}\sum\limits_{i=1}^{N}\sum\limits_{j=1}^{N} \alpha_i \alpha_j y_i y_j \boldsymbol{x}_i^{\mathrm{T}} \boldsymbol{x}_j \\ \text{s.t.} \quad \sum\limits_{i=1}^{N} \alpha_i y_i = 0, \quad 0 \leqslant \alpha_i \leqslant C, 1 \leqslant i \leqslant N \end{cases}$$

4. 利用牛顿法，推导 k 类逻辑回归的更新公式。

5. 考虑 2.1.4节中的例子，假设有输入实例 $x_{12} = (1,6)$、$x_{13} = (2,4)$，请使用朴素贝叶斯法预测其类别。

6. 对下面的矩阵进行主成分分析：

$$\begin{bmatrix} 1 & 0 & 0 & 2 & 4 \\ 0 & 2 & 4 & 0 & 5 \end{bmatrix}$$

7. 利用决策树模型，对 2.1.1 节中的癌症患者数据集进行分类，并给出混淆矩阵。

第 3 章

深度学习

3.1 人工神经网络

人脑由上千亿的神经元构成，神经元间相互连接。当有外界信息输入时，各神经元分别处理简单信息，并传递至下一个神经元，经过最终汇总后的信息将会形成人脑的最终决策。人工神经网络（artificial neural network，ANN）则是在此基础之上，通过模仿人脑处理信息的方式，形成一个复杂网络结构，用于解决现实中模糊性的、非线性的、随机性的问题。现代大量的人工神经网络实践证明了神经网络在处理此类问题方面的有效性，并且验证了神经网络方法的鲁棒性及容错性。人工神经网络作为机器学习领域的重要方法，已被广泛应用于计算机、通信、能源、医疗诊断以及交通控制等多个领域。

人工神经网络的基本结构单元为神经元（neuron），神经元是神经网络处理信息的基本单元。与生物学中的神经元一样，人工神经网络的神经元会收到来自其邻接神经元的输入（input）信息，这些信息会在该神经元内进行简单权重（weight）求和运算，考虑到实际中的神经元存在激活电位，因此可以给神经网络中的每个神经元都施加一个偏置数（bias）用于模拟激活电位，经过上述求和偏置后的结果将会在神经元激活函数（activation function）的运算下（Goodfellow et al.，2016b）得到最终的输出，这个输出是后一个神经元的输入，如此传递迭代，直至神经网络的最后一层——输出层神经元，便得到所需要的输出（output）。

3.1.1 神经元基础

神经元的具体组成如图 3.1 所示，神经元的五个基础部分分别为：

定义 3.1.1（输入） 输入为列向量 $\boldsymbol{x} = (x_1, x_2, \cdots, x_I)^{\mathrm{T}}$。

定义 3.1.2（权重） 神经元之间的连接加权值 $w_1, w_2, \cdots, w_I$。

定义 3.1.3（偏置） 施加于输入值加权连接之后。

定义 3.1.4（激活函数） 非线性函数，将线性化的神经元连接转为非线性，用于处理非线性问题。

定义 3.1.5（输出） 经过神经元处理后的数值，标量。

以图 3.1 中神经元为例，其输入为向量 $\boldsymbol{x}=(x_1,x_2,\cdots,x_I)^{\mathrm{T}}$，在给定其连接权值、相关偏置以及激活函数 f 情况下，其最终输出为 $y=f\left(\sum\limits_{i=1}^{I}w_ix_i+b\right)$。

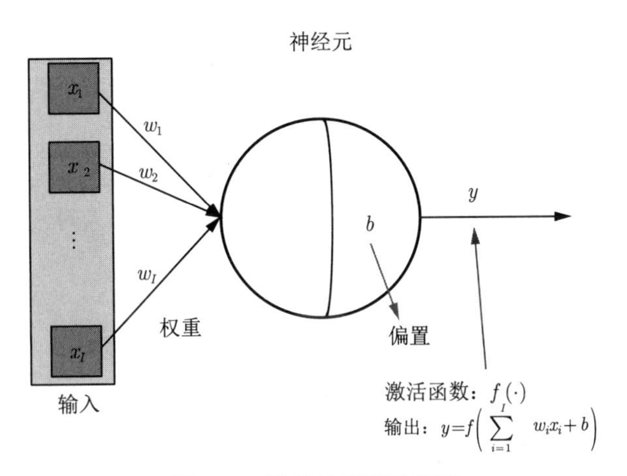

图 3.1 神经元模型示意图

3.1.2 激活函数类型

需要指出，神经元激活函数 $f(\cdot)$ 一般为非线性函数，常用的有如下几类。

定义 3.1.6（step 函数）

$$f(x)=\begin{cases}1, & x\geqslant 0\\ 0, & x<0\end{cases} \tag{3.1.1}$$

step 函数不连续且不平滑，是一种较为经典的激活函数。

定义 3.1.7（softmax 函数）

$$f\left(x_i\right)=\frac{\mathrm{e}^{x_i}}{\sum\limits_{c=1}^{n}\mathrm{e}^{x_c}} \tag{3.1.2}$$

softmax 函数常用于分类神经网络最后一层，其中 x_i 为上一层传递到第 i 个神经元的输入数值。经过 softmax 函数可以将多分类的输出值映射在区间 $[0,1]$ 上，且总输出和为 1。

定义 3.1.8（sigmoid 函数）

$$f(x)=\frac{1}{1+\mathrm{e}^{-x}} \tag{3.1.3}$$

sigmoid 函数较为理想，为连续可导函数，但是 $\lim\limits_{x\to\pm\infty}f'(x)=\lim\limits_{x\to\pm\infty}f(x)(1-f(x))\to 0$，即自变量趋于无穷大时，导数趋近于 0，梯度更新非常慢，因此会存在梯度消失的问题。

定义 3.1.9（tanh 函数）

$$f(x)=\frac{\mathrm{e}^{x}-\mathrm{e}^{-x}}{\mathrm{e}^{x}+\mathrm{e}^{-x}} \tag{3.1.4}$$

tanh 函数也即双曲正切函数，自变量趋于无穷大时，$f'(x)=1-f(x)^2$ 依然存在梯度消失的问题。

定义 3.1.10（ReLU 函数）

$$f(x)=\begin{cases} x, & x \geqslant 0 \\ 0, & x<0 \end{cases} \tag{3.1.5}$$

ReLU 函数也称为线性整流函数，相较于前几种激活函数更加新颖，且便于计算，其导数 $f'(x)$ 取值为 0 或 1。可以知道 ReLU 函数在 x 趋于无穷大时没有梯度消失的问题。

定义 3.1.11（PReLU 函数）

$$f(x)=\begin{cases} wx, & x \geqslant 0 \\ kx, & x<0 \end{cases} \tag{3.1.6}$$

PReLU 函数是 ReLU 函数的修改版，PReLU 函数中的参数 k 取值范围一般为（0, 1）区间。

3.1.3 神经网络基础

将大量具有相似结构的神经元组合在一起，便构成了神经网络，此类神经网络可以近似逼近输入/输出之间的未知函数关系。一般而言，可以将神经网络按照“层”（layers）的概念进行简单划分，同一层内的神经元互不联系，相邻层神经元存在联系。根据各层的作用不同，可以将神经网络分为输入层（input layer）、隐藏层（hidden layer）以及输出层（output layer），图 3.2 所示为一个三层神经网络模型。需要指出的是，输入层直接接收神经网络的输入向量 $\boldsymbol{x}$，输出层直接输出经过神经网络计算后的向量 $\hat{\boldsymbol{y}}$，因此输入层和输出层均只有一层，但是隐藏层可以根据实际需要设置多层。需要注意，神经网络的隐藏层层数并不是越多越好，每一层的神经元数量也并无强制规定，需要根据实际经验不断尝试调整。

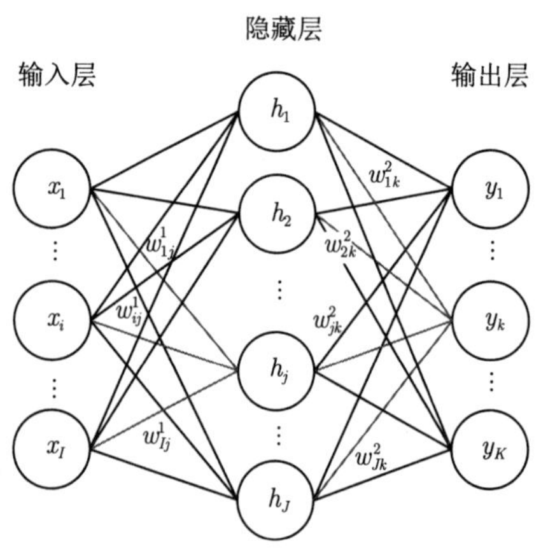

图 3.2　三层神经网络模型示意图

现在考虑对整个神经网络进行一个系统化的数学形式描述。以图 3.2 为例，该神经网络总计三层，输入层每一个输入向量 $\boldsymbol{x}$ 都是 I 维的，即 $\boldsymbol{x}=\begin{bmatrix}x_1\\x_2\\\vdots\\x_I\end{bmatrix}$，中间层共有 J 个神经元，因此该两层之间的连接权值矩阵 $\boldsymbol{W}^1=\begin{bmatrix}w_{11}&w_{21}&\dots&w_{I1}\\w_{12}&w_{22}&\dots&w_{I2}\\\vdots&\vdots&&\vdots\\w_{1J}&w_{2J}&\dots&w_{IJ}\end{bmatrix}$。考虑到总共有 J 个偏置系数，因此偏置矩阵 $\boldsymbol{b}^1=\begin{bmatrix}b_1^1\\b_2^1\\\vdots\\b_J^1\end{bmatrix}$，因此根据矩阵的运算，隐藏层的输出为 $\boldsymbol{h}^1=f(\boldsymbol{W}^1\boldsymbol{x}+\boldsymbol{b}^1)$。类似地，最终的神经网络计算后的输出为 $\hat{\boldsymbol{y}}=g(\boldsymbol{W}^2\boldsymbol{h}^1+\boldsymbol{b}^2)$，式中，$\boldsymbol{W}^2$、$\boldsymbol{b}^2$ 为隐藏层到输出层的权值矩阵以及偏置矩阵，g 为输出层的激活函数。

整个神经网络实际上定义了一个由输入定义域到输出定义域的映射 $F:\mathbb{R}^I\rightarrow\mathbb{R}^K$，根据“万能近似定理”(universal approximation theorem)，一个前馈神经网络如果具有线性输出层和至少一层具有“挤压”性质的激活函数（如 sigmoid 函数）隐藏层，则只要给予网络足够数量的隐藏单元，该神经网络值可以以任意精度来近似从一个有限维空间到另一个有限维空间的 Borel 可测函数（注：定义在 $\mathbb{R}^n$ 有界闭集上的任意连续函数是 Borel 可测的）。因此神经网络映射可以有效解决现实问题中的未知映射关系，在该映射中需要确定的是神经网络模型中的权值矩阵 $\boldsymbol{W}^1,\boldsymbol{W}^2,\cdots$ 以及偏置系数 $\boldsymbol{b}^1,\boldsymbol{b}^2,\cdots$。

显然，初始设置的权值矩阵输出的结果 $\hat{\boldsymbol{y}}$ 与实际结果 $\boldsymbol{y}$ 之间肯定会存在误差，因此要想办法减少二者之间的误差，使之降至规定阈值以下。可以说神经网络的训练过程即为神经网络权值、偏置的调整过程，经过不断地调整最终得到各层之间的连接权值矩阵以及偏置矩阵，此时便称该神经网络训练完毕，可以进行神经网络准确性的测试。

部分文献资料将偏置矩阵当作输入为常值 1 的神经元对后一层神经元的连接权值，如图 3.3 所示，输入层及隐藏层均多了一个输入为 1 的单元，因此该神经网络输入层调整为 $\boldsymbol{x}=\begin{bmatrix}x_1\\x_2\\\vdots\\x_I\\1\end{bmatrix}$，第一个权值矩阵调整为 $\boldsymbol{W}^1=\begin{bmatrix}w_{11}&w_{21}&\dots&w_{I1}&b_1^1\\w_{12}&w_{22}&\dots&w_{I2}&b_2^1\\\vdots&\vdots&&\vdots&\vdots\\w_{1J}&w_{2J}&\dots&w_{IJ}&b_J^1\end{bmatrix}$。此时神经网络的训练只需要不断调整权值矩阵 $\boldsymbol{W}^1,\boldsymbol{W}^2,\cdots$ 即可，无须对偏置矩阵 $\boldsymbol{b}^1,\boldsymbol{b}^2,\cdots$ 再单独进行计算。本质上，这两种模型是一致的，具有相同的性质，并不影响神经网络的基本特性。

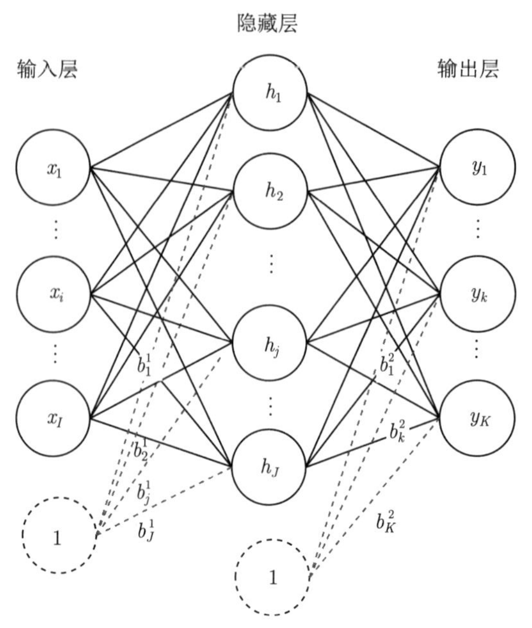

图 3.3　偏置调整型神经网络模型

3.1.4　神经网络权值更新

对于神经网络而言，权值调整是一个较为复杂的过程，其主要遵循的原则是梯度下降，反向调整参数。首先对于输出误差，有如下定义：

定义 3.1.12（损失函数）

$$\text{Loss} = L(\hat{\boldsymbol{y}}, \boldsymbol{y}) \tag{3.1.7}$$

其中 L 为表征 $\hat{\boldsymbol{y}}$、$\boldsymbol{y}$ 之间误差的函数，常用表征误差的函数有均方误差和交叉熵误差。

定义 3.1.13（均方误差）

$$L(\hat{\boldsymbol{y}}, \boldsymbol{y}) = \frac{1}{2}||\hat{\boldsymbol{y}} - \boldsymbol{y}||^2 = \frac{1}{2}\sum_{i=1}^{n}(\hat{y}_i - y_i)^2 \tag{3.1.8}$$

定义 3.1.14（交叉熵误差）

$$L(\hat{\boldsymbol{y}}, \boldsymbol{y}) = -\sum_{i=1}^{n} y_i \ln \hat{y}_i \tag{3.1.9}$$

请读者注意，式 (3.1.9) 中的求和符号 $\sum\limits_{i=1}^{n}$ 是对向量的 n 个维度（n 个标签）进行求和，并不是批量梯度下降算法中的“批量”概念。部分参考资料对于交叉熵损失函数的表达可能会存在两个求和符号，即 $-\sum\limits_{j=1}^{m}\sum\limits_{i=1}^{n} y_i^j \ln \hat{y}_i^j$，第一个求和 $\sum\limits_{j=1}^{m}$ 表示对 m 个样本产生的误差求总和，即所谓的“批量”。在分类任务中，$y_i \in \{0,1\}$，$y_i = 1$ 当且仅当样本真实标

签是第 i 个，其余 $y_i=0$。$\hat{y}_i$ 为 $\hat{\boldsymbol{y}}$ 中属于 i 标签的估计概率。现考虑一个图片识别的案例，一张图片共有猫、狗、马三种预测，输出概率为 $[0.2,0.7,0.1]$，但是这张照片真实对应标签为狗。则其交叉熵损失函数计算为：$-(0\times\ln(0.2)+1\times\ln(0.7)+0\times\ln(0.1))=0.36$。

损失函数的定义并不唯一，往往是根据实际模型设定，读者也可以根据具体需求进行设置。如前文所述，现在损失函数（误差）已经定义完毕，那么神经网络的训练可以进一步归纳为：寻找使得损失函数获得全局最优的参数，即“学习是优化的过程，优化是学习的目标”。目前最简单和有效的方法就是接下来要介绍的梯度下降法（gradient descent）。

其步骤如算法 8、算法 9 所示。在神经网络模型中，各层连接权值之间存在函数关系，因此在实际反向求偏导进行梯度下降优化时，可以利用微积分链式求导法则对偏导进行处理，从而减少不必要的重复计算。对于任意一个训练输入 $(\boldsymbol{x},\boldsymbol{y})$，根据链式法则计算其神经网络参数的过程如下：首先定义变量 z_j^l 为第 l 层第 j 个神经元添加偏置 b_j^l 后的输入，h_j^l 为该神经元经过激活函数 $f_k(\cdot)$ 后的输出（注：输入层为第一层），有如下公式成立：

$$h_j^l=f_k(z_j^l) \tag{3.1.10}$$

$$z_j^{l+1}=\sum_i w_{ij}^{l+1}h_i^l+b_j^{l+1} \tag{3.1.11}$$

其次，定义误差项：

$$\delta_j^l=\frac{\partial L(\hat{\boldsymbol{y}},\boldsymbol{y})}{\partial z_j^l} \tag{3.1.12}$$

则根据梯度下降算法，我们可以有如下更新权值参数以及偏置参数的公式，式中 η 为更新速率，$\eta\in(0,1)$，

$$\begin{aligned}
w_{ij}^l &\leftarrow w_{ij}^l-\eta\frac{\partial L(\hat{\boldsymbol{y}},\boldsymbol{y})}{\partial w_{ij}^l}\\
&=w_{ij}^l-\eta\frac{\partial L(\hat{\boldsymbol{y}},\boldsymbol{y})}{\partial z_j^l}\frac{\partial z_j^l}{\partial w_{ij}^l}\\
&=w_{ij}^l-\eta\delta_j^l h_i^{l-1}
\end{aligned} \tag{3.1.13}$$

$$\begin{aligned}
b_j^l &\leftarrow b_j^l-\eta\frac{\partial L(\hat{\boldsymbol{y}},\boldsymbol{y})}{\partial b_j^l}\\
&=b_j^l-\eta\frac{\partial L(\hat{\boldsymbol{y}},\boldsymbol{y})}{\partial z_j^l}\frac{\partial z_j^l}{\partial b_j^l}\\
&=b_j^l-\eta\delta_j^l
\end{aligned} \tag{3.1.14}$$

Algorithm 8: 随机梯度下降法

Input: 训练数据集 $T=\{(\boldsymbol{x}_1,\boldsymbol{y}^1),(\boldsymbol{x}_2,\boldsymbol{y}^2),\cdots,(\boldsymbol{x}_N,\boldsymbol{y}^N)\}$，$\boldsymbol{x}_i\in\mathbb{R}^n$ 是样本数据，$\boldsymbol{y}_i\in\{\boldsymbol{c}_1,\boldsymbol{c}_2,\cdots,\boldsymbol{c}_K\}$ 是样本类别标签; 初始参数值 $\boldsymbol{W}^0,\boldsymbol{b}^0$。

Output: 最优参数 $\boldsymbol{W}^*,\boldsymbol{b}^*$。

(1) 初始化：$\boldsymbol{W}\leftarrow\boldsymbol{W}^0,\boldsymbol{b}\leftarrow\boldsymbol{b}^0$

(2) **for** $e\in\{1,2,\cdots,epochs\}$ **do**

(3)   **for** $k\in\{1,2,\cdots,N\}$ **do**

(4) $w_{ij}^l\leftarrow w_{ij}^l-\eta\dfrac{\partial L(\hat{\boldsymbol{y}}^k,\boldsymbol{y}^k)}{\partial w_{ij}^l}$

(5) $b_j^l\leftarrow b_j^l-\eta\dfrac{\partial L(\hat{\boldsymbol{y}}^k,\boldsymbol{y}^k)}{\partial b_j^l}$

(6)   **end**

(7) **end**

(8) **return** $\boldsymbol{W},\boldsymbol{b}$

Algorithm 9: 批量梯度下降法

Input: 训练数据集 $T=\{(\boldsymbol{x}_1,\boldsymbol{y}^1),(\boldsymbol{x}_2,\boldsymbol{y}^2),\cdots,(\boldsymbol{x}_N,\boldsymbol{y}^N)\}$，$\boldsymbol{x}_i\in\mathbb{R}^n$ 是样本数据，$\boldsymbol{y}_i\in\{\boldsymbol{c}_1,\boldsymbol{c}_2,\cdots,\boldsymbol{c}_K\}$ 是样本类别标签; 初始参数值 $\boldsymbol{W}^0,\boldsymbol{b}^0$。

Output: 最优参数 $\boldsymbol{W}^*,\boldsymbol{b}^*$。

(1) 初始化：$\boldsymbol{W}\leftarrow\boldsymbol{W}^0,\boldsymbol{b}\leftarrow\boldsymbol{b}^0$

(2) **for** $e\in\{1,2,\cdots,epochs\}$ **do**

(3) $w_{ij}^l\leftarrow w_{ij}^l-\eta\dfrac{1}{N}\sum\limits_k\dfrac{\partial L(\hat{\boldsymbol{y}}^k,\boldsymbol{y}^k)}{\partial w_{ij}^l}$

(4) $b_j^l\leftarrow b_j^l-\eta\dfrac{1}{N}\sum\limits_k\dfrac{\partial L(\hat{\boldsymbol{y}}^k,\boldsymbol{y}^k)}{\partial b_j^l}$

(5) **end**

(6) **return** $\boldsymbol{W},\boldsymbol{b}$

对于 δ_j^l，根据链式法则可以有如下公式成立：

$$\begin{aligned}\delta_j^l&=\frac{\partial L(\hat{\boldsymbol{y}},\boldsymbol{y})}{\partial z_j^l}\\&=\sum_{k=1}\frac{\partial L(\hat{\boldsymbol{y}},\boldsymbol{y})}{\partial z_k^{l+1}}\frac{\partial z_k^{l+1}}{\partial h_j^l}\frac{\partial h_j^l}{\partial z_j^l}\\&=\sum_{k=1}\delta_k^{l+1}\frac{\partial z_k^{l+1}}{\partial h_j^l}\frac{\partial h_j^l}{\partial z_j^l}\\&=\sum_{k=1}\delta_k^{l+1}w_{jk}^{l+1}f_l'(z_j^l)\end{aligned}\tag{3.1.15}$$

由式 (3.1.15) 可以看到，第 l 层的神经元误差 δ_j^l 可以由 $l+1$ 层的神经元误差 δ_j^{l+1} 推导得到，结合式 (3.1.13)、式 (3.1.14)，可以得到各层各神经元之间的权值更新。需要指出，不同层之间的学习速率 η 可以取不同值，但是所有 η 均满足 $\eta \in (0,1)$。学习速率越大，下降速度越快，但是可能结果震荡不收敛，学习速率越小则收敛速度越慢。相应的训练收敛效果如图 3.4 所示，学习率的大小需要根据实际项目情况进行调整。

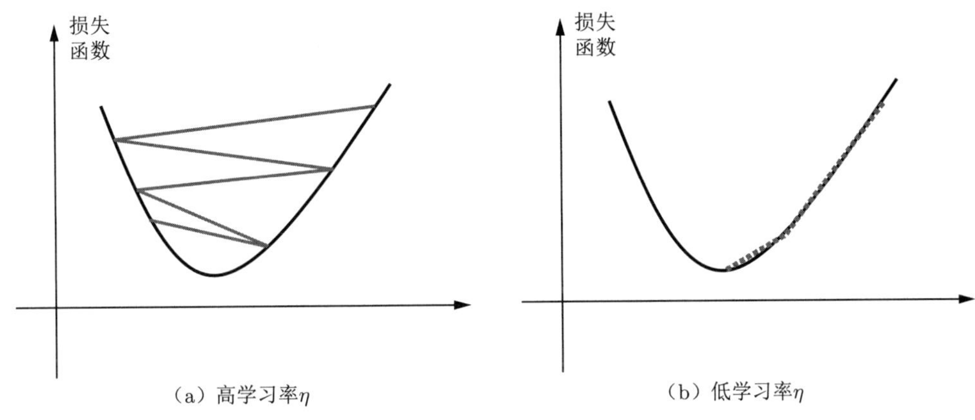

图 3.4　不同学习率下的收敛效果示意图

定义 3.1.15（梯度消失）　梯度值接近 0，网络权值更新缓慢。

由梯度求导的链式法则我们可以知道，当某层梯度求导绝对值 $\text{abs}(g_i) < 1$ 时，若存在多层这样的求导，那么其乘积和 $\prod_{i=1}^{n} \text{abs}(g_i) \to 0$，即最前层的权值更新无限接近于 0。梯度消失的一个主要原因是由于 sigmoid 激活函数使用不当，可以使用 ReLU 函数对其进行改进。

定义 3.1.16（梯度爆炸）　梯度值接近 ∞ 时，网络权值更新非常大。

类似于梯度消失，当某层梯度求导绝对值 $\text{abs}(g_i) > 1$ 时，若存在多层这样的求导，那么其乘积和 $\prod_{i=1}^{n} \text{abs}(g_i) \to \infty$，即最前层的权值更新无限接近于 ∞。梯度爆炸会使模型不稳定，甚至使程序发生溢出。

上述算法 8、算法 9 的权值更新过程是梯度下降算法的主要流程，但是在实际运用中此过程往往会更加复杂。这里主要介绍以下几种常用的梯度下降算法。

随机梯度下降算法（stochastic gradient descent，SGD）即标准的梯度下降算法，批量梯度下降算法（batch gradient descent，BGD）以及小批量梯度下降算法（mini-batch gradient descent，MBGD），这三种算法在不同书籍、网络资料中的称呼并不一样，往往使人难以辨别。这里将三种算法详情罗列，如表 3.1 所示。

表 3.1　梯度下降算法种类及名称

算法	训练样本选择	别名
随机梯度下降算法	随机选择一个样本输入	标准 BP 算法，在线学习算法
小批量梯度下降算法	随机选择固定量的样本输入	—
批量梯度下降算法	选择全部样本输入	累积 BP 算法，梯度下降算法

上述三种算法各有优缺点。对于随机梯度下降算法，每次输入一个训练样本，更新一次权值，对于这样的权值更新方法，部分参考文献也称其为“标准 BP 算法”，该算法运算效率较低，容易出现不同样本训练效果相互“抵消”的现象，但可以在线学习即获得样本便开始训练更新；批量梯度下降算法，每次训练同时输入所有训练样本，累积所有样本的误差进行更新，但对于批量梯度算法而言其学习率的选择较为困难；与之类似的还有小批量梯度下降算法，这种算法选取的样本量介于上述两种算法之间，即每次只选取一部分样本进行训练，是一种折中的算法。对于批量梯度算法以及小批量梯度算法，其损失函数改为式 (3.1.16)，式中 m 为一次更新权值所输入的样本数，n 为样本维度。

$$L(\hat{\boldsymbol{y}},\boldsymbol{y})=\frac{1}{2m}\sum_{k=1}^{m}||\hat{\boldsymbol{y}}^k-\boldsymbol{y}^k||^2=\frac{1}{2m}\sum_{k=1}^{m}\sum_{i=1}^{n}(\hat{y}_i^k-y_i^k)^2 \tag{3.1.16}$$

3.1.5 其他梯度下降法

对于梯度下降类型的算法改进除了从每次训练的“batch”入手，还可以从历史权重更新速度方面进行改进，因此还有动量梯度下降法（momentum gradient descent），均方根比例下降法（root mean square prop，RMSprop），Adam 法。在本节中，为便于描述，假设网络在第 t 次权值更新时，权值和偏置的导数分别为 $\Delta(w_{ij}^l)_t,\Delta(b_j^l)_t$。

1. AdaGrad

该方法平衡了梯度过大或过小的问题，在梯度较小的时候增大学习速率，在梯度较大的时候减小学习速率。在第 n 次更新时，AdaGrad 表达式如下。

$$\begin{cases} w_{ij}^l \leftarrow w_{ij}^l-\eta\dfrac{\Delta(w_{ij}^l)_n}{\sqrt{\sum\limits_{t=1}^{n}\Delta^2(w_{ij}^l)_t}} \\ b_j^l \leftarrow b_j^l-\eta\dfrac{\Delta(b_j^l)_n}{\sqrt{\sum\limits_{t=1}^{n}\Delta^2(b_j^l)_t}} \end{cases} \tag{3.1.17}$$

2. 动量梯度下降法

该方法类似于物理学中的“惯性”，利用梯度下降的“惯性”能够较好地避开局部最优，加快收敛速度。添加辅助变量 v_t^w,v_t^b ，其中 $v_0^w=0,v_0^b=0$，则动量梯度下降的权值更新公式如式 (3.1.18)，其中 η 为学习速率，β 为动量系数，β 常用值为 0.9。

$$\begin{cases} v_n^w=\beta v_{n-1}^w+(1-\beta)\Delta(w_{ij}^l)_n \\ v_n^b=\beta v_{n-1}^b+(1-\beta)\Delta(b_j^l)_n \\ w_{ij}^l \leftarrow w_{ij}^l-\eta v_n^w \\ b_j^l \leftarrow b_j^l-\eta v_n^b \end{cases} \tag{3.1.18}$$

3. RMSprop

在动量梯度下降法中，主要是对更新梯度进行平滑处理，在 RMSprop 方法中则先对更新梯度的平方进行平滑处理，再利用平滑处理后的梯度平方对梯度更新进行归一化处理。参考动量梯度下降法中的各种参数，现在先定义辅助变量 v_t^w, v_t^b，其中 $v_0^w = 0, v_0^b = 0$，对于该种算法的数学化表达如式 (3.1.19)。式中 ϵ 为极小的常量，从而保证分母不等于 0，常取 $\epsilon = 10^{-8}, \beta = 0.999$。

$$\begin{cases} v_n^w = \beta v_{n-1}^w + (1-\beta)\Delta^2(w_{ij}^l)_n \\ v_n^b = \beta' v_{n-1}^b + (1-\beta)\Delta^2(b_j^l)_n \\ w_{ij}^l \leftarrow w_{ij}^l - \eta \dfrac{\Delta(w_{ij}^l)_n}{\epsilon + \sqrt{v_n^w}} \\ b_j^l \leftarrow b_j^l - \eta \dfrac{\Delta(b_j^l)_n}{\epsilon + \sqrt{v_n^b}} \end{cases} \tag{3.1.19}$$

4. Adam

该方法是动量梯度下降以及 RMSprop 两种方法的结合，综合考虑了梯度动量的影响以及梯度归一化处理的影响。定义辅助变量 $v_t^w, v_t^b, m_t^w, m_t^b$，以上辅助变量在 $t=0$ 时初始值均为 0，则 Adam 方法表达式如 (3.1.20) 所示。式中常取 $\epsilon = 10^{-8}, \beta_1 = 0.9, \beta_2 = 0.999$。

$$\begin{cases} m_n^w = \beta_1\ m_{n-1}^w + (1-\beta_1)\Delta(w_{ij}^l)_n \quad \text{(动量梯度部分)} \\ m_n^b = \beta_1 m_{n-1}^b + (1-\beta_1)\Delta(b_j^l)_n \\ \widehat{m_n^w} = \dfrac{m_n^w}{1-\beta_1^t} \\ \widehat{m_n^b} = \dfrac{m_n^b}{1-\beta_1^t} \\ v_n^w = \beta_2\ v_{n-1}^w + (1-\beta_2)\Delta^2(w_{ij}^l)_n \quad \text{(RMSprop 部分)} \\ v_n^b = \beta_2 v_{n-1}^b + (1-\beta_2)\Delta^2(b_j^l)_n \\ \widehat{v_n^w} = \dfrac{v_n^w}{1-\beta_2^t} \\ \widehat{v_n^b} = \dfrac{v_n^b}{1-\beta_2^t} \\ w_{ij}^l \leftarrow w_{ij}^l - \eta \dfrac{\widehat{m_n^w}}{\epsilon + \sqrt{\widehat{v_n^w}}} \\ b_j^l \leftarrow b_j^l - \eta \dfrac{\widehat{m_n^b}}{\epsilon + \sqrt{\widehat{v_n^b}}} \end{cases} \tag{3.1.20}$$

3.1.6 案例：神经网络识别数字

对于以上所介绍的神经网络，可以进行简单的数字识别，以下为简单 MNIST 数字识别案例。需要说明的是，本案例基于 Tensorflow-Gpu 2.0.0 框架，使用 Keras 2.3.1 包在 Python 3.7 上完成操作。该模型的主代码如下：

```
model = Sequential()
model.add(Dense(512,activation='relu',input_shape=(784,)))
model.add(Dense(28,activation='sigmoid'))
model.add(Dense(10,activation='softmax'))
model.compile(optimizer='sgd',loss='categorical_crossentropy',
metrics=['accuracy'])
model.fit(x_train, y_train, batch_size=128, epochs=20)
```

该模型中，神经网络具有一个输入层、两个隐藏层、一个输出层，每次训练权值更新使用小批量梯度下降法，每次输入的样本数量为 128 个，考虑到总共 60 000 个训练样本，因此内部循环（iteration）$=\dfrac{60\,000}{128}=469$，每 469 次循环即为一个迭代（epoch），总共 20 个迭代。训练中使用的损失函数为交叉熵函数，该函数适用于预测分类型的任务。

3.2 卷积神经网络

简单的人工神经网络并不能满足现实环境中的项目需求，例如在 minist 图片识别这一简单项目中，浅层神经网络难以发挥良好的作用，往往需要耗费大量的时间用于训练。实际工程中所需要识别的物体种类则更多，图片的像素更大，色彩通道更多，因此需要更换新的更有效的神经网络学习方式，即深度学习（deep learning，DL），这是一种具有更多层数的神经网络，具有更多神经元。

在深度学习中，动辄数千万级别的参数需要训练调整，这对计算机硬件的处理速度提出了更高的要求，虽然目前计算机硬件 GPU 可以用于加快计算速度，但是对于海量数据仍然略显不足。对于此类问题，主流的处理方式有两种。第一种是逐层训练，逐层输入，对每一层完成训练后再进行下一层训练，这种训练方式相当于每次取局部最优，所有局部最优叠加取得全局最优。第二种则是“权值共享”（weight sharing），即让一组神经元使用相同的连接权值，则在神经网络训练时计算量将会大幅减少。权值共享的概念主要体现在卷积神经网络（convolutional neural network，CNN）中。

卷积神经网络目前广泛应用于图像识别，以及视频处理等领域。卷积神经网络的输入通常是二维图像，然后利用卷积神经网络中的卷积核进行多次卷积操作（注：此处的卷积操作不同于信号分析中的函数卷积变换）、池化操作，进而提取特征，实现减少训练参数的目的。除了能够减少训练参数，加快训练速度外，卷积神经网络还具有平移不变性，能够有效处理各个像素点之间的距离关系。例如，在对数字图像进行识别时，若用全连接神经网络可能会出现以下情况：当数字处于图片中央时，神经网络能够正确分类，但是当数字处于图片角落时，神经网络则不能够正确分类。而卷积神经网络则可以有效避免这种情况。

3.2.1 卷积操作

首先需要了解卷积操作。关于卷积的具体操作已在第 1 章给出详细解释，这里仅进行简要回顾。给定两个实变函数 $x(t), w(a)$，根据信号分析中对于卷积的定义，$s(t) = \int x(a)w(t-a)\mathrm{d}a$ 称为对 x、w 的卷积运算，记为

$$s(t) = (x * w)(t) \tag{3.2.1}$$

神经网络中的卷积第一个参数（这个例子中的函数 x）叫作输入（input），第二个参数（这个例子中的函数 w）叫作核函数（kernel function），经过卷积运算的输出常被称为特征映射（feature map）。考虑对二维的图像进行卷积操作，设二维图像 I 是卷积操作的输入，其卷积核为 K，则二维形式下的卷积操作为

$$S(i,j) = (I * K)(i,j) = \sum_m \sum_n I(m,n)K(i-m,j-n) \tag{3.2.2}$$

不论二维还是一维，数学形式上的卷积均存在翻转操作，即变换被积分（求和）函数。二维情形下的数学卷积的等价写法为

$$S(i,j) = (K * I)(i,j) = \sum_m \sum_n I(i-m,j-n)K(m,n) \tag{3.2.3}$$

当然这与深度学习中的图像卷积还是存在区别的，与数学中的“卷积”操作不同，深度学习中的“卷积”操作不具有可翻转性，其公式表达如下：

$$S(i,j) = (I * K)(i,j) = \sum_m \sum_n I(i+m,j+n)K(m,n) \tag{3.2.4}$$

需要指出，在深度学习中，卷积核（convolution kernel）也常被称为核（kernel）、滤波器（filter）、卷积滤波器（convolution filter），以上几种称谓是等价的。对于深度学习中的卷积操作如图 3.5 所示。

需要注意，此处给出的卷积核只是为了方便说明而设定的，在实际深度学习中，最终的卷积核是由神经网络多次学习迭代后确定的最优核。卷积运算之所以能够帮助改进神经网络系统，主要基于以下三个方面的原因。

（1）**稀疏交互（sparse interactions）**：在全连接神经网络中，后一层的神经元与前一层所有的神经元都存在联系，但是在卷积运算中，可以发现，后一层的神经元只与前一层的部分神经元存在联系，此类特征称为稀疏交互，也叫作稀疏连接（sparse connectivity）或稀疏权重（sparse weights）。稀疏交互作用下模型的存储需求更小，计算效率更高；同时随着参数的减少，也减小了过拟合的可能性。

（2）**参数共享（parameter sharing）**：即同一层的矩阵共享相同的卷积核，考虑到卷积核远远小于输入矩阵，因此可以减少计算时间；同时减小过拟合的可能。

（3）**等变表示（equivariant representations）**：对于卷积，参数共享的形式使得神经网络层具有对平移等变（equivariance）的性质。这里需要强调，如果函数 $f(x)$、$g(x)$ 满足 $f(g(x)) = g(f(x))$，则称函数 $f(x)$ 对 g 变换具有等变性。即先对输入作函数处理再平移，与平移之后作处理的效果是相同的。

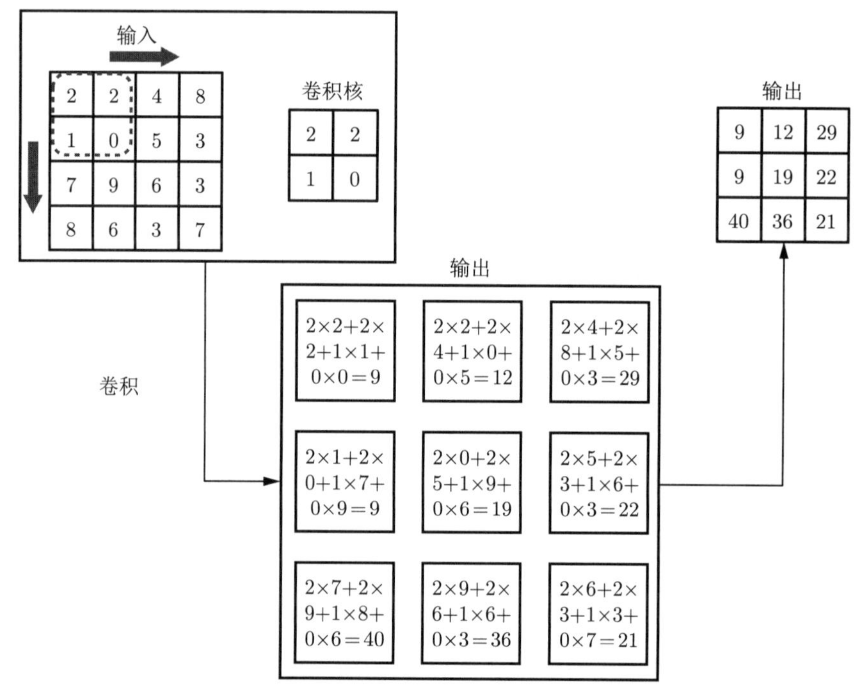

图 3.5　单通道像素矩阵卷积操作

3.2.2　卷积层相关概念

以上是卷积神经网络的基础，我们还需要了解一些基本的“卷积”神经网络用语。在进行神经网络卷积时经常会涉及以下几个概念及参数。

（1）**三维输入**：即宽 × 高 × 深（$W_1 \times H_1 \times D_1$）。对于图片类型的输入而言，彩色图片的深度为 3，黑白图片的深度为 1，图 3.5 的输入格式为 $4 \times 4 \times 1$。输入深度 D_1 也被称为输入通道数。

（2）**通道（channels）**：在卷积神经网络中，不同参考资料、不同网络框架对通道的定义是不太相同的。这里综合较为主流的观点，把通道分为三种。

① 最初的输入通道：第一层的通道数由图片类型决定，RGB 图片为三通道，黑白图片为一通道。

② 卷积操作完成后的输出通道（out channel）：该通道数取决于卷积核的数量，即卷积后的输出通道数等于卷积核的数量。

③ 第二层或者更深层的输入通道（in channel）：该通道数取决于上一层的输出通道数。

（3）**步长（stride）**：对于图 3.5，在进行图片卷积时，每次横向平移一步，横向平移完成后纵向平移一步，因此其步长为 strides=(1, 1)。当然在不同维度上的步长可以不同，例如可以取 strides= (2, 1)，表示宽维度上的步长为 2，而高维度上的步长为 1。

（4）**边缘补零（zero-padding）**：仍然以图 3.5 为例，输入图片的尺寸为 $4 \times 4 \times 1$，但是输出只有 $3 \times 3 \times 1$，因此可以考虑在原来的图片周围补上一圈 0 元素，以保证最后的输出尺寸与输入相同。如图 3.6 所示为添加 zero-padding 数为 1 后的输入，即添加一圈 0 元素。zero-padding 也可以取其他数，表示多圈。

0	0	0	0	0	0
0	2	2	4	8	0
0	1	0	5	3	0
0	7	9	6	3	0
0	8	6	3	7	0
0	0	0	0	0	0

图 3.6 边缘补零后的像素矩阵

（5）**卷积核尺寸**：卷积核的尺寸同输入一样，也是三维的宽 × 高 × 深 $(F_w \times F_h \times D_1)$，注意卷积核的深度 D_1 恒等于其所要处理的输入图片的深度，图 3.5 中卷积核尺寸为 $2 \times 2 \times 1$。需要强调，不论卷积核的深度为多少，最终一个卷积核只对应一个二维矩阵输出（深度恒为 1）。如图 3.7 所示为三通道输入，因此卷积核深度也为三，三通道输入对应卷积核三层，卷积后可以得到深度为三的输出，此时把深度为三的输出对应位置数据加和，则最后的输出尺寸为 $4 \times 4 \times 1$。

（6）**卷积核数**：卷积核的数量是不确定的，可以人为设置。一般而言，卷积核的数量越多所能提取到的特征越多。如前文所述，一个卷积核输出一个二维矩阵，因此当前层的卷积核数量等于下一层卷积的输入深度。为方便后文描述，不妨设当前层的卷积核数为 K。

（7）**三维输出**：卷积层的输出尺寸为 $W_2 \times H_2 \times D_2$，输出深度 D_2 也被称为输出通道数。输出的三个维度可以根据该卷积层的输入、步长以及卷积核参数确定，具体公式如式 (3.2.5) 所示，式中 W_1、H_1 为输入图片的宽、高，F_w、F_h 为卷积核的宽、高，P 为添加的补零层数，S_w、S_h 为卷积核在宽、高方向上的步长，K 为卷积核的个数。注意式中存在向下取整，这说明如果余下的尺寸不足以滑动一个步长，则不再滑动卷积。大多数情况下都会是整数，只有少部分情况会涉及取整。

$$\begin{cases} W_2 = \left\lfloor \dfrac{W_1 - F_w + 2P}{S_w} \right\rfloor + 1 \\ H_2 = \left\lfloor \dfrac{H_1 - F_h + 2P}{S_h} \right\rfloor + 1 \\ D_2 = K \end{cases} \tag{3.2.5}$$

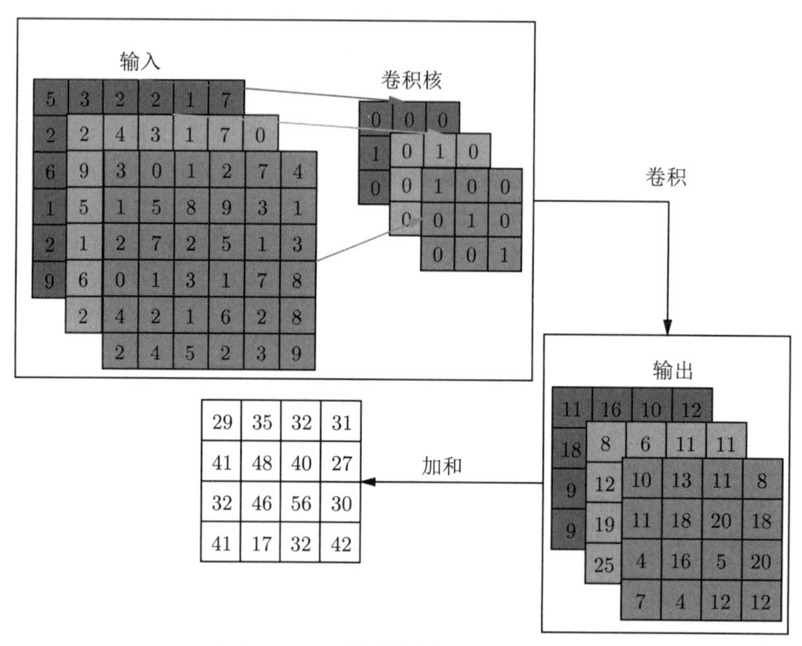

图 3.7 三通道像素矩阵卷积操作

为更方便理解，图 3.8 中给出了不同输入通道数、不同卷积核数对应的输入/输出通道数计算过程，该图中，3 个子图输入通道数始终和卷积核的深度相同，卷积核的个数始终和输出通道数相同。以图 3.8（b）为例，输入为一通道，因此卷积核深度必须为一，由于人为设定有 3 个卷积核，因此其输出通道有 3 个，推理可知下一层的卷积层输入通道也为 3 个。

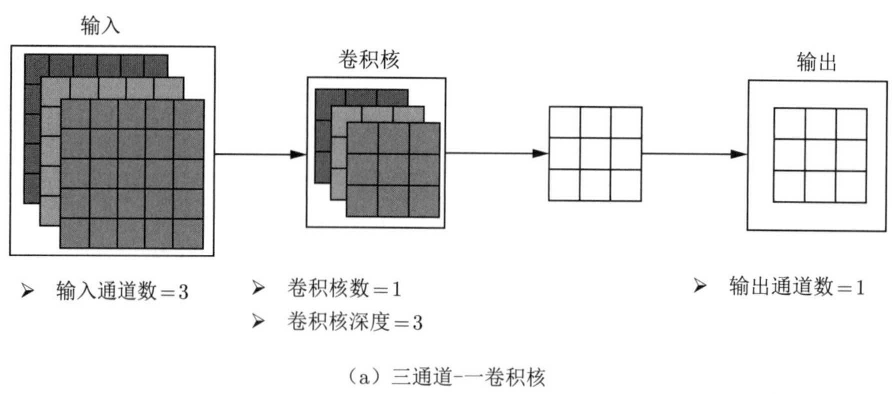

（a）三通道-一卷积核

图 3.8 输入/输出通道-卷积核数关系

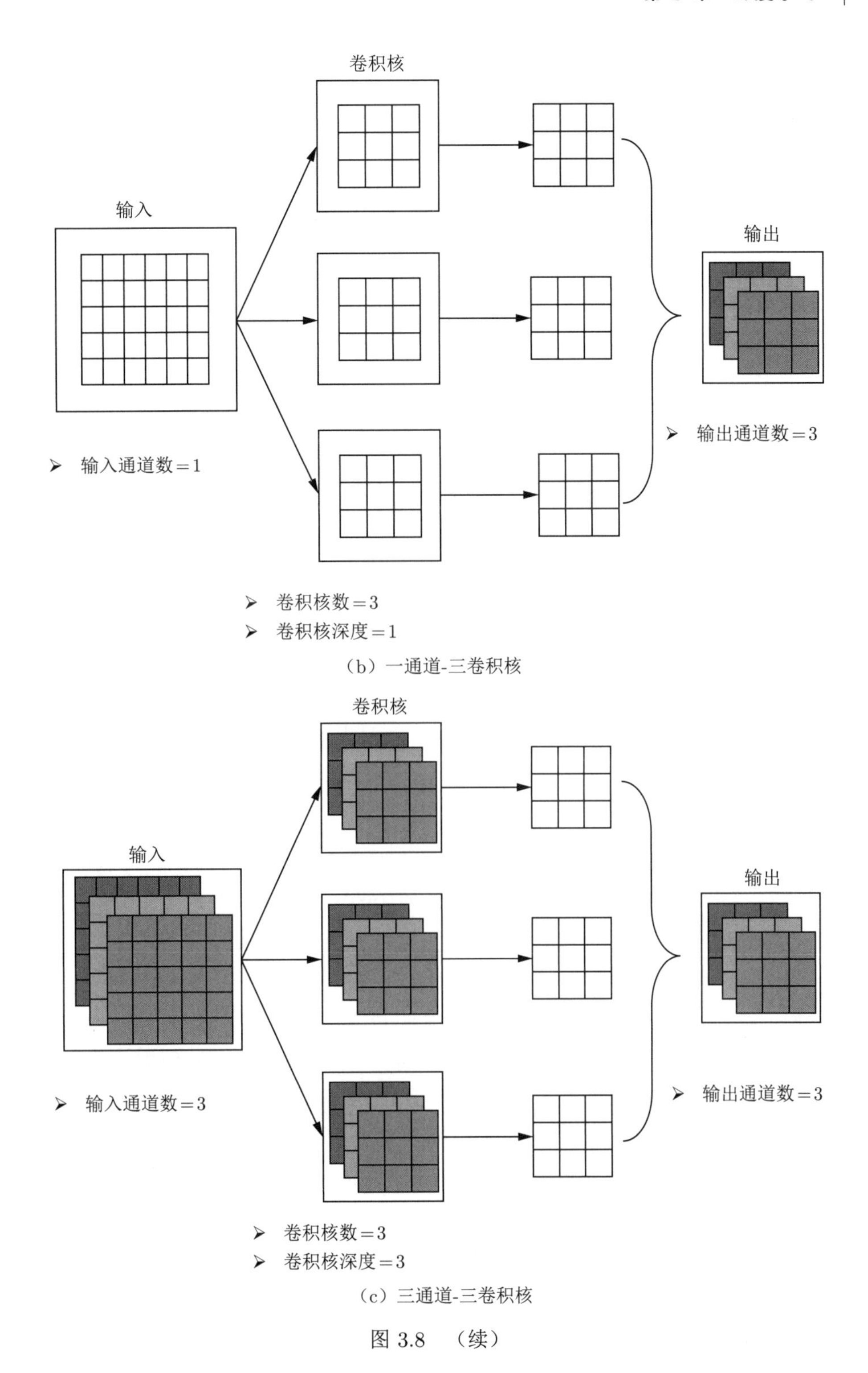

（b）一通道-三卷积核

（c）三通道-三卷积核

图 3.8 （续）

输入矩阵经过卷积核卷积可以得到三维数据阵，称为三阶张量。这里简要介绍一下张量的概念，简单地说，标量（scalar）的集合可以构成向量（vector），向量的集合可以构成矩阵（matrix），那么矩阵的集合是一个三维的数据阵，三维数据阵的集合是四维数据阵……显然，这样的维数可以不断增加下去，但是这却不利于数据描述。因此为了统一地描述标量、向量、矩阵以及更高维度的数据，引入张量（tensor）的概念，定义标量为零阶张量，向量为一阶张量，矩阵为二阶张量，矩阵构成的三维数据阵为三阶张量……，这样，任意维度的数据都可以得到准确描述。张量之间的运算可以通过一定的数学公式进行，这里不再详细介绍。

需要注意，经过卷积核卷积得到的三阶张量还不能直接传入下一层神经网络，须对其进行偏置处理以及激活函数处理，这一点和之前的全连接神经网络非常相似，但是对于卷积网络的激活函数使用流程却很少出现在参考书籍中，因此这里有必要对其进行简单介绍，该 $W_2 \times H_2 \times D_2$ 张量，共有 D_2 层的数据矩阵，因此需要添加 D_2 个偏置，这里同一层矩阵的 $W_2 \times H_2$ 个元素共享同一个偏置，对此添加偏置后的 $W_2 \times H_2 \times D_2$ 个元素，我们将其分别作为激活函数 $f(\cdot)$ 的输入便可得到一个新的三阶张量阵，这个新的张量阵则是下一层神经网络的输入。参考式 (3.2.4) 的图片卷积，研究给定输出层的矩阵，可以得到经过偏置激活的该层矩阵输出公式：

$$S(i,j) = f\left(\sum_q \sum_m \sum_n I^q(i+m, j+n)k(m,n) + b\right) \tag{3.2.6}$$

式中，$I^q(\cdot)$、$k(\cdot)$、b 分别代表第 q 个通道的输入以及对应卷积核和偏置。

3.2.3 池化操作

卷积神经网络中的池化层输入来自于卷积层输出的特征图。但是经过卷积层卷积的特征图维度还是很高，数据量也很大，甚至比原始的输入层数据量还大（可能会有数十个卷积核）。因此需要对卷积层输出的特征图进一步“压缩”，完成这步“压缩”的操作称为池化（pooling）。由于池化操作具有的压缩效应与图像学中的下采样（subsampling）/降采样（downsampling）类似，因此部分参考文献也将深度学习中的池化称为下采样（注：最初在 LeNet 文章中使用 subsampling，在 AlexNet 文章之后开始使用池化）。池化操作除了可以降低数据维数外，还可以有效地抑制噪声，防止过拟合。

需要注意，池化在部分参考文献中被认为是卷积层内部的一个操作，即池化阶段（pooling stage），在部分参考文献中则被认为是单独的一个层，即池化层（pooling layer），这两种观点并无对错之分，其主要思想都是认为池化是卷积操作后的一个操作，无非是写代码时是否单独对池化定义一个类，还是仅作为卷积的子函数。

池化层的池化操作存在多种，用户可以自己定义，常见的有：

（1）**最大化池化（max pooling）**：即使用选定区域内的最大数据作为该区域的池化输出。

（2）**平均池化（average pooling）**：即使用选定区域内的所有数据的平均作为该区域的池化输出。

（3）**随机池化（stochastic pooling）**：对元素值按概率选取。

对于池化区域及步长来说，一般也需要规定以下几个数值：

（1）**池化区域范围**：P_w、P_h，即池化区域宽和高。

（2）**池化移动步长**：S_w、S_h，即横、纵方向上的移动步长。

类似于卷积层的输入/输出计算公式 (3.2.5)，池化层的输出如式 (3.2.7) 所示。式中的输出深度 D_2 与输入深度 D_1 相同，W_2、H_2 分别为输出的宽、高，W_1、H_1 分别为输入的宽、高。可以看出该计算公式与卷积的计算公式类似，这说明二者具有一定的相似性。同时，注意该式子中没有边缘补零项 P，但这并不意味着其不能补零，在 Keras 源代码框架下，实际上提供了 padding 可选项，但是在实际项目中很少用到；另外，在式 (3.2.7) 中是进行向下取整操作，在部分网络论坛资料中可能会存在“卷积向下取整，池化向上取整”的说法，本节参考 Keras 及 Tensorflow 源代码，该神经网络框架下均为向下取整操作。

$$\begin{cases} W_2 = \left\lfloor \dfrac{W_1 - P_w}{S_w} \right\rfloor + 1 \\ H_2 = \left\lfloor \dfrac{H_1 - P_h}{S_h} \right\rfloor + 1 \\ D_2 = D_1 \end{cases} \tag{3.2.7}$$

如图 3.9 所示为一个 4×4 的像素矩阵，在池化区域 2×2，池化步长 stride $= (2, 2)$ 的情况下的输出。实际上平均池化也可以由卷积得到，例如，图 3.9 中的平均池化也可以使用卷积核 $\begin{bmatrix} 0.25 & 0.25 \\ 0.25 & 0.25 \end{bmatrix}$ 直接得到。虽然卷积能够实现部分池化操作所要达到的效果，但是并不是所有池化效果都能从卷积得到。

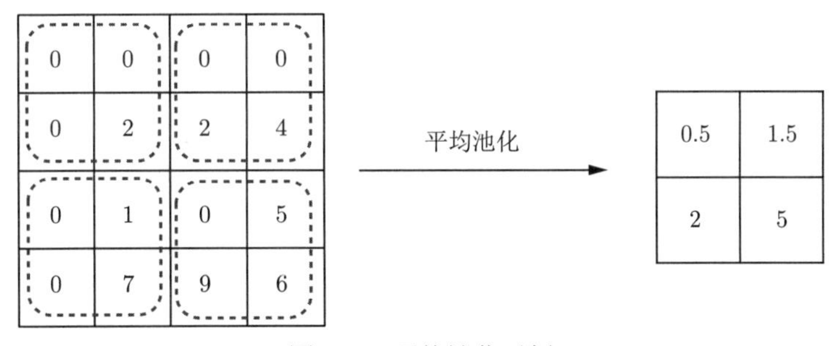

图 3.9 平均池化示例

3.2.4 平铺及全连接操作

卷积神经网络经过如上所述的卷积—池化—卷积—池化—……操作，最终会得到一个较小宽高尺寸，但是具有较高深度尺寸的张量输出，此类型的张量，与之前所提到的全连接神经网络有一定区别，因此可以使用平铺层（flatten）将该张量展开成一维数据。对于 $3 \times 3 \times 3$ 的张量，其平铺展开如图 3.10 所示。

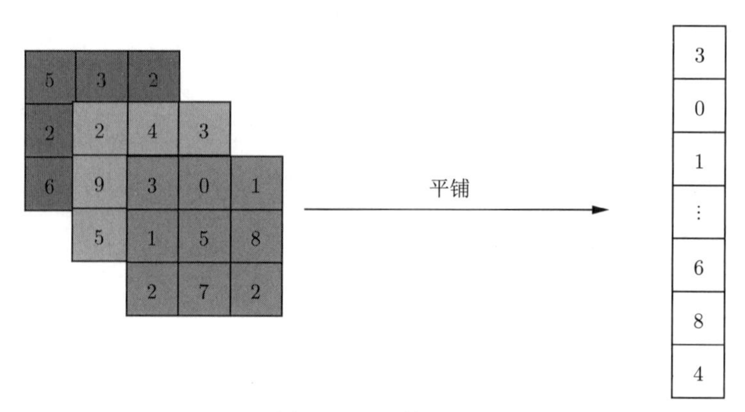

图 3.10　平铺展开

之后将该展开作为全连接层的输入，按照 3.1 节中的全连接神经网络进行训练。

对于卷积神经网络，其训练目的同样是修改连接权值，即卷积层的卷积核参数，以及全连接层的连接权值。对于卷积神经网络，依然可以利用误差的反向传播算法进行传递。就目前深度学习领域而言，相应的卷积神经网络、全连接神经网络以及循环神经网络等的误差反向传播训练基本都已包括在各主流学习框架之中，因此用户可以较为轻松地调用此类网络进行训练，而不必自己去动手设定反向的参数调整。

3.2.5　卷积神经网络反向传播公式

对于卷积神经网络，其参数更新也可以使用反向传播算法。令 $\boldsymbol{H}_k^{l-1}$ 表示第 $l-1$ 层第 k 个通道上的输出矩阵，在第 l 层第 k 个通道上，该矩阵经过池化/卷积操作得到 $\boldsymbol{Z}_k^l$，$\boldsymbol{Z}_k^l$ 经过激活函数 $\sigma(\cdot)$ 得到第 l 层输出，即 $\boldsymbol{H}_k^l=\sigma(\boldsymbol{Z}_k^l)$。令 $\boldsymbol{\Delta}_k^l$ 表示损失函数对 $\boldsymbol{Z}_k^l$ 的梯度，即

$$\boldsymbol{\Delta}_k^l=\frac{\partial L}{\partial \boldsymbol{Z}_k^l} \tag{3.2.8}$$

在卷积神经网络中，有两种类型的层：一种是经过卷积后的层，一种是经过池化后的层，这里分类讨论。

1）l 层为池化后的层

注意，池化层一般没有激活操作，因此对于池化层而言，$\sigma(\boldsymbol{Z}_k^l)=\boldsymbol{Z}_k^l=\boldsymbol{H}_k^l$。为便于说明，这里假设矩阵 $\boldsymbol{\Delta}_k^l=\begin{bmatrix}2 & 8\\4 & 6\end{bmatrix}$，其对应的卷积核尺寸为 (2,2)，且步长为 2。可以知道，$\boldsymbol{H}_k^{l-1}$ 的尺寸为 (4, 4)，因此 $\dfrac{\partial L}{\partial \boldsymbol{H}_k^{l-1}}$ 的尺寸也为 (4, 4)。

为便于理解，不妨设 $\boldsymbol{H}_k^{l-1}=\begin{bmatrix}h_{11} & h_{12} & h_{13} & h_{14}\\h_{21} & h_{22} & h_{23} & h_{24}\\h_{31} & h_{32} & h_{33} & h_{34}\\h_{41} & h_{42} & h_{43} & h_{44}\end{bmatrix}$，其经过卷积得到的 $\boldsymbol{Z}_k^l=\begin{bmatrix}z_{11} & z_{12}\\z_{21} & z_{22}\end{bmatrix}$。

若池化层为最大化池化，则

$$
\begin{cases}
z_{11} = \max(h_{11}, h_{12}, h_{21}, h_{22}) \\
z_{12} = \max(h_{13}, h_{14}, h_{23}, h_{24}) \\
z_{21} = \max(h_{31}, h_{32}, h_{41}, h_{42}) \\
z_{22} = \max(h_{33}, h_{34}, h_{43}, h_{44})
\end{cases}
\tag{3.2.9}
$$

不妨设，h_{11} h_{24}, h_{32}, h_{43} 为各池化区域内最大元素值。可以得到 $\dfrac{\partial L}{\partial h_{11}} = \dfrac{\partial L}{\partial z_{11}}\dfrac{\partial z_{11}}{\partial h_{11}} = 2 \times 1 = 2$。类似地，$\dfrac{\partial L}{\partial h_{24}} = 8$，$\dfrac{\partial L}{\partial h_{32}} = 4$，$\dfrac{\partial L}{\partial h_{43}} = 6$，损失函数 L 对矩阵 $\boldsymbol{H}_k^{l-1}$ 中的其余元素的偏导数均为 0。

因此，对于最大化池化，可以得到

$$
\frac{\partial L}{\partial \boldsymbol{H}_k^{l-1}} = \begin{bmatrix} 2 & 0 & 0 & 0 \\ 0 & 0 & 0 & 8 \\ 0 & 4 & 0 & 0 \\ 0 & 0 & 6 & 0 \end{bmatrix}
\tag{3.2.10}
$$

若池化层为平均池化，则

$$
\begin{cases}
z_{11} = \dfrac{1}{4}(h_{11} + h_{12} + h_{21} + h_{22}) \\
z_{12} = \dfrac{1}{4}(h_{13} + h_{14} + h_{23} + h_{24}) \\
z_{21} = \dfrac{1}{4}(h_{31} + h_{32} + h_{41} + h_{42}) \\
z_{22} = \dfrac{1}{4}(h_{33} + h_{34} + h_{43} + h_{44})
\end{cases}
\tag{3.2.11}
$$

可以得到 $\dfrac{\partial L}{\partial h_{11}} = \dfrac{\partial L}{\partial h_{12}} = \dfrac{\partial L}{\partial h_{21}} = \dfrac{\partial L}{\partial h_{22}} = \dfrac{\partial L}{\partial z_{11}} \times \dfrac{1}{4} = 0.5$。类似地，我们可以求得损失函数 L 对 $\boldsymbol{H}_k^{l-1}$ 其余各项的偏导数。

因此，对于平均池化，可以得到

$$
\frac{\partial L}{\partial \boldsymbol{H}_k^{l-1}} = \begin{bmatrix} 0.5 & 0.5 & 2 & 2 \\ 0.5 & 0.5 & 2 & 2 \\ 1 & 1 & 1.5 & 1.5 \\ 1 & 1 & 1.5 & 1.5 \end{bmatrix}
\tag{3.2.12}
$$

求解 $\dfrac{\partial L}{\partial \boldsymbol{H}_k^{l-1}}$ 的操作也被称作 upsample($\boldsymbol{\Delta}_k^l$)。

根据链式法则，如式 (3.2.13) 所示，可以求得 $\boldsymbol{\Delta}_k^{l-1}$，由于池化层一般没有激活操作，式中 $\sigma'(\boldsymbol{Z}_k^{l-1})$ 为全 1 矩阵。

$$\begin{aligned}\boldsymbol{\Delta}_k^{l-1} &= \left(\frac{\partial \boldsymbol{H}_k^{l-1}}{\partial \boldsymbol{Z}_k^{l-1}}\right)^{\mathrm{T}} \frac{\partial L}{\partial \boldsymbol{H}_k^{l-1}} \\ &= \text{upsample}(\boldsymbol{\Delta}_k^l) \odot \sigma'(\boldsymbol{Z}_k^{l-1})\end{aligned} \tag{3.2.13}$$

2）l 层为卷积后的层

卷积层的前向传播公式如式 (3.2.14) 所示，式中“*”为卷积操作，其运算法则可以参考之前章节：

$$\boldsymbol{H}_k^l = \sigma(\boldsymbol{Z}_k^l) = \sigma(\boldsymbol{H}_k^{l-1} * \boldsymbol{W}_k^l + \boldsymbol{b}_k^l) \tag{3.2.14}$$

又因为

$$\begin{aligned}\boldsymbol{\Delta}_k^{l-1} &= \left(\frac{\partial \boldsymbol{Z}_k^l}{\partial \boldsymbol{Z}_k^{l-1}}\right)^{\mathrm{T}} \frac{\partial L}{\partial \boldsymbol{Z}_k^l} \\ &= \left(\frac{\partial \boldsymbol{Z}_k^l}{\partial \boldsymbol{Z}_k^{l-1}}\right)^{\mathrm{T}} \boldsymbol{\Delta}_k^l\end{aligned} \tag{3.2.15}$$

所以只需要求解 $\left(\dfrac{\partial \boldsymbol{Z}_k^l}{\partial \boldsymbol{Z}_k^{l-1}}\right)^{\mathrm{T}}$ 即可。通过递推表达式可以知道，

$$\boldsymbol{Z}_k^l = \boldsymbol{H}_k^{l-1} * \boldsymbol{W}_k^l + \boldsymbol{b}_k^l = \sigma(\boldsymbol{Z}_k^{l-1}) * \boldsymbol{W}^l + \boldsymbol{b}_k^l \tag{3.2.16}$$

所以最终的求导关系为

$$\begin{aligned}\boldsymbol{\Delta}_k^{l-1} &= \left(\frac{\partial \boldsymbol{Z}_k^l}{\partial \boldsymbol{Z}_k^{l-1}}\right)^{\mathrm{T}} \boldsymbol{\Delta}_k^l \\ &= \boldsymbol{\Delta}_k^l * \text{rot180}(\boldsymbol{W}_k^l) \odot \sigma'(\boldsymbol{Z}_k^{l-1})\end{aligned} \tag{3.2.17}$$

这里 $\text{rot180}(\boldsymbol{W}_k^l)$ 表示对卷积核 $\boldsymbol{W}_k^l$ 中心旋转 180°，即任意位置的值先左右对称变换，再上下对称变换。这里给出一个简单的例子进行说明。

假设前一层输出矩阵为 $\boldsymbol{H}_k^{l-1} = \begin{bmatrix} h_{11} & h_{12} & h_{13} \\ h_{21} & h_{22} & h_{23} \\ h_{31} & h_{32} & h_{33} \end{bmatrix}$，当前层卷积核为 $\boldsymbol{W}_k^l = \begin{bmatrix} w_{11} & w_{12} \\ w_{21} & w_{22} \end{bmatrix}$，卷积移动步长为 1，偏置系数为 $\boldsymbol{b}_k^l = 0$，经过卷积之后的输出为 $\boldsymbol{Z}_k^l = \begin{bmatrix} z_{11} & z_{12} \\ z_{21} & z_{22} \end{bmatrix}$，损失函数对 $\boldsymbol{Z}_k^l$ 的梯度为 $\boldsymbol{\Delta}_k^l = \begin{bmatrix} \delta_{11} & \delta_{12} \\ \delta_{21} & \delta_{22} \end{bmatrix}$。考虑到 $\boldsymbol{H}_k^{l-1} * \boldsymbol{W}_k^l = \boldsymbol{Z}_k^l$, 利用卷积的定义可

以得到

$$
\begin{cases}
z_{11} = h_{11}w_{11} + h_{12}w_{12} + h_{21}w_{21} + h_{22}w_{22} \\
z_{12} = h_{12}w_{11} + h_{13}w_{12} + h_{22}w_{21} + h_{23}w_{22} \\
z_{21} = h_{21}w_{11} + h_{22}w_{12} + h_{31}w_{21} + h_{32}w_{22} \\
z_{22} = h_{22}w_{11} + h_{23}w_{12} + h_{32}w_{21} + h_{33}w_{22}
\end{cases}
\tag{3.2.18}
$$

根据反向求导链式法则，可以得到

$$
\frac{\partial L}{\partial \boldsymbol{H}_k^{l-1}} = \left(\frac{\partial \boldsymbol{Z}_k^l}{\partial \boldsymbol{H}_k^{l-1}}\right)^{\mathrm{T}} \boldsymbol{\Delta}_k^l
\tag{3.2.19}
$$

对 $\dfrac{\partial \boldsymbol{Z}_k^l}{\partial \boldsymbol{H}_k^{l-1}}$ 进行展开求导，可以得到矩阵 $\dfrac{\partial L}{\partial \boldsymbol{H}_k^{l-1}}$ 各个元素表达式。以 $\nabla_{h_{11}} L$ 为例，

$$
\begin{aligned}
\nabla_{h_{11}} L &= \frac{\partial L}{\partial z_{11}}\frac{\partial z_{11}}{\partial h_{11}} + \frac{\partial L}{\partial z_{12}}\frac{\partial z_{12}}{\partial h_{11}} + \frac{\partial L}{\partial z_{21}}\frac{\partial z_{21}}{\partial h_{11}} + \frac{\partial L}{\partial z_{22}}\frac{\partial z_{22}}{\partial h_{11}} \\
&= \delta_{11}w_{11}
\end{aligned}
\tag{3.2.20}
$$

矩阵 $\dfrac{\partial L}{\partial \boldsymbol{H}_k^{l-1}}$ 的所有元素如式 (3.2.21) 所示：

$$
\begin{cases}
\nabla_{h_{11}} L = \delta_{11}w_{11} \\
\nabla_{h_{12}} L = \delta_{11}w_{12} + \delta_{12}w_{11} \\
\nabla_{h_{13}} L = \delta_{12}w_{12} \\
\nabla_{h_{21}} L = \delta_{11}w_{21} + \delta_{21}w_{11} \\
\nabla_{h_{22}} L = \delta_{11}w_{22} + \delta_{12}w_{21} + \delta_{21}w_{12} + \delta_{22}w_{11} \\
\nabla_{h_{23}} L = \delta_{12}w_{22} + \delta_{22}w_{12} \\
\nabla_{h_{31}} L = \delta_{21}w_{21} \\
\nabla_{h_{32}} L = \delta_{21}w_{22} + \delta_{22}w_{21} \\
\nabla_{h_{33}} L = \delta_{22}w_{22}
\end{cases}
\tag{3.2.21}
$$

以上 9 个等式可以用矩阵形式表示，即

$$
\begin{bmatrix}
0 & 0 & 0 & 0 \\
0 & \delta_{11} & \delta_{12} & 0 \\
0 & \delta_{21} & \delta_{22} & 0 \\
0 & 0 & 0 & 0
\end{bmatrix}
\begin{bmatrix}
w_{22} & w_{21} \\
w_{12} & h_{11}
\end{bmatrix}
=
\begin{bmatrix}
\nabla_{h_{11}} L & \nabla_{h_{12}} L & \nabla_{h_{13}} L \\
\nabla_{h_{21}} L & \nabla_{h_{22}} L & \nabla_{h_{23}} L \\
\nabla_{h_{31}} L & \nabla_{h_{32}} L & \nabla_{h_{33}} L
\end{bmatrix}
\tag{3.2.22}
$$

为了符合梯度计算，我们在 $\boldsymbol{\Delta}_k^l$ 周围填充了一圈 0，此时我们将卷积核翻转后与其进行卷积，就得到了前一次的梯度误差。这个例子直观地介绍了为什么对含有卷积的式子反向传播时，卷积核要翻转 180°。

3.2.6 案例：卷积神经网络识别数字

为与 3.1 节中的全连接神经网络识别数字效果进行对比，此处我们依然沿用识别数字的 MNIST 数据集。本案例所使用的 Tensorflow-gpu、Keras 以及 Python 版本与 3.1 节中的案例相同。该模型的主要代码如下：

```
model = Sequential()
model.add(Conv2D(32, kernel_size=(5,5),
activation='relu',input_shape=(img_x, img_y,1 )))
model.add(MaxPool2D(pool_size=(2,2), strides=(2,2)))
model.add(Conv2D(64, kernel_size=(5,5), activation='relu'))
model.add(MaxPool2D(pool_size=(2,2), strides=(2,2)))
model.add(Flatten())
model.add(Dense(1000, activation='relu'))
model.add(Dense(10, activation='softmax'))
model.compile(optimizer='adam',loss='categorical_crossentropy',
metrics=['accuracy'])
```

该模型中共有两个卷积层，两个池化层，三个全连接层，该模型的各层参数数量以及各层输出模型的大小如表 3.2 所示。利用该表可以快速计算并印证前文所述的各个参数之间的数学关系。

表 3.2 卷积神经网络参数分析

网络层类型	输出尺寸	参数数量
conv2d_1 (Conv2D)	(None, 24, 24, 32)	832
max_pooling2d_1 (MaxPooling2)	(None, 12, 12, 32)	0
conv2d_2 (Conv2D)	(None, 8, 8, 64)	51 264
max_pooling2d_2 (MaxPooling2)	(None, 4, 4, 64)	0
flatten_1 (Flatten)	(None, 1024)	0
dense_1 (Dense)	(None, 1000)	1 025 000
dense_2 (Dense)	(None, 10)	10 010
总参数数量	1 087 106	
可训练参数数量	1 087 106	
不可训练参数数量	0	

此处为对比全连接神经网络和卷积神经网络的效果，我们可以对比 3.1 节中的代码和此处代码运行结果。相应运行结果如表 3.3 所示。

表 3.3 两种神经网络结果对比

神经网络类型	迭代次数	准确率
ANN	5	0.8432
	10	0.8921
	15	0.9048
	20	0.9148
	25	0.9223
CNN	5	0.9949
	10	0.9978
	15	0.9985
	20	0.9989
	25	0.9994

卷积神经网络经过 5 次迭代（5 epochs）即可轻松获得 99%的测试准确率，对比而言，使用全连接神经网络进行 20 次迭代（20 epochs）仅能获得 91%的测试准确率，这也说明了卷积神经网络在图像识别领域的优越性，利用卷积神经网络可以更快、更准确地得到训练结果。

3.3 循环神经网络

卷积神经网络以全连接神经网络为基础，考虑了对于多维度数据的快速处理，具有数据处理平移不变性，因而能够更好地对图像领域问题进行深度学习研究。但是工程项目中，数据样本除了图像类型外还有自然语言类型，此类样本具有时间上的前后相关性，简单地使用全连接网络和卷积神经网络难以表现此类样本的前后相关性，因此有必要研究全新的、可以处理此类数据样本的网络。此类用于处理具有序列关系的样本的网络称为循环神经网络（recurrent neural network，RNN）。正如卷积神经网络能够处理可变宽度、高度的图像，循环神经网络可以处理可变长度的样本序列。

3.3.1 循环神经网络基础

首先从一个动态系统着手进行分析。一个动态系统的经典形式如式 (3.3.1) 所示，它表示系统在 t 时刻的状态 $\boldsymbol{s}^{(t)}$ 由 $t-1$ 时刻的状态 $\boldsymbol{s}^{(t-1)}$ 以及相应的系统输入 $\boldsymbol{\theta}$ 决定。

$$\boldsymbol{s}^{(t)} = f(\boldsymbol{s}^{(t-1)}, \boldsymbol{\theta}) \tag{3.3.1}$$

现在考虑两个神经网络语音识别的案例：

（1）奔驰是一款汽车；

（2）骑马奔驰在原野上。

以上两句话中均有“奔驰”，但是第一句话中“奔驰”是个名词，第二句话中则是动词。假设神经网络的任务是对两句话进行词语划分，并对其进行分类识别，如果使用传统的卷积神经网络或者全连接神经网络完成此任务，则对于两句话中的词语存在极大的错误分类概率。这是因为没有考虑到句子上下文之间的联系即前一时刻的信息对于后一时刻的影响（没有上下文信息，人类也没法区分）。

基于以上动态系统信息传递以及时序联系的思想，可以设计各种循环神经网络。需要强调的是，循环神经网络不再是简单的神经网络，准确地说，它是一个神经网络族（neural network family）。既然是族，且族内存在相关信息传递，那么根据信息传递路径以及最终输出数，可以列举几个简单的循环神经网络如下。

（1）**隐藏-隐藏-多输出**：此类型神经网络前一时刻隐藏层将会输入到后一时刻神经网络的隐藏层。此类循环神经网络如图 3.11 所示。该神经网络族中，参数 $\boldsymbol{U}$ 是输入至隐藏层的权值矩阵，$\boldsymbol{W}$ 为前一时刻的神经网络隐藏层至当前时刻隐藏层的权值矩阵，$\boldsymbol{V}$ 为隐藏层至输出层的输出权值矩阵。从图中可以看到，循环神经网络实际上也应用了参数共享的理念，即同一族内的神经网络共享权值 $\boldsymbol{W}$、$\boldsymbol{U}$、$\boldsymbol{V}$。而之所以能够确定共享参数，是因为不同时刻的输入 $\boldsymbol{x}$ 到输出 $\boldsymbol{o}$ 的学习模型应当是相同的，具有相同的参数及结构。该种类型的循环神经网络是多对多型（many-to-many），即多输入/多输出。

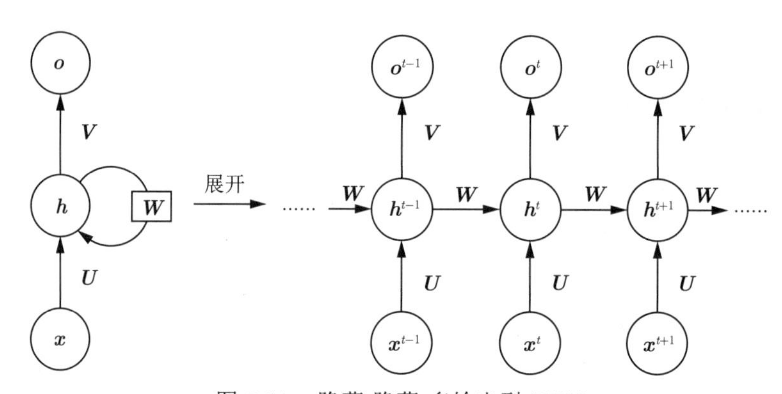

图 3.11　隐藏-隐藏-多输出型 RNN

（2）**输出-隐藏-多输出**：这种类型的神经网络前一时刻的神经网络输出层将会对后一时刻的神经网络隐藏层产生数据输入。此类循环神经网络如图 3.12 所示。图中的连接权值矩阵 $\boldsymbol{U}$、$\boldsymbol{V}$ 与第一种类型的含义相同，$\boldsymbol{W}$ 则表示前一层的输出层到后一层隐藏层的连接权值。该种类型的循环神经网络也是多对多型。

（3）**隐藏-隐藏-单输出**：这种类型的神经网络前一时刻的神经网络隐藏层将会对后一时刻的神经网络隐藏层产生数据输入，但是只有最后一个时刻存在数据输出，其余时刻没有数据输出，即为一种多对一（many-to-one）的输入/输出关系。此类循环神经网络如图 3.13 所示。

实际上，在项目中，不仅可以向后一层的隐藏层传递信息，也可以向后一层的输出层传递信息，但是这并不具有普遍意义，因此不再详细描述。另外需说明的是，以上三种循环神经网络中，第一种使用最为广泛。

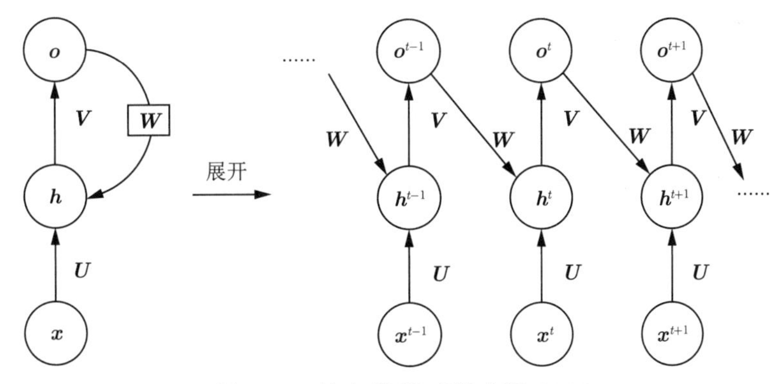

图 3.12 输出-隐藏-多输出型 RNN

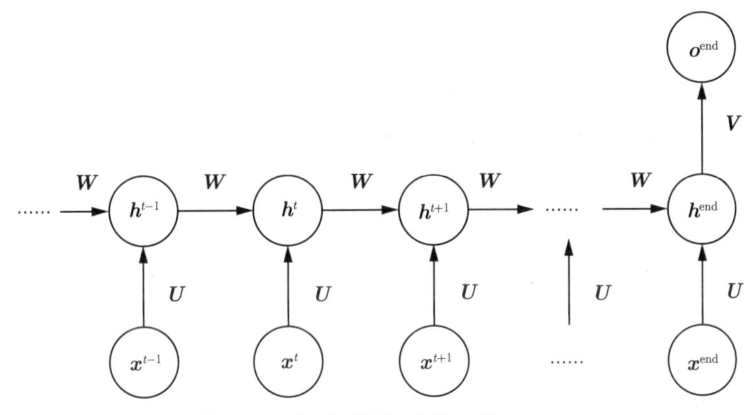

图 3.13 隐藏-隐藏-单输出型 RNN

3.3.2 循环神经网络传播公式

现在以第一种循环神经网络模型为例，进行该循环神经网络的前向传播及后向传播公式的推导。设 $f(\cdot)$、$g(\cdot)$ 为隐藏层和输出层的激活函数，$\boldsymbol{b}$、$\boldsymbol{c}$ 为偏置向量，则对任意时刻的神经网络，更新方程如下：

$$\boldsymbol{h}^t = f(\boldsymbol{b} + \boldsymbol{W}\boldsymbol{h}^{t-1} + \boldsymbol{U}\boldsymbol{x}^t) \tag{3.3.2}$$

$$\hat{\boldsymbol{y}}^t = g(\boldsymbol{c} + \boldsymbol{V}\boldsymbol{h}^t) \tag{3.3.3}$$

这里，为便于表述，令 $\boldsymbol{o}^t = \boldsymbol{c} + \boldsymbol{V}\boldsymbol{h}^t$ 表示 t 时刻神经网络输出层的输入参数，令 $\boldsymbol{a}^t = \boldsymbol{b} + \boldsymbol{W}\boldsymbol{h}^{t-1} + \boldsymbol{U}\boldsymbol{x}^t$ 表示第 t 时刻神经网络隐藏层的输入参数。为了便于直观展示结果，这里取 $f(\cdot)$ 为双曲正切函数，即 tanh 函数，取 $g(\cdot)$ 为 sigmoid 函数。

对于循环神经网络权值的更新可以采用随时间反向传播 (back-propagation through time,BPTT) 算法来训练。具体来说，涉及图 3.11 中一次前向传播 (即从左到右计算输出) 以及一次反向传播 (即从右到左计算误差)。设图 3.11 中共有 τ 个神经网络输出，其输出损失函数分别为 $L^0, L^1, \cdots, L^\tau$，则神经网络在 τ 时刻的总损失函数为

$$L = \sum_{t=0}^{\tau} L^t \Rightarrow \frac{\partial L}{\partial L^t} = 1 \tag{3.3.4}$$

假设损失函数为均方误差，即

$$L^t = \frac{1}{2}\sum_i(\hat{\boldsymbol{y}}_i^t - \boldsymbol{y}_i^t)^2 \tag{3.3.5}$$

则可以求得总损失函数 L 对 $\boldsymbol{o}^t$ 的梯度

$$\begin{aligned}(\nabla_{\boldsymbol{o}^t} L)_i &= \frac{\partial L}{\partial \boldsymbol{o}_i^t} \\ &= \frac{\partial L}{\partial L^t}\frac{\partial L^t}{\hat{\boldsymbol{y}}_i^t}\frac{\hat{\boldsymbol{y}}_i^t}{\partial \boldsymbol{o}_i^t} \\ &= (\hat{\boldsymbol{y}}_i^t - \boldsymbol{y}_i^t)\hat{\boldsymbol{y}}_i^t(1-\hat{\boldsymbol{y}}_i^t)\end{aligned} \tag{3.3.6}$$

在最后一个时间步 τ 中，$\boldsymbol{h}^\tau$ 只有 $\boldsymbol{o}^\tau$ 作为后续节点，因此其梯度为

$$\nabla_{\boldsymbol{h}^\tau} L = \boldsymbol{V}^{\mathrm{T}}\nabla_{\boldsymbol{o}^\tau} L \tag{3.3.7}$$

当 $t<\tau$ 时，可以反向求得此时的 $\boldsymbol{h}^t$ 梯度。注意此时 $\boldsymbol{h}^t$ 存在 $\boldsymbol{o}^t$ 和 $\boldsymbol{h}^{t+1}$ 两个后续节点，因此其梯度计算需要合并两个后续节点的梯度：

$$\nabla_{\boldsymbol{h}^t} L = \left(\frac{\partial \boldsymbol{h}^{t+1}}{\partial \boldsymbol{h}^t}\right)^{\mathrm{T}}(\nabla_{\boldsymbol{h}^{t+1}} L) + \left(\frac{\partial \boldsymbol{o}^t}{\partial \boldsymbol{h}^t}\right)^{\mathrm{T}}(\nabla_{\boldsymbol{o}^t} L) \tag{3.3.8}$$

上述公式中 $\boldsymbol{h}^{t+1},\boldsymbol{h}^t$ 关系如公式 (3.3.2) 所示，对于 tanh 函数，其数学形式为 $f(x)=\dfrac{\mathrm{e}^x-\mathrm{e}^{-x}}{\mathrm{e}^x+\mathrm{e}^{-x}}$，对其求导可以得到，$f'(x)=1-f(x)^2$，根据矩阵求导公式可以得到：

$$\left(\frac{\partial \boldsymbol{h}^{t+1}}{\partial \boldsymbol{h}^t}\right)^{\mathrm{T}}(\nabla_{\boldsymbol{h}^{t+1}} L) = \boldsymbol{W}^{\mathrm{T}}(\nabla_{\boldsymbol{h}^{t+1}} L)\mathrm{diag}(1-(\boldsymbol{h}^{t+1})^2) \tag{3.3.9}$$

这里 $\mathrm{diag}(1-(\boldsymbol{h}^{t+1})^2)$ 表示包含元素 $1-(\boldsymbol{h}_i^{t+1})^2$ 的对角矩阵。与传统的神经网络 BP 算法类似，可以使用总损失函数对 $\boldsymbol{c}$、$\boldsymbol{b}$、$\boldsymbol{V}$、$\boldsymbol{W}$、$\boldsymbol{U}$ 进行梯度求导，这里需要说明一点，在微积分中计算 $\dfrac{\partial f}{\partial \boldsymbol{W}}$ 时需要把 $\boldsymbol{W}$ 的所有贡献都考虑进去，这里我们使用 $\boldsymbol{W}^t$ 表示 $\boldsymbol{W}$ 在 t 时刻的梯度贡献，以示区别：

$$\begin{cases}\nabla_{\boldsymbol{c}} L = \displaystyle\sum_t \left(\frac{\partial \boldsymbol{o}^t}{\partial \boldsymbol{c}^t}\right)^{\mathrm{T}}\nabla_{\boldsymbol{o}^t} L = \sum_t \nabla_{\boldsymbol{o}^t} L \\ \nabla_{\boldsymbol{b}} L = \displaystyle\sum_t \left(\frac{\partial \boldsymbol{h}^t}{\partial \boldsymbol{b}^t}\right)^{\mathrm{T}}\nabla_{\boldsymbol{h}^t} L = \sum_t \mathrm{diag}(1-(\boldsymbol{h}^t)^2)\nabla_{\boldsymbol{h}^t} L \\ \nabla_{\boldsymbol{V}} L = \displaystyle\sum_t\sum_i \frac{\partial L}{\partial \boldsymbol{o}_i^t}\nabla_{\boldsymbol{V}}\boldsymbol{o}_i^t = \sum_t (\nabla_{\boldsymbol{o}^t} L)(\boldsymbol{h}^t)^{\mathrm{T}} \\ \nabla_{\boldsymbol{W}} L = \displaystyle\sum_t\sum_i \frac{\partial L}{\partial \boldsymbol{h}_i^t}\nabla_{\boldsymbol{W}^t}\boldsymbol{h}_i^t = \sum_t \mathrm{diag}(1-(\boldsymbol{h}^t)^2)(\nabla_{\boldsymbol{h}^t} L)(\boldsymbol{h}^{t-1})^{\mathrm{T}} \\ \nabla_{\boldsymbol{U}} L = \displaystyle\sum_t\sum_i \frac{\partial L}{\partial \boldsymbol{h}_i^t}\nabla_{\boldsymbol{U}^t}\boldsymbol{h}_i^t = \sum_t \mathrm{diag}(1-(\boldsymbol{h}^t)^2)(\nabla_{\boldsymbol{h}^t} L)(\boldsymbol{x}^t)^{\mathrm{T}}\end{cases} \tag{3.3.10}$$

对于最后输出层还可以取 softmax(·) 函数，这里可以对其进行一个简单的说明。对于 softmax(·) 函数，则最后输出层为

$$\hat{\boldsymbol{y}}^{\tau}=\text{softmax}(\boldsymbol{o}^{\tau}) \tag{3.3.11}$$

因此

$$\frac{\partial\hat{\boldsymbol{y}}_i^{\tau}}{\partial\boldsymbol{o}_j^{\tau}}=\frac{\partial\dfrac{\mathrm{e}^{\boldsymbol{o}_i^{\tau}}}{\sum\limits_{k=1}^{N}\mathrm{e}^{\boldsymbol{o}_k^{\tau}}}}{\partial\boldsymbol{o}_j^{\tau}} \tag{3.3.12}$$

对于该函数的求导可以分成两类

（1）$i=j$

$$\begin{aligned}\frac{\partial\dfrac{\mathrm{e}^{\boldsymbol{o}_i^{\tau}}}{\sum\limits_{k=1}^{N}\mathrm{e}^{\boldsymbol{o}_k^{\tau}}}}{\partial\boldsymbol{o}_j^{\tau}}&=\frac{\mathrm{e}^{\boldsymbol{o}_i^{\tau}}\sum\limits_{k=1}^{N}\mathrm{e}^{\boldsymbol{o}_k^{\tau}}-\mathrm{e}^{\boldsymbol{o}_j^{\tau}}\mathrm{e}^{\boldsymbol{o}_i^{\tau}}}{\left(\sum\limits_{k=1}^{N}\mathrm{e}^{\boldsymbol{o}_k^{\tau}}\right)^2}\\&=\frac{\mathrm{e}^{\boldsymbol{o}_i^{\tau}}\left(\sum\limits_{k=1}^{N}\mathrm{e}^{\boldsymbol{o}_k^{\tau}}-\mathrm{e}^{\boldsymbol{o}_j^{\tau}}\right)}{\left(\sum\limits_{k=1}^{N}\mathrm{e}^{\boldsymbol{o}_k^{\tau}}\right)^2}\\&=\frac{\mathrm{e}^{\boldsymbol{o}_i^{\tau}}}{\sum\limits_{k=1}^{N}\mathrm{e}^{\boldsymbol{o}_k^{\tau}}}\times\frac{\sum\limits_{k=1}^{N}\mathrm{e}^{\boldsymbol{o}_k^{\tau}}-\mathrm{e}^{\boldsymbol{o}_j^{\tau}}}{\sum\limits_{k=1}^{N}\mathrm{e}^{\boldsymbol{o}_k^{\tau}}}\\&=\hat{\boldsymbol{y}}_i^{\tau}(1-\hat{\boldsymbol{y}}_j^{\tau})\end{aligned} \tag{3.3.13}$$

（2）$i\neq j$

$$\begin{aligned}\frac{\partial\dfrac{\mathrm{e}^{\boldsymbol{o}_i^{\tau}}}{\sum\limits_{k=1}^{N}\mathrm{e}^{\boldsymbol{o}_k^{\tau}}}}{\partial\boldsymbol{o}_j^{\tau}}&=\frac{0-\mathrm{e}^{\boldsymbol{o}_j^{\tau}}\mathrm{e}^{\boldsymbol{o}_i^{\tau}}}{\left(\sum\limits_{k=1}^{N}\mathrm{e}^{\boldsymbol{o}_k^{\tau}}\right)^2}\\&=\frac{-\mathrm{e}^{\boldsymbol{o}_j^{\tau}}}{\sum\limits_{k=1}^{N}\mathrm{e}^{\boldsymbol{o}_k^{\tau}}}\times\frac{\mathrm{e}^{\boldsymbol{o}_i^{\tau}}}{\sum\limits_{k=1}^{N}\mathrm{e}^{\boldsymbol{o}_k^{\tau}}}\\&=-\hat{\boldsymbol{y}}_j^{\tau}\hat{\boldsymbol{y}}_i^{\tau}\end{aligned} \tag{3.3.14}$$

此时若损失函数由均方误差改为交叉熵，则其推导公式也将发生相应变化，这里给出相关推导。最后的损失函数为

$$L^{\tau}=-\sum_{i}\boldsymbol{y}_i^{\tau}\ln(\hat{\boldsymbol{y}}_i^{\tau}) \tag{3.3.15}$$

$$\begin{aligned}\frac{\partial L^{\tau}}{\partial \boldsymbol{o}_i^{\tau}}&=-\sum_{k}\boldsymbol{y}_i^{\tau}\frac{\partial \ln(\hat{\boldsymbol{y}}_k^{\tau})}{\partial \boldsymbol{o}_i^{\tau}}\\&=-\sum_{k}\boldsymbol{y}_i^{\tau}\frac{\partial \ln(\hat{\boldsymbol{y}}_k^{\tau})}{\partial \hat{\boldsymbol{y}}_k^{\tau}}\frac{\partial \hat{\boldsymbol{y}}_k^{\tau}}{\partial \boldsymbol{o}_i^{\tau}}\\&=-\sum_{k}\boldsymbol{y}_i^{\tau}\frac{1}{\hat{\boldsymbol{y}}_k^{\tau}}\frac{\partial \hat{\boldsymbol{y}}_k^{\tau}}{\partial \boldsymbol{o}_i^{\tau}}\end{aligned} \tag{3.3.16}$$

结合式 (3.3.13) 和式 (3.3.14) 可以得到如下求导结果。

$$\begin{aligned}\frac{\partial L^{\tau}}{\partial \boldsymbol{o}_i^{\tau}}&=-\boldsymbol{y}_i^{\tau}(1-\hat{\boldsymbol{y}}_i^{\tau})-\sum_{k\neq i}\boldsymbol{y}_k^{\tau}\frac{1}{\hat{\boldsymbol{y}}_k^{\tau}}(-\hat{\boldsymbol{y}}_k^{\tau}\hat{\boldsymbol{y}}_i^{\tau})\\&=\hat{\boldsymbol{y}}_i^{\tau}\left(\boldsymbol{y}_i^{\tau}+\sum_{k\neq i}\boldsymbol{y}_k^{\tau}\right)-\boldsymbol{y}_i^{\tau}\end{aligned} \tag{3.3.17}$$

其中 $\boldsymbol{y}$ 为分类训练的 one-hot 编码，因此 $\boldsymbol{y}_i^{\tau}+\sum\limits_{k\neq i}\boldsymbol{y}_k^{\tau}=\sum\limits_{k=1}\boldsymbol{y}_k=1$，所以

$$\frac{\partial L^{\tau}}{\partial \boldsymbol{o}_i^{\tau}}=\hat{\boldsymbol{y}}_i^{\tau}-\boldsymbol{y}_i^{\tau} \tag{3.3.18}$$

上述的反向传播训练需要对所有的序列数据求得误差后再进行反向权值调整，该过程是一个串行过程，难以并行计算，因此 RNN 训练时间往往很长。在深度循环神经网络中（每个节点隐藏层数大于 1），其训练时间则更加漫长，因此深度 RNN 往往采用截断时间反向传播算法（truncated back propagation through time，TBPTT）。具体来说，即设置一个有限大小的数字 n，当输入 n 个时序数据后，累计一次网络误差值，开始反向传播并更新网络参数。

3.3.3 LSTM 网络

RNN 网络的训练很困难，在其训练中，跨时间步的反向传播常存在梯度消失（gradient vanishing）和梯度爆炸（gradient explosion）等问题，即后面时间步的错误信号不能反馈到足够早的时间，因此 RNN 难以处理具有长时间跨度的问题。以下为一具体示例：

I grew up in France and I can speak French.

现在我们的目标是利用 RNN 去预测该句话的最后一个单词 French，理想的 RNN 应当能够根据较长时间跨度的信息 France 得到此处应该添加的 French，但是在项目实

践中由于梯度消失或者爆炸的问题，RNN 往往难以得到想要的答案，并且随着信息距离的增加，正确处理上下文的信息愈发困难。

利用“门”（gate）结构的设计，选择性地输入、遗忘和输出信息，长短期记忆（long short-term memory，LSTM）网络和其他一些类型的门控 RNN（gated RNN）神经网络较好地解决了此类神经网络系统的长期依赖（long-term dependencies）问题。这里主要介绍一下 LSTM 网络。

LSTM 的核心贡献是引入了神经网络的自循环构造，并以此产生梯度长时间持续流动的路径。目前，LSTM 网络已经能够较好地应用于无约束手写识别、语音识别、手写生成、机器翻译以及图像标题生成和解析等领域。

LSTM 的基本构造如图 3.14 所示。在标准 RNN 中，往往只有一个 tanh 神经网络层进行重复的学习以及信息的传递，而在图 3.14 中，由各种门结构共同组成了四个特殊的结构。

（1）**细胞状态：**贯穿在图上方的水平线。

（2）**学习得到的神经网络层：**橙色矩阵，包括 sigmoid 和 tanh 两种类型。

（3）**运算操作：**肉色圆圈 (以及椭圆)。

（4）**向量传输：**黑色箭头，线条合并表示联结，线条分开表示内容复制到不同位置。

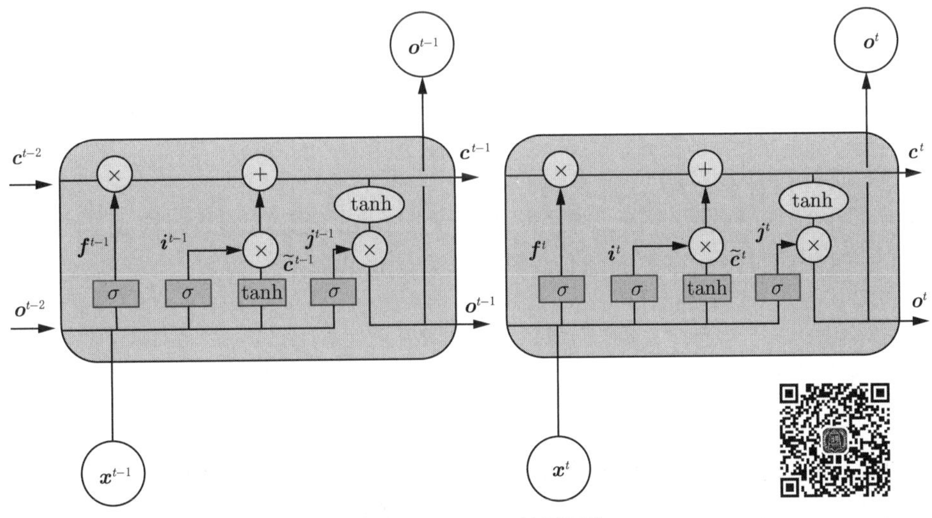

图 3.14　LSTM 神经网络

现对 t 时刻的神经网络节点进行分析。图 3.14 中，第一个 σ 神经网络层是一个遗忘门，其接收上一时刻神经网络的输出 $\boldsymbol{o}^{t-1}$ 以及该时刻时序数列 $\boldsymbol{x}^t$ 的输入。通过 sigmoid 激活函数得到输出 $\boldsymbol{f}^t$，考虑到 sigmoid 函数的性质，$\boldsymbol{f}^t$ 向量中，任意元素 $\boldsymbol{f}_i^t$ 的输出取值区间为 $[0,1]$。其现实表征是：上一层细胞状态 ($\tilde{\boldsymbol{c}}^{t-1}$) 的被遗忘程度，当输出 $\boldsymbol{f}^t=\mathbf{1}$ 时表示完全保留，$\boldsymbol{f}^t=\mathbf{0}$ 时表示完全舍弃 (即没有数据输入，无影响)。该门控制的数学形式如式 (3.3.19) 所示：

$$\boldsymbol{f}^t=\sigma(\boldsymbol{W}_f\boldsymbol{o}^{t-1}+\boldsymbol{U}_f\boldsymbol{x}^t+\boldsymbol{b}_f) \tag{3.3.19}$$

图 3.14 中，第二个 σ 神经网络层和 tanh 神经网络层两部分共同构成输入门。参考遗忘门，可以得到输入门的数学形式如下：

$$\boldsymbol{i}^t = \sigma(\boldsymbol{W}_i\boldsymbol{o}^{t-1} + \boldsymbol{U}_i\boldsymbol{x}^t + \boldsymbol{b}_i) \tag{3.3.20}$$

$$\tilde{\boldsymbol{c}}^t = \tanh(\boldsymbol{W}_c\boldsymbol{o}^{t-1} + \boldsymbol{U}_c\boldsymbol{x}^t + \boldsymbol{b}_c) \tag{3.3.21}$$

可以通俗地理解为 $\tilde{\boldsymbol{c}}^t$ 是 RNN 网络中本时刻隐藏层的输出，这与标准的 RNN 隐藏层为 tanh 函数一样；$\boldsymbol{i}^t$ 向量内的元素取值范围为 $[0,1]$，考虑到之后 $\boldsymbol{i}^t$ 向量会与 $\tilde{\boldsymbol{c}}^t$ 向量对应位置元素进行相乘得到新的向量，因此 $\boldsymbol{i}^t$ 可以近似地看作隐藏层输出信息被保留的程度。至此，t 时刻节点神经网络的隐藏层输出，以及上一时刻神经网络信息状态的遗留均被考虑。所以可以更新本层的细胞状态 $\boldsymbol{c}^t$，如式 (3.3.22) 所示：

$$\boldsymbol{c}^t = \boldsymbol{f}^t \odot \boldsymbol{c}^{t-1} + \boldsymbol{i}^t \odot \tilde{\boldsymbol{c}}^t \tag{3.3.22}$$

注意式子中 $\odot$ 为阿达马（Hadamard）积符号，阿达马积为两个向量对应位置元素相乘得到一个新向量的运算。之前的章节已对该运算符进行了详细的介绍，这里简要回顾一下该运算的含义，例如 $\boldsymbol{a},\boldsymbol{b} \in \mathbb{R}^{m\times 1}$，则有

$$\boldsymbol{a} \odot \boldsymbol{b} = \begin{bmatrix} a_1b_1 \\ a_2b_2 \\ \vdots \\ a_mb_m \end{bmatrix} \tag{3.3.23}$$

最后，图 3.14 中最后一个 σ 神经网络层以及 tanh 函数运算共同构成了输出门，即输出到下一时刻的神经网络中的信息。其数学表达形式如下：

$$\boldsymbol{j}^t = \sigma(\boldsymbol{W}_j\boldsymbol{o}^{t-1} + \boldsymbol{U}_j\boldsymbol{x}^t + \boldsymbol{b}_j) \tag{3.3.24}$$

$$\boldsymbol{o}^t = \boldsymbol{j}^t \odot \tanh(\boldsymbol{c}^t) \tag{3.3.25}$$

类似地，可以通俗地理解为这里的 $\boldsymbol{o}^t$ 表示信息的输出程度，其内部元素取值在 $(0,1)$ 内，中间的 tanh 激活函数可以看成对系统非线性化输出的一个处理。

在上述各式中 $\boldsymbol{W}$、$\boldsymbol{U}$ 为连接权值矩阵，$\boldsymbol{b}$ 为偏置向量，不同的脚标表示不同门控单元的权值和偏置。以上便是 LSTM 循环神经网络的经典形式，对于 LSTM 神经网络的前向传播公式已经由上述各式列出，其反向传播公式不再详细表述。可以看到，该神经网络实际上是对标准 RNN 的一种修改，门结构主要通过 sigmoid 神经网络层实现。

3.3.4 门控循环单元和双向 LSTM

但是 LSTM 也并非最佳的循环神经网络，事实上，依然存在对于 LSTM 改进的项目实践。较为广泛的有如下两种。

1. 门控循环单元（gated recurrent unit，GRU）

门控循环单元是 LSTM 的一个流行变体，相对而言它更加简单。门控循环单元的 t 时刻的神经网络结构如图 3.15 所示。该门控神经网络主要包括两个门结构，即重置门 $\boldsymbol{r}^t$ 和更新门 $\boldsymbol{z}^t$。对于该 GRU 神经网络，其前向传播公式如下。

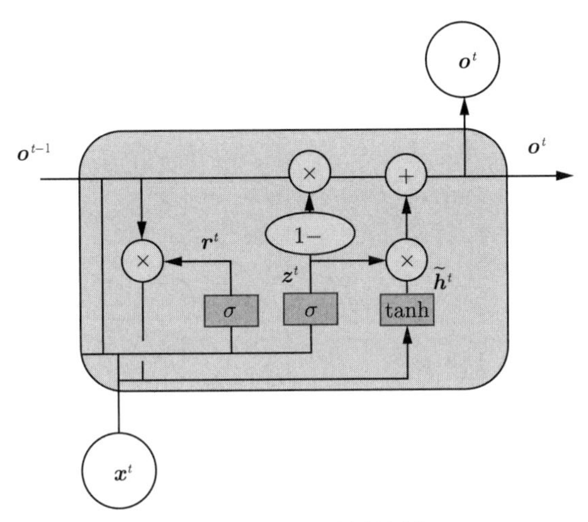

图 3.15　GRU 神经网络

对于重置门，其数学形式为

$$\boldsymbol{r}^t = \sigma(\boldsymbol{W}_r\boldsymbol{o}^{t-1} + \boldsymbol{U}_r\boldsymbol{x}^t + \boldsymbol{b}_r) \tag{3.3.26}$$

$\boldsymbol{r}^t$ 中任意元素 $\boldsymbol{r}_i^t$ 的取值范围为 $[0,1]$，元素取值为 1 表示上一个状态信息将会被全部利用，取值为 0 则表示上一个状态信息将会被丢弃。综合来说，重置门决定过去有多少信息被遗忘，有助于捕捉时序数据中短期的依赖关系。

对于更新门，其数学形式为

$$\boldsymbol{z}^t = \sigma(\boldsymbol{W}_z\boldsymbol{o}^{t-1} + \boldsymbol{U}_z\boldsymbol{x}^t + \boldsymbol{b}_z) \tag{3.3.27}$$

同理，$\boldsymbol{z}^t$ 中任意元素 $\boldsymbol{z}_i^t$ 的取值范围也为 $[0,1]$。表征循环神经网络隐藏层的输出 $\tilde{\boldsymbol{h}}^t$ 的计算公式如下：

$$\tilde{\boldsymbol{h}}^t = \tanh(\boldsymbol{W}_h(\boldsymbol{r}^t \odot \boldsymbol{o}^{t-1}) + \boldsymbol{U}_h\boldsymbol{x}^t + \boldsymbol{b}_h) \tag{3.3.28}$$

需要注意，在更新门中其输出 $\boldsymbol{z}^t$ 存在两个作用途径，从两个方面控制最终的输出，即

$$\boldsymbol{o}^t = (\boldsymbol{1} - \boldsymbol{z}^t) \odot \boldsymbol{o}^{t-1} + \boldsymbol{z}^t \odot \tilde{\boldsymbol{h}}^t \tag{3.3.29}$$

2. 双向 LSTM

双向 LSTM 由两个普通的 LSTM 组成，即正向 LSTM 和逆向 LSTM。双向 LSTM 预测可以综合利用当前 t 时刻之前以及之后的信息，比单向的 LSTM 最终预测更加准确。这里对于双向 LSTM 不再展开介绍。

3.3.5 深度循环神经网络

到目前为止，我们所介绍的循环神经网络都是浅层循环神经网络，即只有一个隐藏层，参考全连接神经网络以及卷积神经网络，对于循环神经网络，我们也可以给出深度循环类型的网络。图 3.16 所示为最简单的深度循环神经网络，即双隐藏层下的多对多循环神经网络，对于该循环神经网络的分析与浅层神经网络类似，但是其计算复杂度更高，计算量更大。

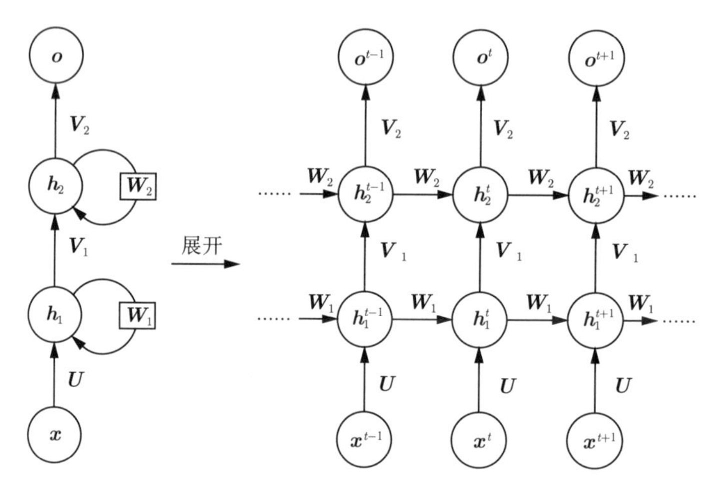

图 3.16 深度循环神经网络

3.3.6 案例：循环神经网络文本预测

对于循环神经网络，可以利用其联系上下文的能力进行文本预测。现在，就地取材，我们以 3.1 节人工神经网络前两段文字“人脑由……便得到所需要的输出”作为训练样本，我们的目标是任意给出一个语句片段，利用训练完成后的循环神经网络预测输出后续一定数量的文字。当然，考虑到样本并不是很多，因此在实际训练文本中，可以对该样本中的两段话进行复制，得到更多的样本。

首先对文档进行预处理，将中文文字转换为机器能够识别的数字即 one-hot 编码，以下对源码文档进行部分讲解。

sentences 是我们按照每 40 个汉字为一个训练句分割得到的文本集合，利用此集合我们可以构造训练样本 $\boldsymbol{x}$ 以及样本标签 y，40 字的一句话对应一个标签，即下一时刻所要输出的汉字。

```
1 x = np.zeros((len(sentences), maxlen, char_num), dtype=np.bool)
2 y = np.zeros((len(sentences), char_num), dtype=np.bool)
3 for  i, sentence in enumerate(sentences):
4     for  t, char in enumerate(sentence):
5         x[i, t, char_indices[char]] = 1
6         y[i, char_indices[next_chars[i]]] = 1
```

之后我们可以构造 LSTM 神经网络：

```
model = Sequential()
model.add(LSTM(32, input_shape=(maxlen, char_num)))
model.add(Dense(char_num, activation='softmax'))
optimizer = RMSprop(learning_rate=0.01)
model.compile(loss='categorical_crossentropy',optimizer=optimizer)
model.fit(x, y,batch_size=32,epochs=10)
```

该神经网络在 LSTM 输出后还有一个 softmax 全连接，全连接层的 char_num 表示所有汉字的种类，即 one-hot 解码输出。

该神经网络最后的测试是随机选取训练样本中的一个片段进行后续文字预测。这里笔者运行程序时随机选取的样本为"（weight）求和运算，考虑到实际中的神经元的激活电位，因此给神经网"，经过训练后的网络模型预测输出为"网络的神构都处理活理神并并并个个。"

需要指出，上述的运行结果是在网络中训练 10 个 epoch 后得到的结果，采用更多的训练次数，训练效果会更好。当然，预测的结果并不是十分完美，该网络的结构还有待提升。但是，要给出一个完美的预测结果不仅需要复杂的结构设计，还需要大量的训练样本和训练时间，这已经超出本书范围，感兴趣的读者可以继续改进。

3.4 生成对抗神经网络

在无监督学习中，存在一个问题，即给定一批样本，如何训练一个系统，使之能够生成类似的新样本，从而扩充样本数量，完成无监督学习中的聚类任务。对于简单的低维样本，我们可以用少量的参数概率模型生成同类样本，但是高维样本却难以生成，例如图像等，因为同类图像的概率分布并非显性，难以拟合生成。而生成对抗网络（generative adversarial networks，GAN）则较好地解决了此类样本生成问题。

生成对抗网络最早由 Goodfellow（2014）提出，这是目前深度学习领域最具研究前景的领域之一。其核心思想是通过模型框架中的两个模块——生成器（generator）和判别器（discriminator）相互博弈、竞争、协作来处理无监督学习相关问题。对于生成器和判别器，在经典的 GAN 理论中认为它们可以是函数也可以是神经网络，只要能拟合相应的生成和判别功能即可，但在近来的研究发展中，往往使用神经网络作为生成器和判别器。在之后的描述中为方便起见，默认使用神经网络。

3.4.1 对抗神经网络基础

首先给出生成器和判别器的定义。

定义 3.4.1（生成器 G） 生成样本的神经网络，它接收随机数（部分文献称为噪声）输入，并通过随机数生成图像。

定义 3.4.2（判别器 D） 判断图像是否真实的神经网络，其输入参数为图片向量 $\boldsymbol{x}$，输出 $D(\boldsymbol{x}) \in [0,1]$，表示图像为真的概率。

在 GAN 网络训练过程中，生成器的目标是生成尽可能多的真实图像来欺骗判别器，而判别器的目标则是尽可能分辨真实图片以及生成器生成的图片。二者最终的博弈均衡点为纳什均衡点。对抗生成网络由生成器和判别器两部分构成，其内部流程如图 3.17 所示。

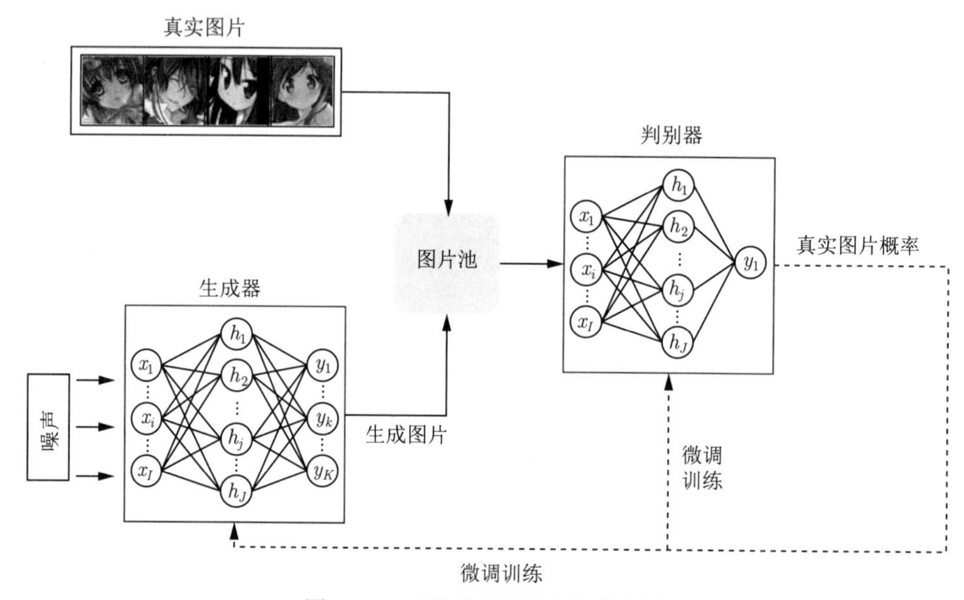

图 3.17 对抗生成网络内部流程图

真实图片和随机数生成的“虚假”图片会被同时输入到判别器中，判别器返回图片真假的概率，此后判别器和生成器各自调整自己内部的网络权值，并最终达到平衡状态——即判别器无法判断图片是生成的还是真实的。

对于以上的博弈过程，我们可以使用数学语言进行描述。假设生成器是 G，其中 $\boldsymbol{z}$ 为随机噪声，$G(\boldsymbol{z})$ 将其转化为输入数据类型 $\boldsymbol{x}$，例如在图像训练中，$G(\boldsymbol{z})$ 的输出是一张图片。设 D 为判别器，对任何符合要求的输入 $\boldsymbol{x}$，其输出 $D(\boldsymbol{x})$ 为 $[0,1]$ 内的实数，用于判定输入 $\boldsymbol{x}$ 是真实数据的概率。令 P_r、P_G 分别代表真实图像以及生成图像的概率分布。为了使判别器无法区分真实图片和生成图片，对于判别器我们有如下优化目标：

$$\max_{D}\{E_{\boldsymbol{x}\sim P_r}\ln D(\boldsymbol{x}) + E_{G(\boldsymbol{z})\sim P_G}\ln(1 - D(G(\boldsymbol{z})))\} \tag{3.4.1}$$

这其实是一个交叉熵损失函数，当目标函数取得极大值时，$D(\boldsymbol{x})$ 极大，$D(G(\boldsymbol{z}))$ 极小，即此时的判别器 D 能够做到对真实的样本 $\boldsymbol{x}$ 输出趋近于 1 的概率，对生成的样本 $G(\boldsymbol{z})$ 输出趋近于 0 的概率。相反地，生成器的目标是让判别器无法正确区分真实图片以及生成图片（与判别器的目标相反），因此整个模型的优化目标为

$$\min_{G}\max_{D}[E_{\boldsymbol{x}\sim P_r}\ln D(\boldsymbol{x}) + E_{G(\boldsymbol{z})\sim P_G}\ln(1 - D(G(\boldsymbol{z})))] \tag{3.4.2}$$

对于该最小最大化目标函数的求解，常用的方法是对 D、G 轮流迭代优化：首先固定 G，优化 D，之后固定 D，优化 G，如此往复循环，直至过程收敛。现在，我们给出相应的数学推导证明，当且仅当 $P_G(\boldsymbol{x}) = P_r(\boldsymbol{x})$ 时，该最小最大化函数取得极值。首先，给定 G，我们可以计算最优值 D^*：

$$
\begin{aligned}
V &= E_{\boldsymbol{x}\sim P_r}\ln D(\boldsymbol{x}) + E_{G(\boldsymbol{z})\sim P_G}\ln(1 - D(G(\boldsymbol{z}))) \\
&= \int_{\boldsymbol{x}} P_r(\boldsymbol{x})\ln D(\boldsymbol{x})\mathrm{d}\boldsymbol{x} + \int_{\boldsymbol{x}} P_G(\boldsymbol{x})\ln(1 - D(\boldsymbol{x}))\mathrm{d}\boldsymbol{x} \\
&= \int_{\boldsymbol{x}} [P_r(\boldsymbol{x})\ln D(\boldsymbol{x}) + P_G(\boldsymbol{x})\ln(1 - D(\boldsymbol{x}))]\mathrm{d}\boldsymbol{x}
\end{aligned} \tag{3.4.3}
$$

对于一个“完美”的判别器 D，任意 $\boldsymbol{x}$ 都能使得积分式 (3.4.3) 中被积函数最大。因此令

$$
f(\boldsymbol{x}) = P_r(\boldsymbol{x})\ln D(\boldsymbol{x}) + P_G(\boldsymbol{x})\ln(1 - D(\boldsymbol{x})) \tag{3.4.4}
$$

$$
\frac{\mathrm{d}f(D(\boldsymbol{x}))}{\mathrm{d}D(\boldsymbol{x})} = 0 \tag{3.4.5}
$$

$$
\Rightarrow D^*(\boldsymbol{x}) = \frac{P_r(\boldsymbol{x})}{P_r(\boldsymbol{x}) + P_G(\boldsymbol{x})} \tag{3.4.6}
$$

此时对于 D 的优化已经完成，我们将 $D^*(\boldsymbol{x})$ 回代至式 (3.4.3) 得

$$
\begin{aligned}
V &= E_{\boldsymbol{x}\sim P_r}\ln D(\boldsymbol{x}) + E_{G(\boldsymbol{z})\sim P_G}\ln(1 - D(G(\boldsymbol{z}))) \\
&= E_{\boldsymbol{x}\sim P_r}\ln\frac{P_r(\boldsymbol{x})}{P_r(\boldsymbol{x}) + P_G(\boldsymbol{x})} + E_{G(\boldsymbol{z})\sim P_G}\ln\frac{P_G(\boldsymbol{x})}{P_r(\boldsymbol{x}) + P_G(\boldsymbol{x})} \\
&= \int_{\boldsymbol{x}} P_r(\boldsymbol{x})\ln\frac{\frac{1}{2}P_r(\boldsymbol{x})}{\frac{P_r(\boldsymbol{x}) + P_G(\boldsymbol{x})}{2}}\mathrm{d}\boldsymbol{x} + \int_{\boldsymbol{x}} P_G(\boldsymbol{x})\ln\frac{\frac{1}{2}P_G(\boldsymbol{x})}{\frac{P_r(\boldsymbol{x}) + P_G(\boldsymbol{x})}{2}}\mathrm{d}\boldsymbol{x} \\
&= 2\ln\frac{1}{2} + \int_{\boldsymbol{x}} P_r(\boldsymbol{x})\ln\frac{P_r(\boldsymbol{x})}{\frac{P_r(\boldsymbol{x}) + P_G(\boldsymbol{x})}{2}}\mathrm{d}\boldsymbol{x} + \int_{\boldsymbol{x}} P_G(\boldsymbol{x})\ln\frac{P_G(\boldsymbol{x})}{\frac{P_r(\boldsymbol{x}) + P_G(\boldsymbol{x})}{2}}\mathrm{d}\boldsymbol{x}
\end{aligned} \tag{3.4.7}
$$

式 (3.4.7) 中的 $2\ln\frac{1}{2}$ 是提出积分项的分子 $\frac{1}{2}$ 并对 $P_r(\boldsymbol{x})$、$P_G(\boldsymbol{x})$ 全可行域积分而得。对于式 (3.4.7)，可以利用散度相关的数学公式进行进一步推导：

$$
\begin{aligned}
V &= 2\ln\frac{1}{2} + \int_{\boldsymbol{x}} P_r(\boldsymbol{x})\ln\frac{P_r(\boldsymbol{x})}{\frac{P_r(\boldsymbol{x}) + P_G(\boldsymbol{x})}{2}}\mathrm{d}\boldsymbol{x} + \int_{\boldsymbol{x}} P_G(\boldsymbol{x})\ln\frac{P_G(\boldsymbol{x})}{\frac{P_r(\boldsymbol{x}) + P_G(\boldsymbol{x})}{2}}\mathrm{d}\boldsymbol{x} \\
&= -2\ln 2 + D_{\mathrm{KL}}\left(P_r(\boldsymbol{x})||\frac{P_r(\boldsymbol{x}) + P_G(\boldsymbol{x})}{2}\right) + D_{\mathrm{KL}}\left(P_G(\boldsymbol{x})||\frac{P_r(\boldsymbol{x}) + P_G(\boldsymbol{x})}{2}\right) \\
&= -2\ln 2 + 2\mathrm{JS}(P_r(\boldsymbol{x})||P_G(\boldsymbol{x}))
\end{aligned} \tag{3.4.8}
$$

从上述 JS 散度公式中我们可以知道，目标函数 V 取最小值时，$P_r(\boldsymbol{x}) = P_G(\boldsymbol{x})$。因此式 (3.4.2) 取得最优解 $\Leftrightarrow P_r(\boldsymbol{x}), P_G(\boldsymbol{x})$ 两个分布相同。此时可以认为生成器能够“完美”地模拟出实际图片的数据分布，从而生成难以辨别的图片。

3.4.2 对抗神经网络实际操作

根据第一部分的对抗神经网络基础所介绍的目标函数 $V = E_{\boldsymbol{x}\sim P_r}\ln D(\boldsymbol{x}) + E_{G(\boldsymbol{z})\sim P_G}\ln(1-D(G(\boldsymbol{z})))$ 可知，在训练 D 网络时，需要让 V 最大化，训练 G 网络时，需要使式 (3.4.1) 中的目标函数最小化。但是在实际过程中，获取全部真实样本和生成样本的分布 $P_r(\boldsymbol{x})$、$P_G(\boldsymbol{x})$ 是不现实的。

在工程项目实践中，一般采取抽样样本数据估算总体均值的方法。首先从 $P_r(\boldsymbol{x})$ 中抽取 m 个真实样本 $\boldsymbol{x}^1, \boldsymbol{x}^2, \cdots, \boldsymbol{x}^m$，再随机抽取 m 个噪声 $\boldsymbol{z}^1, \boldsymbol{z}^2, \cdots, \boldsymbol{z}^m$ 输入 $P_G(\boldsymbol{x})$，对应地将会生成 m 个生成样本 $\tilde{\boldsymbol{x}}^1, \tilde{\boldsymbol{x}}^2, \cdots, \tilde{\boldsymbol{x}}^m$。此时的目标函数变为

$$\widetilde{V} = \frac{1}{m}\sum_{i=1}^{m}\ln D(\boldsymbol{x}^i) + \frac{1}{m}\sum_{i=1}^{m}\ln(1-D(\tilde{\boldsymbol{x}}^i)) \tag{3.4.9}$$

以上估算方式虽然存在一定的误差，但随着训练样本量的增多，其误差将会不断减小，估计值逐渐趋近于真实值。

1. 训练判别器 D

参考式 (3.1.9) 中交叉熵损失函数 $L(\hat{\boldsymbol{y}}, \boldsymbol{y}) = -\sum\limits_{i=1}^{n} y_i \ln\hat{y}_i$，对于二分类问题交叉熵 ($n=2$)，我们可以对其稍作变化得到

$$\begin{aligned} L(\hat{\boldsymbol{y}}, \boldsymbol{y}) &= -y_1\ln\hat{y}_1 - y_2\ln\hat{y}_2 \\ &= -y_1\ln\hat{y}_1 - (1-y_1)\ln(1-\hat{y}_1) \end{aligned} \tag{3.4.10}$$

现在，我们有 $\boldsymbol{x}^1, \boldsymbol{x}^2, \cdots, \boldsymbol{x}^m, \tilde{\boldsymbol{x}}^1, \tilde{\boldsymbol{x}}^2, \cdots, \tilde{\boldsymbol{x}}^m$ 共 $2m$ 个二分类样本。当样本为真样本时 $y_1 = 1$，样本为生成样本时 $y_1 = 0$，因此所有样本的交叉熵损失函数为

$$\begin{aligned} L = &-\frac{1}{m}\sum_{i=1}^{m}(1*\ln D(\boldsymbol{x}^i) + 0*\ln(1-D(\boldsymbol{x}^i))) - \\ &\frac{1}{m}\sum_{i=1}^{m}(0*\ln(1-D(\tilde{\boldsymbol{x}}^i)) + (1-0)\ln(1-D(\tilde{\boldsymbol{x}}^i))) \\ = &-\frac{1}{m}\sum_{i=1}^{m}\ln D(\boldsymbol{x}^i) - \frac{1}{m}\sum_{i=1}^{m}\ln(1-D(\tilde{\boldsymbol{x}}^i)) \\ = &-\widetilde{V} \end{aligned} \tag{3.4.11}$$

这里 $D(\boldsymbol{x}^i)$ 为判别 $\boldsymbol{x}^i$ 正样本的概率，$D(\tilde{\boldsymbol{x}}^i)$ 为判别 $\tilde{\boldsymbol{x}}^i$ 正样本的概率。注意这里的求和 $\sum\limits_{i=0}^{m}$ 是针对 m 个样本求总值，其公式中的 $\dfrac{1}{m}$ 表示对 m 个样本交叉熵损失函数求均值，

并不影响函数性质；$L(\hat{\boldsymbol{y}},\boldsymbol{y})=-\sum\limits_{i=1}^{n}y_i\ln\hat{y}_i$ 中的 $\sum\limits_{i=1}^{n}$ 是对每一个样本的 n 个标签维度求交叉熵和。

式 (3.4.11) 的推导说明，训练判别器 D 的损失函数是 $\widetilde{V}$ 的相反数。因此对于其网络参数 $\boldsymbol{W}_D$ 的更新公式为

$$\boldsymbol{W}_D \leftarrow \boldsymbol{W}_D+\eta\boldsymbol{\nabla}\widetilde{V}(\boldsymbol{W}_D) \tag{3.4.12}$$

2. 训练生成器 G

训练 G 网络时，目标是最小化式 (3.4.9) 中的 $\widetilde{V}$。由于在训练 G 网络时，D 网络是不变的，因此 $\dfrac{1}{m}\sum\limits_{i=1}^{m}\ln D(\boldsymbol{x}^i)$ 为定值。由于常数并不影响目标函数的最值，因此优化 G 网络的损失函数为

$$\widetilde{V}_G=\frac{1}{m}\sum_{i=1}^{m}\ln(1-D(\tilde{\boldsymbol{x}}^i)) \tag{3.4.13}$$

但是在实际应用中，$f(x)=\ln(1-x)$ 的图像优化初始变化率很慢，后期变化率很快，并不是我们所期望的先快后慢效果，因此在实际应用中，为达到更好的训练效果，往往使用如下的最小化目标函数去优化 G：

$$\widetilde{V}_G=-\frac{1}{m}\sum_{i=1}^{m}\ln D(\tilde{\boldsymbol{x}}^i) \tag{3.4.14}$$

同理，对于生成器 G 的参数更新方程如下：

$$\boldsymbol{W}_G \leftarrow \boldsymbol{W}_G-\eta\boldsymbol{\nabla}\widetilde{V}_G(\boldsymbol{W}_G) \tag{3.4.15}$$

在上述的交替训练过程中，对于判别器 D 的训练类似于一把标尺，“尺子”的好坏直接影响后续生成器 G 的优化，因此为了得到更加精准的“尺子”，在训练过程中，对于判别器 D 的训练往往会重复多次，之后再进行一次生成器 G 训练，之后再多次训练判别器 D，再一次训练生成器 G……直至收敛。

根据以上数学推导以及实际的项目经验，对于生成对抗神经网络，其主要优缺点可以归纳如下。

（1）**优点**：能够较好地模拟数据真实分布；理论上生成对抗神经网络能够训练任何生成器网络；避免了复杂的数学概率计算。

（2）**缺点**：网络训练困难，对于生成器和判别器的训练需要不断调试从而达到较好的匹配程度，实际工程中，往往会出现判别器收敛但是生成器发散的结果；存在模式缺失问题，生成器可能会发生退化，可能总是生成同样的样本数据进而无法继续学习。

3.4.3 生成对抗神经网络变体

以上两节是基本的生成对抗神经网络的内容，在部分参考文献及网络资料中，还出现了其余一些变体的对抗生成神经网络，以下对其进行简单归纳，不再详细展开叙述。

（1）**深度卷积生成对抗神经网络**（deep convolution generative adversarial networks，DCGAN）：在深度卷积对抗网络中，使用卷积神经网络作为生成器和判别器。该种网络对于图像的处理和识别效果更好。

（2）**条件生成对抗神经网络**（conditional generative adversarial networks，CGAN）：标准对抗网络对于大型图片的处理不再高效，因此条件对抗网络对模型施加部分约束以提高生成样本的准确性，例如类别标签约束。

（3）**基于分类优化的生成对抗神经网络**（auxiliary classifier convolution generative adversarial networks，ACCGAN）：标准对抗网络只有噪声输入，而此类网络还多了分类变量输入，更有针对性；同时，标准对抗网络只能进行图片真假判断，而此类网络还增加了类别判断功能。

（4）**Wasserstein 生成对抗神经网络**（Wasserstein generative adversarial networks，WGAN）：该对抗网络彻底解决了对抗类网络训练不稳定问题，不再需要担心平衡生成器和判别器的训练程度，同时确保了生成样本的多样性。

3.4.4 案例：对抗神经网络生成样本

前面两节主要介绍了生成对抗网络的基本原理、数学推导以及实践操作，本节将结合实际的样本生成案例对生成对抗神经网络进行编程介绍。本节的案例代码依然基于 MNIST 数据集进行编写。本节的代码难度相较之前两节更大一些，详细内容需要读者自己去阅读源代码，另外本节的代码编译平台和框架与前两节相同，请读者自行安装配置。

以下我们对 MNIST 数据集的对抗生成代码主要结构进行分析。代码定义了一个 ACCGAN 类，所有运算在类内完成。该类代码中的初始参数如下：

```
self.img_rows = 28
self.img_cols = 28
self.channels = 1
self.discriminator = self.build_discriminator()
self.generator = self.build_generator()
```

初始参数中主要包含输入图片的尺寸以及生成器函数、判别器函数。

生成器函数代码如下，该生成器是一个多层卷积网络，其中的 UpSampling2D( ) 是上采样函数，可以将图片的尺寸放大一倍，BatchNormalization（momentum = 0.8）是批量正则化输入。

```
def build_generator(self):
    model = Sequential()
```

```
    model.add(Dense(128 * 7 * 7,
    activation="relu",input_dim=self.latent_dim))
    model.add(Reshape((7, 7, 128)))
    model.add(BatchNormalization(momentum=0.8))
    model.add(UpSampling2D())
    model.add(Conv2D(128, kernel_size=3, padding="same"))
    model.add(Activation("relu"))
    model.add(BatchNormalization(momentum=0.8))
    model.add(UpSampling2D())
    model.add(Conv2D(64, kernel_size=3, padding="same"))
    model.add(Activation("relu"))
    model.add(BatchNormalization(momentum=0.8))
    model.add(Conv2D(self.channels, kernel_size=3,
    padding='same'))
    model.add(Activation("tanh"))
```

判别器代码如下：

```
def build_discriminator(self):
    model = Sequential()
    model.add(Conv2D(16, kernel_size=3,strides=2,input_shape=self.img_shape,
        padding="same"))
    model.add(LeakyReLU(alpha=0.2))
    model.add(Dropout(0.25))
    model.add(Conv2D(32, kernel_size=3, strides=2,padding="same"))
    model.add(ZeroPadding2D(padding=((0,1),(0,1))))
    model.add(LeakyReLU(alpha=0.2))
    model.add(Dropout(0.25))
    model.add(BatchNormalization(momentum=0.8))
    model.add(Conv2D(64, kernel_size=3, strides=2, padding="same"))
    model.add(LeakyReLU(alpha=0.2))
    model.add(Dropout(0.25))
    model.add(BatchNormalization(momentum=0.8))
    model.add(Conv2D(128, kernel_size=3, strides=1, padding="same"))
    model.add(LeakyReLU(alpha=0.2))
    model.add(Dropout(0.25))
    model.add(Flatten())
```

该判别器依然为多层卷积神经网络，但是该神经网络存在 Dropout() 函数，用于随机丢弃神经元，防止训练过拟合。

使用该对抗神经网络进行数字生成的结果如图 3.18 所示。

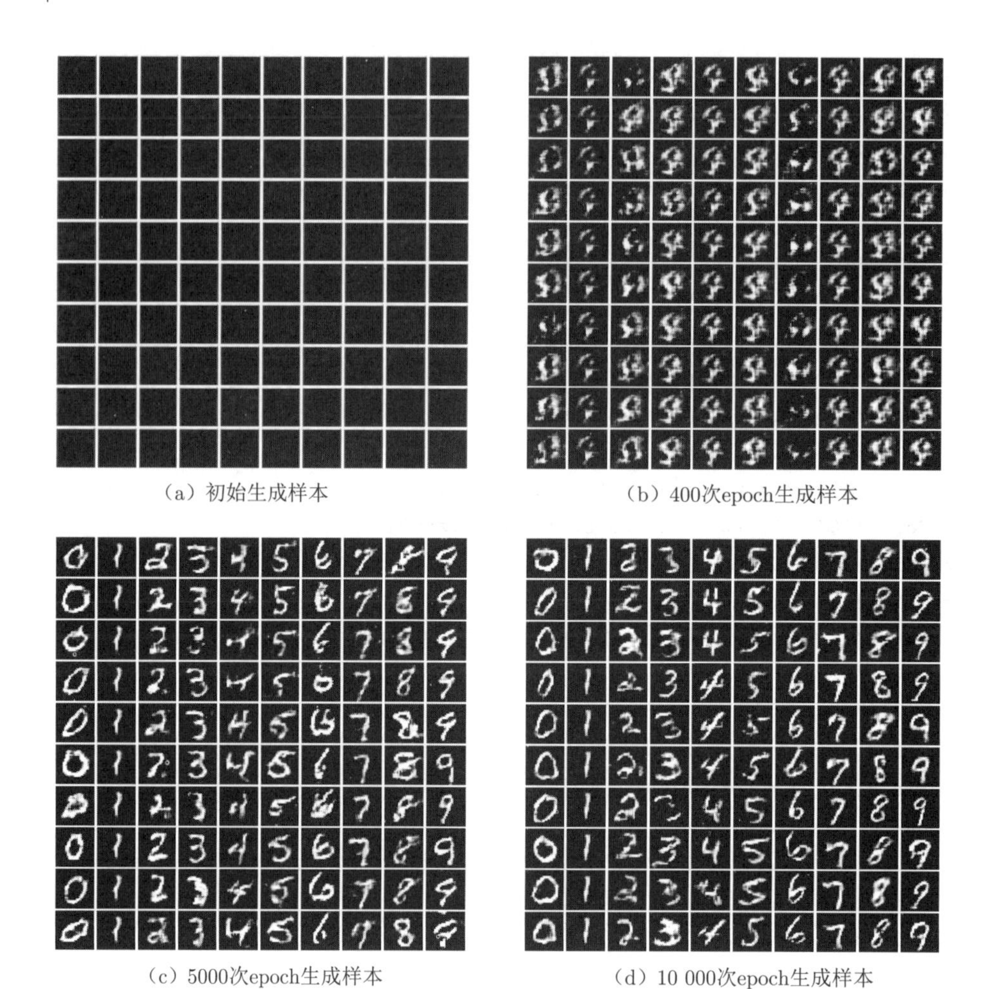

（a）初始生成样本　（b）400次epoch生成样本

（c）5000次epoch生成样本　（d）10 000次epoch生成样本

图 3.18　对抗神经网络不同训练程度输出生成样本

从训练结果来看，在初始随机数输入时，对抗神经网络只能输出近似全黑图片，但是经过一定 epoch 的学习，神经网络的输出变得逐渐高效起来，在 400 次 epoch 时已经能够生成一定形状的图片，但是具体形状与现实数字还有差距；在 5000 次 epoch 时，已经能够生成符合人眼认知的数字；而在 10 000 次 epoch 时，输出的图片已经能够基本满足要求。

3.5　神经网络前沿延伸阅读

如前文所述，人工神经网络是科学研究者们对于人脑神经网络的模拟仿生。但是从各类神经网络中我们可以看到，人工神经网络神经元之间的信息传递主要依靠权值矩阵以及偏置阈值的计算。这样简单的仿生创造虽然能在现实中解决相当大的一部分工业问题（预测、识别等），但其仿生的程度显然还存在进一步提升的空间。目前，基于人脑连通性，进一步构造仿生人工智能网络是生命科学和计算机科学的研究热点。此处我们主要介绍一项由 Suárez 等于 2021 年 8 月 9 日发表的最新研究成果。

仿生人工神经网络

这里我们首先介绍两个基础知识。

1. 大脑连通性

大脑连通性也即脑结构连通性、大脑连接组学。人类大脑是一个复杂网络，其中数百个脑区通过数千条轴突相互连接。网络的连接使其组件共同转换代表内部状态和外部刺激的信号。我们知道，大脑具有计算功能，但是大脑的组织是如何得到这样的计算能力的？单纯通过轴突、树突的电信号是难以完成计算功能的。其计算功能的实现主要有两种方法：

（1）将结构连通性与神经动力学、功能连通性的新兴模式联系起来；

（2）将结构连通性与行为的个体差异联系起来。

虽然这两种范式都显示了网络组织的功能及后果，但是它们并没有明确考虑网络组织如何支持信息处理。因此，可以考虑直接使用隐函数进行计算表示，现代人工智能算法基于此提供了连接结构和功能的新方法。

2. 储层计算

为了更好地理解人工循环神经网络如何从连续的外部刺激流中提取信息，我们通过储层计算（reservoir computing）进行说明。储层框架的一个主要好处是，其任意动态都可以叠加在网络上，这为研究网络组织和动态模型如何共同支持学习提供了工具。这里简要介绍一下储层计算，其先将系统输入映射到高维空间，我们称之为储层；其次基于储层的高维状态，研究人员可以进一步进行模式分析，即数据读出。简而言之，储层计算是一种提供了储藏信息层的数据分析方法。

Suárez 等在其工作中将上述的连接组学（即大脑连通性、大脑结构连通性）和储层计算结合起来用于研究人脑网络中的网络组织、动力学和计算特性之间的联系。该项工作研究了大脑组学如何执行计算的功能而不仅仅是描述大脑组织，另外，传统神经网络具有结构任意性，并不能反映真实大脑网络的组织方式，该项工作则对其做出了巨大改进。其主要完成的工作有：

（1）构建神经形态人工神经网络。该网络具有来自扩散加权成像的生物真实连接模式，即更加仿生的特性。

（2）训练该连接体信息库来执行记忆库中的任务。

（3）对网络的动力学状态进行参数调整，从而驱动网络在稳定、临界和混沌动力学之间进行转换。

（4）根据四个不同的模型评估了由经验推导的连接体的记忆能力，并表明大脑的基本拓扑结构和模块化结构在临界动力学的背景下能够增强记忆能力。

3. 研究简介

在该项研究中，研究人员设计的储层计算体系由一个交互式非线性循环神经网络（即储层）以及一个线性读出模块组成。对于储层计算中的储层连接，研究人员利用人类大脑的实际连接经验数据进行限制，这能更进一步进行生物学的仿生，提升神经网络的仿真相似性。该实验数据结果是由 66 名被试人员的扩散谱磁共振成像（MRI）得到。其储层计算的读出使用了内在网络的读出节点，如图 3.19 所示，该内在网络将人脑根据功能结构相似性分成了 7 个区域用于构建虚拟感知。该储层框架可以量化单个大脑区域在记忆容量任务中编码时间信息的能力（记忆任务）。

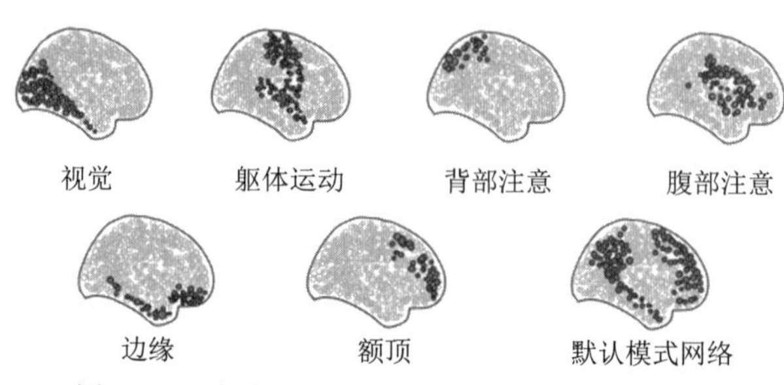

图 3.19　大脑区域分割（Suárez et al.，2021）

为评估记忆容量与底层网络拓扑程度的关系，该项工作还参数化地调整了网络的动态状态。即驱动网络在稳定、临界和混沌态之间转换，并根据四个零模型评估经验派生的连接组的记忆能力，结果表明，大脑的基本拓扑和模块化结构在关键动力学的背景下能够增强记忆能力。同时研究发现，根据经验派生得到的大脑网络在临界点的性能明显优于其他动态状态（稳定和混沌）下的性能。这些结果表明，当动力学状态处于混沌边缘时，连接组拓扑最适合作为储层库。相应的网络存储能力如图 3.20 所示。

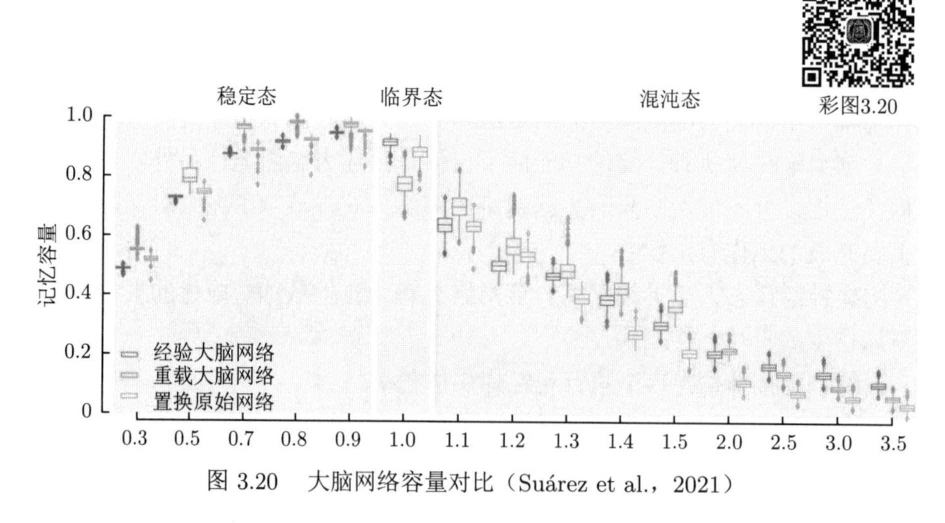

图 3.20　大脑网络容量对比（Suárez et al.，2021）

与其他基准架构相比，具有人脑连接特性的人工神经网络 (即神经形态神经网络) 能够更灵活、更高效地执行认知记忆任务。神经形态神经网络能够使用相同的底层架构来支持跨多个上下文的广泛学习能力。

最后，该文研究人员通过参数调整进一步研究了记忆容量同网络属性、状态之间的相互作用，并得到如下结论：

（1）图属性和记忆容量之间有中度到高度相关性，这表明网络结构会影响性能；

（2）网络性能的驱动不是通过结构—动态—性能这一传播路径，而是结构和动力学相互作用共同驱动性能；

（3）在临界状态下，记忆容量超越了拓扑特征，变得更加依赖于全局网络动态。

该项研究作为生命科学和计算机科学的交叉研究进一步提供了未来提升神经网络计算能力、储存能力的研究方向。人工神经网络作为人脑网络的仿生模型，其内部结构暂时仍处于通过激活函数以及偏置进行模拟的状态，研究更深层次的人脑结构，提升神经网络性能是未来的一大研究热点！

第 3 章　深度学习.rar

习题

1. 简述人工神经网络的各个层次结构，并写出神经网络反向传播公式。
2. 在设置神经网络损失函数时，对于分类问题一般使用交叉熵函数，而均方误差函数使用较少，分析不使用均方误差作为损失函数的原因。
3. 神经网络参数计算：一幅 300×300（RGB）图像输入全连接神经网络，其后隐藏层共有 100 个神经元，每个神经元都有偏置量，问该隐藏层共有多少参数（含偏置参数）？
4. 某全连接神经网络，其网络结构及参数如图 3.21 所示，已知输入为 $x_1 = 0.5$，$x_2 = 1$，初始权重为 $w_{11}^1 = 1.5$，$w_{12}^1 = 2.5$，$w_{21}^1 = 2$，$w_{22}^1 = 3$，$w_{11}^2 = 3$，$w_{12}^2 = 5$，$w_{21}^2 = 4.5$，$w_{22}^2 = 5.5$，初始偏置为 $b_1^1 = b_2^1 = 3.5$，$b_1^2 = b_2^2 = 6$，隐藏层及输出层的激活函数均为 sigmoid 函数。求输出 y_1、y_2，以及第一次调整后的权值和偏置。

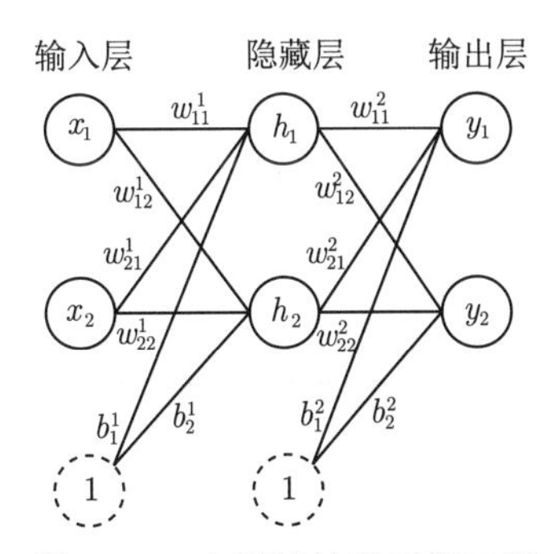

图 3.21　全连接神经网络习题

5. 设计一个三层全连接神经网络用于识别奇偶数，隐藏层激活函数是双曲正切函数 $f(x)=\dfrac{e^x-e^{-x}}{e^x+e^{-x}}$，输出层激活函数是 sigmoid 函数 $g(x)=\dfrac{1}{1+e^{-x}}$。训练的相关参数设置为：epochs = 2000，batch_size = 200，学习率为 0.1。请从底层 numpy、pandas、math 等 Python 包入手，不要使用 Tensorflow、Keras、Pytorch 等深度学习框架。
6. 对于卷积神经网络，其输入参数为一维列向量 $\boldsymbol{x}=[0,0,0,0,1,1,1,1,0,0,0,0]^{\mathrm{T}}$，两个卷积核分别为 $\boldsymbol{F}_1=[-1,0,1]^{\mathrm{T}}, \boldsymbol{F}_2=[1,0,-1]^{\mathrm{T}}$，卷积步长为 1，该输入经过两个卷积核卷积会得到两个输出 $\boldsymbol{y}_1$、$\boldsymbol{y}_2$，求这两个输出。对于输出的列向量，我们将其组合成 $\boldsymbol{Y}=[\boldsymbol{y}_1,\boldsymbol{y}_2]$，并用卷积核 $\boldsymbol{F}_3=\begin{bmatrix}-1 & 1\\ 0 & 0\\ 1 & -1\end{bmatrix}$ 去卷积 $\boldsymbol{Y}$，求新的卷积结果。
7. 一卷积神经网络输入样本为 32 × 32（RGB）图像，第一层卷积，卷积核为 32 个，卷积核大小为 5 × 5，卷积步长为 (1, 1)；第二层最大化池化，池化区域 (2, 2)，步长为 (2, 2)；第三层卷积，卷积核为 64 个，卷积核大小为 3 × 3，卷积步长为 (1, 1)；第四层最大化池化，池化区域 (2, 2)，步长为 (2, 2)；第五层展开张量进行平铺（flatten）；第六层全连接，神经元 1000 个；最后一层输出，全连接神经元 10 个。请根据以上信息，参考表 3.2 补充完成表 3.4 空白部分。所有连接均有偏置量。

表 3.4 神经网络参数填空

网络类型	输出尺寸	参数数量
conv2d_1（Conv2D）	（None,_ , _ ,_）	_
max_pooling2d_1（MaxPooling2）	(None, 14, 14, 32）	0
conv2d_2（Conv2D）	（None, _, _, 64）	_
max_pooling2d_2（MaxPooling2）	(None, 6, 6, 64）	0
flatten_1（Flatten）	（None, 2304）	0
dense_1（Dense）	（None, _）	_
dense_2（Dense）	（None, 10）	_
总参数数量	_	
可训练参数数量	_	
不可训练参数数量	0	

8. 请自行从网络下载 SIGNS 数据集（单手数字手势），数据集内容如图 3.22 所示，并按照 CONV2D → RELU → MAXPOOL → CONV2D → RELU → MAXPOOL → FLATTEN → FULLYCONNECTED 的顺序搭建卷积神经网络进行识别，可以使

用深度学习框架。

9. 对于卷积神经网络中的稀疏交互，下列说法正确的是（　　）。
   A. 每一个卷积核都和前一网络层的所有通道相连接
   B. 卷积神经网络中的每一层仅和其余两层相连接
   C. 正则化导致梯度下降，进而诸多参数被置为零
   D. 下一网络层的神经元仅由前一网络层的部分神经元确定

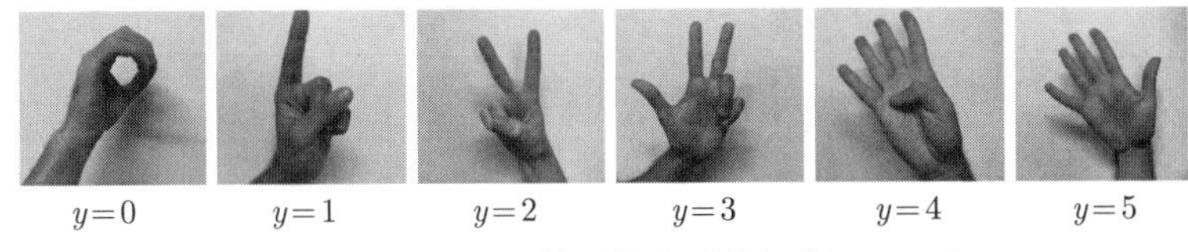

图 3.22　单手数字手势识别

10. 以下哪一个任务适合使用多输入/单输出（多对一）结构的循环神经网络？（　　）
   A. 情绪分类（输入一段文本，输出 0/1 表示消极/积极情绪）
   B. 语音识别（输入音频片段，输出文本）
   C. 图片分类（输入图片，输出标签）
   D. 通过语音识别性别（输入音频片段，输出说话人性别）

11. 关于长短期记忆网络（LSTM），下列说法错误的是（　　）。
   A. LSTM 不仅可以处理单数据输入（如图片），还可以处理序列数据输入（如语音、视频等）
   B. LSTM 是基于循环神经网络梯度爆炸问题的一种改进
   C. LSTM 可以处理循环神经网络中的梯度消失问题
   D. LSTM 难以处理长序列数据，因为过早的记忆会被其遗忘

12. 简述循环神经网络中的多对多型和多对一型的区别。

13. 训练循环神经网络时，发现模型权值为“Nan”（not a number），可能是什么原因导致，请说明。

14. 现在考虑一个单词“hello”，该单词中总共有五个字母 h、e、l、l、o。尝试建立一个循环神经网络，在给定前四个字母 hell 时，来预测后续的字母 o。全体字母集合为 {h,e,l,o}，我们为其进行 one-hot 编码，四个字母对应的向量分别为

$$\begin{bmatrix}1\\0\\0\\0\end{bmatrix},\quad \begin{bmatrix}0\\1\\0\\0\end{bmatrix},\quad \begin{bmatrix}0\\0\\1\\0\end{bmatrix},\quad \begin{bmatrix}0\\0\\0\\1\end{bmatrix}$$

   （1）设计一个循环神经网络，画出其结构示意图。假设其隐藏层的激活函数为双曲正切函数，输出层隐藏函数为 softmax 函数，请写出其前向传播公式。
   （2）假设初始隐藏状态输入 $\boldsymbol{h}^0=[0,0]^{\mathrm{T}}$，输入-隐藏、隐藏-输出、隐藏-隐藏三个

连接矩阵分别为 $\boldsymbol{U}=\begin{bmatrix}0.5 & 0 & 0 & 0\\ 0 & 0 & 0 & 0\end{bmatrix}$，$\boldsymbol{V}=\begin{bmatrix}0.5 & 0\\ 0 & 0\\ 0 & 0\\ 0 & 0\end{bmatrix}$，$\boldsymbol{W}=\begin{bmatrix}0.58 & 0.24\\ 0.24 & 0.72\end{bmatrix}$，隐藏层偏置 $\boldsymbol{b}=(0,0)^{\mathrm{T}}$，输出层偏置为 $(0,0,0,1)^{\mathrm{T}}$，请计算输出结果，并给出预测结果（不必反向更新参数，计算一次即可）。

15. 回顾 LSTM 和 GRU 相关知识。LSTM 中的输入门和遗忘门分别对应 GRU 中的（　　）。

    A. $z^t, 1-z^t$　　　　B. z^t, r^t

    C. $1-z^t, z^t$　　　　D. r^t, z^t

16. 请基于 Keras 中的 CIFAR10 样本，设计一个生成对抗神经网络，以生成更多的测试样本。并评价最终的生成结果，简要说明可改进之处。
17. 本书给出了对抗网络生成数字的案例，请在网络上自行查找一组图像数据，并完成同类图像对抗生成。
18. 在经典的生成对抗网络中，常使用交叉熵函数进行误差判别，请问是否可以使用其他损失函数？试以均方误差函数为例进行论述。
19. 生成对抗神经网络的目标函数为

$$\min_G \max_D [E_{\boldsymbol{x}\sim P_r}\ln D(\boldsymbol{x}) + E_{G(\boldsymbol{z})\sim P_G}\ln(1-D(G(\boldsymbol{z})))]$$

求证：（1）如果生成器 G 保持不变，则目标函数取得最优值时，判别器 D 满足 $D^*(\boldsymbol{x})=\dfrac{P_r(\boldsymbol{x})}{P_r(\boldsymbol{x})+P_G(\boldsymbol{x})}$。

（2）当且仅当 $P_r(\boldsymbol{x})=P_G(\boldsymbol{x})$ 时，（1）题中的目标函数取得最小值 $-\ln 4$。

20. 假设现有样本集合 $\{\boldsymbol{x}^i | i=1,2,\cdots,m\}$ 服从多元正态分布，说明如何根据该多元正态分布性质从数学角度生成新的样本，又该如何通过对抗神经网络生成新的样本。请简要阐述实施该对抗网络的步骤并给出相关数学推导。（参见文献（Goodfellow et al.，2016b））

第 4 章

强 化 学 习

强化学习（reinforcement learning）主要用于描述和解决智能体（agent）在与环境（environment）的交互过程中，通过学习策略，达成奖励（reward）最大化或实现特定目标的问题。强化学习综合了机器学习、控制论、运筹学、博弈论、反馈系统等领域的知识，在近年来发展非常迅速。著名围棋人工智能 AlphaGo，就是利用强化学习的算法训练击败了韩国的李世石九段——当时人类最强的围棋手之一。

在控制领域，强化学习也有着广泛的应用。例如，在机器人的决策控制、智能机械设备的自动控制、无人飞机的自动飞行控制等领域，强化学习都有着不可替代的作用。

本章主要介绍传统强化学习的算法，包括马尔可夫决策过程、价值函数等内容，同时还介绍了一些深度强化学习的算法和网络框架。

4.1 任务与奖励

一个强化学习任务可以用图 4.1 来表示，在某个时间点 t，智能体和环境需要作出以下互动（interaction）：

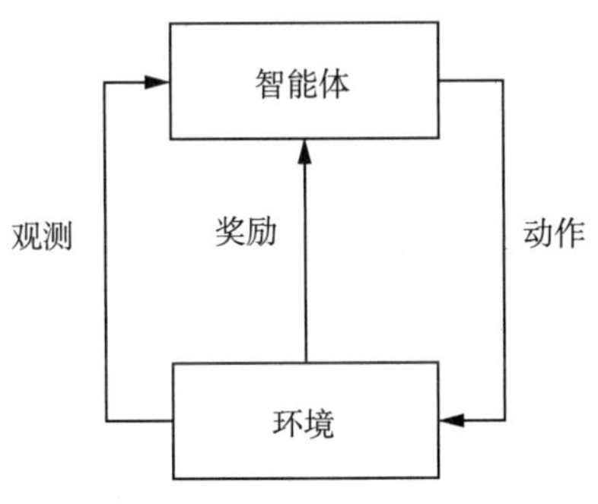

图 4.1 强化学习的框架图

（1）**智能体**：观测环境得到信息 O_t，执行动作（action）A_t，获得来自环境的奖励 R_{t+1}。

（2）**环境**：接收动作 A_t，发出奖励 R_{t+1}，发出观测信息 O_{t+1}。

下面给出历史的定义：

定义 4.1.1（历史（history）） 代表着过去所有的观测信息、动作、奖励构成的信息流 $O_0, A_0, R_1, \cdots, O_{t-1}, A_{t-1}, R_t, O_t, A_t$，我们记 t 时刻的历史为 H_t，表示为

$$H_t = \langle O_0, A_0, R_1, \cdots, O_{t-1}, A_{t-1}, R_t, O_t, A_t \rangle \tag{4.1.1}$$

从某种意义上说，历史相当于一个智能体的感知运动流。在强化学习算法中，接下来的 $t+1$ 时刻会发生什么，就取决于由历史决定的状态。

定义 4.1.2（状态（state）） 代表着决定下一时刻发生事件的信息，通常来说，状态由历史决定，也就是

$$S_t = f(H_t) \tag{4.1.2}$$

在一个强化学习任务中，奖励是非常重要的一个环节。强化学习的最终目标，便是最大化累积期望奖励。

4.2 马尔可夫决策过程

对于一类随机变量来说，它们之间存在着某种关系。比如：S_t 表示在 t 时刻某支股票的价格，那么 S_{t+1} 和 S_t 之间一定是有关系的。随着时间 t 的变化，可以写成下面的形式：

$$\langle S_1, \cdots, S_t, S_{t+1}, S_{t+2}, \cdots, S_T \rangle$$

这一组随机变量构成了一个随机过程。

1. 马尔可夫链

马尔可夫链（Markov chain）即马尔可夫过程，它表示满足马尔可夫性的随机过程。

定义 4.2.1（马尔可夫性（Markov property）） 在一个随机过程中，如果下一时刻的状态只和当前时刻的状态有关，而与历史上其他时刻的状态无关，就称这个过程满足马尔可夫性，用公式可以表示为

$$P(S_{t+1}|S_1, S_2, \cdots, S_t) = P(S_{t+1}|S_t) \tag{4.2.1}$$

假设一个马尔可夫过程的状态空间 $\mathcal{S} = \{s_1, s_2, \cdots, s_k\}$，将状态 s_i 转移到状态 s_j 的概率定义为 $P(s_j \mid s_i) = P(S_{t+1} = s_j|S_t = s_i)$，便可以得到一个大小为 $k \times k$ 的状态转移矩阵 $\boldsymbol{P}$。其中，$P(s_j \mid s_i)$ 是矩阵的第 i 行第 j 列的元素。由于从任意一个状态 s_i 出发转移到所有状态的和必须为 1，因此矩阵 $\boldsymbol{P}$ 中每一行的元素之和都为 1。

$$\boldsymbol{P} = \begin{bmatrix} P(s_1 \mid s_1) & \cdots & P(s_k \mid s_1) \\ \vdots & \ddots & \vdots \\ P(s_1 \mid s_k) & \cdots & P(s_k \mid s_k) \end{bmatrix} \tag{4.2.2}$$

图 4.2 表示出了一个学生上课的马尔可夫链。如果将“第一节课”“第二节课”“自习”“考试通过”“运动”“小组讨论”“休息”分别用状态 s_1、s_2、s_3、s_4、s_5、s_6、s_7 表示，可以得到学生的状态转移矩阵 $\boldsymbol{P}$:

$$\boldsymbol{P}=\begin{bmatrix} 0 & 0 & 0.5 & 0 & 0 & 0.5 & 0 \\ 0 & 0 & 0 & 0.6 & 0.4 & 0 & 0 \\ 0.1 & 0 & 0.9 & 0 & 0 & 0 & 0 \\ 0 & 0 & 0 & 0 & 0 & 0 & 1.0 \\ 0.2 & 0.4 & 0 & 0 & 0 & 0.4 & 0 \\ 0 & 0.8 & 0 & 0 & 0 & 0 & 0.2 \\ 0 & 0 & 0 & 0 & 0 & 0 & 1.0 \end{bmatrix} \tag{4.2.3}$$

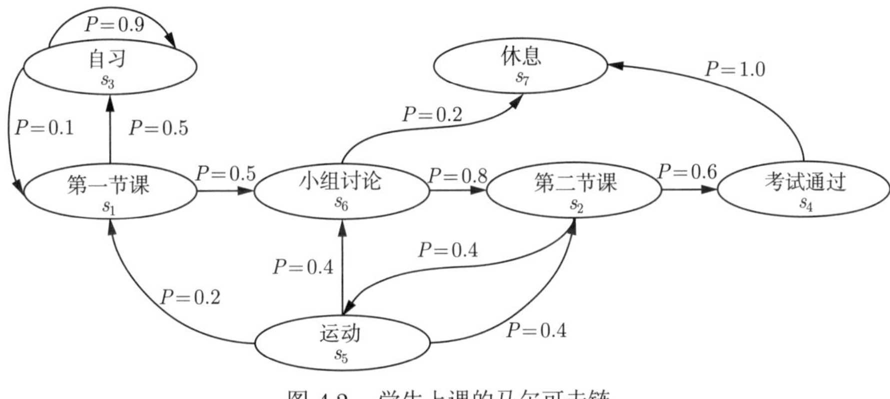

图 4.2 学生上课的马尔可夫链

在矩阵 $\boldsymbol{P}$ 中，$P(s_7 \mid s_7)=1$ 且该行其他元素为 0，说明状态 s_7 永远以概率 1 转移向自身，不会再转移到其他状态，类似于 s_7 的状态被称为马尔可夫过程中的终止状态（terminal state）。在该马尔可夫过程中，根据状态转移矩阵 $\boldsymbol{P}$ 可以产生从某个状态出发、由多个状态构成的序列，该序列结束于终止状态。在图 4.2 中，如果从状态 s_1 出发，可能产生序列：$s_1 \to s_6 \to s_2 \to s_4 \to s_7$、$s_1 \to s_6 \to s_7$ 等。在强化学习中，这样的序列被称为起始于状态 s_1 的不同回合（episode）。构成回合的各个状态则是根据转移概率矩阵 $\boldsymbol{P}$ 进行采样（sample）得到的。

2. 马尔可夫奖励过程

马尔可夫奖励过程可以由马尔可夫过程的定义引申而来。具体来说，在马尔可夫过程中引入奖励函数和折扣率的概念，就可以得到马尔可夫奖励过程的定义。

定义 4.2.2（马尔可夫奖励过程（Markov reward process，MRP）） MRP 可以由一个四元组 $\langle \mathcal{S}, \boldsymbol{P}, \boldsymbol{R}, \gamma \rangle$ 表示，其中，$\mathcal{S}$ 代表过程的有限状态空间；$\boldsymbol{P}$ 代表过程的状态转移矩阵；$\boldsymbol{R}$ 代表奖励函数；γ 代表折扣率，用于折现未来的奖励。

在每一时间步 t，智能体从当前状态 $S_t \in \mathcal{S}$ 转入后续状态 $S_{t+1} \in \mathcal{S}$，并接收到一个奖励值 $R_{t+1} \in \mathcal{R}$。在状态和奖励的集合（$\mathcal{S}$ 和 $\mathcal{R}$）都具有有限数量的元素的情况下，

随机变量R_{t+1} 和 S_t 具有明确定义的离散概率分布。在给定当前状态 S_t 的情况下，对于状态的特定值 $s \in \mathcal{S}$，奖励函数 $R(s)$ 表示在状态 s 下能够获得的奖励的期望：

$$R(s) = E[R_{t+1}|S_t = s] \tag{4.2.4}$$

沿用学生上课的例子介绍一个马尔可夫奖励过程，如图 4.3 所示，当学生到达每一个状态 s_i 时，都会获得一个奖励 $r_i = R(s_i)$。当学生走到终止状态“休息”时，该马尔可夫奖励过程结束。学生在到达终止状态之前可能会经过很多状态，每一个状态都会获得奖励，在整个过程中累积的奖励称为回报，定义如下。

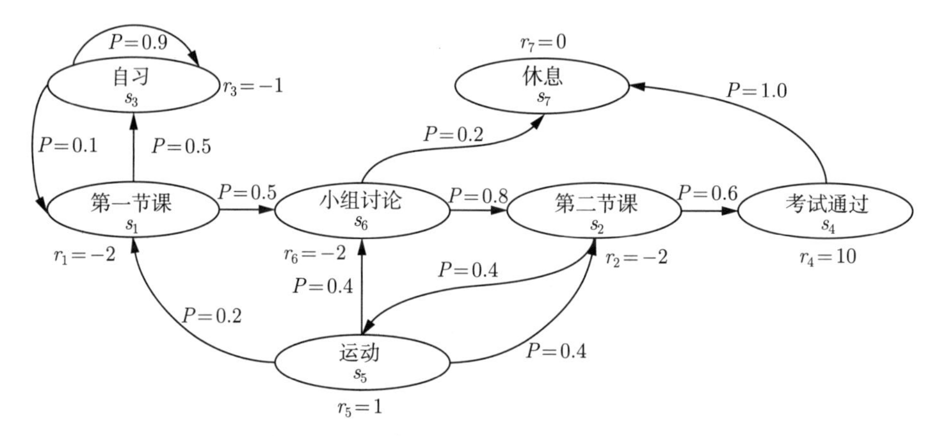

图 4.3 学生上课的马尔可夫奖励过程

定义 4.2.3（回报（return）） 智能体在 t 时刻的回报 G_t 定义为，从 t 时刻开始，到终止时刻T 结束，获得的累积折现奖励，用公式表示为

$$\begin{aligned} G_t &= R_{t+1} + \gamma R_{t+2} + \gamma^2 R_{t+3} + \cdots + \gamma^{T-t-1} R_T \\ &= \sum_{k=0}^{T-t-1} \gamma^k R_{t+k+1} \\ &= \sum_{k=0}^{\infty} \gamma^k R_{t+k+1} | T \to \infty \end{aligned} \tag{4.2.5}$$

式中，终止时刻 T 表示到达终止状态的时刻；R_{t+k+1} 表示从 t 时刻往后的 k 个时刻获得的奖励（$k = 1, 2, 3, \cdots, T-t-1$）；$\gamma \in [0, 1]$ 为折扣率，折扣率越小，表示越看重短期奖励；反之，表示越看重长期回报。在实际应用中，智能体常常需要处理持续性的任务，即终止时刻 $T \to \infty$ 的情况，在式 (4.2.5) 中用 $k \to \infty$ 表示，后续也主要围绕该形式进行讨论。出于简洁性，通常会省略式中第一行的 $\gamma^{T-t-1} R_T$ 一项以便说明。

3. 价值函数

价值函数是强化学习中的核心概念之一，用于评估智能体在给定状态下的好坏程度。其中，“好坏程度”是利用状态的价值作为衡量标准的。

定义 4.2.4（价值函数（value function）） 在马尔可夫奖励过程中，一个状态 s 可能获得的回报的期望就叫作该状态 s 的价值（value），记为 $v(s)$；该过程中所有状态的价值组成了其价值函数。用公式可以表示为

$$v(s) = E[G_t|S_t = s] \tag{4.2.6}$$

结合式 (4.2.5) 可以进一步对 $v(s)$ 展开：

$$\begin{aligned} v(s) &= E\left[R_{t+1} + \gamma R_{t+2} + \gamma^2 R_{t+3} + \cdots \mid S_t = s\right] \\ &= E\left[R_{t+1} + \gamma\left(R_{t+2} + \gamma R_{t+3} + \cdots\right) \mid S_t = s\right] \\ &= E\left[R_{t+1} + \gamma G_{t+1} \mid S_t = s\right] \\ &= E\left[R_{t+1} + \gamma v\left(S_{t+1}\right) \mid S_t = s\right] \end{aligned} \tag{4.2.7}$$

其中 $v\left(S_{t+1}\right)$ 表示在 $t+1$ 时刻所处状态 S_{t+1} 的价值函数。等式的右端项可以分解为两部分：

（1）t 时刻的期望奖励 $E[R_{t+1}|S_t = s]$；

（2）$t+1$ 时刻价值函数期望值的折现值 $E[\gamma v(S_{t+1})|S_t = s]$。

其中，$E[R_{t+1}|S_t = s]$ 等价于在状态 s 下获得的奖励期望，即 $R(s)$。

另一项 $E[\gamma v(S_{t+1})|S_t = s]$，可以展开为

$$\begin{aligned} E\left[\gamma v\left(S_{t+1}\right) \mid S_t = s\right] &= \sum_{s' \in S}\left\{\gamma v\left(s'\right) \cdot P(S_{t+1} = s' \mid S_t = s)\right\} \\ &= \gamma \sum_{s' \in S} P(s' \mid s) v\left(s'\right) \end{aligned} \tag{4.2.8}$$

式中 s' 代表在状态 s 下后续状态所有可能的值。因此式 (4.2.7) 可以转换为

$$v(s) = R(s) + \gamma \sum_{s' \in S} P(s' \mid s) v\left(s'\right) \tag{4.2.9}$$

式 (4.2.9) 又称为贝尔曼方程（Bellman equation），在强化学习中具有重要的意义。若马尔可夫奖励过程的状态空间为 $\mathcal{S} = \{s_1, s_2, \cdots, s_k\}$，则每个状态对应的价值构成了列向量 $\boldsymbol{V} = [v_1, v_2, \cdots, v_k]^{\mathrm{T}}$，其中，元素$v_i$ 表示状态 s_i 的价值 $v(s_i)$；同样地，每个状态下的奖励构成了列向量 $\boldsymbol{R} = [r_1, r_2, \cdots, r_k]^{\mathrm{T}}$，其中，元素$r_i$ 表示状态 s_i 的奖励 $R(s_i)$。因此，贝尔曼方程的矩阵形式表示为

$$\boldsymbol{V} = \boldsymbol{R} + \gamma \boldsymbol{P} \boldsymbol{V} \tag{4.2.10}$$

$$\begin{bmatrix} v_1 \\ v_2 \\ \vdots \\ v_k \end{bmatrix} = \begin{bmatrix} r_1 \\ r_2 \\ \vdots \\ r_k \end{bmatrix} + \gamma \begin{bmatrix} P(s_1 \mid s_1) & P(s_2 \mid s_1) & \cdots & P(s_k \mid s_1) \\ P(s_1 \mid s_2) & P(s_2 \mid s_2) & \cdots & P(s_k \mid s_2) \\ \vdots & \vdots & \ddots & \vdots \\ P(s_1 \mid s_k) & P(s_2 \mid s_k) & \cdots & P(s_k \mid s_k) \end{bmatrix} \begin{bmatrix} v_1 \\ v_2 \\ \vdots \\ v_k \end{bmatrix} \tag{4.2.11}$$

上式中，矩阵 $\boldsymbol{P}$ 表示状态转移矩阵。贝尔曼方程可直接通过矩阵运算求出解析解，求解过程如下：

$$(\boldsymbol{I}-\gamma\boldsymbol{P})\boldsymbol{V}=\boldsymbol{R} \tag{4.2.12}$$

$$\boldsymbol{V}=(\boldsymbol{I}-\gamma\boldsymbol{P})^{-1}\boldsymbol{R} \tag{4.2.13}$$

沿用前文学生上课的例子，由图 4.2 和图 4.3 可知，状态转移矩阵为

$$\boldsymbol{P}=\begin{bmatrix} 0 & 0 & 0.5 & 0 & 0 & 0.5 & 0 \\ 0 & 0 & 0 & 0.6 & 0.4 & 0 & 0 \\ 0.1 & 0 & 0.9 & 0 & 0 & 0 & 0 \\ 0 & 0 & 0 & 0 & 0 & 0 & 1.0 \\ 0.2 & 0.4 & 0 & 0 & 0 & 0.4 & 0 \\ 0 & 0.8 & 0 & 0 & 0 & 0 & 0.2 \\ 0 & 0 & 0 & 0 & 0 & 0 & 1.0 \end{bmatrix} \tag{4.2.14}$$

奖励列向量为 $\boldsymbol{R}=[-2,-2,-1,10,1,-2,0]^{\mathrm{T}}$，假设 $\gamma=0.5$，根据公式 (4.2.13) 可以算出，价值列向量 $\boldsymbol{V}=[-2.9,1.1,-2.1,10,0.6,-1.6,0]^{\mathrm{T}}$，该过程各状态的价值如图 4.4 所示。

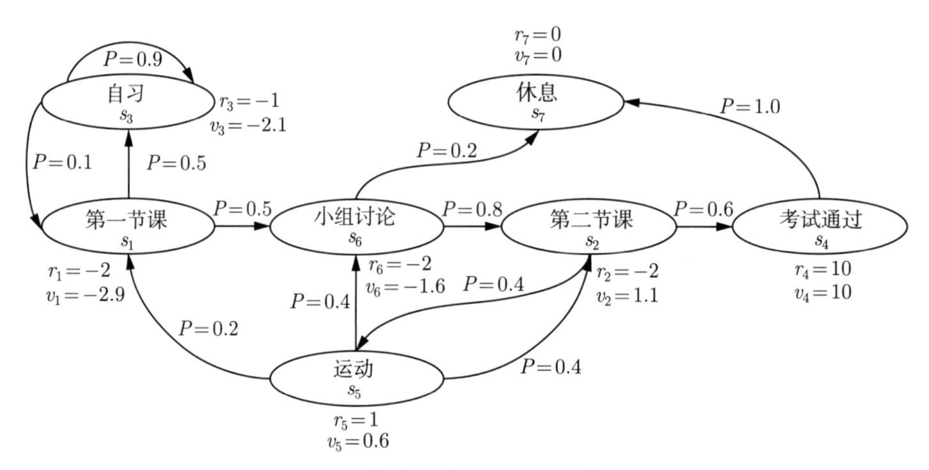

图 4.4 学生上课过程的价值函数示意图

随着状态空间的增大，计算解析解的复杂度随之增加，求解变得非常困难。因此大规模的马尔可夫奖励过程通常会借助动态规划、蒙特卡罗法、时序差分法等求解价值函数，也由此延伸出了强化学习中的一些经典算法，我们会在后面的章节中进行详细讨论。

在实际的决策中，智能体可以通过选择并执行动作改变所处的状态，并学习在每个状态的最优决策策略。将决策策略和前面的马尔可夫奖励过程结合，就得到了马尔可夫决策过程（Markov decision process，MDP）。在每一时间步 t，智能体观测到环境状态 $S_t\in\mathcal{S}$，并在此基础上选择一个动作 $A_t\in\mathcal{A}$。作为采取动作的结果，智能体接收到一个奖励值 $R_{t+1}\in\mathcal{R}$，并且转移到一个新状态 $S_{t+1}\in\mathcal{S}$。

定义 4.2.5（马尔可夫决策过程） 一个马尔可夫决策过程，可以由一个五元组 $\langle\mathcal{S}, \mathcal{A}, \boldsymbol{P}, \boldsymbol{R}, \gamma\rangle$ 表示，其中：$\mathcal{S}$ 代表过程的有限状态空间；$\boldsymbol{P}$ 代表过程的状态转移概率函数, 其中 $P(s_i'|s_i, a_j)$ 表示在状态 s_i 时采用动作 a_j，在下一时刻转移到其他状态 s_i' 的概率; $\mathcal{A}$ 代表动作（决策）空间；$\boldsymbol{R}$ 代表奖励函数，其中 $R(s_i, a_j)$ 表示在状态 s_i 时采用动作 a_j 的奖励；γ 代表折扣率。对于状态转移概率而言，满足前往任意后续状态的概率非负，转移到所有后续状态的概率总和为 1，即

$$\begin{cases} P(s_i'|s_i, a_j) \geqslant 0 \\ \displaystyle\sum_{s_i'} P(s_i'|s_i, a_j) = 1 \end{cases} \tag{4.2.15}$$

假设智能体在时间步 t 处于状态 S_t，选择动作 A_t 后，以概率 $P(S_{t+1}|S_t, A_t)$ 转移到下一状态 S_{t+1}，并接收奖励 $R(S_t, A_t)$。马尔可夫性质决定了未来状态及奖励仅依赖于当前状态 S_t 和当前动作 A_t，而与 t 之前的状态、动作和奖励无关。马尔可夫决策过程就是根据当前状态 S_t 来选择当前最优动作 A_t 以最大化累积奖励的期望。智能体根据状态S_t 选择动作 A_t 的函数被称为策略。

定义 4.2.6（策略（policy）） 策略指在给定状态下智能体选择动作的概率分布，通常用 π 表示。如果在 t 时刻智能体采用策略 π，则当状态 $S_t = s$ 时选择动作 $A_t = a$ 的概率为

$$\pi(a \mid s) = P(A_t = a|S_t = s) \tag{4.2.16}$$

与马尔可夫奖励过程相同，在马尔可夫决策过程中也可以定义价值函数，但马尔可夫决策过程中的价值函数不仅取决于状态，还与策略相关。换言之，在相同状态下，遵循不同策略的智能体采取的动作不同，引发的累积奖励也会不同，从而具有不同的动作价值。因此可以给出状态价值函数和动作价值函数的定义。

定义 4.2.7（状态价值函数（state-value function）） 一个 MDP 的状态价值函数是指以 π 作为决策策略，从状态 $S_t = s$ 出发得到的期望回报，用公式表示为

$$v_\pi(s) = E_\pi[G_t|S_t = s] \tag{4.2.17}$$

定义 4.2.8（动作价值函数（action-value function）） 一个 MDP 的动作价值函数是指以 π 作为决策策略，在状态 $S_t = s$ 时采取动作 $A_t = a$ 以后得到的期望回报，用公式表示为

$$q_\pi(s, a) = E_\pi[G_t|S_t = s, A_t = a] \tag{4.2.18}$$

因此，状态价值函数和动作价值函数具有如下关系：

$$\begin{aligned} v_\pi(s) &= \sum_{a\in\mathcal{A}} P(A_t = a|S_t = s) q_\pi(s, a) \\ &= \sum_{a\in\mathcal{A}} \pi(a|s) q_\pi(s, a) \end{aligned} \tag{4.2.19}$$

结合式 (4.2.9)，可以推导出状态价值函数、动作价值函数的贝尔曼方程：

$$\begin{aligned} q_\pi(s,a) &= E_\pi\left[R_{t+1}+\gamma q_\pi\left(S_{t+1},A_{t+1}\right) \mid S_t=s,A_t=a\right] \\ &= R(s,a)+\gamma\sum_{s'\in S}P(s' \mid s,a)v_\pi\left(s'\right) \\ &= R(s,a)+\gamma\sum_{s'\in S}P(s' \mid s,a)\sum_{a'\in\mathcal{A}}\pi(a'|s')q_\pi(s',a') \end{aligned} \tag{4.2.20}$$

$$\begin{aligned} v_\pi(s) &= E_\pi\left[R_{t+1}+\gamma v_\pi\left(S_{t+1}\right) \mid S_t=s\right] \\ &= \sum_{a\in\mathcal{A}}\pi(a|s)[R(s,a)+\gamma\sum_{s'\in S}P(s' \mid s,a)v_\pi\left(s'\right)] \end{aligned} \tag{4.2.21}$$

其中，s' 和 a' 分别代表 $t+1$ 时刻 S_{t+1} 和 A_{t+1} 可能的取值。

4.3 最优策略

总体而言，强化学习任务的目标是使智能体获得的累积奖励最大化。因此，强化学习算法旨在寻求一个最优策略，从而确保智能体在任务中长期获得最高的期望收益。

定义 4.3.1（最优策略（optimal policy）） 如果对于所有的 $s\in\mathcal{S}$，都有 $v_\pi(s)\geqslant v_{\pi'}(s)$，则称策略 π 不输于 π'，记为策略 $\pi\geqslant\pi'$。在马尔可夫决策过程中，总会存在至少一个策略 π 不输于其余所有策略，称该策略为最优策略。最优策略可能不止一个，统一记为 π^*。

根据定义，所有最优策略共享同一个状态价值函数，称之为最优状态价值函数，记为 v^*。对于所有的状态$s\in\mathcal{S}$，都有

$$v^*(s)= v_{\pi^*}(s)=\max_\pi v_\pi(s) \tag{4.3.1}$$

同样地，所有的最优策略也共享同一个动作价值函数，称之为最优动作价值函数，记为 q^*。对于所有的状态$s\in\mathcal{S}$，动作$a\in\mathcal{A}$，都有

$$q^*(s,a)= q_{\pi^*}(s,a)=\max_\pi q_\pi(s,a) \tag{4.3.2}$$

根据定义，在状态 s 下采取动作 a 以后，为了确保 $q_\pi(s,a)$ 最优，智能体需要一直遵循最优策略 π^* 进行决策。因此，最优状态价值函数与最优动作价值函数的关系如下：

$$\begin{aligned} q^*(s,a) &= E_{\pi^*}\left[R_{t+1}+\gamma v^*\left(S_{t+1}\right) \mid S_t=s,A_t=a\right] \\ &= R(s,a)+\gamma\sum_{s'\in S}P(s' \mid s,a)v^*\left(s'\right) \end{aligned} \tag{4.3.3}$$

在最优策略下，最优状态价值等于执行当前最优动作价值最大的动作时具有的价值。因此，各状态的价值一定等于该状态下最优动作的期望回报，表示为

$$v^*(s)=\max_{a\in\mathcal{A}}q^*(s,a) \tag{4.3.4}$$

根据式 (4.2.20) 可以对 $v^*(s)$ 继续展开：

$$
\begin{aligned}
v^*(s) &= \max_{a \in \mathcal{A}} E_{\pi^*}\left[R_{t+1}+\gamma v^*\left(S_{t+1}\right) \mid S_t=s, A_t=a\right] \\
&= \max_{a \in \mathcal{A}}[R(s, a)+\gamma \sum_{s' \in S} P(s' \mid s, a) v^*\left(s'\right)]
\end{aligned} \tag{4.3.5}
$$

等式 (4.3.5) 即状态价值函数形式的贝尔曼最优方程（Bellman optimality equation）。同样地，由等式 (4.3.3) 可推得，动作价值函数形式的贝尔曼最优方程为

$$
q^*(s, a)=R(s, a)+\gamma \sum_{s' \in S} P(s' \mid s, a) \max_{a' \in \mathcal{A}} q^*(s', a') \tag{4.3.6}
$$

4.4 免模型学习

4.2 节中介绍价值函数时曾提到，对于大规模的状态空间，求解价值函数的解析解非常困难，因此，强化学习通常会借助动态规划、蒙特卡罗法、时序差分法等求解价值函数。根据马尔可夫决策过程是否完全已知，这些方法可以分为基于模型（model-based）的方法和免模型的（model-free）的方法。其中，基于模型的方法要求与智能体交互的环境完全已知（例如棋类游戏），因此不需要和环境互动便可以通过规划算法求解出最优策略，例如动态规划算法；而免模型方法由于对环境模型未知（例如多人对战游戏），需要智能体不断地和环境互动进行数据采样，再从采样数据中学习价值函数与策略，例如蒙特卡罗法和时序差分法。

在实际的场景中，完全已知的环境模型少之又少。因此在大部分情况下，必须和环境互动、从采样数据中学习才能实现对价值函数和策略的拟合。现有的大部分强化学习算法都属于免模型方法，本节选取最有代表性的几种经典算法进行介绍。

定义 4.4.1（免模型学习） 对于一个 MDP，如果不能事先已知 $\langle\mathcal{S}, \mathcal{A}, \boldsymbol{P}, \boldsymbol{R}, \gamma\rangle$ 这个五元组，则称之为免模型学习问题。

免模型学习按照是否学习显式的策略，可分为两种：基于价值（value-based）的方法和基于策略（policy-based）的方法。其中，基于价值的方法学习的是价值函数（状态价值函数或动作价值函数），借助该函数输出的价值导出最优策略（即选择当前状态下具有最大价值的动作执行），学习过程中不存在显式的策略函数；而基于策略的方法是学习显式的目标策略（以函数或网络的形式表达），直接去寻找最优策略。

4.4.1 预备知识：蒙特卡罗方法

20 世纪 40 年代，John von Neumann、Stanislaw Ulam 和 Nicholas Metropolis 在美国的洛斯阿拉莫斯国家实验室为核武器计划工作时，发明了蒙特卡罗方法（Monto Carlo method）。因为 Ulam 的叔叔经常在蒙特卡罗赌场输钱得名，而蒙特卡罗方法正是以概率为基础的方法。

蒙特卡罗方法的核心思想，就是通过不断独立抽样（近似采样）的方式，逐渐逼近最优解。我们简单地举一个利用蒙特卡罗方法的例子，现在想要计算圆周率 π 的值，我们可以画一个半径为 1 的圆，再在圆的外侧画一个正方形，正方形和圆相切，如图 4.5 所示。容易得知，圆形和正方形的面积比为 π/4。

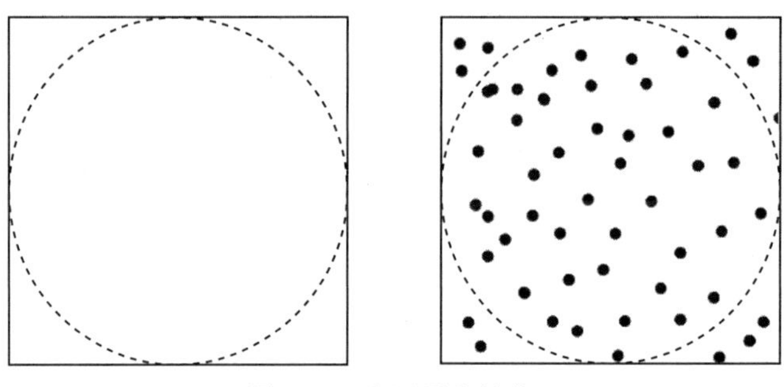

图 4.5 求圆周率的值

现在随机地往这个正方形中投点，投点的数目越多越好。当投点结束后，统计落在虚线圆周内的点数，根据其和总点数的比例关系，就可以计算出圆周率 π 的值。

对于规则形状，可以利用面积公式进行求解。当遇到不规则形状，比如一些复杂函数的定积分、不规则图形的面积等时，无法使用公式求解，就可以应用蒙特卡罗方法来求解。

基于蒙特卡罗方法衍生出了一系列的算法，如蒙特卡罗模拟、蒙特卡罗树搜索等。

4.4.2 基于价值的方法

在实际问题中，动作价值函数 $q_\pi(s,a)$ 的规模十分庞大，根本无法利用常规的搜索方法进行计算。因此，这里采用函数替代的方法，用一个估计价值函数 $\hat{q}(s,a,\boldsymbol{w})$ 来逼近真实的价值函数。这个函数只有 $\boldsymbol{w}$ 一个参数，便于求解。

优化的目标是最小化估计价值函数和真实价值函数之间的均方误差（MSE）：

$$L(\boldsymbol{w}) = E_\pi\left[(q_\pi(s,a) - \hat{q}(s,a,\boldsymbol{w}))^2\right] \tag{4.4.1}$$

现在需要解决两个问题。一是，估计价值函数 $\hat{q}(s,a,\boldsymbol{w})$ 该如何定义？二是，$q_\pi(s,a)$ 的真实值是未知的，我们该怎么样获得？

首先，用一个特征向量来表示状态与动作的集合，这个特征向量的每一个特征都是从当前智能体中提取出的。例如，对于一个无人机，在每一个状态，都可以提取它的飞行高度、速度、机头和机身的夹角等信息作为特征。这些特征与 s 和 a 有关，因此，我们用 $\boldsymbol{x}(s,a)$ 来表示该特征向量：

$$\boldsymbol{x}(s,a) = \begin{pmatrix} x_1(s,a) \\ \vdots \\ x_n(s,a) \end{pmatrix} \tag{4.4.2}$$

假设估计价值函数 $\hat{q}(s,a,\boldsymbol{w})$ 为一个线性函数，即，可以用下面的式子表示该函数：

$$\hat{q}(s,a,\boldsymbol{w})=[\boldsymbol{x}(s,a)]^{\mathrm{T}}\boldsymbol{w}=\sum_{j=1}^{n}x_j(s,a)w_j \tag{4.4.3}$$

回到式 (4.4.1)，现在，还需要知道 $q_\pi(s,a)$，类似于监督学习中的标记数据。但是和基于模型的方法不同，由于环境模型未知，免模型方法中 $q_\pi(s,a)$ 无法事先直接获得相关信息，需要通过智能体与环境互动才能得到数据用于模型更新。

如图 4.6 所示，与环境互动后，智能体获得采样数据并使用采样数据学习动作价值函数；更新完动作价值函数的参数后，选取价值最大的动作执行，使得状态从 s 更新至 s'，并获得相应的奖励 r；这组转移关系（transition）$\{s,a,s',r\}$（也可记为四元组 (s,a,s',r)）作为本次和环境互动所得的采样数据用于下一次动作价值函数的学习，以上过程称为一次迭代（iteration）。根据从采样数据中学习动作价值函数的具体方式，基于价值的方法又可以分为蒙特卡罗法和时序差分法。

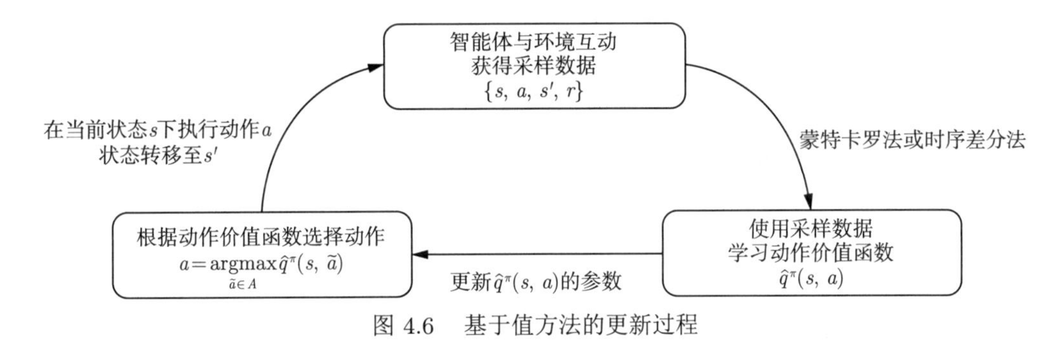

图 4.6　基于值方法的更新过程

1. 蒙特卡罗采样

在前面的小节中，已知 $q_\pi(s,a)=E_\pi[G_t|S_t=s,A_t=a]$。显然无法直接计算出这个期望。因此，需要引入蒙特卡罗采样（Monto Carlo sampling）这一采样方法，来近似地计算出这个期望。

基于策略 π，从状态 (s_0,a_0) 开始模拟整个 MDP 过程，设模拟时长为 T，便会得到一个包含奖励、动作、状态的序列 $\langle S_0,A_0,R_1,S_1,A_1,\cdots,R_T,S_T,A_T\rangle$。我们可以利用公式 $G_t=R_{t+1}+\gamma R_{t+2}+\gamma^2R_{t+3}+\cdots+\gamma^{T-t-1}R_T=\sum\limits_{k=0}^{T-t-1}\gamma^kR_{t+k+1}$ 计算出每一个时间的 G_t。因此，我们也就得到了类似监督学习中的“带有标签的训练数据”：

$$\langle(S_0,A_0),G_0\rangle,\langle(S_1,A_1),G_1\rangle,\langle(S_2,A_2),G_2\rangle,\cdots,\langle(S_{T-1},A_{T-1}),G_{T-1}\rangle \tag{4.4.4}$$

这便回到了我们熟悉的监督学习环节。可以将上述带“标签”的训练数据集代入，利用梯度下降法等优化算法，优化式 (4.4.1) 中的参数 $\boldsymbol{w}$。以梯度下降法为例，参数 $\boldsymbol{w}$ 的梯度可以写为

$$\nabla_{\boldsymbol{w}}\frac{1}{T}\sum_{t=0}^{T-1}\left(G_t-\hat{q}\left(S_t,A_t,\boldsymbol{w}\right)\right)^2$$

2. 时序差分法

蒙特卡罗采样法虽然具有容易理解、清晰直观等特点，但是，它的效率并不高，并且，对于时间 T 为无穷的情况，无法在有限的时间内算出每一个时刻的 G_t，也就无法利用蒙特卡罗采样法。因此，时序差分法（temporal difference learning，TD）被提出。这种方法采用了更为高效的方法来估计 $q_\pi(s,a)$。

考虑 $q_\pi(s,a)$ 的展开：

$$q_\pi(s,a)=E_\pi\left[R_{t+1}+\gamma q_\pi\left(S_{t+1},A_{t+1}\right)\mid S_t=s,A_t=a\right]$$

可以看出 $R_{t+1}+\gamma q_\pi\left(S_{t+1},A_{t+1}\right)$ 依然是 G_t 的无偏估计。这样，就得到了另一种“带有标签的训练数据”：

$$\begin{aligned}&\left\langle\left(S_0,A_0\right),R_1+\gamma\hat{q}\left(S_1,A_1,\boldsymbol{w}\right)\right\rangle,\left\langle\left(S_1,A_1\right),R_2+\gamma\hat{q}\left(S_2,A_2,\boldsymbol{w}\right)\right\rangle,\\&\left\langle\left(S_2,A_2\right),R_3+\gamma\hat{q}\left(S_3,A_3,\boldsymbol{w}\right)\right\rangle,\cdots,\left\langle\left(S_{T-2},A_{T-2}\right),R_{T-1}+\gamma\hat{q}\left(S_{T-1},A_{T-1},\boldsymbol{w}\right)\right\rangle\end{aligned}$$

我们仍然需要使用优化算法来求解，因此可以得到参数 $\boldsymbol{w}$ 的梯度：

$$\nabla_{\boldsymbol{w}}\frac{1}{T-1}\sum_{t=0}^{T-2}\left(R_{t+1}+\gamma\hat{q}\left(S_{t+1},A_{t+1},\boldsymbol{w}\right)-\hat{q}\left(S_t,A_t,\boldsymbol{w}\right)\right)^2$$

每进行一次迭代，就会得到某一个时刻的 $\hat{q}$，将 $\hat{q}$ 代入上面的式子优化，就可以得到一个标签的估计值，而这个标签是包含下一时刻 $\hat{q}$ 的。这种思想又叫作“自举”，当 $\hat{q}$ 训练得越来越好时，对于结果的预测也就越来越准确。

简单来说，蒙特卡罗法使用从当前状态开始直至终止状态（回合结束）的每一步奖励的累加更新价值函数，不作任何的价值估计；而时序差分法只使用当前状态下获得的奖励和下一步的价值估计学习价值函数。因此，蒙特卡罗是无偏的，但是具有较大的方差，因为每一步状态转移都具有一定的不确定性，累加每一步的奖励会同时累加这种不确定性，所以最终的价值估计会存在很大的方差；而时序差分法因为只考虑一步的状态转移、用到一步的奖励，所以方差较小，但正因如此，相比蒙特卡罗法会具有更大的偏差。

3. 基于价值的算法：Q 学习

Q 学习（Q-learning）算法是强化学习中一种经典的基于价值方法，主要应用于有限离散状态马尔可夫决策过程。该算法不仅在机器学习领域占有重要地位，在运筹优化领域也具有重要作用。一般情况下，Q 学习使用时序差分法学习动作价值函数。

Q 学习通过智能体和环境的互动，从采样数据中建立对环境的感知，并从中学习动作价值函数；对每个状态，通过计算当前状态下各动作的价值，选择价值最大的动作，并记录从环境中得到的奖励。多次探索之后，智能体将最终掌握环境状态、动作选择以及奖励之间的关系，从而在下一次遇到相同情况时选择最优动作。

以外卖员送外卖为例，假设外卖员是一个智能体，外卖员的状态是其地理位置，外卖员的动作是选择一条路径。通过该路径（执行动作）将外卖送至目标地点，并获得最终报酬，报酬的多少与外卖员的路径选择有关，越短的路径报酬越多，反之，路径越长报酬越少。假如现在这个外卖员初来乍到，并不知道每条路径的长度，只能不断探索。当其无限次地探索完所有状态、所有动作之后，外卖员将最终掌握在任意位置的最短送餐路径，从而最大化自己的收益。

Q 学习算法的主要思想就是将状态和动作构建成一张 $\boldsymbol{Q}$ 矩阵表，其行表示不同状态，列表示不同动作。$Q(s,a)$ 存储在状态 s 时采取动作 a 的期望回报值，即定义 4.2.8 中的动作价值函数 $q(s,a)$，再根据 $Q(s,a)$ 来选取能够获得最大收益的动作。

Q 学习的具体算法步骤如算法 10 所示，最后得到的 $\boldsymbol{Q}$ 矩阵，可以计算从任意起始状态 s_0 到达终止状态 s_{target} 的最优动作路径，具体过程如算法 11 所示。

Algorithm 10: Q 学习算法步骤

Input: 奖励矩阵 $\boldsymbol{R}$，初始参数值 $\boldsymbol{Q}_0$, 折扣因子 $\gamma(0<\gamma<1)$ ，最大迭代数 N，学习率 $\alpha(0 \leqslant \alpha \leqslant 1)$。

Output: $\boldsymbol{Q}$ 矩阵。

(1) 初始化：$\boldsymbol{Q} \leftarrow \boldsymbol{Q}_0$, episode $\leftarrow 0$
(2) **while** episode $< N$ **do**
(3) 　随机初始化状态 s
(4) 　**while** 尚未到达终止状态 **do**
(5) 　　基于当前状态 s，从 $\boldsymbol{Q}$ 中选择 $Q(s,a)$ 最大的动作 a
(6) 　　执行选定的动作 a 到达后续状态 s'，获得奖励 $R(s,a)$
(7) 　　利用$s,a,s',R(s,a)$, 更新 $\boldsymbol{Q}$ 矩阵：
(8) 　　$Q(s,a)=(1-\alpha)Q(s,a)+\alpha(R(s,a)+\gamma \max\limits_{a'} Q(s',a'))$
(9) 　　更新状态：$s \leftarrow s'$
(10) 　**end**
(11) 　episode $\leftarrow$ episode + 1
(12) **end**
(13) **return** $\boldsymbol{Q}$

Algorithm 11: $\boldsymbol{Q}$ 矩阵获得动作路径算法步骤

Input: 初始状态 s_0。

Output: 终止状态 s_{target}。

(1) 初始化：$s \leftarrow s_0$
(2) **while** 尚未到达终止状态 **do**
(3) 　选择动作 $a=\max\limits_{a'} Q(s,a')$
(4) 　更新状态 $s \leftarrow s'$，其中 s' 是 s 状态执行动作 a 后到达的状态
(5) **end**
(6) **return** s_{target}

4.4.3 基于策略的方法

在基于价值函数的方法中，通过采用估计价值函数的方法来逼近价值函数，再通过价值函数来寻找策略。而基于策略的方法中，则直接将策略参数化，即

$$\pi_{\boldsymbol{\theta}}(a \mid s)=P(a \mid s, \boldsymbol{\theta}) \tag{4.4.5}$$

我们的目标便是寻找最优的参数 $\boldsymbol{\theta}$，来最大化价值函数 $v_{\pi_{\boldsymbol{\theta}}}(s_0)$。$s_0$ 为初始状态，如象棋中刚摆好棋子，围棋中棋盘为空的状态。从起始状态开始考虑最优，也就意味着起始状态之后的状态也要最优 (否则起始状态的价值函数就不可能最大)。

1. softmax 策略和高斯策略

对于离散的状态空间，一般使用 softmax 策略进行参数化。和估计价值函数的方法一样，依然需要构造一个关于 (s,a) 的特征向量 $\boldsymbol{\phi}(s,a)$，利用特征向量的线性组合得到策略的估计。对这个线性组合使用 softmax 的方式处理，就得到了 $\pi_{\boldsymbol{\theta}}(s,a)$ 的概率分布：

$$\pi_{\boldsymbol{\theta}}(s,a) \propto \mathrm{e}^{[\boldsymbol{\phi}(s,a)]^{\mathrm{T}}\boldsymbol{\theta}} \tag{4.4.6}$$

对应的分值函数为

$$\nabla_{\theta} \log \pi_{\boldsymbol{\theta}}(s,a)=\boldsymbol{\phi}(s,a)-\boldsymbol{E}_{\pi_{\theta}}(\boldsymbol{\phi}(s,a)) \tag{4.4.7}$$

其中，分值函数的值越大表示在当前策略下该动作被选中的概率越大。

假设在状态 s 下，智能体的动作空间为 $[a_1,a_2,a_3]$，执行每个动作以后获得的奖励分别是 $[1,10,1]$; 此时的策略为 $\pi_{\theta}(s,a)$，若特征向量的线性组合 $[\boldsymbol{\phi}(s,a)]^{\mathrm{T}}\boldsymbol{\theta}$ 分别是 $[3,5,7]$，则在状态 s 下，$\boldsymbol{E}_{\pi_{\theta}}(\boldsymbol{\phi}(s,a))=5$，三个动作对应的分值函数分别是 $[-2,0,2]$。因此，在状态 s 下，策略 $\pi_{\theta}(s,a)$ 选择动作 a_3 的概率最大。但根据执行后获得的奖励 $[1,10,1]$，状态 s 下的最优动作是 a_2，因此策略需要向使得 a_2 的分值最大的方向调整。通过在梯度中加入动作的分值和奖励，最终使得奖励越大的动作获得的分值越高，从而策略选择该动作的概率越大。

当动作为连续值时，softmax 策略便无法使用，可以采用高斯策略。高斯策略利用 $[\boldsymbol{\phi}(s,a)]^{\mathrm{T}}\boldsymbol{\theta}$ 来估计动作的均值 $\mu(s)$，再以 $\mu(s)$ 为均值、σ^2 为方差，从分布 $a \sim N(\mu(s),\sigma^2)$ 中生成一个动作 a。与 softmax 策略类似，高斯策略也会在梯度中加入动作分值和奖励，使得动作的选择不断向着奖励更大的方向进行。由于在强化学习的实际应用中并不多见，本文在此不作展开。

2. 策略梯度

求解 $v_{\pi_{\boldsymbol{\theta}}}(s)$ 的梯度时，定义 $\nabla_{\boldsymbol{\theta}}J(\boldsymbol{\theta})=\nabla_{\boldsymbol{\theta}}v_{\pi_{\boldsymbol{\theta}}}(s)$。通过贝尔曼方程直接展开，可以得到：

$$\nabla_{\boldsymbol{\theta}}v_{\pi_{\boldsymbol{\theta}}}(s)=\nabla_{\boldsymbol{\theta}}r_s^{\pi}+\gamma\nabla_{\boldsymbol{\theta}}\sum_{s'\in S}P(s'|s,\pi)v_{\pi_{\boldsymbol{\theta}}}(s') \tag{4.4.8}$$

这个式子中，存在一个递推公式的结构，即求解 $v_{\pi_{\boldsymbol{\theta}}}(s')$ 时需要用到 $v_{\pi_{\boldsymbol{\theta}}}(s')$，这使得直接求解变得非常困难。为便于求解，引入策略梯度定理：

定理 4.4.1（策略梯度定理） 在基于策略的方法中，策略梯度的大小可以表示为

$$\nabla_{\boldsymbol{\theta}}J(\boldsymbol{\theta})=E_{\pi_{\boldsymbol{\theta}}}\left[\nabla_{\boldsymbol{\theta}}\ln\pi_{\boldsymbol{\theta}}(s,a)q_{\pi_{\boldsymbol{\theta}}}(s,a)\right] \tag{4.4.9}$$

3. 基于策略的算法

如算法 12 所示，基于策略的算法首先随机初始化参数 $\boldsymbol{\theta}$ 的值，可以得到一个初始策略 $\pi_{\boldsymbol{\theta}}$。根据该策略为每个状态选择动作并更新至后续状态，记录下该步的采样数据（状态、动作、奖励）；到达终止状态后，便可以得到整个回合的采样轨迹。利用采样轨迹中的每个时间点的信息进行梯度更新。从前面的章节可知，可以利用蒙特卡罗采样法直接估计 $q_{\pi_\theta}(s,a)$ 函数：即利用 G_t，去近似作为式 (4.4.9) 中 $q_{\pi_\theta}(s_t,a_t)$ 的估计值。进而可以得到更新公式 $\boldsymbol{\theta} \leftarrow \boldsymbol{\theta} + \alpha\nabla_{\boldsymbol{\theta}}\ln\pi_{\boldsymbol{\theta}}(S_t,A_t)\cdot G_t$。经过不断地更新，就可以得到最后的输出结果 $\boldsymbol{\theta}$。

Algorithm 12: 策略梯度算法

Input: 初始策略参数 $\boldsymbol{\theta}_0$, 训练步长 α, 迭代次数 N。

Output: 策略参数 $\boldsymbol{\theta}$。

(1) 初始化：$\boldsymbol{\theta} \leftarrow \boldsymbol{\theta}_0$, episode $\leftarrow 0$
(2) **while** episode $< N$ **do**
(3) 　　随机初始化状态 $s \leftarrow S_0$
(4) 　　**while** 尚未到达终止状态 **do**
(5) 　　　　记录当前状态：$S_t \leftarrow s$
(6) 　　　　使用当前策略 π_θ 与环境互动
(7) 　　　　获得该步的采样数据：$\{S_t, A_t, R_{t+1}, S_{t+1}\}$
(8) 　　　　更新状态：$s \leftarrow S_{t+1}$
(9) 　　**end**
(10) 　　获取整个回合的采样轨迹: $\{S_0, A_0, R_1, S_1, A_1, \cdots, R_T, S_T, A_T\}$
(11) 　　初始化：$t \leftarrow 0$
(12) 　　**while** t $\leqslant T$ **do**
(13) 　　　　计算 G_t
(14) 　　　　$\boldsymbol{\theta} \leftarrow \boldsymbol{\theta} + \alpha\nabla_\theta\ln\pi_\theta(S_t,A_t)\cdot G_t$
(15) 　　　　$t \leftarrow t+1$
(16) 　　**end**
(17) 　　episode $\leftarrow$ episode $+ 1$
(18) **end**
(19) **return** $\boldsymbol{\theta}$

4.5 蒙特卡罗树搜索

在强化学习中，求解有限 MDP 的最优策略的方法按环境（environment）模型是否已知可分为两种：基于模型（model-based）方法和免模型（model-free）方法。其中，免模型方法主要依赖于学习（learning），例如蒙特卡罗法和时序差分法；基于模型方法则主要依赖于规划（planning），例如动态规划。前面的章节已经通过免模型方法的几种常见算法（例如 Q 学习），对学习的方式做了简要概括。本节将借助一种规划算法——蒙特卡罗树搜索（Monte-Carlo tree search, MCTS）介绍强化学习中规划的思想。

MCTS 是一种基于树（tree）结构的决策时规划（decision-time planning）算法，利用蒙特卡罗模拟（Monte-Carlo simulation）对可能的后续状态进行预演（rollout）并借助启发式搜索（heuristic search，HS）根据在环境模型中获得的反馈，寻找出最优的树路径作为可行解。该算法由 Rémi Coulom 于 2006 年在围棋人机对战引擎 Crazy Stone 中首次提出并使用，被证明能够很好地完成单智能体序列决策问题；2016 年，AlphaGO 在和人类围棋世界冠军的对阵中取得了举世瞩目的胜利，其中 MCTS 的应用厥功至伟。

4.5.1 背景

1. 规划

按照为状态制定动作选择方案的方式，规划可分为后台规划（background planning）与决策时规划（decision-time planning）。

其中，后台规划方法预先对所有状态（state）的动作（action）选择方案进行规划，并以表格或函数的形式表示。在为某个状态选择动作时，直接从表格中选取或使用函数求解。因此，后台规划方法在选择动作时，并不特别关注当前状态。使用后台规划的算法包括动态规划、Dyna 等。

决策时规划方法在当前状态下才开始执行，并为其选择一个动作；当动作执行后，当前状态更新至一个后续状态（next state），决策时规划方法再为该后续状态选择动作，依次类推。由于决策时规划方法在选择动作时会更多地关注当前状态，换言之，动作的选择方案是针对当前状态定制的，因此，相对于后台规划方法，决策时规划方法更加“深谋远虑”，能够考虑到更多样的后续状态。在无需快速决策的场景中，决策时规划方法可以在为一个状态选择动作的时间内，规划出后续多步的状态和动作组合，被广泛应用于棋类游戏中。

2. 树结构

树（tree）是一种常见的数据结构，通过节点（node）和分枝（branch），可以形象地描述变量间的从属关系。如图 4.7 所示，节点 R 表示树的根节点（root），也是唯一的根节点；节点 N_3、N_4、N_5、N_6 表示树的叶节点（leaf node），即没有子节点的节点；N_1、N_2 是 R 的子节点（child node），也分别是 N_3、N_4 和 N_5、N_6 的父节点（parent node）。

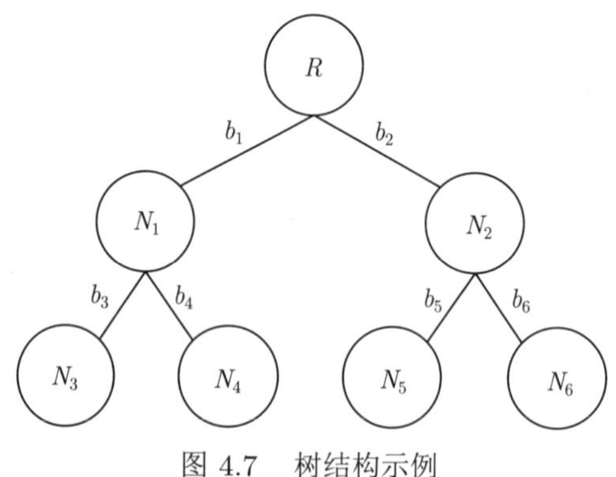

图 4.7　树结构示例

3. 井字棋游戏

井字棋游戏（Tic-Tac-Toe）是一个经典的简单棋类游戏。在九宫格内，游戏一方持“X”，另一方持“O”，轮流落子，率先占领某一行或某一列或某一对角线的一方获胜。图 4.8 所示是一局井字棋游戏的示例，本局的获胜者是持“X”的一方。

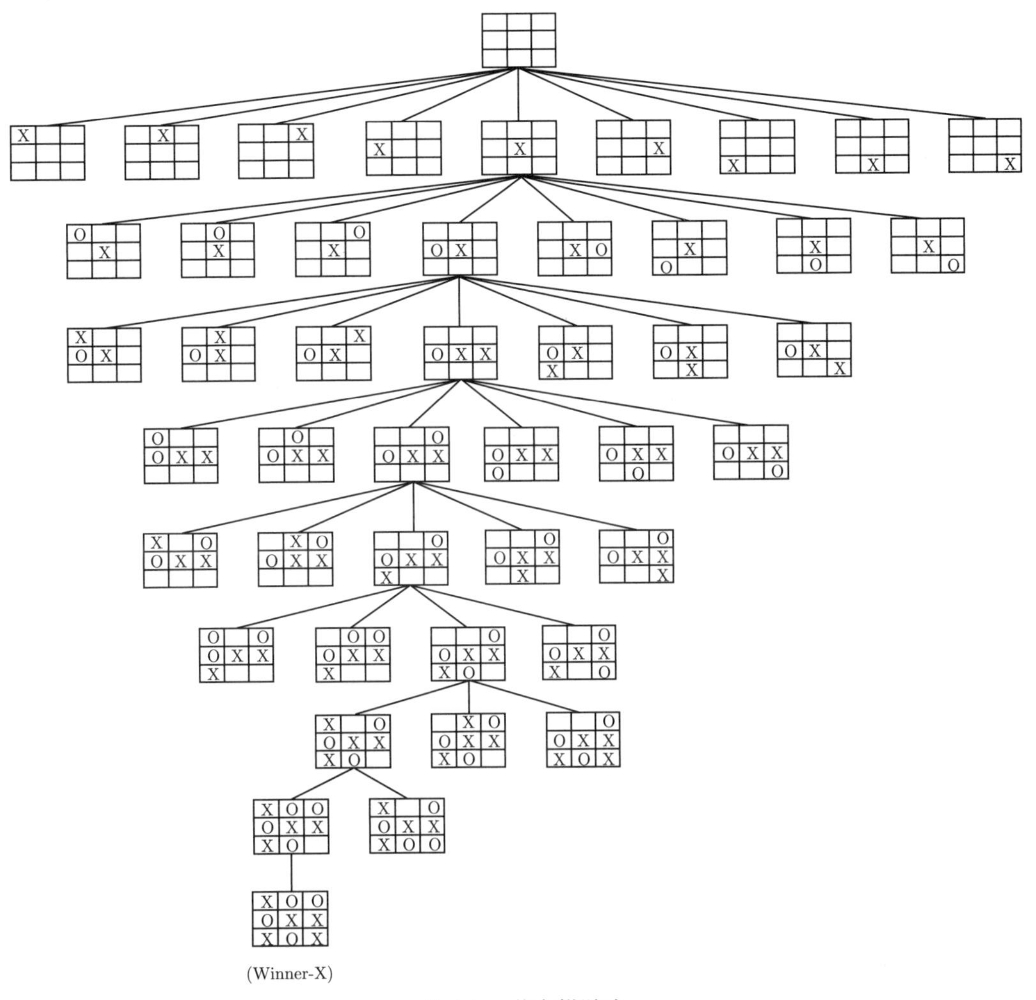

图 4.8　井字棋游戏

根据强化学习的定义，如果将一整局游戏表示为一个回合（episode），那么这局游戏中的每一个局面可以表示为一个状态（state），每一种落子方式可以表示为一个动作（action）；在当前局面下执行某一种落子方式带来的新局面可以表示为后续状态（next state）。

结合前文所述，可以借助树结构对一整局游戏或某个对局片段进行建模。取图 4.8 中的一段对局为例，如图 4.9 所示，将从状态 S 开始的两步对局用一个树表示：以当前状态 S 为根节点，后两步中每个可能出现的状态为子节点；每个状态下可选择的动作为节点的分枝，每个分枝从当前状态出发指向对应的后续状态。

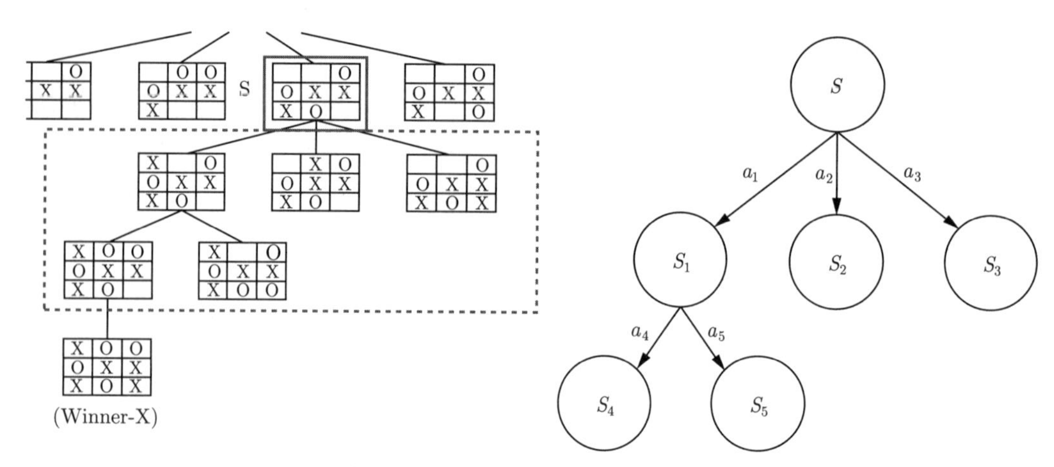

图 4.9　用树结构表示的对局片段

4.5.2 启发式搜索

启发式搜索是一种决策时规划方法，在每个状态下，以当前状态为根节点创建一个树结构。图 4.10 表示在状态 S 下创建的树结构。

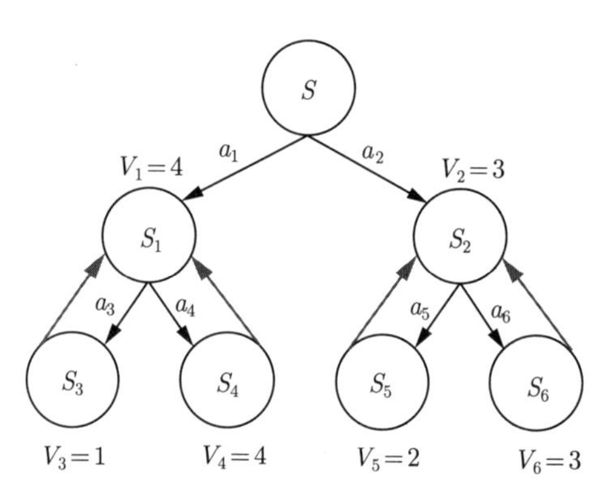

图 4.10　启发式搜索

如图 4.10 所示，每个节点都表示一个状态，其子节点对应采取不同动作后的后续状态，连接该节点和其子节点的枝表示该状态下可选择的动作；树的深度表示从当前状态向下搜索的步数，树的分枝数表示每个状态下可选择的动作数。图 4.10 中，HS 向下搜索 2 步，每个状态下有 2 个可选动作。

树的叶节点表示本次搜索的终止状态（terminal state），每条由叶节点通往根节点的路径称为轨迹（trajectory）。图 4.10 中，S_3、S_4、S_5、S_6 表示本次搜索的四个终止状态，$\{S, a_1, S_1, a_3, S_3\}$ 表示从 S 前往 S_3 的轨迹。在每个叶节点，HS 使用近似值函数 (approximate value function) 根据对应的终止状态评估该节点的价值。近似值函数由具体问题决定，例如在棋类游戏中可以根据终止状态下的盘面局势评估价值。

估值完成后，从叶节点出发回溯（backup）更新轨迹上沿途各节点的价值。回溯更新的规则有多种。例如图 4.10中，以每个节点的子节点的最大价值作为该节点的价值。此外，还可以计算每个节点的子节点的价值之和或价值均值作为该节点的价值。

回溯至根节点结束，选取价值最大的子节点作为后续状态，前往该子节点的分枝表示在当前状态下采取的动作。图 4.10 中，HS 选取 S_1 作为 S 的后续状态。更新状态为 S_1 后，创建一个新的以 S_1 为根节点的树结构，重新开始搜索，依次类推，直至回合结束。

HS 中的效果与树的深度有关。树的深度越深，代表向下搜索的步数越多，HS 的效果越好；但算力需求和耗时也会随之上升。

4.5.3 预演算法

预演算法（rollout algorithm）是一种基于蒙特卡罗模拟的启发式搜索方法。同样地，在每个状态下，预演算法以当前状态为根节点创建一个树结构。如图 4.11所示，预演算法从根节点开始，沿每一个备选的动作出发（即沿着根节点的每一个枝），分别生成数条模拟轨迹（simulated trajectory）。和启发式算法的轨迹相同，每一条模拟轨迹在其终止状态会获得一个估值。沿每个动作出发的各条轨迹所获估值的均值就是该动作的估计价值，也称为蒙特卡罗动作价值。图 4.11 中，S 执行动作 a_1 后，从 S_1 出发的 2 条模拟轨迹 $\{S_1, S_{t_1}\}$ 和 $\{S_1, S_{t_2}\}$ 在其终止状态 S_{t_1} 和 S_{t_2} 获得的估值分别为 1 和 0，因此动作 a_1 的估计价值为 0.5；同理，动作 a_2 的估计价值为 0。

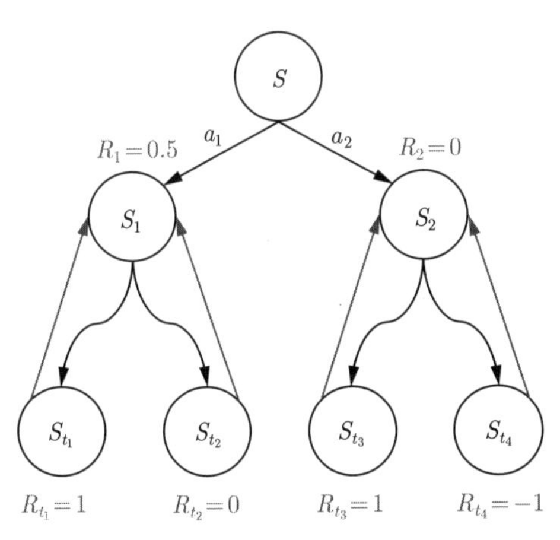

图 4.11 预演算法

其中，模拟轨迹上的状态和动作选择遵循预演策略（rollout policy）。预演策略通常较为简单，例如随机策略，即在每个状态随机选择动作，更新至后续状态，重复数次后得到对应的终止状态。最终的模拟轨迹由这些随机选择的动作与相应的状态构成。因为过程随机，而且只有起点和终点的价值会被预演算法记录，所以只用起点节点和终点节点表示模拟轨迹，例如图 4.11 中的 $\{S_1, S_{t_1}\}$，$\{S_2, S_{t_3}\}$。

预演算法为当前状态选择估计价值最高的动作执行，得到对应的后续状态后，从该状态重新开始进行预演。图 4.11 中，状态 S 下的两个可选动作：动作 a_1 的估计价值为 0.5，动作 a_2 的估计价值为 0。所以在状态 S 下，执行动作 a_1，下一次预演从状态 S_1 开始。

预演算法通过对采样得到的模拟轨迹的回报（即在终止状态下获得的估值）求均值，估计该动作的蒙特卡罗价值，借此为当前状态选择动作。通常来说，每一步评估的动作越多、模拟轨迹的数量越多、模拟轨迹的步数越多，预演算法对动作价值的估计就会越准确，效果越好，但每次决策的时间和算力需求也会随之提升。

4.5.4 MCTS 算法

蒙特卡罗树搜索（MCTS）在预演算法的基础上，引入了价值估计累加机制，将多次蒙特卡罗模拟中获得的估计价值相加。和上文相同，MCTS 在每个状态下以当前状态为根节点创建一个树结构，树的每个分枝表示一个可选的动作。不同的是，每个节点中包含的信息相比启发式搜索和预演算法更加丰富：根节点 N 中会存放当前状态 S、根节点的估计价值和根节点被访问的次数（即已运行的迭代的次数）；类似地，对于节点 $N_i(i \geqslant 1)$，除了状态 (S_i) 以外，还会记录当前节点的估计价值 (V_i)、当前节点被访问过的次数 (n_i)。MCTS 会在指定的时间或迭代次数内对当前状态 S 运行多次迭代，每次迭代的过程通常可分为以下四个步骤：选择 (selection)、拓展 (expansion)、模拟 (simulation)、回溯 (backup)。

1. 选择

MCTS 从根节点出发，按照树内策略（tree policy）访问树中所有已被探索的节点（explored node）。以图 4.12 为例，假设图中的节点 N_1、N_2、N_4、N_5 在先前的迭代中被访问过，则称之为已被探索的节点，用实线表示；而节点 N_3、N_6、N_7、N_8 则属于未被探索的节点（unexplored node），用虚线表示。

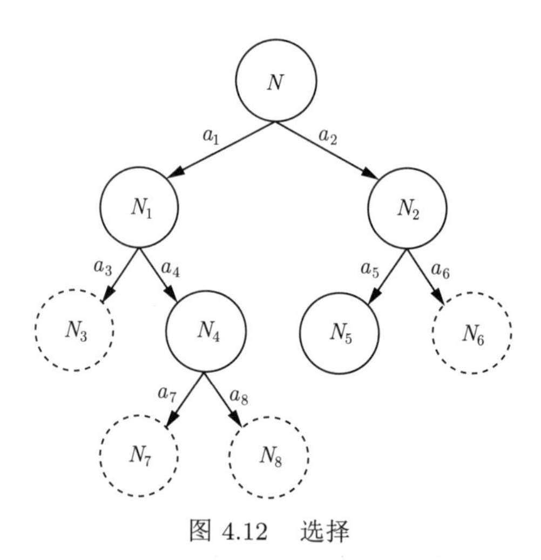

图 4.12 选择

树内策略通常选用一种知情策略（informed policy），例如 ϵ-贪婪（ϵ-greedy）和置信上界（upper confidence bound，UCB）。例如，AlphaGo 使用了一种基于 UCB 的树内策略，该策略计算每个节点的 UCB 值，并选择 UCB 值最大的节点作为下一个将访问的节点。

对于树中除了根节点外的第 i 个节点$N_i(i \geqslant 1)$，其 UCB 值 UCB_i 计算公式如下，

$$\text{UCB}_i = \frac{V_i}{n_i} + C\sqrt{\frac{\ln p_i}{n_i}} \tag{4.5.1}$$

其中，V_i 表示该节点的节点估计价值，n_i 表示该节点被访问过的次数，p_i 表示该节点的父节点被访问过的次数，C 是一个常数。由式 (4.5.1) 可见，一个节点的估计价值越高，其 UCB 值越大，被访问的可能性越大；与此同时，节点被访问的次数越多，其 UCB 值越小，再次被访问的可能性就越小。因此，该树内策略不仅会引导 MCTS 访问更有希望在未来获得高价值的节点，还会限制 MCTS 重复访问少量节点，从而错失其他可能获得更高价值的节点。在强化学习中，这被称为探索与利用的平衡（exploration-exploitation trade-off）。

当 MCTS 访问到了一个最优节点或未被访问过的节点时，选择步骤完成。其中，最优节点表示该节点存在至少一个未被访问过的（未被探索的）子节点，例如图 4.12 中的节点 N_4。若选择的节点本身就是一个未被访问过的节点，则 MCTS 将跳过拓展步骤，直接从该节点出发运行模拟步骤。例如，在 MCTS 最开始的几次迭代中，可能会遇到如图 4.13 的情形：根节点 N 的两个子节点N_1 和 N_2 都尚未被访问过。假设 MCTS 选择了 N_1，接着 MCTS 会跳过拓展，直接从 N_1 出发运行预演的步骤。

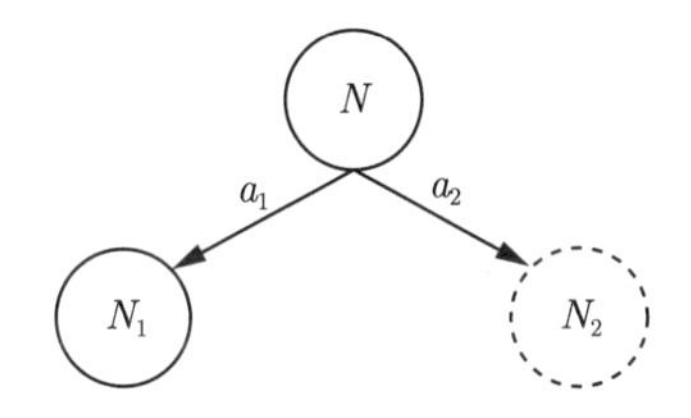

图 4.13 选择：未被访问的节点

在选择完成后，MCTS 会更新被选择节点的被访问次数。

2. 拓展

到达最优节点后，MCTS 随机选取该节点的一个未被探索的子节点进行访问，并将该子节点加入树中，实现树的拓展。如图 4.14 所示，N_4 具有两个未被探索的子节点——N_7 和 N_8，MCTS 选择 N_8 进行拓展，该节点称为拓展后节点（expanded node）。在拓展完成后，MCTS 会更新拓展后节点的被访问次数。

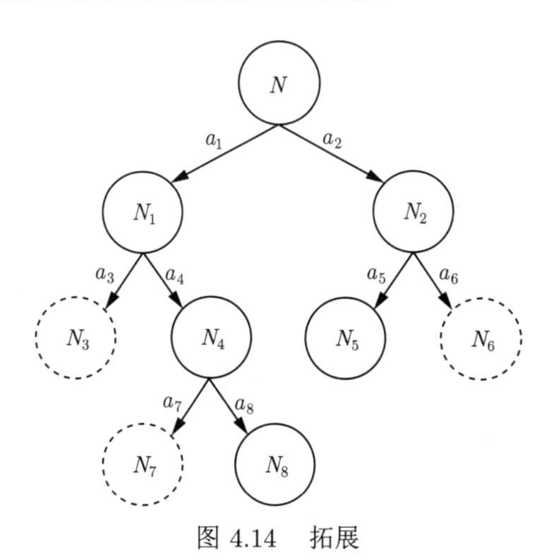

图 4.14 拓展

3. 模拟

此时 MCTS 所在的节点已位于树的末端，MCTS 从该节点出发进行预演（roll-out）。与上文预演算法中相同，MCTS 采用随机的预演策略，生成一条或多条模拟轨迹。将每条轨迹获得的回报（即终止状态下的估值）进行累加，作为该节点的估计价值。

以图 4.15 为例，节点 N_8 预演了四条模拟轨迹：$\{N_8, N_{t_1}\}$、$\{N_8, N_{t_2}\}$、$\{N_8, N_{t_3}\}$、$\{N_8, N_{t_4}\}$，每条模拟轨迹的回报分别为 R_{t_1}、R_{t_2}、R_{t_3}、R_{t_4}，因此节点 N_8 的估计价值为 $V_8 = R_{t_1} + R_{t_2} + R_{t_3} + R_{t_4} = 2$。

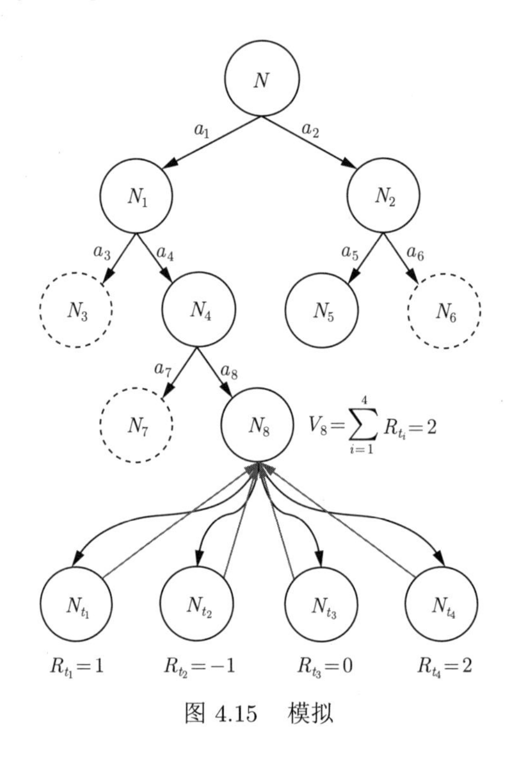

图 4.15　模拟

4. 回溯

模拟阶段结束后，从当前所在节点出发回溯更新沿途的每个节点的估计价值，直至回到根节点，完成一次迭代。如图 4.16 所示，用每个节点的子节点估计价值更新该节点的估计价值，例如节点 N_4 的估计价值从 V_4 更新为 $V_4 + V_8$，节点 N_1 的估计价值从 V_1 更新为 $V_1 + V_4$。

图 4.17 为描述整个 MCTS 算法在一次迭代中四个步骤的流程图。每一次迭代都会拓展搜索树，随着迭代次数的增加，搜索树的规模也不断增加。到达一定的迭代次数或者时间后，MCTS 选择根节点下具有最大平均估计价值（节点估计价值与节点被访问次数的比值）的子节点。取该节点中的状态作为后续状态，对应的分枝作为执行的动作。状态更新后，MCTS 再次运行。

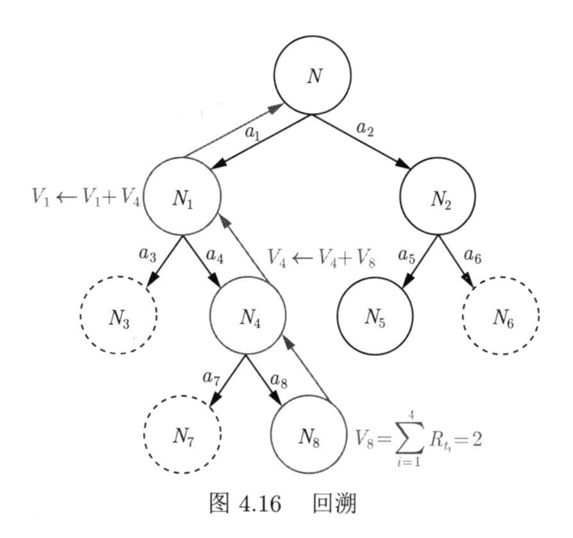

图 4.16 回溯

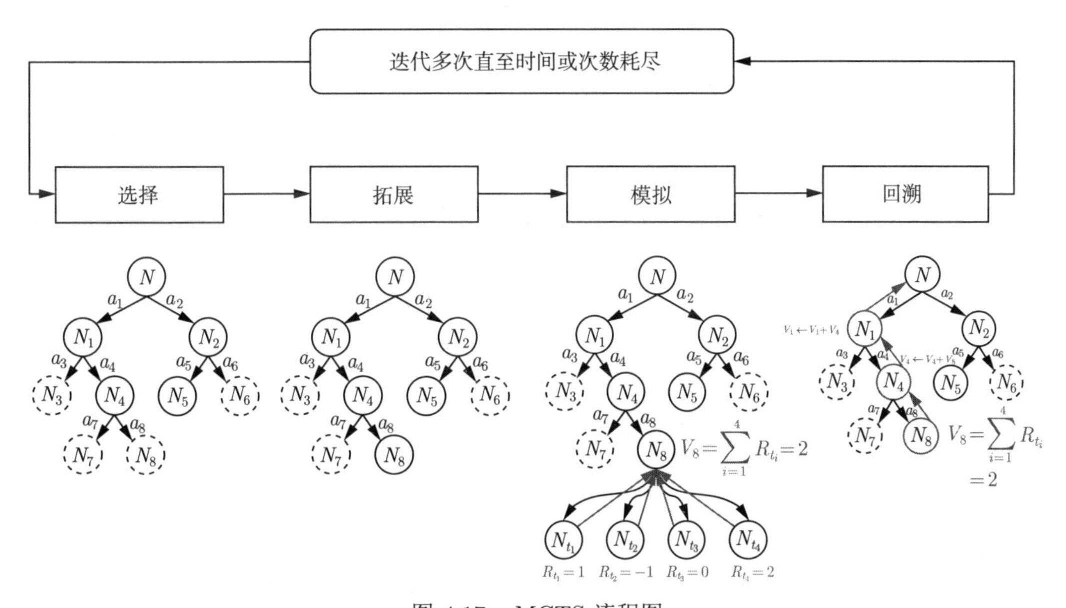

图 4.17 MCTS 流程图

4.5.5 MCTS 示例

上文中介绍了 MCTS 在一次迭代中的四个步骤：选择、拓展、模拟、回溯。本节以迭代四次的 MCTS 为例，简要说明该算法为一个状态选择动作，并更新至后续状态的过程。假设在某一局游戏中，每个状态都有两个可选动作，执行一个动作只会导致一个后续状态。以状态 S_0 为例，该状态有两个可选择的动作：a_1 和 a_2，对应的后续状态分别是 S_1 和 S_2。以 S_0 及相关信息为根节点 N 创建一个树结构，则 N 拥有两个子节点N_1 和 N_2，节点 N_1 包含状态 S_1 及相关信息，节点 N_2 包含状态 S_2 及相关信息。其中，节点的相关信息指该节点被访问过的次数和该节点的估计价值。各节点的初始设置如图 4.18（a）所示。

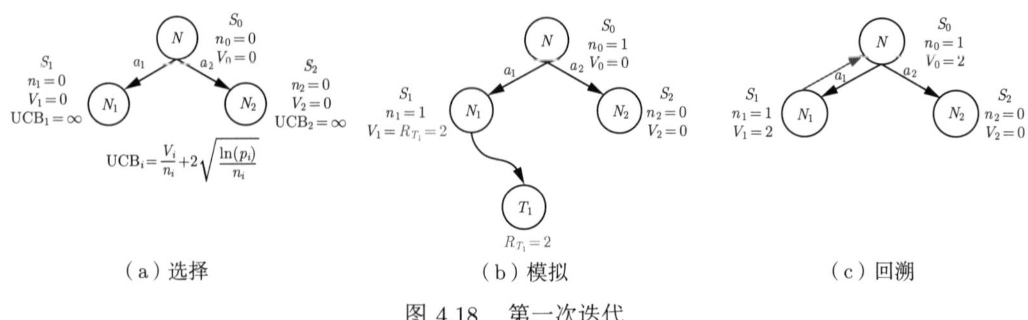

图 4.18　第一次迭代

1. 第一次迭代

在图 4.18（a）中，此时节点 N_1 和节点 N_2 的被访问次数（n_1 和 n_2）均为 0。根据 UCB 计算公式（4.5.1），两个节点的 UCB 值都为 ∞，因此 MCTS 从中随机选择一个（假设本次选择 N_1）。同时，由于此时 N_1 的被访问次数 $n_1=0$，本次迭代将跳过拓展。

选择完成后，N_1 的访问次数 n_1 增加 1，根节点 N 的访问次数 n_0 也随之更新。因为跳过了拓展，模拟步骤直接从 N_1 出发进行预演。为便于说明，本示例中每次预演只生成一条模拟轨迹。如图 4.18（b）所示，模拟轨迹在终止状态获得的估值为 $R_{T_1}=2$，因此 N_1 的节点估计价值 $V_1=R_{T_1}=2$。

在图 4.18（c）所示的回溯过程中，MCTS 根据 N_1 的节点估计价值 V_1 更新根节点 N 的节点价值 V_0。

2. 第二次迭代

第一次迭代结束后，重新根据式 (4.5.1) 计算节点N_1 和节点 N_2 的 UCB 值。如图 4.19（a）所示，此时节点 N_1 的估计价值为 2，节点 N_2 的估计价值仍为 ∞。因此按照选取 UCB 值最大的原则，选择节点 N_2。由于此时 N_2 的被访问次数 $n_2=0$，本次迭代也跳过拓展。

选择完成后，节点的被访问次数 n_2 增加 1，根节点 N 的访问次数 n_0 随之更新。与第一次迭代相同，模拟直接从 N_2 出发进行预演。如图 4.19（b）所示，模拟轨迹在终止状态获得的估值为 $R_{T_2}=1$，因此 N_2 的节点估计价值 $V_2=R_{T_2}=1$。

在图 4.19（c）所示的回溯过程中，MCTS 根据 N_2 的节点估计价值 V_2 更新根节点 N 的节点价值 V_0。

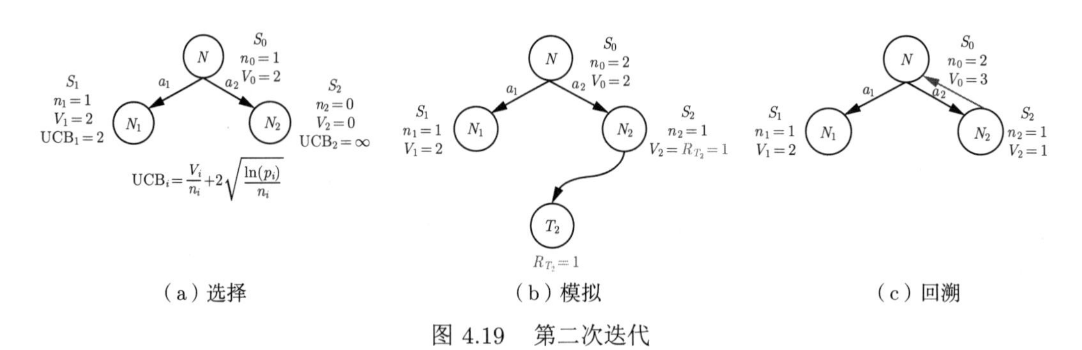

图 4.19　第二次迭代

3. 第三次迭代

第二次迭代结束后，各节点的被访问次数和估计价值如图 4.20（a）所示。此时，根据式 (4.5.1) 重新计算节点 N_1 和节点N_2 的 UCB 值，分别为 $\text{UCB}_1 = 3.67$ 和 $\text{UCB}_2 = 2.67$。因此，MCTS 选择节点 N_1。因为 N_1 在第一次迭代中已被探索过（即被访问次数 n_1 不为 0），所以本次迭代需要对 N_1 进行拓展。

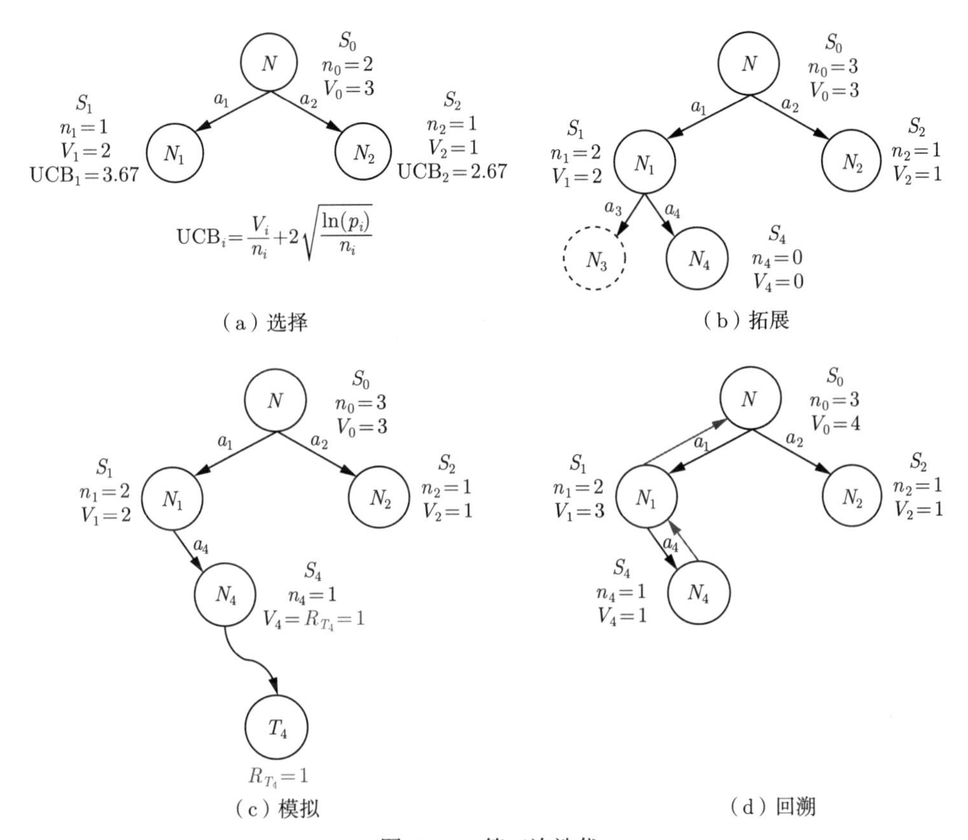

图 4.20 第三次迭代

选择 N_1 节点后，n_1 和 n_0 随之更新。如图 4.20（b）所示，节点 N_1 中的状态 S_1 下可选动作有 a_3 和 a_4，带来的后续状态分别为 S_3 和 S_4，与之对应的节点 N_3 和 N_4 都尚未被访问。因此，MCTS 从中随机选择一个进行拓展，此处选择 N_4。

拓展完成后，MCTS 从拓展后节点 N_4 出发进行模拟，并根据模拟轨迹在终止状态获得的估值 R_{T_4} 更新 N_4 的估计价值 V_4，N_4 的被访问次数 n_4 随之更新。如图 4.20（c）所示，V_4 从 0 更新为 1，n_4 也增加 1 次。

和前两次迭代相同，MCTS 从 N_4 出发向根节点 N 回溯。节点 N_1 的估计价值在原来的基础上增加 V_4，从 $V_1 = 2$ 更新为 $V_1 = 3$；同样地，节点 N 的估计价值 V_0 也从 $V_0 = 3$ 更新为 $V_0 = 4$。

4. 第四次迭代

第三次迭代结束后，各节点的被访问次数和估计价值如图 4.21（a）所示。根据

式 (4.5.1) 重新计算节点 N_1 和节点 N_2 的 UCB 值，分别为 $\text{UCB}_1 = 2.98$ 和 $\text{UCB}_2 = 3.10$。因此，MCFS 选择节点 N_2。和第三次迭代类似，因为 N_2 在之前的迭代中已被探索过，所以本次迭代需要对 N_2 进行拓展。

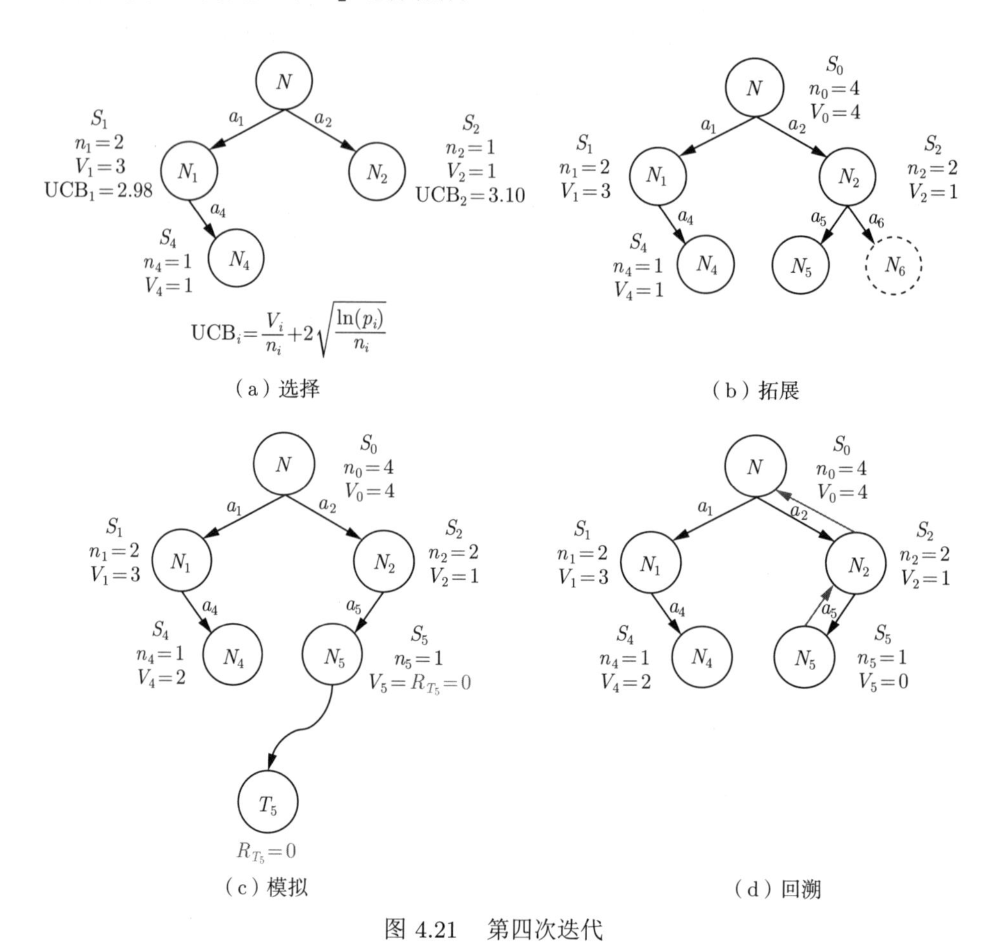

图 4.21　第四次迭代

选择 N_2 节点后，n_2 和 n_0 随之更新。如图 4.21（b）所示，节点 N_2 中的状态 S_2 下可选动作有 a_5 和 a_6，带来的后续状态分别为 S_5 和 S_6，与之对应的节点 N_5 和 N_6 都尚未被访问。因此，MCTS 从中随机选择一个进行拓展，此处选择的是 N_5。

同样，在拓展完成后，MCTS 从 N_5 出发进行模拟，并根据模拟轨迹在终止状态获得的估值 R_{T_5} 更新 N_5 的节点估计价值 V_5，节点被访问次数 n_5 也随之更新。如图 4.21（c）所示，由于 $R_{T_5} = 0$，V_5 仍为 0。

与前三次迭代相同，MCTS 从 N_5 出发向根节点 N 回溯。由于本次迭代中 $V_5 = 0$，所以各节点的估计价值保持不变。

四次迭代后，树结构和各节点的相关信息（被访问次数和估计价值）如图 4.21（d）所示。此时，节点 N_1 的估计价值 $V_1 = 3$，被访问次数 $n_1 = 2$，平均估计价值为 1.5；节点 N_2 的估计价值 $V_2 = 1$，被访问次数 $n_1 = 2$，平均估计价值为 0.5；因此，MCTS 在状态 S_0 下会选择执行使后续状态的平均估计价值更高的动作 a_1，将状态更新为节点

N_1 中的后续状态 S_1。

4.6 深度强化学习

4.6.1 深度 Q 网络

在之前的章节中，我们已经介绍了马尔可夫决策过程以及 Q 学习算法。在经典强化学习中，其状态及动作集合一般是有限的离散集合，且状态和动作数量较少，同时其状态及动作一般需要人工事先设计，提前给定。但是实际工程问题可能很难满足这种要求。

实际应用时很多问题的输入数据是高维的，如图片、声音、文本、视频等。因此，对智能体而言，其需要根据当前的输入决定前进的方向以及动作。若使用 Q 学习算法解决此类问题，则需要构建的样本状态空间过于庞大，对于计算机的存储、运算都是一种巨大的挑战。

为解决此类问题，可以考虑将神经网络和强化学习进行结合，神经网络能够有效地从图像、声音等高维数据中提取相应特征进而用于动作决策。可以将原始高维数据直接作为神经网络的输入（模拟"状态"），将在该数据对应情况下执行各种动作的预期回报作为神经网络的输出。

将深度神经网络与强化学习结合称为深度强化学习（deep reinforcement learning，DRL）。此类深度强化学习对自身知识的构建和学习都直接来自原始输入信号，无须人工编码和领域知识，因此可以认为深度强化学习是一种端到端（end-to-end）的感知控制系统，具有很强的通用性。如图 4.22 所示为深度强化学习的基本框架。

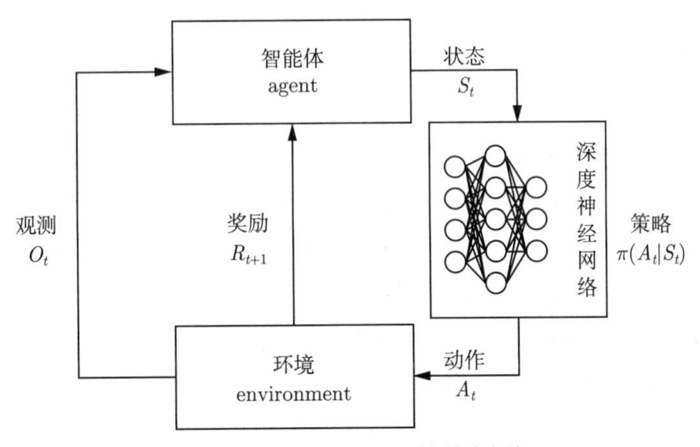

图 4.22 深度强化学习的基本框架

深度 Q 网络（deep Q network，DQN）是一种基于价值的算法，该算法最早由 DeepMind 团队在 2013 年提出（Mnih et al.，2013），2015 年其改进型发表在 *Nature* 上（Mnih et al.，2015），深度 Q 网络的提出是深度强化学习具有里程碑意义的重要事件。图 4.23 为深度 Q 网络的网络模型。

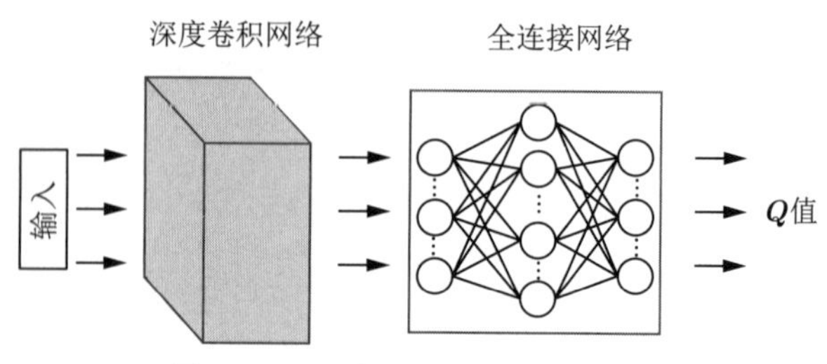

图 4.23　深度 Q 网络的网络模型

深度 Q 网络的主要学习过程如图 4.24 所示，图中各主要符号含义如下：s 为当前状态；a 为执行的动作；r 为经过执行动作后获得的奖励；$\boldsymbol{W}$ 为当前网络参数；$\boldsymbol{W}^-$ 为目标网络参数。当前网络同目标网络结构一致且初始参数一致，即 $\boldsymbol{W}=\boldsymbol{W}^-$。

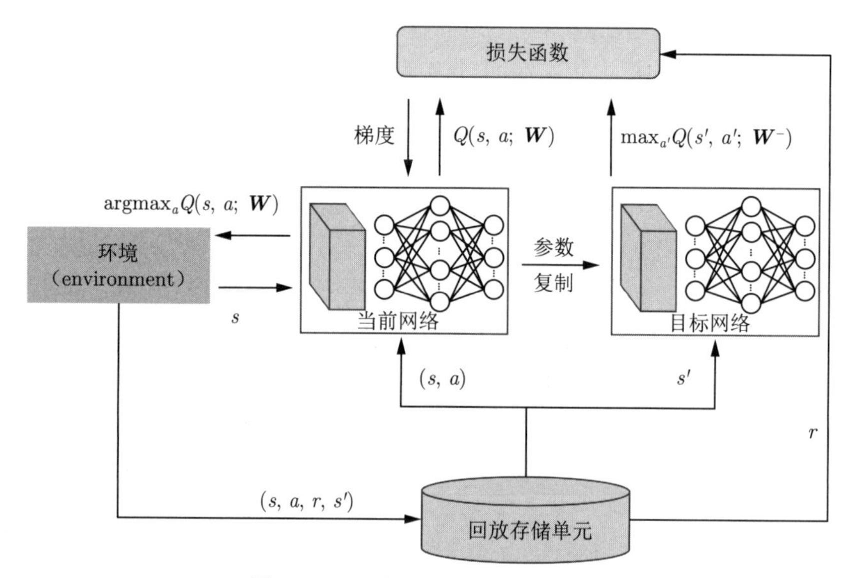

图 4.24　深度 Q 网络的学习过程

首先，在环境因素作用下，当前网络获得状态 s 的输入，并反馈当前网络给出的最佳执行动作 a、执行 a 之后能够到达的状态 s' 以及执行 a 能够获得的奖励 r。如此迭代多次可以产生多个四元组 (s,a,r,s')，这些四元组都将存储在回放存储单元中 (部分文献资料也称之为，经验池)。之后从回放存储单元中随机抽取少量四元组作为一个 batch 对当前网络进行梯度下降训练，并更新参数 $\boldsymbol{W}$。当前网络训练时，其样本是 (s,a) 元组，样本标签是奖励 r。当前网络每训练 N 次，更新目标网络参数矩阵 $\boldsymbol{W}^-=\boldsymbol{W}$ 一次。

这里我们还要定义当前网络的损失函数 $L(\boldsymbol{W})$。为了评估当前网络输出策略的效果，我们定义 $R=r+\gamma\max_{a'}Q(s',a'|\boldsymbol{W}^-)$，该值表示在 s' 状态下，目标网络输出的最大回报，即目标 Q 值。可以通过最小化当前网络输出 Q 值和目标 Q 值之间的均方误差来更新网络参数，其损失函数如下：

$$L(\boldsymbol{W})=E_{s,a,r,s'}[(R-Q(s,a|\boldsymbol{W}))^2] \tag{4.6.1}$$

对其参数 $\boldsymbol{W}$ 求偏导可以得到其梯度：

$$\nabla_{\boldsymbol{W}} L(\boldsymbol{W})=E_{s,a,r,s'}[(R-\boldsymbol{Q}(s,a|\boldsymbol{W}))\nabla_{\boldsymbol{W}}\boldsymbol{Q}(s,a|\boldsymbol{W})] \tag{4.6.2}$$

引入目标值网络后，目标 Q 值的更新并不实时发生，降低了当前 Q 值和目标 Q 值的相关性，提升了算法稳定性。

4.6.2 近端策略优化

在前面的章节中我们介绍过，强化学习算法可以按照方法学习策略划分为基于价值和基于策略两种。深度强化学习领域将深度学习与基于价值的 Q 学习算法相结合产生了上一节介绍的深度 Q 网络（DQN）算法，通过经验回放池与目标网络成功地将深度学习引入了强化学习算法。而后又出现了如近端策略优化（proximal policy optimization，PPO）等引入基于策略思想的深度强化学习算法。

PPO 算法主要使用一阶优化，在采样效率、算法表现，以及实现和调试的复杂度之间取得了新的平衡。PPO 算法在每一次迭代中会尝试计算新的策略，使损失函数最小化，并保证每一次新计算出的策略和原策略相差不大。目前 OpenAI 已经把 PPO 作为自己强化学习研究中的首选算法。

在介绍近端策略优化之前，我们首先介绍一下策略梯度算法。策略梯度算法通过一个策略梯度估计，然后使用随机梯度下降算法，最终得到一个好的策略。常用的梯度估计有如下形式：

$$\nabla_{\boldsymbol{\theta}} L(\boldsymbol{\theta})=\hat{E}_t[\nabla_{\boldsymbol{\theta}}\ln\pi_{\boldsymbol{\theta}}(A_t|S_t)\hat{A}_t] \tag{4.6.3}$$

其中，$\boldsymbol{\theta}$ 为新策略的参数；$\pi_{\boldsymbol{\theta}}$ 为随机策略函数；$\hat{A}_t$ 为在 t 时刻对于优势函数的估计。所谓优势函数描述了在状态 S_t 下执行动作 A_t，比根据策略函数 $\pi_{\boldsymbol{\theta}}$ 随机选择动作要好的程度，即

$$\hat{A}_t=q_{\pi_{\boldsymbol{\theta}}}(S_t,A_t)-v_{\pi_{\boldsymbol{\theta}}}(S_t) \tag{4.6.4}$$

上式中 $q_{\pi_{\boldsymbol{\theta}}}(\cdot),v_{\pi_{\boldsymbol{\theta}}}(\cdot)$ 函数定义参见公式 (4.2.17) 和式 (4.2.18)。如果 $\hat{A}_t>\mathbf{0}$，说明当前“状态-动作”对能够得到更高的回报，反之，则获得的回报更低。使用这种策略，其采样效率低，采样的数据只能用于更新一次策略，因此，我们需要对这种算法加以改进。

一种策略梯度算法的改进是信赖域策略优化算法（trust region policy optimization，TRPO）。为了解决策略梯度算法暴露的问题，TRPO 在策略迭代大小的约束下最大化一个设立的智能体目标函数，其优化问题形式如下：

$$\begin{cases}\max\limits_{\boldsymbol{\theta}} & \hat{E}_t\left[\dfrac{\pi_{\boldsymbol{\theta}}(A_t\mid S_t)}{\pi_{\boldsymbol{\theta}_{\text{old}}}(A_t\mid S_t)}\hat{A}_t\right]\\ \text{s.t.} & \hat{E}_t\left[\text{KL}\left[\pi_{\boldsymbol{\theta}_{\text{old}}}(\cdot\mid S_t),\pi_{\boldsymbol{\theta}}(\cdot\mid S_t)\right]\right]\leqslant\delta\end{cases} \tag{4.6.5}$$

其中，$\boldsymbol{\theta}_{\text{old}}$ 是更新之前的策略参数，$\text{KL}(F_1,F_2)$ 为两个分布之间的 KL 散度计算公式。以上优化问题可以在对目标函数做线性估计以及对约束做二次估计之后，通过共轭梯度

算法高效求解。然而，TRPO 算法基于约束优化问题，方法复杂，数据效率低且方法鲁棒性不够高。因此，PPO 算法在 TRPO 的基础上进一步改进，将二阶问题转化为一阶问题，降低了算法的实现难度。

在 PPO 算法中，我们使用旧的策略 $\pi_{\boldsymbol{\theta}}$ 与环境交互，采集得到的样本可以用于更新策略 $\pi'_{\boldsymbol{\theta}}$。因为一次交互产生的样本可以用于多次的更新，因此，PPO 算法提高了采样效率。PPO 算法有两个主要的变体，一个是基于惩罚项的 PPO 算法，另一个是基于截断函数的 PPO 算法。基于惩罚项的 PPO 算法通过添加惩罚项将以上约束优化问题转化为无约束优化问题：

$$\max_{\boldsymbol{\theta}} \hat{E}_t\left[\frac{\pi_{\boldsymbol{\theta}}\left(A_t \mid S_t\right)}{\pi_{\boldsymbol{\theta}_{\text{old}}}\left(A_t \mid S_t\right)} \hat{A}_t-\beta \mathrm{KL}\left[\pi_{\boldsymbol{\theta}_{\text{old}}}\left(\cdot \mid S_t\right), \pi_{\boldsymbol{\theta}}\left(\cdot \mid S_t\right)\right]\right] \tag{4.6.6}$$

其中 β 是惩罚参数。当然，PPO 中的 β 直接选定并不一定能带来效果上的提升，因此我们可以更进一步地对 β 做出一些动态调整，例如若 $\mathrm{KL}(\pi_{\boldsymbol{\theta}_{\text{old}}}, \pi_{\boldsymbol{\theta}}) > \mathrm{KL}_{\max}$，增大 β；若 $\mathrm{KL}(\pi_{\boldsymbol{\theta}_{\text{old}}}, \pi_{\boldsymbol{\theta}}) < \mathrm{KL}_{\min}$，则减小 β。

基于截断函数的 PPO 算法是更主流的变体。基于截断函数的 PPO 算法没有在目标函数中使用 KL 散度，也不包含任何的约束条件。这种算法依赖于截断函数来避免新策略距离旧策略太远的问题。其目标函数形式如下：

$$L^{\mathrm{CLIP}}=\hat{E}_t\left[\min\left(\boldsymbol{r}_t(\boldsymbol{\theta}) \hat{A}_t, \operatorname{clip}(\boldsymbol{r}_t(\boldsymbol{\theta}), 1-\epsilon, 1+\epsilon) \hat{A}_t\right)\right] \tag{4.6.7}$$

其中，概率比 $\boldsymbol{r}_t(\boldsymbol{\theta})=\dfrac{\pi_{\boldsymbol{\theta}}(A_t|S_t)}{\pi_{\boldsymbol{\theta}_{\text{old}}}(A_t|S_t)}$，$\epsilon$ 为一个较小的超参数来控制新策略允许远离旧策略的距离。在 min 函数中的第一项是 TRPO 的目标函数，第二项 $\operatorname{clip}(\boldsymbol{r}_t(\boldsymbol{\theta}), 1-\epsilon, 1+\epsilon)\hat{A}_t$ 通过截断概率比对智能体目标函数加以修饰。clip 函数排除了 $\boldsymbol{r}_t$ 在范围 $[1-\epsilon, 1+\epsilon]$ 的情况。

- 当 $\boldsymbol{r}_t(\boldsymbol{\theta})$ 比 $1+\epsilon$ 大时，clip 函数等于 $(1+\epsilon)$；
- 当 $\boldsymbol{r}_t(\boldsymbol{\theta})$ 比 $1-\epsilon$ 小时，clip 函数等于 $(1-\epsilon)$；
- 当 $\boldsymbol{r}_t(\boldsymbol{\theta})$ 处于 $1+\epsilon$ 与 $1-\epsilon$ 之间时，clip 函数等于 $\boldsymbol{r}_t(\boldsymbol{\theta})$。

对于该截断法我们可以这样理解：当 $\hat{A}_t > \mathbf{0}$ 时，即当前行动的回报高于基准行动的预期回报，我们更新策略 $\pi'_{\boldsymbol{\theta}}$ 使得该行动出现的概率尽可能大，但同时，不能超过基准回报的 $1+\epsilon$ 倍；反之，当 $\hat{A}_t < \mathbf{0}$ 时，也是同样的限制，即不能小于原有基准的 $1-\epsilon$ 倍。

这里我们给出近端优化策略算法如下。

总体来说，PPO 算法是对已有算法的一个补充，使得强化学习在小样本量的情况下，能够自己训练一个替代智能体，从而生成更多的交互样本，进而提升效率。使用 PPO 算法能够更快地帮助我们完成训练，避免时间浪费在大量采样上。

Algorithm 13: 近端策略优化算法

Input: 初始策略参数 $\boldsymbol{\theta}_0$, 初始值函数参数 $\boldsymbol{\phi}_0$，迭代次数 N。

Output: 策略参数 $\boldsymbol{\theta}$。

(1) 初始化：$\boldsymbol{\theta} \leftarrow \boldsymbol{\theta}_0$, episode $\leftarrow 0$

(2) **for** $k = 0, 1, 2, \cdots, N$ **do**

(3) 基于策略 $\pi_k = \pi_{\boldsymbol{\theta}_k}$ 通过与环境互动收集轨迹集合 $\mathcal{D}_k$

(4) 计算下一步的奖励 $\hat{R}_t$

(5) 基于当前的值函数 $V_{\boldsymbol{\phi}_k}$ 计算优势函数的估计 $\hat{A}_t$

(6) 通过随机梯度下降最大化基于截断的 PPO 目标函数来更新策略：

$$\boldsymbol{\theta}_{k+1} = \arg\max_{\boldsymbol{\theta}} \frac{1}{|\mathcal{D}_k| T} \sum_{\tau \in \mathcal{D}_k} \sum_{t=0}^{T} \min \left(\frac{\pi_{\boldsymbol{\theta}}(A_t \mid S_t)}{\pi_{\boldsymbol{\theta}_k}(A_t \mid S_t)} A^{\pi_{\boldsymbol{\theta}_k}}(S_t, A_t), \right. \left. \operatorname{clip}\left(\frac{\pi_{\boldsymbol{\theta}}(A_t \mid S_t)}{\pi_{\boldsymbol{\theta}_k}(A_t \mid S_t)}, 1-\epsilon, 1+\epsilon \right) A^{\pi_{\boldsymbol{\theta}_k}}(S_t, A_t) \right) \tag{4.6.8}$$

(7) 通过梯度递降算法利用最小二乘法回归拟合值函数：

$$\boldsymbol{\phi}_{k+1} = \arg\min_{\boldsymbol{\phi}} \frac{1}{|\mathcal{D}_k| T} \sum_{\tau \in \mathcal{D}_k} \sum_{t=0}^{T} \left(V_{\boldsymbol{\phi}}(S_t) - \hat{R}_t \right)^2 \tag{4.6.9}$$

(8) **end**

(9) **return** $\boldsymbol{\theta}$

4.6.3 延伸阅读：AlphaGo

基于搜索与监督的深度强化学习文章众多，其中一个较为著名的算法——AlphaGo 围棋算法便是基于此进行开发的。AlphaGo 基于增加额外人工监督来促进策略搜索这一核心思想，将深度神经网络同蒙特卡罗树搜索相结合，取得了卓越成就。

在棋类博弈中，象棋类由于其棋盘空间较少，局面状态也较少，因此对于象棋类的人工智能算法开发是较为简单的。早在 1997 年，国际象棋大师卡斯帕罗夫便被 IBM 的超级计算机“深蓝”（Deep Blue）击败。但对于围棋而言，其棋盘空间巨大，可能存在的状态数量数以亿计，对其进行人工智能算法开发是极其困难的。因此第一个打败人类高级棋手的 AlphaGo 算法在 2016 年才得以面世，这中间是近 20 年的不断尝试和更新。

AlphaGo 的完整学习系统主要由以下几个部分组成：

（1）**策略网络（policy network）**：其作用是根据当前的局面来预测和采样下一步走棋, 类似于模拟人类“棋感”。它又可进一步细分为监督学习型策略网络（supervised learning policy network，SL 策略网络）和强化学习型策略网络（reinforcement learning policy network，RL 策略网络）两种。

（2）**预演策略网络（rollout policy network）**：其目标也是预测下一步走子，但是预测的速度是策略网络的 1000 倍。

（3）**估值网络（value network）**：根据当前局面估计双方获胜的概率，类似于模拟人类对于盘面的综合评估，即盘面胜负评估。

（4）**蒙特卡罗树搜索**：将策略网络、预演策略和估值网络融入策略搜索的过程中，形成一个完整的系统。

一个完整的 AlphaGo 结构如图 4.25 所示，该图截取自 DeepMind 团队在 *Nature* 杂志上发表的 AlphaGo 论文原文。

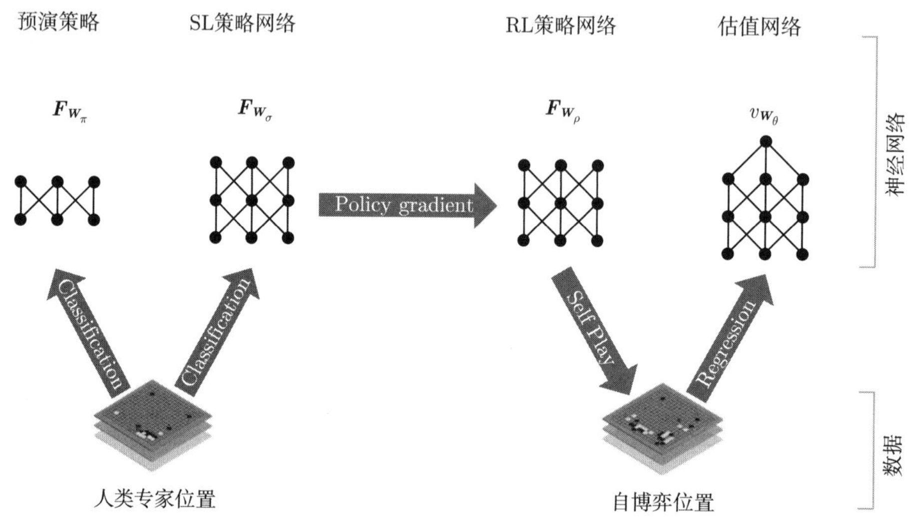

图 4.25　AlphaGo 结构示意图（Silver et al.，2016）

SL 策略网络是一个多层深度卷积神经网络，该网络的输入是棋盘特征，也叫作盘面，例如棋子颜色、对弈轮次、合法性、打吃、被打吃等共计 48 个特征，因此初始卷积神经网络输入为 19×19×48 二值矩阵（0-1 矩阵）。该输入经过 13 层深度卷积神经网络的操作，最终输出一个走棋策略 $\boldsymbol{F}_{\boldsymbol{W}_\sigma}(a|s)$，表示当前状态 s 下所有合法动作 a 的概率分布，其中 $\boldsymbol{W}_\sigma$ 表示该网络的权值，经过大量的数据训练 $\boldsymbol{W}_\sigma$ 将会得到一个较优值。SL 策略网络的决策计算速度是 3ms/步，其主要通过大量的历史数据监督学习，可以尽可能地模仿不同局面下的人类走子，进而为最终的蒙特卡罗树搜索提供有用的先验概率信息。SL 策略网络与用于预测识别的经典卷积神经网络非常相似，但是仅仅依靠该网络无法提供较为准确的信息，其提供的走棋策略基本能达到 50%~60%的准确率。

RL 策略网络是对监督学习型策略网络的进一步补充。针对已经得到的监督学习型策略网络参数 $\boldsymbol{W}_\sigma$，运用强化学习手段，对其进行多步迭代得到新的网络权重参数 $\boldsymbol{W}_\rho$。该两个网络的输入、输出及结构均一致，其最终的输出为 $\boldsymbol{F}_{\boldsymbol{W}_\rho}(a|s)$，表示对应状态 s 的走棋方法 a 的概率分布。

预演策略网络的学习模型是浅层的 softmax 模型，其输入简单，输出是 $\boldsymbol{F}_{\boldsymbol{W}_\pi}(a|s)$，其含义与策略网络的输出相同。$\boldsymbol{F}_{\boldsymbol{W}_\pi}(a|s)$ 的围棋水平较差，但其计算速度非常快，仅需 2μs，速度约为策略网络的 1000 倍。该策略网络主要用于蒙特卡罗树搜索模拟评估阶段的快速模拟。

估值网络也是一个 13 层的卷积神经网络，其输入与策略网络类似，都是盘面的特征信息，但是网络在输出层只输出单一的预测值 $v_{\boldsymbol{W}_\theta}(s)$，用于估计黑棋或白棋获胜的概率，而策略网络输出的是所有可能走子动作的概率分布。估值网络与策略网络的输入/输出示意图如图 4.26 所示，该图截取自 DeepMind 团队在 *Nature* 杂志上发表的 AlphaGo 论文原文。

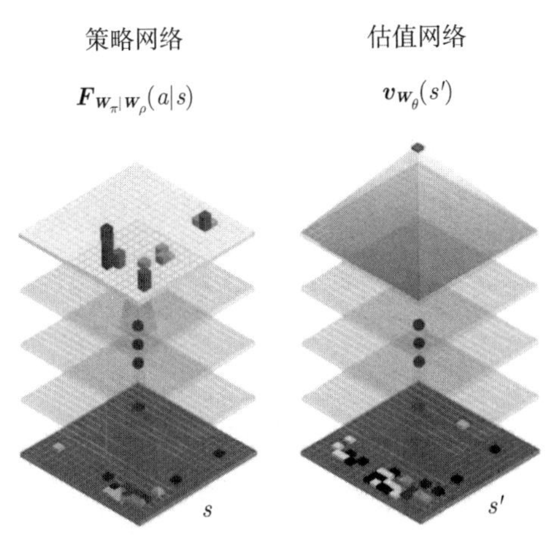

图 4.26　估值网络与策略网络结构示意图（Silver et al.，2016）

蒙特卡罗树搜索是综合支配各个网络选择下一个走子步骤的算法，经过蒙特卡罗树搜索可以最终在可接受时间范围内完成最优决策的寻找。

在棋类对弈中，可以采用树状结构表征棋类博弈问题，初始阶段棋盘为空，这构成博弈树的根节点，因此这时的可选择动作共有 $19 \times 19 = 361$ 种，即根节点具有 361 个分支。随机选择一个分支，并不断拓展，直至完成所有的搜索，达到终节点（terminal node）则游戏结束。这一过程是一个遍历过程，足够多次的尝试能够遍历完所有的可能结果，从而得到完整的决策树（在完整决策树已知的情况下，博弈游戏的胜负在开局便已确定）。但是这一遍历式的决策树所需的计算量过于庞大，若不考虑围棋提子动作，就有 361 种可能结果，这是一个难以接受的数字。因此我们需要对这种树搜索算法进行一定的改进，即使用蒙特卡罗树搜索。

蒙特卡罗树搜索的主要机理是减少搜索的宽度及深度：

（1）宽度方面：完成一定次数遍历后，部分分支会有更高的胜率，因此可以将遍历集中在此类分支上，类似于遗传算法中的“优胜劣汰”。

（2）深度方面：完成一定次数的深度遍历时，使用自行设计的评估算法评估当前胜利的概率，停止进一步的节点搜索。

4.6.4　案例：基于深度 Q 网络的智能小车平衡

在本节中，我们主要依据 gym 中的智能小车平衡项目来进行深度 Q 网络的实现，强化学习的一个挑战就是训练智能体，因此我们需要一个完整的工作环境，或者说学习环境。这样的环境创造代码对于普通人而言并不简单，因此我们可以使用 OpenAI 提供的

gym 游戏环境模拟工具包，该工具包提供 Atari 游戏、棋盘游戏以及 2D-3D 物理模拟等多个场景，可以用于训练智能体，并可视化比较效果。gym 工具包的加载很简单，只需在 Python 环境中使用代码“pip install”安装即可，与一般工具包类似。

图 4.27 所示为智能小车平衡学习中的三帧图像。在小车上有一铰接连杆，由于受到重力作用，连杆与水平线之间的角度不为 90°，因此连杆会向左倒下。此时通过向左移动小车，可以使得连杆不会倒下。若连杆与竖直方向的夹角大于 15°，则游戏失败；若小车移动范围超出左右限制，则游戏也失败。图 4.27 显示了经过完备训练的深度 Q 网络控制小车移动的效果。可以看到，效果较为良好。

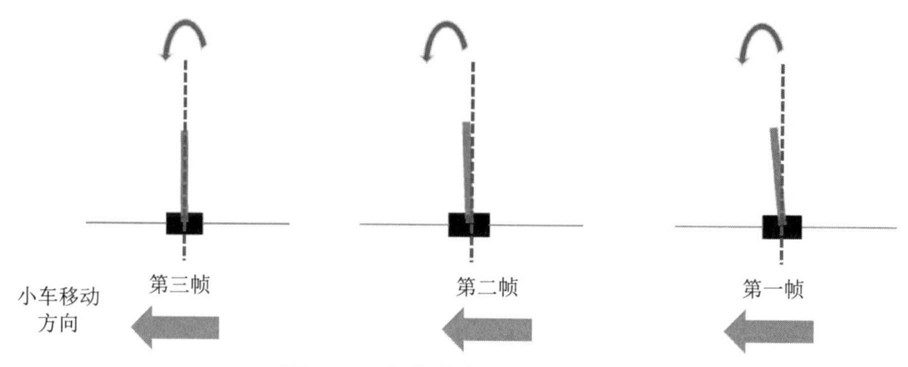

图 4.27　智能小车平衡三帧图像

在该事件中，总共 4 个变量，即小车的位置和速度、连杆的角度和角速度。在经典强化学习中，对此类连续值，常将其离散化处理，例如将每个变量离散成 6 个状态，则系统共有 $6^4 = 1296$ 个状态，而动作（action）有左、右两种，因此 $\boldsymbol{Q}$ 为 1296×2 的矩阵。这里，我们可以使用深度强化学习来改进学习效果。

我们主要使用如图 4.24 所示的深度 Q 网络来改进，深度 Q 网络存在两个子网络，两个网络结构相同，但是参数并不实时同步。具体来说，当前主网络参数实时更新，而目标网络参数每隔一段时间，从当前主网络复制一遍参数，延时更新。

该网络的主要代码解释如下：

首先定义 DQN 类，该类中含有 build_model，target_model 等类，并设置回报折扣为 $\gamma = 0.95$，参数衰减率 $\epsilon_d = 0.995$，最小随机搜索概率 $\epsilon_m = 0.01$。

```
1  class DQN:
2      def __init__(self):
3          self.model = self.build_model()
4          self.target_model = self.build_model()
5          self.update_target_model()
6          if os.path.exists('dqn.h5'):
7              self.model.load_weights('dqn.h5')
8          self.memory_buffer = deque(maxlen=2000)      # 经验池
9          self.gamma = 0.95
10         self.epsilon = 1.0
```

```
        self.epsilon_decay = 0.995
        self.epsilon_min = 0.01
        self.env = gym.make('CartPole-v0')
```

该深度强化学习的网络结构比较简单，是一个 4 输入、2 输出的全连接神经网络，网络的输出为选择的动作。对于图片型输入的问题，我们可以考虑使用卷积神经网络，但是此处显然不必使用更加复杂的卷积神经网络。

```
def build_model(self):
    inputs = Input(shape=(4,))
    x = Dense(16, activation='relu')(inputs)
    x = Dense(16, activation='relu')(x)
    x = Dense(2, activation='linear')(x)
    model = Model(inputs=inputs, outputs=x
    return model
```

在本节所给的 case 代码中我们使用最大迭代次数 N 来控制 $\boldsymbol{Q}$ 矩阵的变化次数。这里具体的模型调用设置可以参考之前章节所给的代码进行解读。深度 Q 学习训练过程如下，这里我们使用 episode 表示游戏最大迭代次数，并用 history 记录训练过程。

```
def train(self, episode, batch):
    self.model.compile(loss='mse', optimizer=Adam(1e-3))
    history = {'episode': [], 'Episode_reward': [], 'Loss': []}
    while not done:
        x = observation.reshape(-1, 4)
        action = self.egreedy_action(x)
        observation, reward, done, _ = self.env.step(action)
        reward_sum += reward
        self.remember(x[0], action, reward, observation, done)
        if len(self.memory_buffer) > batch:
            X, y = self.process_batch(batch)
            loss = self.model.train_on_batch(X, y)
            count += 1
            self.update_epsilon()
            if count != 0 and count % 20 == 0:
                self.update_target_model()
    self.model.save_weights('dqn.h5')
```

最终经过 600 次训练，得到了一个较稳定的网络，使用该训练完毕的网络能够较为精准地控制小车的方向选择。该网络的控制效果如表 4.1 所示（注：奖励最高值 200，移动次数最高值 200，二者相等），可以看到深度 Q 网络能够极大地改善控制效果。在参考代码中，可以观察到使用深度 Q 网络学习后的控制效果动态图片。

表 4.1 深度 Q 网络控制与随机控制结果

DQN 总奖励	DQN 移动次数	随机总奖励	随机移动次数
198	198	23	23
177	177	12	12
198	198	12	12
200	200	19	19
200	200	16	16
200	200	12	12
179	179	26	26
178	178	39	39
200	200	19	19
200	200	13	13

第 4 章 强化学习.rar

习题

1. 强化学习和监督学习之间有什么联系和区别？
2. 强化学习和无监督学习之间有什么联系和区别？
3. 列举出三个应用强化学习的实际场景。
4. 修改折扣率会对最优策略产生哪些影响？
5. 怎样评价强化学习智能体的表现？请简述评判标准。
6. 动态规划和蒙特卡罗算法有哪些区别？
7. 简述在线策略和离线策略的区别。
8. 时序差分法与蒙特卡罗算法之间有什么区别？
9. 给出图 4.4 中，学生上课过程中价值函数的计算过程。
10. 将图 4.4 中的折扣率改为 0.4，重新计算学生上课过程的价值函数。
11. 证明在两种动作的情况下，softmax 分布与通常在统计学和人工神经网络中使用的 logistic 或 sigmoid 函数给出的结果相同。
12. 写出状态价值函数所符合的贝尔曼期望方程。
13. 在图 4.28 定义的 MDP 中，状态 A、B、C 的可用操作是 LEFT、RIGHT、UP 和 DOWN，除非在那个方向上有墙。状态 D 的唯一动作是 EXIT ACTION，并给予智能体一个奖励 x。非退出行动的奖励总是 1，如图所示。假设折扣率为 0.5，求 A、B、C、D 的价值函数值。

14. 如图 4.29 所示为一个三状态系统，系统状态之间的转移及奖励标注在转移箭头上，设学习率 $\alpha = 0.9$，折扣因子 $\gamma = 0.9$，请根据 Q 学习算法计算最终 $\boldsymbol{Q}$ 矩阵。

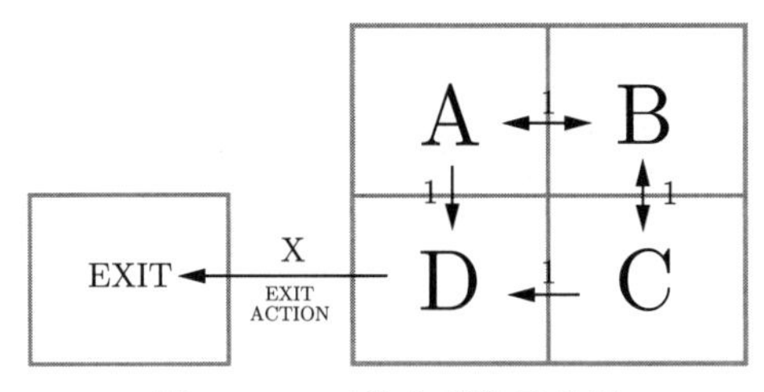

图 4.28　三状态系统示意图

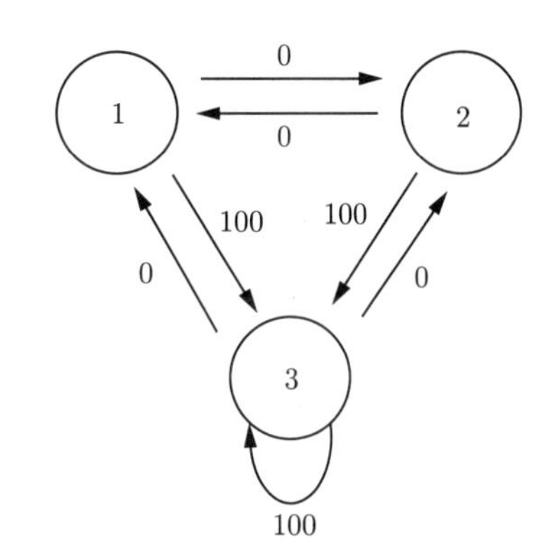

图 4.29　Q 学习状态转移及回报示意图

15. 根据对 AlphaGo 的介绍，现考虑其 SL 策略网络和 RL 策略网络，已知其输入均为 $19 \times 19 \times 48$，请问其最后一层输出神经元数量的取值范围是多少？根据本节所给智能小车平衡代码，计算其全连接神经网络的神经元个数。

第 5 章

数据处理相关知识

5.1 工业大数据

5.1.1 工业大数据背景

随着大数据、物联网、5G 通信等前沿科技的发展，世界各国开始加快工业智能化转型的步伐。从德国提出的“工业 4.0”到美国制定的“制造业复兴”计划，工业大数据作为智能制造的关键性技术，受到了各方的广泛关注。工业大数据的应用将带动工业生产，工业大数据的规模随着工业化改革的发展持续增长，其市场规模在全球大数据的规模中占到 50%以上。由此可以看出，工业大数据已经成为全球大数据产业发展的主要领域。中国为推动工业大数据的发展也制定了相关的政策和准则。

工业大数据是指在工业领域中，围绕典型智能制造模式，从客户需求到销售、订单、计划、研发、设计、工艺、制造、采购、供应、库存、发货和交付、售后服务、运维、报废或回收再制造等整个产品全生命周期各个环节所产生的各类数据及相关技术和应用的总称。其以产品数据为核心，极大延展了传统工业数据范围，同时还包括工业大数据相关技术和应用。其主要来源可分为三类：第一类是生产经营相关业务数据；第二类是设备物联数据；第三类是外部数据。

工业大数据有三个原始特性：高容量（high-volume）、高速度（high-velocity）、多种类（high-variety）。工业大数据除具有一般大数据的特征（数据容量大、多样、快速和价值密度低）外，还具有时序性、强关联性、准确性、闭环性等特征。

（1）数据容量大（volume）：数据容量决定所考虑的数据的价值和潜在的信息。工业数据体量比较大，大量机器设备的高频数据和互联网数据持续涌入，大型工业企业的数据集将达到 PB 甚至 EB 级别。

（2）多样（variety）：指数据类型的多样性和来源广泛。工业数据分布广泛，分布于机器设备、工业产品、管理系统、互联网等各个行业；并且结构复杂，既有结构化和半结构化的传感数据，也有非结构化数据。

（3）快速（velocity）：指获得和处理数据的速度快。工业数据处理速度需求多样，生产现场要求时限时间分析达到毫秒级。

（4）价值密度低（value）：工业大数据更强调用户价值驱动和数据本身的可用性，包括提升创新能力和生产经营效率、促进个性化定制、服务化转型等智能制造新模式变革。

（5）时序性（sequence）：工业大数据具有较强的时序性，如订单、设备状态数据等。

（6）强关联性（strong-relevance）：一方面，产品生命周期同一阶段的数据具有强关联性，如产品零部件组成、工况、设备状态、维修情况、零部件补充采购等；另一方面，产品生命周期的研发设计、生产、服务等不同环节的数据之间需要进行关联。

（7）准确性（accuracy）：主要指数据的真实性、完整性和可靠性，更加关注数据质量，以及处理、分析技术和方法的可靠性。对数据分析的置信度要求较高，仅依靠统计相关性分析不足以支撑故障诊断、预测预警等工业应用，需要将物理模型与数据模型结合，挖掘因果关系。

（8）闭环性（closed-loop）：包括产品全生命周期中数据链条的封闭和关联，以及在智能制造数据采集和处理过程中，需要支撑状态感知、分析、反馈、控制等闭环场景下的动态持续调整和优化。

由于具有以上特征，工业大数据作为大数据的一个具体应用，具有广阔应用前景。

工业大数据是大数据与智能制造的交叉点，其数据贯穿于工业的设计、工艺、生产、管理、服务等工业产品的全生命周期。工业大数据的分析要求用数理分析来解决业务问题，通过全方位的数据分析以获得业务决策所需的各种知识。由于工程实际问题的约束，仅仅通过历史数据的规律总结往往不能很好地解决实际业务问题，因此需要采用数据和机理深度融合的“数据驱动 + 模型驱动”的方式才能较大程度去解决实际的工业问题。工业大数据分析发展至今，在数据采集和处理能力方面取得了较大的进展，数据完整性和质量有很大的提高，相对而言，构建分析模型能力较为滞后。这也是本书的落脚点之一：基于机器学习方法开展工业大数据的分析建模。在工业大数据预处理、分析方法的方面，需要重点关注如何利用数据条件，得到高质量的分析结果。

5.1.2　工业大数据平台

工业大数据分析平台是实现工业大数据分析处理的主要载体。GE 率先推出了涵盖工业研发设计、生产制造、经营管理、服务等全流程的 Predix 平台，提供数字解决方案和工业技术服务对工业生产过程中采集的海量工业数据进行高效的分析；西门子也推出了能将预防性维护、能源数据以及资源优化等工业数据与软件汇集整合的 Mind Sphere 平台；IBM 投资建设了涵盖工业大数据、移动应用、分析、整合、安全和物联网等各领域超过 120 种软件工具与服务的 Bluemix 创新工业云平台。与此同时国内企业也进行了很多探索，并取得了一定的进展。例如，三一重工发布了集成大数据分析及预测模型、端到端的全流程运营管理系统等软件工具的根云（root cloud）大数据分析平台，可以提供精准的大数据分析、工况预测以及运营支持；海尔自主研发了包括协同创新、众创众包、柔性制造、供应链协同、设备远程诊断维护、物流服务资源的分布式调度等全流程应用解决方案的COSMO大数据分析平台。

大数据计算框架是大数据平台的心脏，通过选择合适的框架可有效地打破传统工业数据分析的瓶颈，以快速地实现数据转化为有价值的决策信息。根据处理数据的类型将计算框架分为批处理系统、流处理系统和混合处理系统三个类别。

1）批处理系统

批处理系统主要针对大量静态数据进行操作。批处理系统的典型代表是Google公司提出来的Map-Reduce理论。它是一种借鉴于函数式编程模型，其概括为映射（map）和归约（reduce）两点主要思想。Map-Reduce中的Map，指从一个数据序列得到另一个数据序列的。转换操作，包括函数映射/map、过滤/filter等操作。Map-Reduce中的Reduce，是对数据序列的消费。可以对数据序列进行统计或累积，归约操作包括求和、求最大值、求最小值、求数量、打印每个元素等操作。提到Map-Reduce就不得不提到当今业界最流行的大数据处理的平台Hadoop，它是基于一个可扩展的分布式文件系统（google file system，GFS）与Map-Reduce实现的一个专门用于批处理的分布式系统基础架构。Hadoop通过集成非关系数据库（HBase）、数据仓库（Hive）、数据处理工具（Sqoop）、机器学习算法库（Mahout）、一致性服务软件（Zoo Keeper）、管理工具（Ambari）等众多优秀产品而不断发展完善，已经形成了较为完整的大数据生态圈和分布式计算标准。

Hadoop使用多个组件来进行数据批量处理：① 分布式存储层HDFS，它协调集群节点之间的存储和复制来作用于数据源，并完成海量中间处理计算结果和最终结果数据的存储；② 资源调度层YARN，作为Hadoop计算集群的协调组件，用于基础资源的管理、协调和调度作业；③ Hadoop批处理引擎Map-Reduce，用来完成海量数据的计算。HDFS和Map-Reduce是Hadoop框架的核心设计。Map-Reduce采用在每个任务中多次读取和写入的方式降低了整体的运行速度，因此适合处理时间要求低但不需要高运行硬件的大型数据集。Hadoop具有广泛的生态系统及其与其他框架的集成能力，使其成为各种工作负载处理平台的基础。通过与Hadoop集成，许多其他处理框架也可以使用HDFS和YARN资源管理器。

2）流处理系统

流处理系统用于处理从外部接入的高速实时数据，不对现有数据集进行操作。一般来说实时计算的过程包括数据采集和数据的实时计算。数据的实时采集阶段要保证为实时应用提供完整全面的实时数据，并且响应的时间也要保证低延迟和高稳定性。常用的开源流行的分布式采集工具有Scribe、Flume等，支持海量数据传输的是分布式消息中间件Kafka。数据的实时计算是针对不断变化的流数据实时地进行分析。数据的实时计算框架需要具有以下能力：可以进行不间断的查询、系统稳定可靠、较强的吞吐能力和较低的延迟性。目前Twitter开源的Storm是主流的实时流计算框架。

Storm 是一种开源实时计算系统，专注于极低延迟的流处理。Storm 的流处理将应用程序和计算任务打包到用于进行编排的 Topology 有向无环图（directed acyclic graph，DGA）中，类似于 Hadoop 的 Map-Reduce 任务。Storm 以两种模式处理消息：Trident 和 Core Storm。Trident 和 Core Storm 的组合使用使系统能够智能地处理重复消息，保证对内容进行严格的一次性处理，提高了 Storm 的灵活性，但降低了低延迟和实时的优势。并且 Storm 还支持多种编程语言。在兼容性方面，通过与 YARN 资源管理器的集成可以轻松地集成到现有的 Hadoop 部署中。

3）混合处理系统

混合处理系统可同时处理批处理和流处理两种工作负载，由相关的组件和 API 搭建, 从而为数据处理提供了一种较为通用的方案。当前主流的混合处理框架主要为 Spark 和 Flink。

Spark 框架基于分布式内存进行数据处理。系统框架主要包括数据存储、应用程序接口（application programming interface，API）和管理框架三个组件。Spark 会将任何类型的数据存储在不同分区的弹性分布式数据集（resilient distributed data set，RDD）中以保持数据集结构的不变。RDD 支持两种类型的操作：Transformation 和 Action。相较于 Hadoop 的 Map-Reduce，借助内存中的计算策略和 DAG 调度机制的 Spark 可以更快地处理相同的数据集。Spark 平台的计算基于内存，允许将中间数据的输出和结果的输出存储在内存中，从而消除了与分布式数据库交互时 I/O 资源的浪费，因此具有非常高效的大数据处理能力。

Spark 用于流处理的组件是 Spark Streaming，在接收到输入数据流后将数据分成批处理，然后将它们发送到 Spark Engine 进行处理，以分批生成最终结果流。这意味着 Spark Streaming 可能不适合具有高延迟要求的工作负载。Spark 除了支持 Spark Core 批处理和 Spark Streaming 流处理外，还提供了图计算（Graph X）、交互式查询（Spark SQL）和机器学习（MLlib）等工具模块，并且支持 Scala、Java、Python 和 R 多种编程开发语言。

Flink 是当前大数据处理框架领域中的一项新兴技术。虽然 Spark 也具备批处理和流处理两种方式，但是 Spark 基于微批处理的流处理体系使其不适用于许多用例。Flink 的流处理提供了高吞吐量、低延迟和逐项处理能力。Flink 通过 Data Stream API 处理无限的数据流，并且以流的形式从持久性存储中读取有界数据集。与 Spark 不同的是，Flink 具有诸如数据分区和自动缓存之类的功能，用户无须在待处理数据的特性发生更改后进行手动优化和调整。对于迭代性的任务，Flink 会在存储该数据的节点上直接执行相应的计算任务，还可以执行“增量迭代”或仅对数据的更改部分进行迭代。

5.1.3 工业大数据分析建模方法体系

工业大数据分析建模体系的目的在于面向不同的业务场景构建合理、准确的分析模型以支持工业大数据分析。面向工业大数据的分析建模方法体系如图 5.1 所示。开展工业大数据分析，首先应该进行业务梳理工作，在特定的工业场景下以业务问题为导向，梳理业务知识以明确分析需求；其次应开展数据理解和数据准备工作；最后在业务知识、数据信息和建模平台的支持下，开展数据分析建模过程及结果展示工作，同时在分析建模的过程中对数据层提供反馈，以补充和完善数据层的数据理解和数据准备。

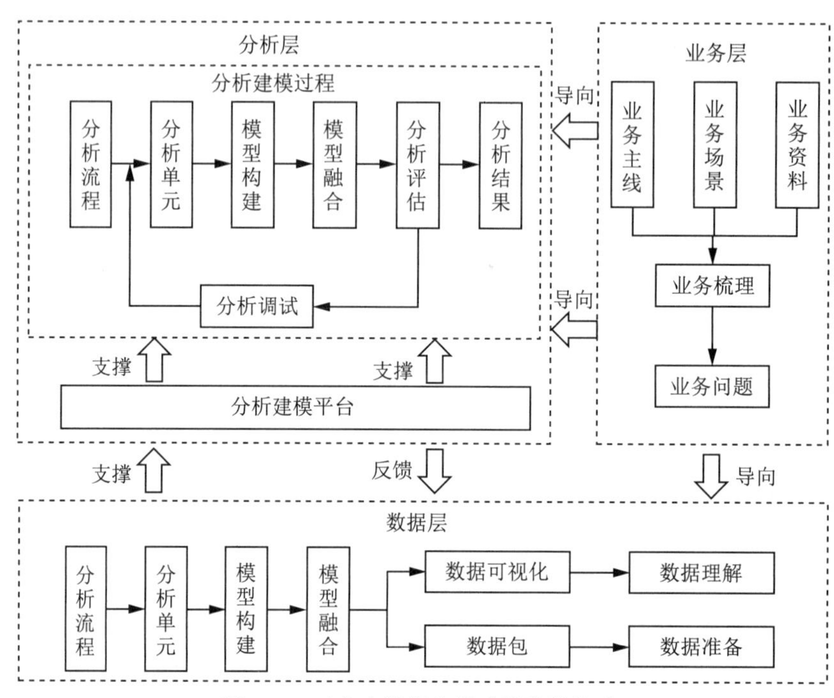

图 5.1　工业大数据分析建模流程体系

1）业务梳理

对业务的相关梳理和理解是进行数据处理和分析建模所需的“背景知识”。该阶段的目标是在分析建模工作的准备前期，通过对工业系统的业务梳理，为分析建模过程提供业务问题的问题描述、数学描述和可视化描述，同时基于业务的理解为分析过程制定评估方案，最后通过分析评估对业务问题做闭环验证。业务层包含业务资料、业务知识、业务主线、业务场景等项目，以支持业务分析。首先由具体的工业系统出发，提取业务资料（系统功能、技术原理等），并挖掘其业务知识；其次从需要进行分析的某一业务主线划分出具体的业务场景，再聚焦到业务问题，对业务问题与场景的关系进行定位，对问题本身进行定义，如类型、问题描述、数学逻辑等；最后结合上述所有步骤形成业务总览，从而清晰地认识整个业务的脉络。

2）数据准备

数据层的目的是为分析建模过程提供数据层面的支持，其包含两个部分：数据理解和数据准备。

数据理解是通过数据挖掘以及可视化等探索手段发现数据的内部属性和数据背后的规律特征。数据准备即通过数据预处理等手段为分析层提供合适、划分好、可直接使用的数据包。通过对数据的理解不仅可以更深地解读业务，还可以提供数据本身隐藏的信息以辅助分析模型的构建。针对工业大数据的特点，本节提出了基于工业大数据挖掘的可视分析方法，以帮助人们在分析建模前对数据有充分的理解。

数据层的目的是在分析建模工作的前期，为数据的建模分析提供可直接使用的输入数据源，并将数据源处理成分析建模过程需要的数据包。数据层为分析建模过程的分析单元提供已划分好的数据包，以支持分析建模过程中分析模型的选择及模型的训练和计算。该阶段的一般步骤为：首先基于业务目标筛选有效数据源；其次对数据进行缺失值处理、异常值处理等数据预处理工作；最后对完成预处理的数据进行划分，输出分析建模过程需要的数据包。

3）分析建模

基于上述分析，获得了业务知识和数据信息，分析层的目的是基于对业务和数据的理解，在工业大数据分析建模平台的支撑下完成分析模型的构建。

在业务、数据和平台的支持下，开展数据分析建模过程工作。大数据分析建模过程包含构建分析流程、细化分析单元、选择模型或自定义模型、模型训练、模型评估、模型融合、模型应用、模型优化、分析评估和分析调试 10 个部分，如图 5.2 所示。

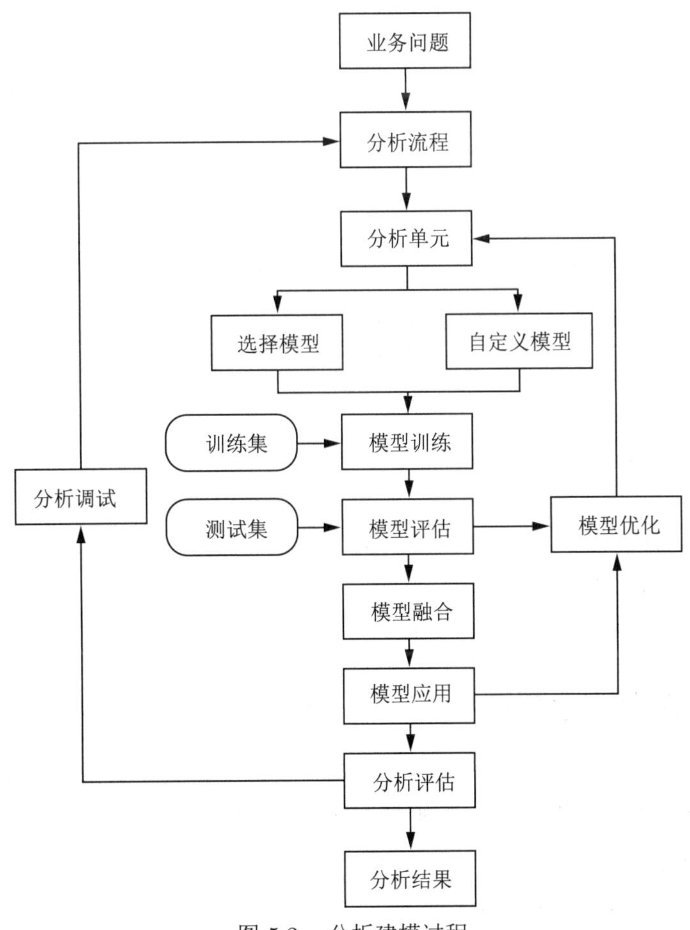

图 5.2　分析建模过程

（1）构建分析流程。在特定的业务场景下，针对特定的业务问题，构建解决该问题的分析流程，该分析流程包含一个或多个分析模型。

（2）细化分析单元。根据分析流程确定需要分析的单元，分析单元可以是分析流程中的某一环节，也可以是相关联的几个环节。每个分析单元的详细信息包括对数据包的要求、该单元的具体数学分析步骤和结果定义。

（3）选择模型。基于业务梳理和数据支持得到的信息、知识，选择分析模型的类别，包括描述型分析、预测型分析、诊断型分析和指导型分析，再选择已存在的或者相似的具体模型，包括漏斗分析、留存分析等模型，每种模型对应不同的建模步骤、参数设置等信息。为分析模型选择合适的类型便于适配具体的业务场景和业务问题。

（4）自定义模型。若针对此业务问题没有合适的分析模型进行选择，还可通过一系列步骤（模型组合、数据定义、算法选择、参数定义等）自定义分析模型。

（5）模型训练。在分析模型的模式和类别确定之后，需要根据工业场景中的实际业务数据来训练模型，通过计算来设置模型的参数值。

（6）模型评估。模型训练完成后需要将分析模型放在特定的业务场景下进行评估，从而为模型的下一步迭代指明优化路径，常用来进行模型质量评价的指标包括判定系数、平均误差率等。

（7）模型融合。在某些分析场景中，往往需要多个分析模型进行融合使用，共同完成某一环节的分析。不同分析模型的融合，包括计算过程融合和计算结果融合。

（8）模型应用。在完成分析模型的评估和调整之后，加载相应分析场景的数据并进行运行计算，结果以可视化方式展示，与分析单元预期的结果进行对比查看模型应用效果。

（9）模型优化。在应用分析模型的过程中，如果出现评价指标异常、模型欠拟合及过拟合或者在真实的业务场景中应用效果不好等情况，需要对分析模型进行优化，具体可考虑重新选择模型、调整模型参数、增加变量因子等优化措施。

（10）分析评估。上述步骤（6）的模型评估是对某一分析模型的评估，是指标性的评估。而此步骤的分析评估是对于某一具体的业务问题，针对整个分析过程的评估，是多个分析模型综合的结果。首先查看整个分析与具体业务场景、业务问题的契合程度；其次考察该分析是否满足实际应用的条件，为分析模型部署的可行性进行验证。

（11）分析调试。分析评估之后，若评估结果不理想，须根据分析评估的结果找到需要优化的步骤，优化后再次进行分析评估。

5.1.4 工业大数据平台架构

进行平台需求分析是设计与开发平台的第一步，工作人员通过对该平台的简单操作即可实现多种格式的数据源接入、分析模型构建、大数据处理和可视化等，来解决工业中存在的业务问题。因此，工业大数据分析建模平台应满足以下需求。

（1）平台有简单、直观且高效的操作界面，方便操作人员进行交互，并且运行稳定；

（2）可视化展示方面，包含丰富的图例支持不同类型数据直观的展示，包括静态数据、实时动态数据和三维模型的可视化展示，以支撑构建分析模型、分析结果数据、分析过程监控的可视化展示；

（3）数据采集与存储方面，平台通过工业互联网网关可采集不同工业设备的数据，然后根据数据的类型进行存储，并且数据的调用方便直观；

（4）资源管理方面，平台需要对分析建模过程中的资源进行合理化、清晰化的管理，管理的资源类型包括数据、算法、模型、知识和仿真资源，并方便调用；

（5）计算能力方面，平台能够支持海量工业数据的处理和计算，并为不同业务的计算需求合理地分配计算资源；

（6）平台管理方面，平台需要具有用户管理、权限管理、集权管理、任务管理、日志管理等功能。

工业大数据平台是工业大数据技术具体应用的载体，从平台功能角度看，工业大数据平台应当具备通用大数据平台针对数据全生命周期处理的所有功能。需要工业数据采集、存储、分析、可视化等关键技术支撑，以满足在具有多模态、高通量、强关联特征的工业大数据环境中支撑工业应用。平台总体架构如图 5.3 所示。

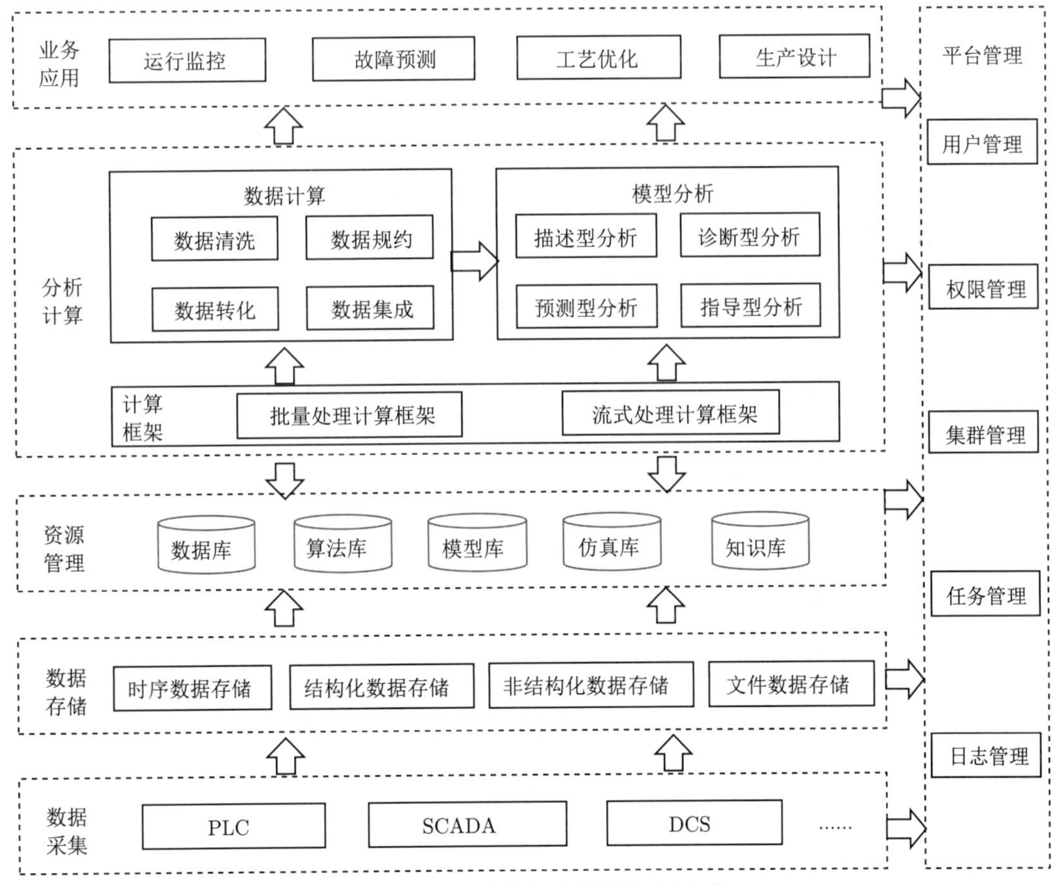

图 5.3　工业大数据分析建模平台架构

1）数据采集和存储

数据采集层的作用包括对时序数据、结构化数据和非结构化数据的采集。工业大数据的实时采集数据主要使用 PLC、SCADA、DCS 等系统实现，也可以从实时数据库或物联网等系统中获取。同时，需要从业务系统的关系数据库和文件系统中收集所需的结构化和非结构化数据，并利用大数据分布式存储的技术，实现时序数据存储、结构化数据存储和非结构化数据存储等。

2）资源管理

为数据、算法、模型、仿真和知识资源分别建库，方便平台的资源管理。这里的库是平台使用层面的，其依赖于数据存储层提到的各类型存储技术。算法、模型和知识存储在关系型数据库中，仿真以文件数据的形式存储。

3）分析计算

分析计算层，在不同类型的大数据计算框架的支撑下完成数据处理和模型分析。本书所介绍的机器学习模型方法为分析计算层提供了有效的技术手段。数据处理包括数据清洗、数据规约、数据转换、数据集成等，模型分析按其类型分为描述型分析、预测型分析、诊断型分析、指导型分析等。其中大数据计算技术在并行计算的基础上分为批量处理计算和流式处理计算技术，以制定适用于工业大数据分析建模的大数据计算框架方案。

4）平台管理

工业大数据分析建模平台的管理有面向用户使用的用户管理和权限管理、面向大数据处理框架的集群管理，以及面向分析工程的任务管理和日志管理。

本书中阐述的机器学习模型方法为上述架构中的算法与模型库提供主要的技术手段，在接下来的章节，本书将通过一系列的工业案例分析来进行详细讨论。

5.1.5 工业大数据分析建模计算框架

在分析建模过程中，针对不同业务场景、不同类型的业务问题，因数据源类型的不同，分析模型的运行计算（包括训练模型、评估模型、应用模型、模型融合等步骤）需要采用批处理和流处理两种分析计算方式。批处理系统主要针对大量静态数据，并且在完成所有处理之后获得返回的结果。而流处理系统则处理从外部接入的高速实时数据，不对现有数据集进行操作。然而在不同计算模式下的计算框架需要进行集成才能形成单一平台可调度和管理的混合计算框架，本节将基于 Lambda 形成包含批处理和流处理的多模式大数据处理架构。

Lambda 数据处理系统架构是由 Twitter 的工程师 Nathan Marz 提出的，该架构基于分布式的大数据处理系统，可通过批处理进行大规模复杂数据的处理，同时也可以进行实时的流处理并且提供批处理层、服务层和加速层三个部分，如图 5.4 所示。

1）批处理层

批处理层对全部数据执行批处理计算，获取批处理视图并将其存储在服务层中。批处理层可以周期性地重复更新批处理视图，以确保数据的高容错性，但通常具有更长的计算时间和延迟，适合于全局规模的分析和计算。通常由大数据批处理框架来实现该层。

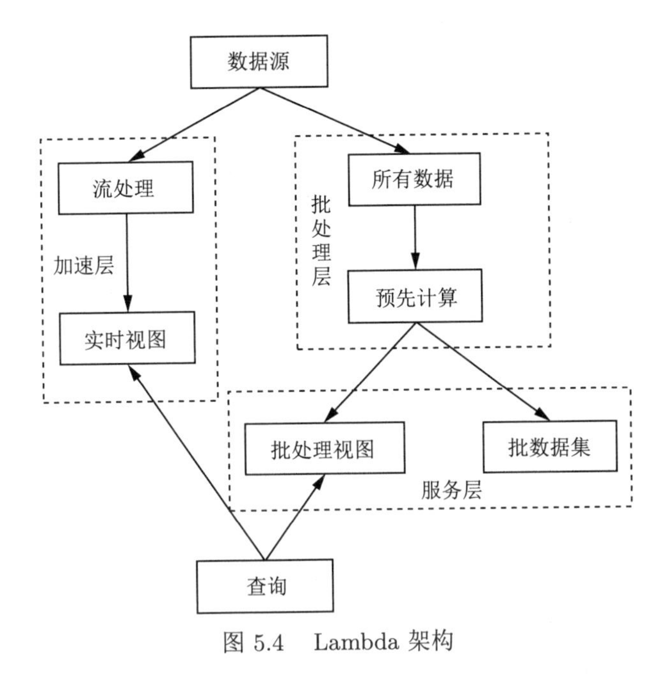

图 5.4　Lambda 架构

2）服务层

服务层为用户的查询提供支持。该层根据查询条件来访问视图，并将批处理结果和实时视图结合起来向用户提供反馈。通常，借助 SQL 数据库来实现服务层，但是为了降低整体的复杂性，不允许对视图的结果进行随机的写入操作，而是对批处理结果和实时视图进行随机的读取。

3）加速层

加速层负责对增量数据进行实时的计算。通过引入加速层来解决批处理耗时、无法有效地计算实时增量数据的问题。加速层仅仅处理最新增加的数据，以满足数据处理的低延迟需求，通常借助于消息系统以便随时提取新增加的数据，并通过实时流计算框架来完成实时视图的生成。

基于 Lambda 架构理论模型，可以将支撑分析建模的多模式大数据处理架构划分为三层：批处理层、流处理层与服务层，如图 5.5 所示。

1）批处理层

批处理层将工业数据全量地存储在分布式数据库系统上，并通过具有处理海量工业数据能力的批处理框架进行离线计算，再将批处理的计算结果发送到服务层的批处理视图。新的计算输出将会直接覆写历史的计算结果，以保证当前的输出为最新的计算结果。

2）流处理层

流处理层将实时的流数据通过高吞吐、低延迟的流处理框架进行在线处理，再将实

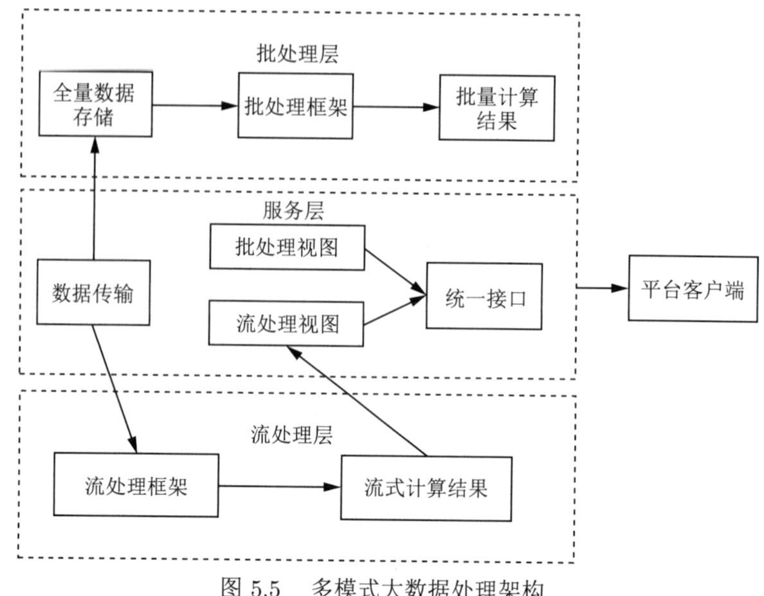

图 5.5　多模式大数据处理架构

时更新的流式计算结果发送到服务层的流处理视图。该层对大规模复杂数据进行计算的能力不如批处理层强，但数据流在到达后可立即进行计算。

3）服务层

服务层对数据进行传输，并提供批量计算层与流式计算层的统一访问接口。在数据传输方面：对于静态的历史数据通过客户端直接导入数据库，而对于工业实时数据的传输，通过使用 Kafka 可满足其高通量、低延迟的需求，并借助分布式协调器 Zoo Keeper 实现其分布式拓展。在视图方面，对批处理层和流处理层建立共同索引，平台客户端通过统一接口来访问批处理视图和流处理视图。

5.2　数据处理

实际的工业数据分析案例中，数据的质量将会直接影响模型的准确性和泛化能力，而在数据采集过程中，直接采集的数据可能会存在各种各样的问题，例如：由于传感器某段时间的故障而包含大量缺失值，由于人工输入错误而导致存在异常点等。因此数据处理是至关重要的一个环节，数据处理相关的工作往往会占据整个项目时间的 70%。接下来我们将介绍一些数据处理的基本方法。

5.2.1　数据清洗

数据清洗是发现并纠正数据文件中可识别的错误的一个步骤，其中包括缺失值处理、离群值处理、数据噪声处理等。数据清洗一般由计算机自动化处理完成。

1. 缺失值的处理

缺失值是指粗糙数据中由于缺少信息而造成的损失或截断的数据。具体而言，是指现有数据集中某个或某些属性的值是不完全的。

而在数据处理的过程中，缺失值不仅包括数据信息库中的 NULL 值，也包括用于表示数值缺失的特殊数值（比如，部分系统中的 99999、None、Nan 等）。数据缺失主要有以下两大类原因。

（1）**机械原因：** 由于机械原因导致的数据收集或保存失败而造成的数据缺失，比如数据周期性采集时，传感器临时故障、通信临时中断等。

（2）**人为原因：** 由于人的主客观失误或有意隐瞒造成的数据缺失，比如在数据记录中操作人员不小心误删了数据。

对于缺失数据，其处理可以从以下几个方面入手。

（1）**删除元组：** 即将存在遗漏信息属性值的记录删除，从而得到一个完备的信息表。这种方法简单易行，当某一元组对象缺失的数据值特别多，且被删除元组的数量占总样本数量特别少时是较为有效的。当然，此类方法局限性很大，它以减少数据记录来换取信息的完备，这会丢弃大量隐藏在被删除元组中的信息。当缺失数据比例较大时，特别是缺失数据分布不符合随机分布时，直接删除可能会导致数据发生偏离，比如原本的正态分布变为偏态分布。

（2）**补齐元组：** 即对存在缺失数据的元组进行补齐操作，从而得到一个完备的数据信息表。补齐元组所需的操作技术及难度远高于删除元组。在对信息进行补足时，主要需要满足合理性假设，即有一定科学依据。其具体方法包括平均值填充、回归拟合等。

（3）**不处理：** 此类方法能够较好地保证数据原始分布的可靠性，往往应用于神经网络。

2. 离群值的处理

离群值（outlier），也称逸出值，是指一组数据中某个数值与其他数值相比差异较大。离群值可以通过观察值的频数表、直方图、坐标图来初步判断。但是更为科学的是通过统计学依据进行判定，如式 (5.2.1) 所示：

$$T = \frac{X_d - \bar{X}}{\sigma} \tag{5.2.1}$$

式中，X_d 为被检测数据；$\bar{X}$ 为数据的平均值；σ 为数据标准差。通过给定置信度临界值进行查表，对比计算得到 T 值。若 T 大于查表得到的临界值，则表明偏差大于一般置信度，应当认为是离群点。和大多数检验一样，置信度 α 一般为 0.05。

对于离群值的处理方法如下。

（1）**剔除离群值：** 此类方法最为常用，往往用于数据样本较多，离群值较少时。

（2）**修改离群值：** 当离群值占比过大，或者样本数量过少时采用此类方法。该方法需要重新观测离群值的真实取值，或者按照统计方法假设。

3. 数据噪声的处理

数据噪声（noise）：即数据集中的干扰数据，也即测量变量中的随机误差、方差。简单来说，我们可以认为如下等式近似成立：

$$\text{观测量(measurement)} = \text{真实数据(true data)} + \text{噪声(noise)} \tag{5.2.2}$$

上文所述的离群点属于观测量，其有可能是真实数据产生的，也有可能是噪声带来的。数据噪声常常出现于通信领域的信号数据，生物医学领域的血糖、激素水平等易受环境影响的变量。

对于噪声数据，本书主要采用平滑处理进行消除。常见的平滑处理方法有：

（1）**中心移动平均法**，公式为

$$\hat{x}_i = \frac{\sum\limits_{t=i-n}^{t=i+n} x_t}{2n+1} \tag{5.2.3}$$

（2）**加权中心移动平均法**，公式为

$$\hat{x}_i = \frac{\sum\limits_{t=i-n}^{t=i+n} \alpha_t x_t}{2n+1} \tag{5.2.4}$$

（3）**指数移动平均法**，公式为

$$\hat{x}_i = \alpha x_i + (1-\alpha)\hat{x}_{i-1} \tag{5.2.5}$$

上述几个式子中，$\hat{x}_i$ 表示对第 i 个变量进行平滑后的值，x_i 表示原始数据值。

5.2.2 数据变换

1. 名词性特征的处理

这里所说的名词性特征处理，主要指将中英文词汇转为计算机可以识别的数学语言。名词转为数字存在多种处理方式，这里我们简要介绍其中的 one-hot 编码。

在机器学习中，特别是涉及在自然语言处理领域，对于文字处理往往是将其转为矩阵数字编码。以英文“hello world”为例，该短句中共有 11 个字符，现要使用 one-hot 将其转为数字矩阵。

由于英文字母共有 26 个，加上空格总共有 27 种可能的情况，因此创建一个 1×27 的 0 矩阵，其中，$(1,0,0,\cdots,0)$ 表示字母 a, $(0,1,0,0,\cdots,0)$ 表示字母 $b, \cdots$ 以此类推。最终“hello world”可以被一个 11×27 的 0-1 稀疏矩阵表示。至此我们便完成了 one-hot 编码，可以将编码后的数据输入神经网络进行训练。

2. 数据规范化

在进行机器学习时，由于采集到的样本数据的量纲不同，可能会出现部分维度的数值特别大，而另外部分维度的数值特别小的情况。例如，我们需要通过体温、身高来预测人的性别，但是身体高度正常数据在 160~200cm 之间，体温在 36~38℃ 之间，若数据不做处理直接用于模型训练，则模型的准确性会受到严重影响。因此我们需要对数据进行规范化处理。常见的规范化处理有如下几种：

（1）**最小-最大规范化**，公式为

$$\hat{x}_i = \frac{x_i - x_{\min}}{x_{\max} - x_{\min}} \tag{5.2.6}$$

其中，$x_{\min}$、$x_{\max}$ 分别为 x 系列数据的最小值、最大值。

（2）**均值规范化**，公式为

$$\hat{x}_i = \frac{x_i - \bar{x}}{s} \tag{5.2.7}$$

其中，$\bar{x}$、s 分别为 x 系列数据的均值、标准差值。

（3）**归一规范化**，公式为

$$\hat{x}_i = \frac{x_i}{\sum\limits_{i=1}^{N} x_i} \tag{5.2.8}$$

3. 周期性数据的时频域变换

首先介绍两个概念。

（1）**时域**：即时间域，其函数横坐标为时间 t，纵坐标为信号值。

（2）**频域**：即频率域，其函数横坐标为频率，纵坐标为振幅。即通常说的频谱图。

对于时间序列数据而言，其数据值往往随时间发生波动变化，如心电图、血糖图、噪声音调、通信信号等。这种在真实世界中采集到的数据便是时域信号。本书的生产系统旋转部件可靠性维护案例中便存在多个轴承振动信号时域图。对时域图中的频率及振幅进行提取便可以得到频域图，频域图仅仅示出峰值振幅与频率，而不显示振幅随时间的变化。

图 5.6 所示为一个周期信号时域图，现对其作傅里叶级数变换：

$$f(t) = A_0 + A_1\sin(\omega t) + A_2\sin(2\omega t) + \cdots + A_n\sin(n\omega t) \tag{5.2.9}$$

得到各个频率正弦波对应的振幅，我们可以作出如图 5.7 所示的频域图。

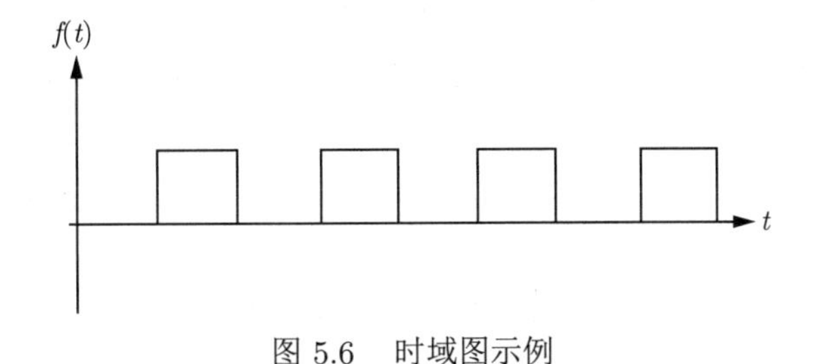

图 5.6　时域图示例

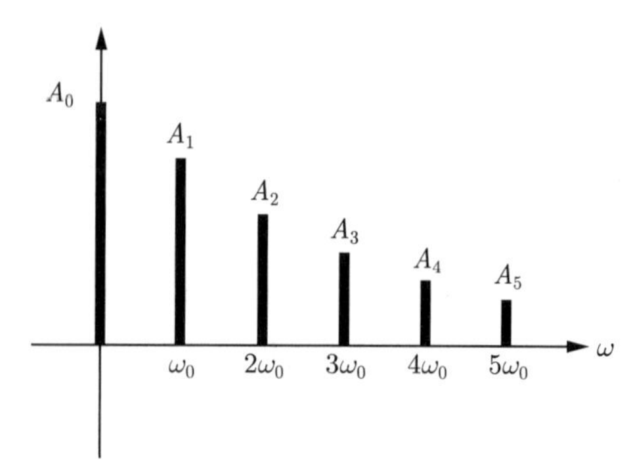

图 5.7 频域图示例

5.2.3 数据降维

在实际场景中，并不是所有采集到的特征都能为任务提供有用信息，一些与任务不相关、无信息的特征将导致计算资源被浪费，且会影响最终模型的鲁棒性。一些高度相关的特征也需要进行选择性剔除，它们能提供的有用信息是高度冗余的。在数据量有限的条件下，如果数据维度非常高会导致观测数据在样本空间的稀疏分布，这会降低模型的泛化能力。最后，通过对高维数据的特征进行筛选和组合，可以极大减少数据采集和模型训练的时间和成本，提高经济效益。

数据降维的最终目标是在减少特征数量的同时能够非冗余地包含原始数据的所有有效信息，以便后续的机器学习算法在这个降维后的数据上进行。现有的数据降维方法主要分为两大类：特征选择和特征提取。

1. 特征选择

特征选择是指在原始的高维特征中选择一组最小的特征子集，使得特征子集的数据类概率分布尽量接近使用所有特征的原分布，以达到降低特征空间维数的目的。根据特征选择的策略，可以分为三类。

（1）**向前选择**：该过程从空特征集开始，选择原特征集中最好的属性，并将它添加到选中特征集中。在其后的每一次迭代中，将原特征集剩下的特征中最好的属性添加到选中特征集中，直到选中特征集中特征数量达到要求。

（2）**向后删除**：该过程从整个特征集开始，在每一步迭代时删除掉尚在特征集中的最差特征，直到特征集中特征数量达到要求。

（3）**向前选择和向后删除结合**：向前选择和向后删除策略可以结合在一起，每一步选择一个最好的特征，并在剩余特征中删除一个最坏的特征。

不同特征选择方法的主要差异就是对“特征好坏”的评价标准，常见的评价指标包括以下几类。

（1）变量特征和目标变量之间的相关性指标，如皮尔逊相关系数、卡方检验值和互信息等。

（2）通过拟合现有特征和目标变量得到各特征的重要性系数，例如可以通过训练线性回归、逻辑回归以及决策树等，提取每个变量的表决系数，进行重要性排序。

（3）直接将现有特征删除或者加入后，训练最终模型，根据训练完的模型在测试集上的表现判别该特征的“好坏”，确定是否要将其加入选中特征集中。这种方法效果较好，但是其运算复杂度非常高。

2. 特征提取

不同于特征选择只会在现有特征中进行挑选而不产生新的特征，特征提取最终的结果是对原始特征进行映射得到的一组新特征。常见的特征提取方法有主成分分析（principal component analysis，PCA）和线性判别分析（linear discriminant analysis，LDA）两种。两者都假设数据服从高斯分布，使用矩阵分解的思想。不同的是 PCA 是一种无监督学习的方法，对降低后的维度无限制，其目标为投影方差最大；LDA 是一种监督学习方法，降维后的维度小于类别数，其目标为类内方差最小，类间方差最大。

特征选择的主要缺点是它创造了新的特征，而这些特征在实践中可能没有明确的物理意义，所以最终结果的可解释性较差。

5.2.4　非平衡数据集的处理

数据集非平衡是实际应用中经常面临的一个问题，即数据集中某一类样本的数量远多于其他类样本的数量。对于一些可靠性很高的系统如高铁、飞机，其故障数据样本非常稀少，采集到的数据往往是高度非平衡的；对于银行卡诈骗检测问题，正常交易的数量也远超异常交易的数量，这些都是非常典型的非平衡问题。由于目前常见的模型都是基于类平衡设计的，所以直接应用到类不平衡问题上往往表现较差，例如会出现将所有样本都归类为多数类等情况。目前已经有很多专门针对类不平衡数据集的方法，主要可分为 3 大类。

（1）**重采样方法**。重采样方法主要是通过对训练集数据进行重新采样，从而调整训练集的非平衡比。重采样方法可以分为两类，即过采样和欠采样，其示意图如图 5.8 所示。其中过采样方法通过增加训练集中的少数类样本使得类平衡，而欠采样方法通过减少训练集中的多数类样本使得类平衡，两种类型的方法都很常见，应用广泛。

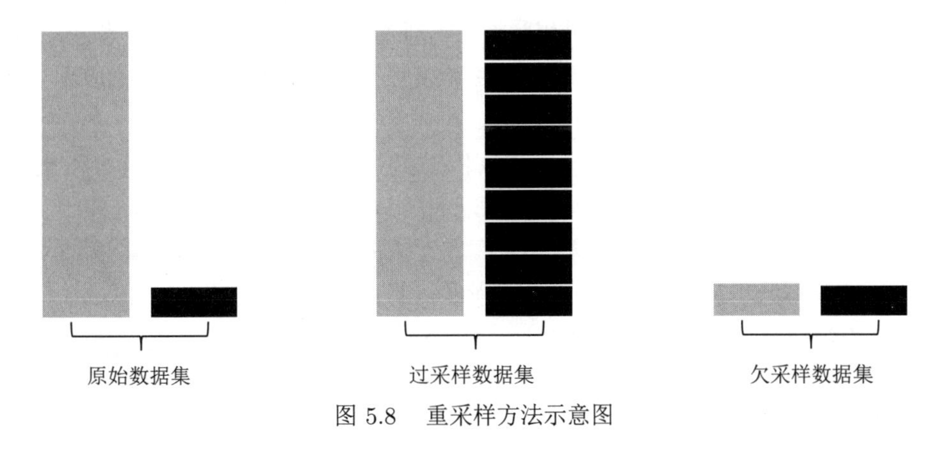

图 5.8　重采样方法示意图

（2）**代价敏感方法**。代价敏感指对于不同类型的错误分类给予不同的惩罚代价。通常使分类器对少数类样本错误分类的代价比多数类样本错误分类的代价更高，使得分类器更加偏向少数类样本的分类边界。

（3）**集成学习方法**。集成学习方法并不直接解决类不平衡问题，而是结合重采样方法或代价敏感方法获得多个平衡的子训练集，再在多个平衡的子训练集上训练多个基分类器。在预测阶段，通过将所有基分类器的分类结果进行汇总，产生最终的分类决策。主要有两种类型的集成方法，即 Bagging 和 Boosting。

接下来我们将详细介绍重采样方法的两种类型：数据欠采样和数据过采样。

1. 数据欠采样

数据欠采样是指按照某种标准从原始数据集的所有多数类样本中选择一定数量的样本，从而和少数类样本构成类别平衡的数据集供模型进行训练。其中最简单也是用得最多的方法就是随机欠采样，即随机从多数类样本中进行选择。除了随机欠采样以外，根据选择标准的不同，还有很多其他欠采样方法，下面简单介绍三种：

（1）编辑最近邻（edited nearest neighbor，ENN），其主要思想是不断剔除最近邻是少数类样本的多数类样本，直到剩余多数类样本数量满足要求。

（2）Tomek 对（Tomek links，TL），其定义了一种样本组合“Tomek links”“Tomek links”中包含两个样本，这两个样本是所有样本中离彼此最近的，并且两个样本分别属于不同的类别。该方法通过删除“Tomek links”中的多数类样本从而实现欠采样。

（3）近邻剔除（near miss，NM），该方法计算每个多数类样本到离它最近的 k 个少数类样本间的平均距离，不断删除平均距离最近的多数类样本从而欠采样。

2. 数据过采样

数据过采样是指通过某种手段增加原始数据集中的少数类样本。最常用的过采样方法是随机过采样，即随机从现有的少数类样本中进行有放回的重复采样，直到少数类样本等于多数类样本。除了重复采样现有样本外，还可以通过生成新的少数类样本来实现过采样目的。接下来我们将简单介绍两种常见的过采样方法：SMOTE 和 ADASYN。

合成少数样本过采样技术（synthetic minority over-sampling technique，SMOTE）是一种最常用的过采样方法，其核心思想是通过对训练集中已有的少数类样本进行凸组合，得到新的少数类样本，将其加入训练集中使得类平衡。该方法的实现过程应用了 KNN 技术，其算法实现的具体步骤如下：

（1）对于少数类中每一个样本 $\boldsymbol{x}$，以欧氏距离为标准计算它到少数类样本集中所有样本的距离，得到其 k 个最近的同类样本（k 近邻）；

（2）根据样本的非平衡比例设置一个采样比例以确定采样倍率 N，对于每一个少数类样本 $\boldsymbol{x}$，从其 k 近邻中随机选择若干个样本，假设选择的近邻为 $\boldsymbol{x}_n$；

（3）对于每一个随机选出的近邻样本 $\boldsymbol{x}_n$，分别与原样本 $\boldsymbol{x}$ 按照公式 $\boldsymbol{x}_{\text{new}} = \boldsymbol{x}+r\times\boldsymbol{x}_n$ 构建新的样本，其中 r 为随机数；

（4）将生成的新样本 $\boldsymbol{x}_{\text{new}}$ 作为少数类样本加入训练集。

自适应综合采样法（adaptive synthetic sampling approach，ADASYN）在 SMOTE 方法基础上进行了进一步的改进，该方法会根据少数类样本的分布自适应地生成新的少数类样本，与那些更容易学习的少数类样本相比，更难学习的少数类样本会生成更多的合成数据。ADASYN 方法不仅可以减少原始非平衡数据分布带来的学习偏差，还可以自适应地将决策边界转移到难以学习的样本上。其算法实现的具体步骤如下：

（1）假设训练集中少数类样本数量为 P，多数类样本数量为 N，则需要合成的样本数量 $G=(N-P)\times b, b\in[0,1]$，$b$ 可以自行设定。当 $b=1$ 时，即 G 等于少数类和多数类样本的差值，此时合成数据后的多数类样本数量和少数类样本数量正好平衡。

（2）对每个属于少数类的样本 $\boldsymbol{x}_i$ 用欧式距离计算 k 个最近邻，Δ 为 k 个最近邻中属于多数类的样本数目，记比例 $r_i=\Delta/k, r_i\in[0,1]$。

（3）对上述得到的每一个少数类样本的 r_i，用公式 $\hat{r}_i=\dfrac{r_i}{\sum\limits_{i=1}^{P} r_i}$ 计算每个少数类样本的周围多数类的情况。

（4）对每个少数类样本计算合成样本的数量 $g_i=\hat{r}_i\times G$，再从待合成的少数类样本 $\boldsymbol{x}$ 周围 k 个同类近邻中随机选择一个 $\boldsymbol{x}_n$，根据公式 $\boldsymbol{x}_{\text{new}}=\boldsymbol{x}+r\times\boldsymbol{x}_n$ 进行合成，其中 r 为随机数。

（5）重复合成直到满足需要合成的数目为止，最后将所有生成的新样本作为少数类样本加入训练集。

5.3 环境配置及代码编程

5.3.1 Anaconda 平台介绍及环境配置

本文所用代码平台为 Anaconda，该平台可以便捷获取包且对包能够进行管理，同时对环境可以统一管理。Anaconda 包含了 CONDA、Python 在内的超过 180 个工具包及其依赖项（图 5.9）。Anaconda 具有如下特点：

- 开源
- 安装过程简单
- 高性能使用 Python 和 R 语言
- 免费的社区支持

Anaconda 可以在 Windows，macOS，Linux（x86 / Power8）等多个系统平台中安装使用，该平台在 32 位或 64 位系统中均可运行，下载文件大小约 500MB，所需空间大小约 3GB（Miniconda 仅需 400MB 空间即可）。Anaconda 在不同系统平台的安装步骤大同小异，我们以 Windows 系统为例进行介绍。

前往官方下载页面下载。选择版本之后根据自己操作系统的情况单击“64-Bit Graphical Installer”或“32-Bit Graphical Installer”进行下载。完成下载之后，双击下载文件，启动安装程序。这里有以下几项需要注意：

图 5.9 Anaconda 内置工具包

- 如果在安装过程中遇到任何问题，那么暂时地关闭杀毒软件，并在安装程序完成之后再打开。
- 如果在安装时选择了“为所有用户安装”，则卸载 Anaconda 然后重新安装，只为“我这个用户”安装。
- 目标路径中不能含有空格，同时不能是“unicode”编码。
- 除非被要求以管理员权限安装，否则不要以管理员身份安装。

为了能够成功运行，用户还需进行环境配置，Windows 用户请打开“Anaconda Prompt”，单击进入，创建新环境代码为：conda create –name <env_name> <package_names>。

- <env_name> 即创建的环境名。建议以英文命名，且不加空格，名称两边不加尖括号“<>”。
- <package_names> 即安装在环境中的包名。名称两边不加尖括号“<>”。
- –name 同样可以替换为-n。
- 默认情况下，新创建的环境将会被保存在/Users/<user_name>/anaconda3/env 目录下，其中，<user_name> 为当前用户的用户名。

新建完环境后用户可以使用 Anaconda Navigtor 进行工具包管理，在该工具界面中，用户可以自行选择 Jupyter notebook，Spyder，Qtconsole 等软件进行安装。

在进行 Python 代码编辑运行之前，用户还需要进行代码包安装，可以使用 pip install <package_name> 命令进行安装，其中 <package_name> 为指定安装包的名称。包名两边不加尖括号“<>”[①]。

① 为了更快速下载，可以使用清华镜像。

5.3.2 Keras 搭建神经网络序贯模型

在官方文档中有 Keras 用法的详细说明，本文在此仅列举部分此书使用到的类、函数、参数等。Keras 的模型调用分为序贯模型和函数式模型，这本书中大多用到的是序贯模型，因此这里针对序贯模型进行一个简单的介绍，以一个卷积神经网络为例：

```
from keras.models import Sequential
from keras.layers import Dense,Flatten, Conv2D, MaxPool2D
model = Sequential()
# 输入的大小
input_dim = (16, 8, 1)
model.add(Conv2D(64, (3, 3), padding = "same", activation = "tanh", input_shape =
        input_dim))# 卷积层
model.add(MaxPool2D(pool_size=(2, 2)))# 最大池化
model.add(Conv2D(128, (3, 3), padding = "same", activation = "tanh")) #卷积层
model.add(MaxPool2D(pool_size=(2, 2))) # 最大池化层
model.add(Dropout(0.1))
model.add(Flatten()) # 展开
model.add(Dense(1024, activation = "tanh"))
model.add(Dense(20, activation = "softmax")) # 输出层: 20个units输出20个类的概率
# 编译模型，设置损失函数，优化方法以及评价标准
model.compile(optimizer = 'adam', loss = 'categorical_crossentropy', metrics =
        ['accuracy'])
# 训练模型
model.fit(X_train, Y_train, epochs = 90, batch_size = 50, validation_data =
        (X_test, Y_test))
model.summary()
predictions = model.predict(X_test.)
```

以上是一个经典的卷积神经网络代码，这里我们可以对其进行一个代码解读。首先是引入序贯模型：

```
model = Sequential()
```

之后针对该序贯模型进行卷积层添加。

```
model.add(Conv2D(64, (3, 3), padding = "same", activation = "tanh", input_shape =
        input_dim))# 卷积层
```

该卷积层中，padding 补边模式为“same”即添加补变，若为“valid”则不添加，激活函数为“tanh”函数，因为是第一行输入，因此需要定义输入形状“input_shape”。

```
model.add(MaxPool2D(pool_size=(2, 2)))# 最大池化
```

之后进行最大化池化，读者也可以使用平均池化，更换类名即可。

```
model.add(Dropout(0.1))
```

多次卷积池化之后，添加 Dropout 层，随机丢弃 10%的神经元，避免过拟合。

```
model.add(Flatten()) # 展开
```

之后将多维数据展开平铺为一维向量，再进行全连接操作。

```
model.add(Dense(1024, activation = "tanh"))
```

该全连接层共 1024 个神经元，激活函数为“tanh”。

```
model.add(Dense(20, activation = "softmax")) #
```

最后输出层激活函数为“softmax”，神经元为 20 个。

```
model.compile(optimizer = 'adam', loss = 'categorical_crossentropy', metrics =
        ['accuracy'])
```

调用 model.compile 方法对模型进行编译，使用“adam”优化训练，损失函数为“categorical_crossentropy”交叉熵，评价指标选择准确率。

```
model.fit(X_train, Y_train, epochs = 90, batch_size = 50, validation_data =
        (X_test, Y_test))
```

最后对模型进行“fit”训练，训练数据为 X_train, Y_train, 共训练 epochs=90 次，每个 epoch 中 batch 的大小为 50。

```
model.summary()
predictions = model.predict(X_test.)
```

训练完成之后的模型可以使用 summary() 输出模型结构参数，还可以使用 predict 方法进行预测。

第 6 章

生产系统相关案例

6.1 旋转机械关键部件故障诊断

6.1.1 背景介绍

随着中国工业现代化进程的不断推进，旋转机械设备在很多重要工程领域得到了广泛的应用，例如航空航天行业、国家电力行业、化工生产行业、冶金锻造行业等。随着社会的发展越来越迅速，工业生产的需要也日益增加，因此设备自动化、结构复杂化的程度开始不断加深，相关企业对其安全稳定的性能要求也随之提高。如果一台机器中某个核心部件损坏却没有被及时发现，那么这台机器将难以运作，进而发生连锁反应使整个工作系统瘫痪，给企业带来生产的意外暂停，最终导致极其严重的经济损失。因此，旋转机械设备的状态监控和故障诊断具有重大的经济价值。齿轮作为机械传动形式的基本组成元件，由于具有传动力矩大、机构紧凑、精度高等特点而被广泛地应用在石油化工、电力系统、航空运输等方面。依据相关报告，机械设备故障类型总数的 10%左右是由设备的传动系统产生的，而传动系故障中齿轮出现故障所占比例高达 78%左右。因此，需要对齿轮故障进行及时有效的诊断。

造成齿轮故障的原因有很多种：制造误差，齿轮产生制造误差的原因主要有偏心、齿距偏差和齿形误差等；装配不良会造成工作状态劣化，甚至导致齿轮局部载荷过大形成断齿；润滑不良会导致齿面局部过热；超载会导致齿轮过载断裂。最容易造成齿轮故障的原因是操作失误，包括长期超速、超载等。齿轮的种类、材料与操作环境的不同容易导致出现不同的故障类型，包括磨损、缺齿和裂纹等。

6.1.2 案例研究

本章所选用的齿轮箱故障数据来源于国际故障预测与健康管理（Prognostic and Health Management，PHM）协会在 2009 年公开的一组工业齿轮箱故障诊断竞赛数据。该数据被广泛应用于齿轮箱故障诊断算法验证研究中，已成为机器学习方法在旋转机械关键部件故障诊断应用的典型案例。PHM2009 直齿齿轮箱复合故障实验台由齿轮箱、驱动电机、转速控制器及制动器组成，如图 6.1 所示。其中，直齿齿轮箱为两级减速结构，每级轴两侧通过 ER-10K 滚动轴承与箱体连接，齿轮箱内部结构图如图 6.2 所示。实验中故障形式为齿轮、轴承与转轴的复合故障。其中齿轮故障有齿面剥落、齿轮断齿及电蚀，三类故障分别出现在齿轮 1、齿轮 2 与齿轮 4 上；轴承故障有内圈故障、外圈故障及滚动体故障，故障出现在轴承 1、轴承 2 与轴承 3 上；转轴故障有不平衡及键剪断，两类故障分别出现在输入轴与输出轴上。实验中各类故障类型及其对应的诊断目标标签设置如表 6.1 所示。

图 6.1　国际 PHM 协会齿轮箱故障实验装置

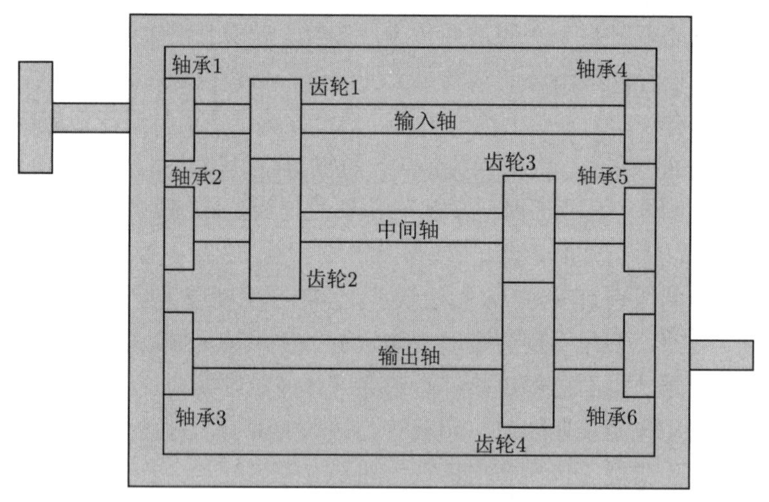

图 6.2　齿轮箱内部结构图

旋转机械关键部件故障诊断就是一种模式识别问题，其通常有三个环节：获取信号及预处理、提取信号特征和状态识别。获取信号是故障诊断的前提，特征提取是关键，状态识别则是核心。其一般流程图如图 6.3 所示。

表 6.1　PHM2009 数据集诊断目标标签及其故障状态信息

标签	齿轮 1	齿轮 2	齿轮 4	轴承 1	轴承 2	轴承 3	输入轴	输出轴
1	正常	正常	正常	正常	正常	正常	正常	正常
2	剥落	点蚀	正常	正常	正常	正常	正常	正常
3	正常	点蚀	正常	正常	正常	正常	正常	正常
4	正常	点蚀	断齿	滚动体故障	正常	正常	正常	正常
5	剥落	点蚀	断齿	内圈故障	滚动体故障	外圈故障	正常	正常
6	正常	正常	断齿	内圈故障	滚动体故障	外圈故障	不平衡	正常
7	正常	正常	正常	内圈故障	正常	正常	正常	断裂
8	正常	正常	正常	正常	滚动体故障	外圈故障	不平衡	正常

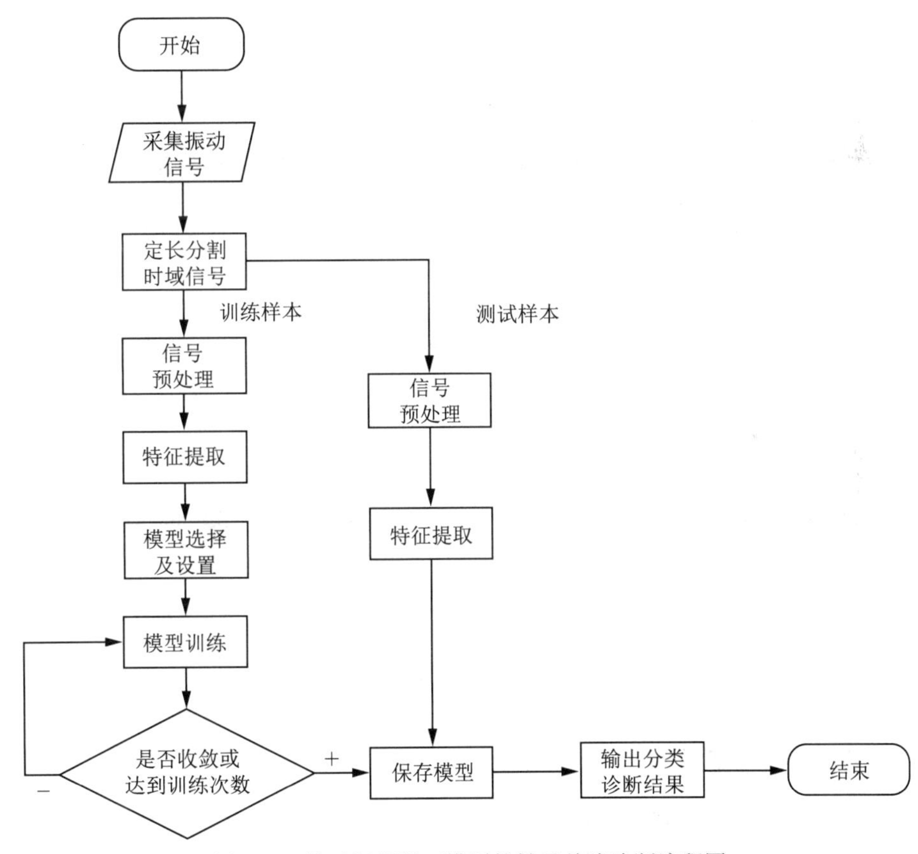

图 6.3　基于机器学习模型的轴承故障诊断流程图

6.1.3　数据预处理

数据集中的信号类型为齿轮箱振动加速度信号。由加速度计采集到的振动信号为一维信号。在利用算法处理之前，首先要对数据进行预处理。由于算法的输入数据长度是固定值，因此采集到的原始振动信号需要被分割成固定长度。考虑到振动信号具有周期性，并且这个周期与电机转速相关，因此信号分割的长度应当与电机转速相关。在本章后续的实验中，使用的输入长度至少为数个电机转动周期内所采集到的样本点数目。这种分割长度可以保证周期的完整，同时尽可能减少数据冗余。在 PHM2009 数据库中，采样频率为 67kHz，电机的转速为 2400r/min，那么电机旋转一圈大约可以采集到 1675 个数据点。因此在后续实验中算法的输入长度设定至少包含两个旋转周期采样点。同时鉴于快速傅里叶变换需要信号长度为 2 的整数幂，故样本长度设定为 4096。此外，原始信号的幅值被归一化到 $[-1,1]$ 之间。每类齿轮箱状态有 100 个样本，其中 50 个作为训练样本，另外 50 个作为测试样本。则训练样本个数为 400，测试样本个数为 400。8 类标签对应的样本时域波形如图 6.4 所示。

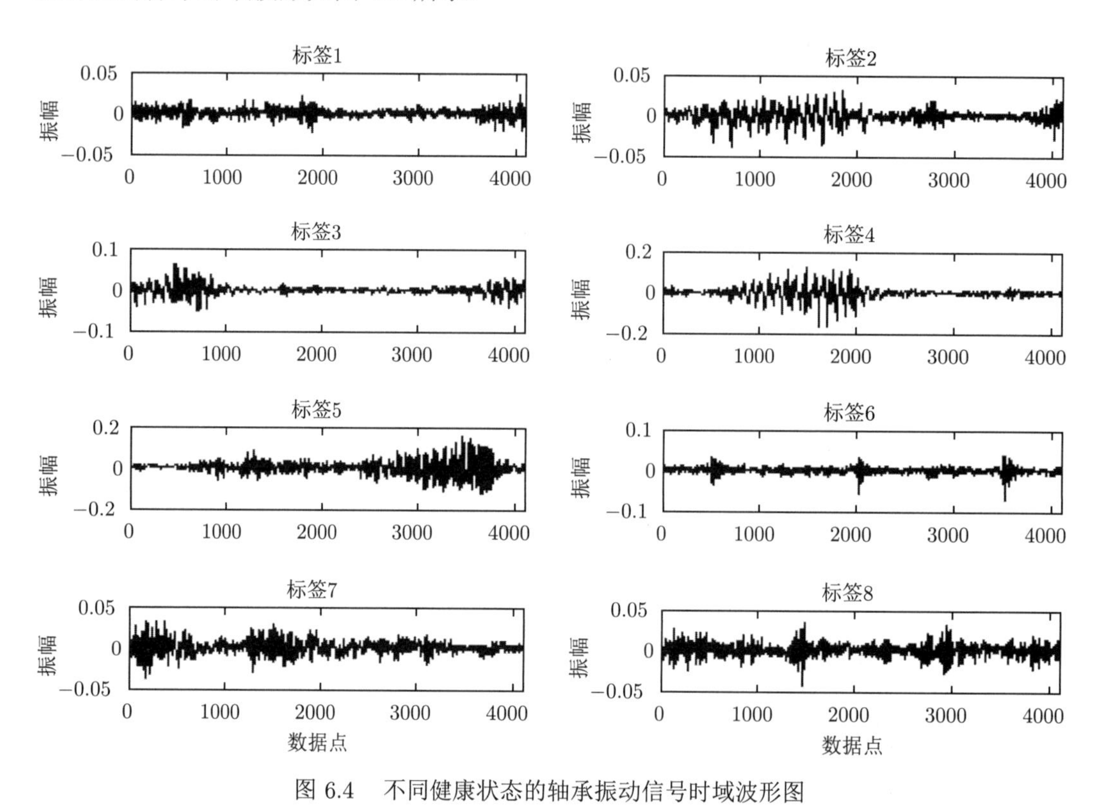

图 6.4　不同健康状态的轴承振动信号时域波形图

6.1.4　齿轮箱振动信号特征参数提取

如何高效且全面地将故障特征提取出来是一个难点。本章主要采用两种振动信号特征提取方法：时域特征提取和频域特征提取。时域特征由于简单易得，被广泛地应用于齿轮箱故障诊断领域，本章采用的时域特征指标有峰峰值（PPV）、波形指标（BY）等 13 个特征。表 6.2 给出了特征参数的表达式。频域指标用以表征主频带位置或谱能量分散程度，表 6.3 是具体的计算公式（式中 f 为包络谱频率，y 为包络谱幅值）。通过计算每个样本的特征参数，构建机器学习模型的输入，从而训练并测试模型。

表 6.2　时域特征

序号	特征名称	定义式	序号	特征名称	定义式
P1	峰值	$\text{Peak}=\max(\|x(n)\|)$	P8	偏度指标	$\text{SKE}=\dfrac{\frac{1}{N}\sum_{n=1}^{N}(x(n)-x_{\text{MV}})^3}{x_{\text{RMS}}^3}$
P2	峰峰值	$\text{PPV}=\max(x(n))-\min(x(n))$	P9	峭度指标	$\text{KUR}=\dfrac{\frac{1}{N}\sum_{n=1}^{N}(x(n)-x_{\text{MV}})^4}{x_{\text{RMS}}^4}$
P3	均值	$x_{\text{MV}}=\dfrac{\sum_{n=1}^{N}x(n)}{N}$	P10	峰值指标	$\text{CRE}=\dfrac{x_{\text{Peak}}}{x_{\text{RMS}}}$
P4	平均幅值	$\text{MV}=\dfrac{\sum_{n=1}^{N}\|x(n)\|}{N}$	P11	脉冲指标	$\text{IMP}=\dfrac{x_{\text{Peak}}}{x_{\text{MA}}}$
P5	方根幅值	$\text{SRA}=\left(\dfrac{\sum_{n=1}^{N}\sqrt{\|x(n)\|}}{N}\right)^2$	P12	裕度指标	$\text{CLE}=\dfrac{x_{\text{Peak}}}{x_{\text{SRA}}}$
P6	标准差	$\text{SD}=\sqrt{\dfrac{\sum_{n=1}^{N}(x(n)-x_{\text{MV}})^2}{N-1}}$	P13	波形指标	$\text{BY}=\dfrac{x_{\text{RMS}}}{x_{\text{MA}}}$
P7	有效值	$\text{RMS}=\sqrt{\dfrac{\sum_{n=1}^{N}(x(n))^2}{N}}$			

表 6.3　频域特征

序号	特征名称	定义式	序号	特征名称	定义式
P1	均值频率	$Y_{\text{me}}=\dfrac{1}{n}\sum_{i=1}^{n}\|y_i\|$	P5	均方根频率	$Y_{\text{c}}=\sqrt{\dfrac{\sum_{i=1}^{n}f_i^2\cdot y_i}{\sum_{i=1}^{n}y_i}}$
P2	频率标准差	$Y_{\text{s}}=\dfrac{1}{n}\sum_{i=1}^{n}(y_i-\bar{y})^2$	P6	主频带位置	$Y_{\text{fz}}=\dfrac{\sum_{i=1}^{n}f_i^2\cdot y_i}{\sqrt{\sum_{i=1}^{n}y_i\cdot\sum_{i=1}^{n}f_i^4\cdot y_i}}$
P3	频率中心	$Y_{\text{ce}}=\dfrac{\sum_{i=1}^{n}f_i\cdot y_i}{\sum_{i=1}^{n}y_i}$	P7	频谱分散程度	$Y_{\text{sc}}=\dfrac{n\sum_{i=1}^{n}(f_i-Y_{\text{ce}})^3\cdot y_i}{Y_{\text{ms}}^3}$
P4	频谱集中程度	$Y_{\text{ms}}=\sqrt{\dfrac{1}{n}\sum_{i=1}^{n}(f_i-Y_{\text{ce}})^2\cdot y_i}$	P8	峰值频率	$Y_{\text{F}}=\max_{1\leqslant i\leqslant n}(y_i)$

6.1.5　SVM 故障分类模型构建

获取得到包含特征参数的样本后，需要对分类器模型进行训练，用得到的模型对测试集样本进行齿轮箱状态标签的预测，最后得到故障分类诊断结果。本章主要围绕 SVM

及其相关参数优化方法进行介绍。SVM 训练和测试的 MATLAB 代码如下：

```
model = SVMtrain(train_labels, train_samples,'- c 2 - g 1');
[predict_label, accuracy] = SVMpredict(test_labels, test_samples, model);
```

运行结果：

```
Accuracy = 92.75\% (371/400) (classification)
```

SVM 惩罚参数 C 和核参数 g 在实际应用中主要采用人工经验法、网格遍历寻优等方式实现。为了减少人为干扰，更准确地对滚动轴承四种状态进行识别，本节利用遗传算法（genetic algorithms，GA）提高全局搜索能力；利用粒子群优化（particle swarm optimization，PSO）算法提高收敛能力，使用经 GA 与 PSO 优化的 SVM 故障诊断模型对齿轮箱进行故障诊断。

GA 于 1975 年由美国 Holland 教授提出，该算法受进化论、物种选择学说和群体遗传学说的启发，是一种过程寻找最优解的算法。GA 具有全局解空间搜索、并行性和广泛适应性等显著特点。具体说明如下：全局解空间搜索避免了陷入局部最优解情况的发生；以种群为单位，在算法运行过程中对自变量中的每个个体都进行并行的搜索，因此有更高的搜寻效率；GA 在自适应控制、图像处理、生产调度、组合优化等许多领域得到广泛应用。

PSO 算法属于群智能的随机搜索算法。该算法受鸟类群体觅食行为规律的启发，于 1995 年由美国的物理学研究专家 Kennedy 博士等提出。粒子群优化算法将鸟类个体抽象成无体积、无质量的粒子，算法中的每个粒子都是一个可能的解。与其他群智能搜索算法类似，粒子群优化算法也是通过群体中不同粒子之间的“相互交流”来找到所求问题的最优位置。粒子群算法已广泛应用于模糊系统控制、函数优化、求解旅行商问题等领域。

以 GA 为例，优化 SVM 惩罚参数 C 和核参数 g 的 MATLAB 代码如下：

```
ga_option.maxgen = 50;
ga_option.sizepop = 20;
ga_option.cbound = [0,1000];
ga_option.gbound = [0,1000];
ga_option.v = 5;
ga_option.ggap = 0.9;
[bestacc,bestc,bestg] = gaSVMcgForClass(train_labels, train_samples, ga_option);
disp('Print results');
str = sprintf('Best Cross Validation Accuracy=\%g\%\% Best c = \%g Best g = \%g',
        bestacc, bestc, bestg);
cmd = ['-c ',num2str(bestc),' -g ',num2str(bestg)];
model = svmtrain(train_labels, train_samples, cmd);
[predict_label,accuracy] = svmpredict(test_labels, test, model);
```

6.1.6 结果分析

本节首先展示了未经优化的 SVM 齿轮箱故障诊断实验结果，通过 MATLAB 建立“一对一”的 SVM 齿轮箱故障诊断模型，SVM 的核函数选择径向基核函数，惩罚系数取值范围为 $[2^{-10}, 2^{10}]$，核参数取值范围为 $[2^{-10}, 2^{10}]$。将训练集 400 组时域、频域特征训练样本输入 SVM 中进行训练，将测试集选取的 400 组测试样本输入训练好的 SVM 模型进行故障分类。

SVM 和 GA-SVM、PSO-SVM 在进行齿轮箱故障诊断时，采用的训练样本和测试样本是相同的。SVM 和 GA-SVM、PSO-SVM 模型的分类结果见表 6.4。其中，SVM 的惩罚参数 C 和核参数 g 分别取默认值 2 和 1，而后两种方法则利用启发式寻优方法进行优化。由对比结果可知，GA-SVM、PSO-SVM 故障诊断模型与 SVM 故障诊断模型相比提高了齿轮箱故障诊断准确率。

表 6.4　SVM 及其参数优化模型分类诊断结果

算法模型	标签 1	标签 2	标签 3	标签 4	标签 5	标签 6	标签 7	标签 8	准确率/%
SVM	50① /50②	48/50	45/50	50/50	41/50	50/50	46/50	41/50	92.75
GA-SVM	50/50	49/50	48/50	50/50	47/50	50/50	47/50	50/50	97.75
PSO-SVM	50/50	50/50	49/50	50/50	49/50	50/50	48/50	50/50	99.00

① 该标签下诊断正确的样本个数。

② 该标签下总的测试样本个数。

6.1.7 总结

齿轮箱是旋转机械中的重要部件，齿轮箱的故障可能导致严重的人员伤亡和经济损失，因此对齿轮箱进行故障诊断，并保障齿轮的平稳运行是维护现代机械设备安全稳定运行必不可少的条件。本节以两级定轴齿轮箱故障诊断为研究背景，利用机器学习模型进行智能诊断。根据齿轮箱振动信号的特点，从时域和频域进行特征提取，建立 SVM 模型并对其参数进行优化。该齿轮箱故障智能分类诊断，对国际故障预测与健康管理协会公开的一组工业齿轮箱故障分类模型数据集进行了相关实验。

本节分析了传统 SVM 算法的参数选择对故障诊断精度的影响，利用 GA 和 PSO 对 SVM 惩罚参数 C 和核参数 g 进行参数寻优，并用优化后的模型进行齿轮箱故障诊断，经实验对比发现，这两种优化后的算法相比于未经优化的算法具有较好的分类效果。

6.2 刀具磨损状态评估

6.2.1 背景介绍

在制造企业生产线的加工过程中，绝大部分加工过程是机械切削过程，而作为切削过程中的必备组件，刀具无疑是加工活动的关键设备。刀具广泛应用于各种加工行业，包括汽车行业、航天航空行业、模具行业等，可见刀具是众多制造企业得以延续的基础性装备。刀具的磨损对制造业中的切削过程有着极其重要的影响，刀具的磨损不仅会影响切削参数的调整，也会对工件的切削精度和外表面质量造成不良的影响。为了保证工件的加工质量和加工精度，须获取当前加工中的刀具的运行状态参数，并评估其磨损状态和磨损量，以此对刀具的退化趋势和剩余寿命进行准确的预测，并进一步确定是否应该更换刀具。

6.2.2 案例研究

本章采用 NASA 公开的一组刀具模型试验数据集。NASA 在 Matsuura MC-510V 型加工中心上进行刀具磨损评估试验研究，试验装置如图 6.5 所示。振动信号由安装于主轴和工作台的 7201-50ENDEVCO 型振动传感器采集，声发射信号由安装于主轴和工作台的 WD 925 型声发射传感器采集，各信号经放大、滤波和均方根（RMS）测量仪后输入计算机。试验刀具为嵌有 6 个 KC 710 刀片的平面铣刀，直径为 70mm，每个刀片上覆有 TiC/Tic-N/TiN 涂层，试验加工的工件尺寸为 483mm×178mm×51mm。每组试验均使用全新刀具进行多次加工，每次加工后测量刀具后刀面磨损 VB 值，当 VB 值超出阈值后该组试验结束。试验以切削深度、进给速度和工件材质为可变工况参数，对不同工况条件下的刀具磨损评估进行研究，其中切削深度设为 1.50mm 和 0.75mm，进给速度设为 0.50mm/r 和 0.25mm/r，工件材质为铸铁和不锈钢，主轴转速保持为 826r/min。各组试验的工况参数设置如表 6.5 所示。该试验最终采集了 16 把刀共 167 个完整的刀具磨损状态数据集，每把刀对应的铣削参数和试验次数如表 6.5 所列。

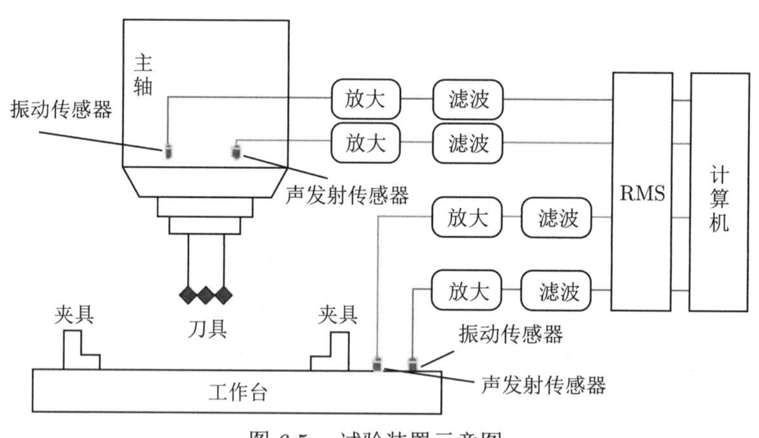

图 6.5　试验装置示意图

试验使用了两个振动传感器、两个电流传感器和两个声发射传感器共 6 个传感器，采样频率为 100kHz。以第 1 组试验为例，采集的振动和声发射信号示例如图 6.6 所示。刀具磨损是加工过程中刀具表面材料被工件或切屑逐渐带走的渐变过程，主要分为 3 个阶段：初期磨损、正常磨损和急剧磨损。而本章的刀具磨损状态主要根据采集到的信号特征来进行评估。

表 6.5 NASA 试验切削参数设置

序号	切削深度/mm	进给速度/（mm/r）	工件材质	试验次数
1	1.5	413	铸铁	17
2	0.75	413	铸铁	14
3	0.75	206.5	铸铁	14
4	1.5	206.5	铸铁	7
5	1.5	413	不锈钢	6
6	1.5	206.5	铸铁	1
7	0.75	206.5	不锈钢	8
8	0.75	413	不锈钢	6
9	1.5	413	铸铁	9
10	1.5	206.5	铸铁	10
11	0.75	206.5	铸铁	23
12	0.75	413	铸铁	15
13	0.75	206.5	不锈钢	15
14	0.75	413	不锈钢	9
15	1.5	206.5	不锈钢	7
16	1.5	413	不锈钢	6

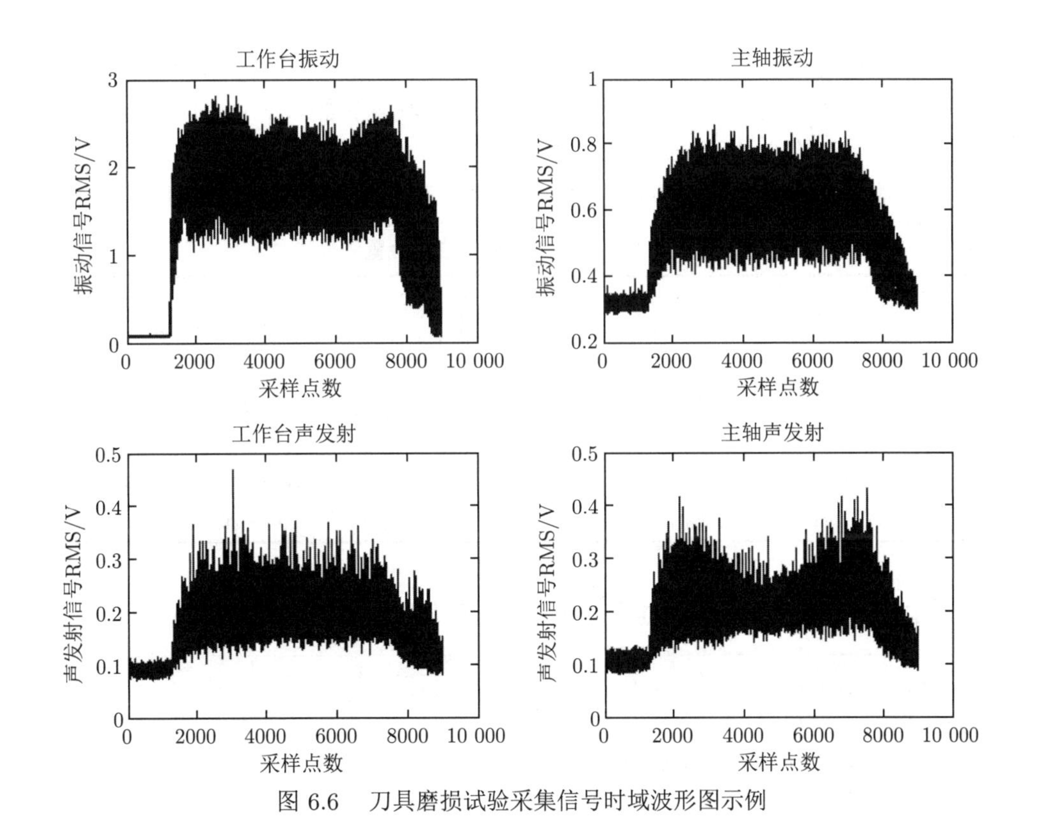

图 6.6 刀具磨损试验采集信号时域波形图示例

6.2.3 磨损状态评估模型构建

- **反向传播神经网络**（back propagation neural networks, BPNN）：BPNN 属于人工神经网络的一种，目前应用比较广泛。它是一种多层计算的前馈网络。BPNN 的网络结构较为灵活，具备较理想的非线性映射功能和监督学习等优点。
  本章在初始化权重时，采用均匀分布初始化权值方法，为防网络的速率过快饱和，取值在（−1，1）内。隐含层的数目考虑到本文的适用性，设定一个隐含层即可，但关键在于此层神经元数量的确定。如果数目过少，所得信息就会偏少，所建模型就不能通过学习识别规律解决问题；如果数目过多，则学习训练时间延长、效率下降，且过度学习容易导致泛化能力降低。根据以下经验公式来确定神经元个数：

$$k = \sqrt{ab} \tag{6.2.1}$$

  式中 a 为输入神经元个数，b 为输出神经元个数。模型输入为表 6.2 和表 6.3 中所示的时域和频域特征参数。
- **深度卷积神经网络**（deep convolutional neural networks，DCNN）：DCNN 通过不同的卷积核以一定步长在输入数据上滑动来提取数据的局部区域特征，具有强大的特征学习能力，常用的主要有一维卷积（1DCNN）、二维卷积（2DCNN）和三维卷积（3DCNN）。其中，2DCNN 和 3DCNN 主要用于处理图像和视频数据，1DCNN 主要用于处理一维时间序列数据，因此本节选用 1DCNN 对输入的信号数据进行处理。该模型综合利用加工过程中主轴和工作台的振动和声发射信号，将 4 种信号数据按固定长度切片分割后输入模型，先由 1DCNN 对信号进行初步特征提取，再经最大池化层对特征进一步提取简化，之后将输出展成一维，经全连接层得到刀具磨损状态的评估结果。网络模型参数如表 6.6 所示。

表 6.6 CNN 模型参数设置

层数	结构类型	参数
1	卷积层	滤波器尺寸 32，滤波器通道数 1，滤波器个数 15
2	池化层	池化块尺寸 2
3	卷积层	滤波器尺寸 32，滤波器通道数 15，滤波器个数 30
4	池化层	池化块尺寸 2
5	全连接层	激活函数 ReLU，节点数 100
6	输出层	节点数 1（磨损评估值）

基于 Pytorch 的 CNN 模型定义 Python 代码如下：

```
class CNN(nn.Module):
    def _init_(self):
        super(CNN, self)._init_()
        self.conv1 = nn.Conv1d(1, 15, 32)
        self.conv2 = nn.Conv1d(15, 30, 32)
```

```
        self.fc1 = nn.Linear(30*16, 1)
    def forward(self, x):
        x = F.relu(self.conv1(x))
        x = F.max_pool1d(x, 2)
        x = F.relu(self.conv2(x))
        x = F.max_pool1d(x, 2)
        x = x.view(-1, self.num_flat_features(x))
        x = F.relu(self.fc1(x))
    return x
    def num_flat_features(self, x):
        size = x.size()[1: ]
        num_features = 1
        for s in size:
            num-features *= s
        return num_features
```

试验所得各组工况下的信号数据总量较小，且信号长度较大，不宜直接用于模型的训练测试。为实现信号数据的扩充，对采集的信号进行切片分割，将每次加工采集的信号划分为多个样本信号。假设每次加工采集的信号长度为 M，信号切片的长度为 m，则切片后可得样本信号数量为

$$n=\left\lfloor\frac{M}{m}\right\rfloor \tag{6.2.2}$$

适当选取 m 的长度可有效扩充数据量，同时保证每个样本信号中包含有效的刀具磨损信息，此处 M 为 5000，即刀具平稳切割阶段采集信号，m 取 1024。

- **循环神经网络**（recurrent neural network, RNN）：通过 2 层 RNN 对原始时序特征进行处理，提取分析信号的时序特征信息，然后将输出展成一维，经全连接层得到刀具磨损状态的评估结果。网络模型参数如表 6.7 所示。RNN 网络输入与 CNN 模型相同。

表 6.7　RNN 模型参数设置

层数	结构类型	参数
1	RNN 单元	输入尺寸 30，隐层尺寸 64
2	RNN 单元	输入尺寸 64，隐层尺寸 64
3	全连接层	激活函数 ReLU，节点数 100
4	输出层	节点数 1（磨损评估值）

基于 Pytorch 的 RNN 模型定义 Python 代码如下：

```
class RNN(nn.Module):
    def_init_(self, in_dim, hidden_dim, n_layer, n_class):
        super(RNN, self)._init_()
```

```
4         self.n_layer = n_layer
5         self.hidden_dim = hidden_dim
6         self.RNN = nn.RNN(in_dim, hidden_dim, n_layer, batch_first=True)
7         self.classifier1 = nn.Linear(hidden_dim, 1)
8     def forward(self, x):
9         out, = self.RNN(x)
10        out = out[: , -1, : ]
11        out1 = self.classifier1(out)
12    return out1
```

- **长短时记忆网络**（long short term memory network，LSTM）：LSTM 是一种变种的 RNN，不同于 RNN 只考虑最近的状态，它的精髓在于引入了细胞状态这一概念，LSTM 的细胞状态会决定哪些状态应该被留下来，哪些状态应该被遗忘。LSTM 模型参数设置与 RNN 相同，通过 2 层 LSTM 对原始时序特征进行处理，提取分析信号的时序特征信息，然后将输出展成一维，经全连接层得到刀具磨损状态的评估结果。LSTM 网络输入与 CNN 模型相同。基于 Pytorch 的 LSTM 模型定义 Python 代码如下：

```
1  class Lstm(nn.Module):
2      def_init_(self, in_dim, hidden_dim, n_layer, 1):
3          super(Lstm, self)._init_()
4          self.n_layer = n_layer
5          self.hidden_dim = hidden_dim
6          self.lstm = nn.LSTM(in_dim, hidden_dim, n_layer, batch_first=True)
7          self.classifier1 = nn.Linear(hidden_dim, 1)
8      def forward(self, x):
9          out, = self.lstm(x)
10         out = out[: , -1, : ]
11         out1 = self.classifier1(out)
12     return out1
```

6.2.4 评价指标构建

为了评估模型方法的性能，本节选取了 4 个常用的回归性能度量指标来评价模型的效果，包括平均绝对误差（MAE）、均方根误差（RMSE）和误差平方和（SSE）。在相同数据集的情况下，3 个指标的值越小，误差就越小，模型的效果也就越好。这 3 个指标对应的计算公式如下：

$$\mathrm{MAE}=\frac{1}{n}\sum_{l=1}^{n}|\hat{y}_i-y_i| \tag{6.2.3}$$

$$\mathrm{RMSE}=\sqrt{\frac{1}{n}\sum_{i=1}^{n}(\hat{y}_i-y_i)^2} \tag{6.2.4}$$

$$
\mathrm{SSE}=\sum_{i=1}^{n}(\hat{y}_i-y_i)^2 \tag{6.2.5}
$$

其中，y_i 为真实的刀具磨损值；$\hat{y}_i$ 为预测的刀具磨损值。

6.2.5 结果分析

NASA 铣刀磨损数据集的 3 个测试案例的拟合曲线如图 6.7 所示。相对于准确的磨损值，不同模型的预测误差在表 6.8 中列出，与其他不同方法的对比结果也如表 6.8 所列。在 NASA 的 3 个测试案例中，刀具磨损拟合曲线大致与原数据保持一致。从图 6.7 中的曲线拟合程度可以看出，在 3 个案例中该模型可以较为精确地预测每一轮刀具的磨损情况，虽然在 3 个测试集的预测中有一些波动，但整体上预测拟合曲线基本与原始磨损曲线重合，同时由表 6.8 所列的对比结果可知，基于深度学习方法的磨损预测方法的性能明显优于依赖特征提取的浅层模型，这也显示出了深度学习方法的刀具磨损预测训练的模型是有效和准确的。

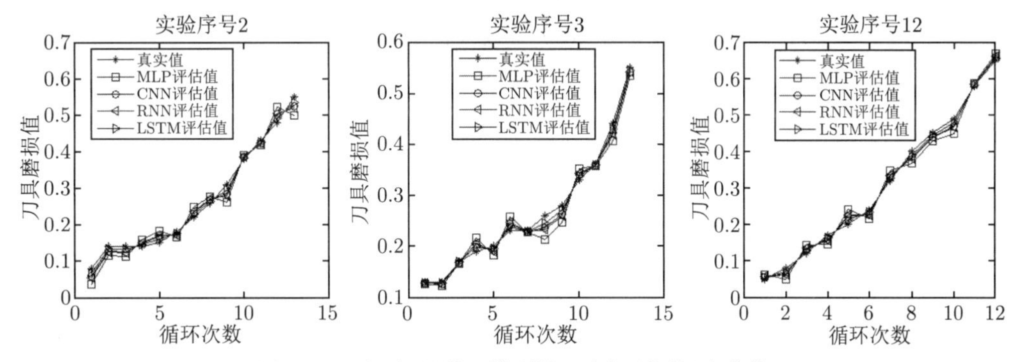

图 6.7　不同机器学习模型铣刀磨损预测拟合曲线

表 6.8　NASA 铣刀磨损数据集不同机器学习模型的对比结果

评估指标	方法	C2	C3	C12
MAE	MLP	0.0489	0.0554	0.0789
	DCNN	0.0314	0.0486	0.0566
	RNN	0.0366	0.0431	0.0455
	LSTM	0.0249	0.0245	0.0381
RMSE	MLP	0.0545	0.0688	0.0882
	DCNN	0.0346	0.0401	0.0562
	RNN	0.0368	0.0467	0.0472
	LSTM	0.0243	0.0293	0.0315
SSE	MLP	0.0391	0.0416	0.060 12
	DCNN	0.0287	0.0233	0.0302
	RNN	0.0219	0.0206	0.0284
	LSTM	0.0162	0.0156	0.0106

6.2.6 总结

数控机床是制造业的核心，加工过程中对其各部件的状态进行智能化监测是实现智能制造的必要环节，其中刀具磨损状态的监测非常重要。刀具寿命对刀具调度更换、工艺参数制定以及加工成本和加工质量都会产生影响。精确预测刀具寿命能促进生产加工的平稳运行，进而提高加工效率。在加工过程中，影响刀具寿命的因素众多，如加工状态、工件材料、刀具材料、切削参数等。由此可见，刀具寿命与其影响因素之间具有非线性关系。为实现刀具磨损状态的准确有效识别，本节采用了多种机器学习方法进行多信号融合刀具磨损评估。综合利用加工过程中主轴和工作台的振动和声发射信号，基于 CNN、RNN 和 LSTM 对信号特征和时序特性进行自适应提取分析，最后利用全连接层对刀具磨损状态进行评估。试验结果表明，相比于传统浅层的基于特征提取的机器学习模型，深度学习模型具有更优的评估性能，在三种不同工况下均可实现刀具磨损状态的准确有效识别，具有很好的稳定性和多工况通用性，可为实际生产中刀具磨损监测模型的构建提供参考。

第 6 章　生产系统相关案例.rar

第 7 章

能源、电信系统相关案例

7.1 风力发电机叶片开裂故障诊断

7.1.1 背景介绍

近些年来随着可再生能源的快速发展，风力发电技术逐渐得到了广泛的应用，相较于传统的煤炭、石油燃料以及现代的核电、太阳能发电等，风力发电不仅安全无污染，而且其应用成本也较低，因此目前国内风力发电机组的数量开始猛增。风力发电机组由于其自身特殊的工作性质及工作环境，设备损坏的问题时常发生，各类故障问题的长期积累，将会导致设备的使用寿命严重缩短。其中叶片作为风力发电机将风能转化为电能的主要连接部件, 其健康状态受到业界的高度重视。根据某公司的统计，风场运行 8 年中，停机超过 7 天及以上的机组失效事故中因叶片开裂导致的事故占事故总数的 30%，且多发在盛风发电期间。叶片开裂危害发电机组轴系、塔筒等部件，甚至造成倒塔事件。如何检测叶片的健康状态，特别是在复杂工况下出现裂纹时如何能够快速而准确地判断出叶片裂纹损伤状态，是风力发电机故障检测的一个重要方面。

7.1.2 问题描述

监视控制与数据采集（supervisory control and data acquisition，SCADA）系统是进行风场设备管理、监测和控制的重要系统，通过实时收集风机运行的环境参数、工况参数、状态参数和控制参数使风场管理者能够实时了解风电设备的运行和健康状态。基于 SCADA 数据建立叶片开裂故障诊断模型，对早期叶片开裂故障进行告警，可以避免风场因叶片开裂导致的更大损失，提升风机运行稳定性，提升机组发电量。该故障诊断问题可以理解为第 2 章经典机器学习介绍的分类问题，即将当前时刻传感器采集到的特征数据输入分类模型，判断当前时刻机组是否出现叶片开裂故障，所以这是一个典型的二分类问题，类别仅有正常和故障两种，可以用第 2 章经典机器学习介绍的一些分类算法进行解决。

SCADA 系统的样本采样特征共有 75 项，其中包括：轮毂转速，轮毂角度，叶片角度，5 秒偏航对风平均值，x 方向振动值，y 方向振动值，液压制动压力，机舱气象站风速，风向绝对值，大气压力，变频器发电机侧功率，发电机运行频率，发电机电流，发电机转矩，发电机定子温度，主轴承温度，叶片超级电容电压和驱动输出扭矩等多种类型的传感器特征数据。样本标签非 0 即 1，其中 0 表示该样本点对应的风机一周内未发生故障，1 表示该样本点对应的风机在一周内发生故障。

对于实际工业系统的故障诊断问题而言，类别非平衡是一个常见的问题。所谓类别非平衡指的是数据集中某一类样本的数量远远多于其他类样本的数量。现代工业系统由于其高可靠性设计，很少发生故障，所以往往拥有海量的正常运行数据，却很难收集到足够的故障样本，因此，类别不平衡成为故障检测中的一个普遍现象。在本案例中也存在该问题，风机运行数据中，正常运行的样本（标签为 0）数量远远高于叶片开裂故障样本（标签为 1）。因此需要运用一些方法解决数据集类别非平衡的问题，提高最终分类精度。

7.1.3 数据预处理

SCADA 采样频率约为 450 次/10min，通常将某台风机 10min 内的监控数据视为一个样本，保存为一个“.csv”文件，因此每个样本大约都是一个 450×75 的矩阵。图 7.1 展示了 SCADA 系统采集到的某台风机 10min 内部分特征数据，注意对于同一样本的同一特征数据具有时间连续性。

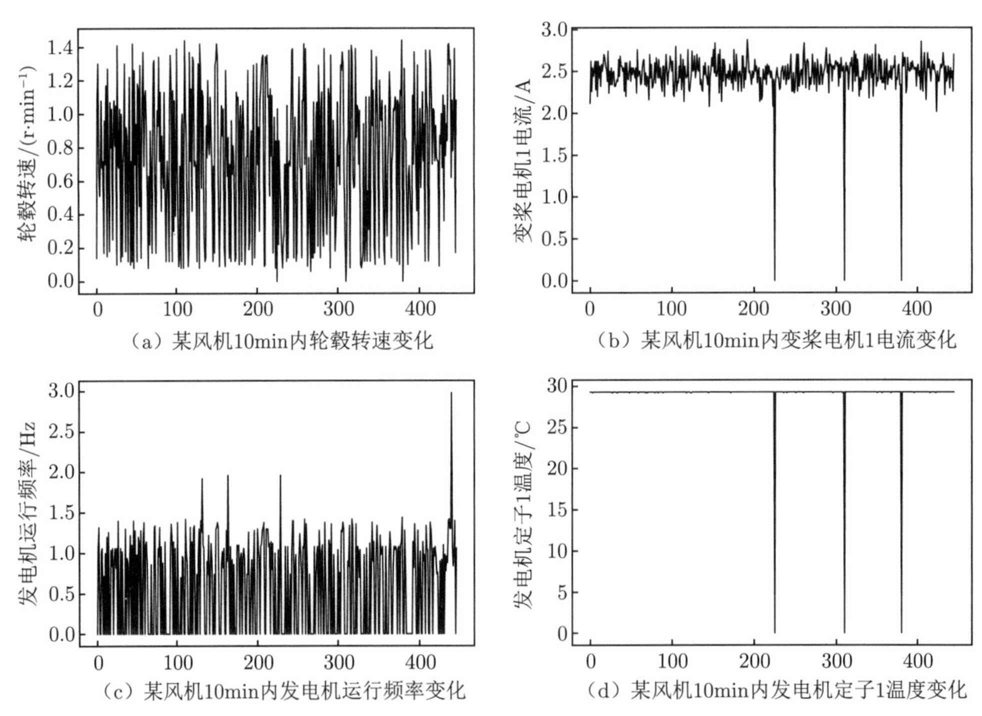

（a）某风机10min内轮毂转速变化　（b）某风机10min内变桨电机1电流变化

（c）某风机10min内发电机运行频率变化　（d）某风机10min内发电机定子1温度变化

图 7.1　SCADA 系统 10min 内采集到的部分特征数据

其中由于数据上传设备故障以及传感器故障等原因，会存在部分时刻所有数据均为 0 或者部分特征数据长时间无变化等现象，所以我们需要对原始数据进行数据清洗。同时由于数据采样频率较高，多数特征如温度、气压等在 10min 内常常并不会出现明显变化，如果直接将采样得到的 450×75 时间序列数据作为模型的输入，则会出现输入数据的信息密度过低，数据量过大的现象，不利于后期分类模型的分类，所以我们需要在预处理阶段进行简单的特征提取和特征筛选。最终的数据预处理流程可以分为 4 个部分，分别为：

（1）SCADA 系统采集到的原始数据中，若某一时刻所有采样特征的数据均为 0，即可认为是数据上传出现故障，直接将该数据行删除；

（2）将具有相同物理意义的特征进行处理，获得 17 个新的具有实际物理意义的特征，例如，将每个时刻 6 个发动机定子的温度取均值获得发动机定子的平均温度，将每个时刻变频器入口温度减去变频器出口温度得到变频器的温差等；

（3）对原始的时间序列特征数据进行特征提取，分别取样本的各个特征 10min 内的最小值、最大值、均值、中值、方差以及极差（最大值 − 最小值）作为新的特征代替原本的时间序列特征，这样每个样本就从原本约 450×75 的矩阵转化为约 1×450 的向量，实现了特征提取和信息压缩的目的；

（4）对所有转化之后的特征进行筛选，删除一些长时间无变化的特征，即所有标准差小于 1×10^{-3} 的特征。

7.1.4 评价指标

对于二分类问题，评价指标的建立往往需要依靠分类结果的混淆矩阵，如图 7.2（a）所示。其中，

（1）TN：预测标签为真，真实标签也为真。

（2）FP：预测标签为假，真实标签为真。

（3）FN：预测标签为真，真实标签为假。

（4）TP：预测标签为假，真实标签也为假。

真实标签 / 预测标签	0	1
0	真阴性（TN）	假阴性（FN）
1	假阳性（FP）	真阳性（TP）

（a）二分类问题混淆矩阵

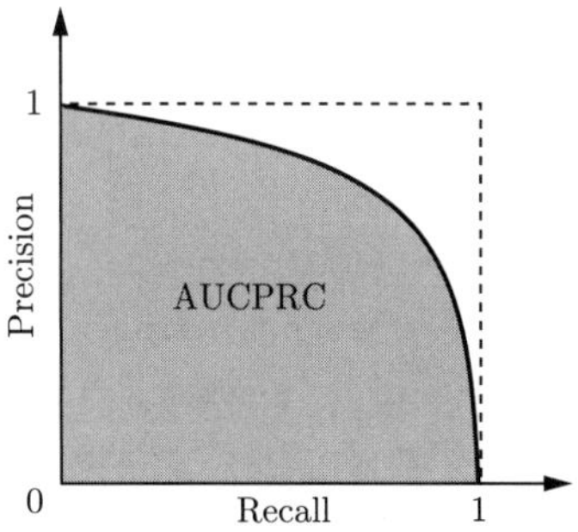

（b）AUCPRC示意图

图 7.2　评价指标的相关说明

对于非平衡分类问题，分类问题最常用的分类准确度（accuracy）并不能反映最终模型的性能，例如对于一个含有 90 个正常样本、10 个异常样本的测试数据集，模型将所有测试样本均判别为正常，则模型的分类准确度为 90%，从指标上看表现尚可，但这样的模型是毫无意义的。因此我们在此介绍 4 个更加适用于评价非平衡分类问题的评价指标：G-mean、F1-score、MCC 和 AUCPRC。其具体的数学公式如下所示：

$$\text{G-mean} = \sqrt{\frac{\text{TP}^2}{(\text{TP}+\text{FN})(\text{TP}+\text{FP})}} \tag{7.1.1}$$

$$\text{F1-score} = \frac{2\text{TP}}{2\text{TP}+\text{FP}+\text{FN}} \tag{7.1.2}$$

$$\text{MCC} = \frac{\text{TP}\times\text{TN}-\text{FP}\times\text{FN}}{\sqrt{(\text{TP}+\text{FP})(\text{TP}+\text{FN})(\text{TN}+\text{FP})(\text{TN}+\text{FN})}} \tag{7.1.3}$$

$$\text{Precision} = \frac{\text{TP}}{\text{TP}+\text{FP}} \tag{7.1.4}$$

$$\text{Recall} = \frac{\text{TP}}{\text{TP}+\text{FN}} \tag{7.1.5}$$

$$\text{AUCPRC} = \text{Area Under Precision-Recall Curve} \tag{7.1.6}$$

其中 AUCPRC 表示图 7.2（b）中阴影部分面积，如图 7.2（b）所示。

7.1.5 故障诊断方法

在前面已经提到，本案例是一个类不平衡的分类问题，由于目前常见的分类方法都是基于类平衡设计的，所以将其直接应用到类不平衡问题上往往表现较差，例如会出现将所有样本都归类为多数类等情况。本案例中所用的风机叶片开裂故障数据集共有样本 834 个，其中正常样本 786 个，故障样本 48 个，非平衡比约为 16 : 1，将数据集按照 4 : 1 的比例随机划分为训练集和测试集。由于非平衡比较高，且训练集中故障样本数量很少，仅有 38 个左右，所以本案例采用 5.2.4 节介绍的过采样方法生成更多的故障样本，接下来我们将简单介绍两种过采样方法 SMOTE 和 ADASYN 的 Python 实现。

SMOTE 实现的主要代码可以写为：

```
from imblearn.over_sampling import SMOTE
import sklearn
sampler = SMOTE(sampling_strategy='auto', k_neighbors=5)
X_train, y_train = sampler.fit_resample(X, y)
base_estimator = sklearn.tree.DecisionTreeClassifier()
base_estimator.fit(X_train, y_train)
```

ADASYN 实现的主要代码可以写为：

```
from imblearn.over_sampling import ADASYN
import sklearn
sampler = ADASYN(sampling_strategy='auto', k_neighbors=5)
X_train, y_train = sampler.fit_resample(X, y)
base_estimator = sklearn.tree.DecisionTreeClassifier()
base_estimator.fit(X_train, y_train)
```

解决了训练集中类别非平衡问题后，需要选择合适的分类算法作为最终的分类器。考虑到本案例的数据规模和特征数量等因素，我们选择了四种合适的分类算法，分别为：

- 决策树（decision tree，DT）
- k-近邻（k-nearest neighbor，k-NN）
- 支持向量机（support vector machine，SVM）
- 多层感知器神经网络（multi-layer perceptron neural network，MLP-NN）

由于数据集的可分性较好，所以不需要进行复杂的调参，上述四种分类器的参数均采用 Python 中 sklearn 包中相应分类器函数的默认参数值即可。

7.1.6 结果分析

由于数据集样本维度较高，不利于可视化，因此为了方便说明及可视化展示，对于所有的训练集样本，在本节均利用 t-SNE 方法降维到 2 维。图 7.3（a）展示了原始训练集中正常样本和故障样本的分布情况，可以看到正常样本的数量要远高于正常样本。图 7.3（b）、（c）和（d）分别展示了经过随机欠采样、SMOTE 过采样和 ADASYN 过采样之后的类平衡的训练集分布情况，从图中可以看出，经过 SMOTE 过采样和 ADASYN 过采样之后的数据不仅达到了类平衡，数据可分性也有了明显的改善，有利于后续分类器的训练。

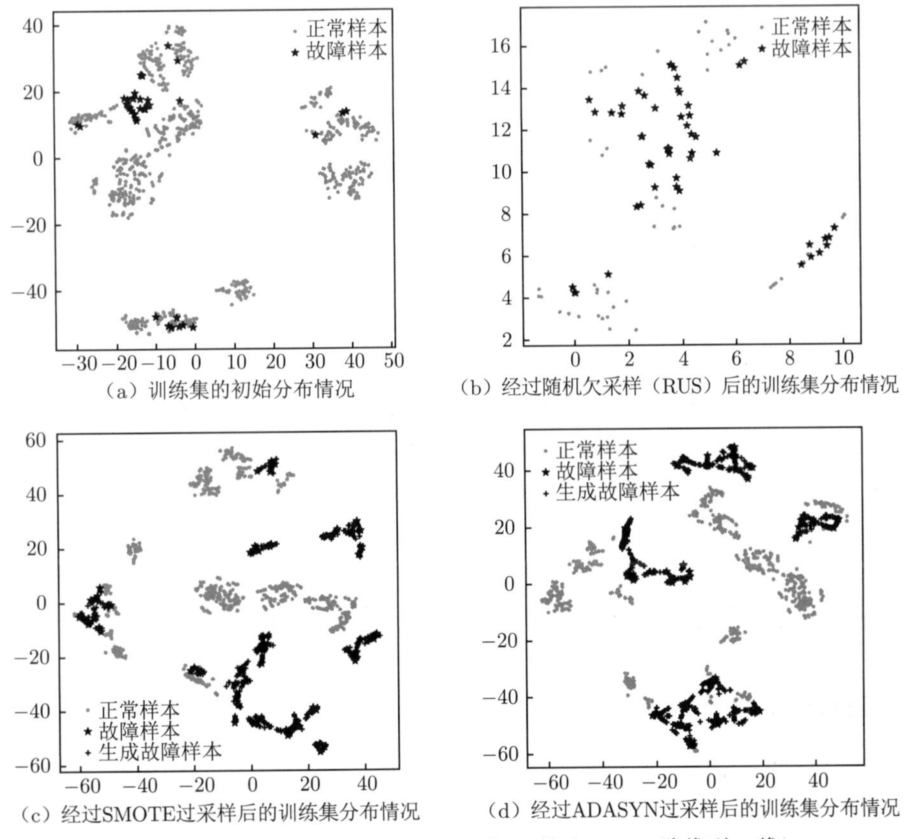

图 7.3　经过重采样后训练集的可视化（利用 t-SNE 降维到 2 维）

之后利用四种分类器分别结合上述的重采样后得到的训练集进行训练，最终的分类表现如表 7.1 所示。由实验结果可以看出，对于本案例中的问题，过采样方法效果要明显优于欠采样方法，四种分类器中决策树的表现相对较差，由于本案例中的数据集样本可分性较好，其余三种分类器在运用了过采样方法后的分类准确性均可以达到 100%。此外多层感知器神经网络结合随机欠采样方法也取得了较好的分类效果，充分展示了神经网络分类器在特征提取方面的强大性能。

表 7.1 实验结果汇总表

分类器	重采样方法	评价指标			
		AUCPRC	F1-score	G-mean	MCC
DT	RUS	0.283	0.450	0.527	0.477
	SMOTE	0.743	0.849	0.859	0.848
	ADASYN	0.760	0.863	0.870	0.860
k-NN	RUS	0.593	0.675	0.693	0.671
	SMOTE	1.000	1.000	1.000	1.000
	ADASYN	1.000	1.000	1.000	1.000
SVM	RUS	0.915	0.872	0.881	0.873
	SMOTE	1.000	1.000	1.000	1.000
	ADASYN	1.000	1.000	1.000	1.000
MLP-NN	RUS	0.980	0.966	0.967	0.965
	SMOTE	1.000	1.000	1.000	1.000
	ADASYN	1.000	1.000	1.000	1.000

7.1.7 总结

叶片作为风力发电机将风能转化为电能的主要连接部件，其安全有效的工作对整个风机机组的稳定运行有着至关重要的影响。传统的风机叶片开裂故障诊断方法包括超声波检测、振动异常检测以及红外成像检测技术等，此类方法对处于工作状态的风机叶片无法进行检测，且对设备的要求较高。本案例直接应用现代风机已经安装好的 SCADA 系统采集到的传感器数据，不需要借助额外的设备，建立相应的数据驱动模型检测早期的叶片开裂故障。同时对于故障检测问题中普遍存在的类别不平衡现象进行了分析，介绍了一些常见的解决类不平衡问题的方法，并且取得了较好的分类效果。

7.2 基于深度强化学习的核电站维修决策

7.2.1 背景介绍

与传统火力发电相比，核能发电具有空气污染少、能量密度高的优点。但与此同时，由于核电站一旦发生安全事故后果极其严重，因此对核能发电也相应有更高的安全要求。作为一个结构复杂、子系统众多的大型系统，核电站的使用寿命一般为 40~60 年。为了保障核电站在核能发电过程中的安全，针对设备老化问题制定合理的维修计划方案对于核电站而言十分重要。在核电站的日常运行过程中，维修成本在其总运营支出成本中占比较大。实现最优化的维修调度决策不仅可以提高核电站系统的性能，同时能够有效降低系统在运行过程中的总成本投入。目前，核电站的维修决策主要是基于技术人员的经验知识，缺乏有效的理论指导，通常面临严重的过维修情况，许多设备在运行良好的情况下就被维修或更换为新的设备，造成巨大的浪费。为了弥补传统的维修决策方法的局限性，本节基于核电站设备的老化建模，综合各方面成本因素以及可靠性考量，为核电站制定合理的维修策略，为其安全可靠地运行保驾护航。

7.2.2 问题描述

高压给水加热器系统是核电站发电设备中的重要组成部分，其基本功能为利用汽轮机高压缸的抽汽加热给水，并接收汽水分离再热器的疏水，提高机组热力循环效率。高压给水加热器的故障是发电系统故障的主要来源之一。这些故障的存在严重影响到发电效率，威胁发电设备的安全运行，对机组人员与周围环境都可能产生恶劣影响。因此，针对高压给水加热器系统制订合理有效的维修计划，对于提高发电系统的安全性、经济性，保障发电系统的高效率运行有着重要意义。由于核电站高压给水加热器系统设备众多且连接结构复杂，传统的优化方法，如混合整数规划、遗传算法等，无法高效获得维修决策优化的最优解。因此，基于深度强化学习算法在求解大规模问题方面的优越性，选用合适的深度强化学习算法来完成核电站高压给水加热器系统维修决策这一大规模优化问题的求解是十分必要的。

核电站高压给水加热器系统结构如图 7.4 所示，该系统由编号为 0~25 的组件构成。从功能上看，高压给水加热器系统主要包含给水系统、抽汽系统和疏水系统等子系统，各子系统由多个设备共同组成且相互连接。各个设备遵循一定的老化规律，若在老化达到一定级别而没有进行维修或更换时，设备将发生故障。设备的故障可能导致子系统的故障，从而导致整个系统的进一步失效。

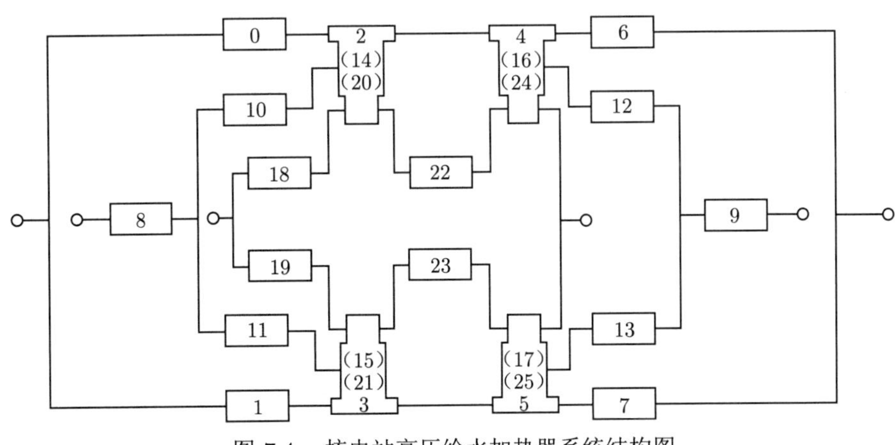

图 7.4 核电站高压给水加热器系统结构图

为了保障系统的安全稳定运行，维修人员按照固定的时间对系统中各个组件进行检修。在检修过程中，维修人员确定设备的老化水平，从而对不完美维修等级以及是否更换为新设备进行优化决策。在维修决策过程中，要综合考虑人力成本、设备更换成本、维修成本、系统宕机成本等多种成本因素，并确保系统处于较高的可靠性水平。针对维修决策这一类带有时序性的优化问题，现有的优化方法可分为以下三类：

（1）基于数学规划的优化方法。数学规划在给定的可行域内寻找到一组可以最大化或最小化某一目标函数的最优解，该方法包括线性规划、非线性规划、多目标规划、动态规划等分支。数学规划方法的优点是可以寻找到所求问题的全局最优解；缺点是计算时间长，求解规模有限。

（2）启发式算法。启发式算法是相对于最优化算法而言的，这一类算法可以在可接受的空间和时间内寻找到一组近似最优解。典型的启发式算法包括遗传算法、模拟退火算法、蚁群算法等。这一类算法可以求解的问题规模相比数学规划方法更大，但解的最优性常常难以保证，一些情况下很容易陷入局部最优。

（3）深度强化学习算法。深度强化学习算法基于马尔可夫决策过程的建模，融合深度学习的优势，可求解的问题规模进一步扩大。

本案例采用近端策略优化（proximal policy optimization，PPO）算法进行维修决策。PPO 算法是一种经典的深度强化学习算法。该算法针对策略梯度算法加以改进，由于其广泛的适用性以及较优的优化表现，目前被 OpenAI 选为首选算法。本案例中的维修决策问题由于组件数量较多，传统的数学规划方法和启发式算法难以获得一个令人满意的解，PPO 算法在该问题中表现出了较强的求解能力。

7.2.3 仿真环境搭建

在本案例中，仿真环境的作用主要是对核电站高压给水加热器系统的各个组件退化过程加以仿真，模拟系统在使用过程中设备的老化、维修、更换等过程。首先，该过程被建模为马尔可夫决策过程（MDP），各个决策的时间点为检修活动的时间点，系统的状态变量为所有设备从 0 到无穷大的老化年龄组成的向量，动作变量为从 0 到 100%维修等级以及是否要对组件进行更换的决策，奖励函数为整个系统总的维修成本以及可靠性奖励。

之后利用 OpenAI Gym 库对该 MDP 进行仿真。Gym 库中收集了很多强化学习经典的测试环境，同时也提供了自定义新的环境的接口。在此定义新的维修决策环境，环境中最重要的函数包括 step 函数、reset 函数。考虑系统中组件数目 num_comp = 26，对环境进行初始化，建立系统的状态空间和动作空间。初始化的代码可以写为：

```
1  from gym import error, spaces
2  class MaintenanceEnv(gym.Env):
3          def __init__(self):
4                  self.observation_space = spaces.Box(0, np.inf, shape=(num_comp, ))
5                  self.action_space = spaces.Box(0, 1, shape=(2, num_comp))
```

在深度强化学习算法训练过程中，所用到的数据由智能体一次次与环境交互产生。智能体在一次次的尝试中不断积累经验，一次尝试称为一条轨迹，当到达轨迹的终止状态时尝试结束。单次尝试结束后，智能体将重新开始一条新的轨迹进行仿真。reset 函数便用于重新初始化的功能。当算法完成一条轨迹数据之后，reset 函数被调用。在每一个轨迹之初，所有设备都是全新的，因此其老化年龄为 0，即状态为 0。reset 函数的代码如下所示：

```
def reset(self):
        self.state = np.array([0.0] * num_comp)
        return self.state
```

另一个重要的函数为 step 函数，用于仿真刻画环境与智能体的交互过程。函数的输入为执行的动作，输出为基于动作和当前状态仿真获得的下一步的状态、回报函数值以及轨迹是否达到终止条件。step 函数基于各个设备的寿命分布，对设备的退化情况进行推断，并对系统可靠性加以计算，获得单个时间点的总成本与可靠性的权衡收益。其代码可以写为：

```
def step(self, action:  tuple):
        assert self.action_space.contains(action)
        reward = 0
        done = False
        for i in range(self.num_comp):
                self.state[i] = (1 - action[i]) * self.state[i]
                reward -= action[i] * maintenance_cost[i]
        reliability = self.calculate_system_reliability(self.state)
        reward += reliability * reliability_profit
        return self.state, reward, done, {}
```

7.2.4　评价指标

PPO 算法基于 Actor-Critic 框架建立。顾名思义，Actor-Critic 框架由 Actor 网络和 Critic 网络两个部分组成，每一个神经网络各自拥有一个相对应的损失函数。在本案例中，令 θ 和 ω 分别为 Actor 网络和 Critic 网络的参数。对于 Actor 网络我们使用以下损失函数：

$$L\left(s, a, \theta_k, \theta\right)=\min \left(\frac{\pi_\theta(a \mid s)}{\pi_{\theta_k}(a \mid s)} A^{\pi_{\theta_k}}(s, a), \quad g\left(\epsilon, A^{\pi_{\theta_k}}(s, a)\right)\right) \tag{7.2.1}$$

其中函数 g 是一个 clip 函数，定义如下：

$$g\left(\epsilon, A^{\pi_{\theta_k}}(s, a)\right)=\operatorname{clip}\left(\frac{\pi_\theta(a \mid s)}{\pi_{\theta_k}(a \mid s)}, 1-\epsilon, 1+\epsilon\right) A^{\pi_{\theta_k}}(s, a) \tag{7.2.2}$$

式中，θ_k 为上一轮迭代，即第 k 轮迭代过程中 Actor 网络的参数值；$A^{\pi_{\theta_k}}(s,a)$ 为优势函数值；ϵ 是一个用于控制新策略与旧策略差异的超参数。这一损失函数的优点在于其只拥有一个目标函数而不具有约束条件，从而大大降低了计算难度。

Critic 网络的损失函数基于回归分析，由最小二乘法获得，其定义为

$$L_c = \min_{\omega} E\left[\left(V_\omega\left(\mathbf{S}_k\right) - \hat{r}_k\right)^2\right] \tag{7.2.3}$$

式中，$\hat{r}_k$ 为收益函数的估计值。

7.2.5 PPO 算法

该案例中 Actor 网络和 Critic 网络均采用多层感知器结构，网络结构如图 7.5 所示。两网络的输入均为状态值，Actor 网络的输出为基于当前状态获取的动作值，Critic 网络的输出为值函数的值。除了输入层和输出层外，另设有两个隐层，隐层大小为 128。Actor 网络的代码如下：

```
1  class MLPActor(Actor):
2          def __init__(self, obs_dim, act_dim, hidden_sizes, activation):
3                  super().__init__()
4                  log_std = -0.5 * np.ones(act_dim, dtype=np.float32)
5                  self.log_std = torch.nn.Parameter(torch.as_tensor(log_std))
6                  self.mu_net = mlp([obs_dim] + list(hidden_sizes) + [act_dim],
                     activation)
7          def _distribution(self, obs):
8                  mu = self.mu_net(obs)
9                  std = torch.exp(self.log_std)
10                 return Normal(mu, std)
11                 def _log_prob_from_distribution(self, pi, act):
12                 return pi.log_prob(act).sum(axis=-1)
```

定义 Critic 网络的结构以及训练方法的代码如下：

```
1  class MLPCritic(nn.Module):
2          def __init__(self, obs_dim, hidden_sizes, activation):
3                super().__init__()
4                self.v_net = mlp([obs_dim] + list(hidden_sizes) + [1], activation)
5          def forward(self, obs):
6                return torch.squeeze(self.v_net(obs), -1)
```

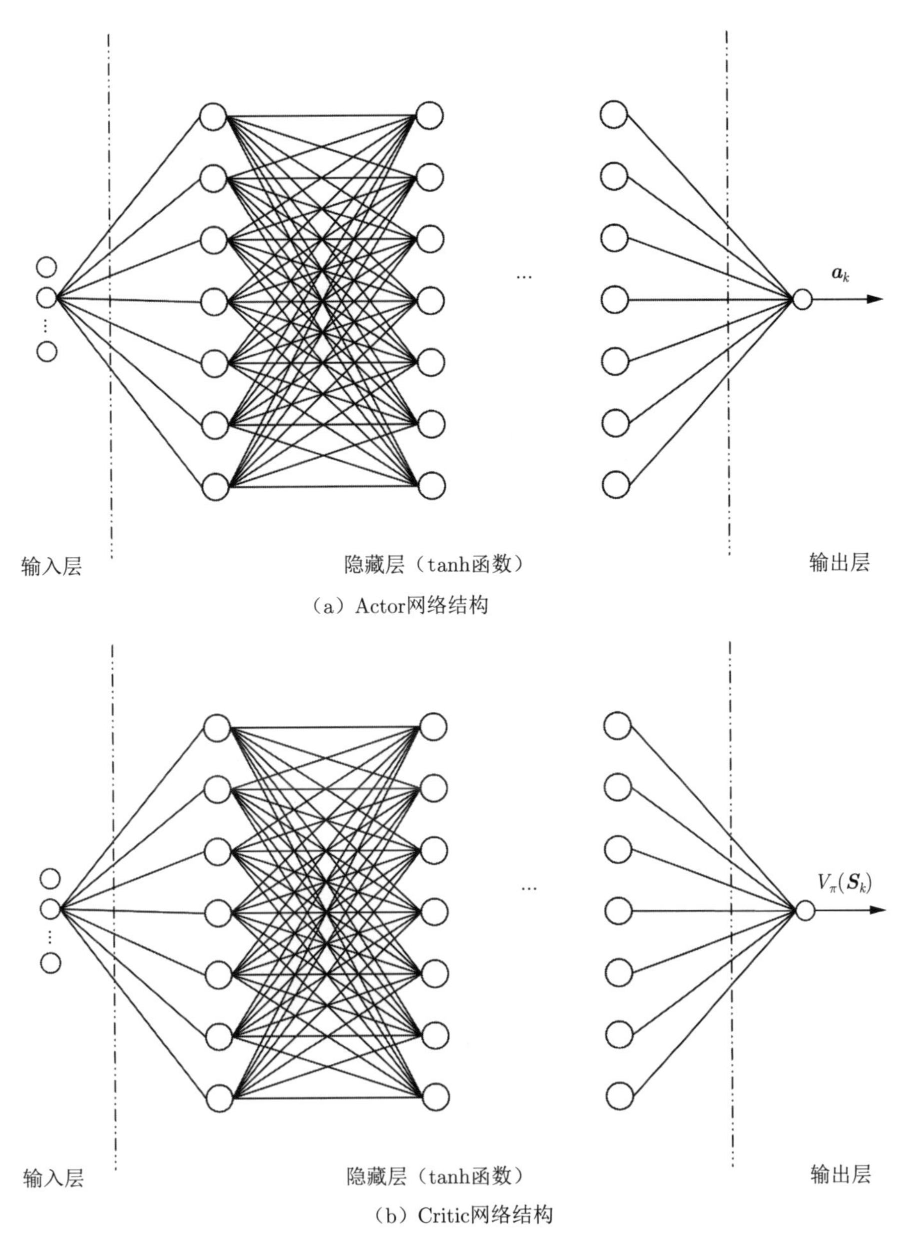

图 7.5 PPO 算法的网络结构示意图

在训练过程中，首先完成训练数据的收集工作。通过使智能体与环境互动，产生新的训练数据，设置经验池用于保存与环境交互过程中产生的轨迹数据。在每一轮迭代过程中，基于收集到的数据计算 Actor 网络以及 Critic 网络的损失函数，从而获得参数更新。参数更新基于梯度递降/递增方法进行。经验池数据收集的代码如下：

```
for epoch in range(epochs):
    for t in range(local_steps_per_epoch):
        a, v, logp = ac.step(torch.as_tensor(o, dtype=torch.float32))
        next_o, r, d, _ = env.step(a)
```

```
5            ep_ret += r
6            ep_len += 1
7            buf.store(o, a, r, v, logp)
```

7.2.6 结果分析

利用上述 PPO 算法对高压给水加热器系统的维修决策问题进行优化，获得最优策略，从而进一步得到在不同状态下的维修动作。系统中各个设备的寿命分布、老化相关信息、成本参数以及可靠性参数被输入到仿真环境中去。训练迭代过程如图 7.6 所示。图中横轴为仿真环境与智能体交互的次数，纵轴为训练的性能函数值，即各轮迭代获得的维修优化问题期望收益值。从图中可以看出，在前期的迭代过程中策略得到迅速的改善与提升，并在后期达到一个较为平稳的解，过拟合情况在该问题中不突出，训练效果良好。

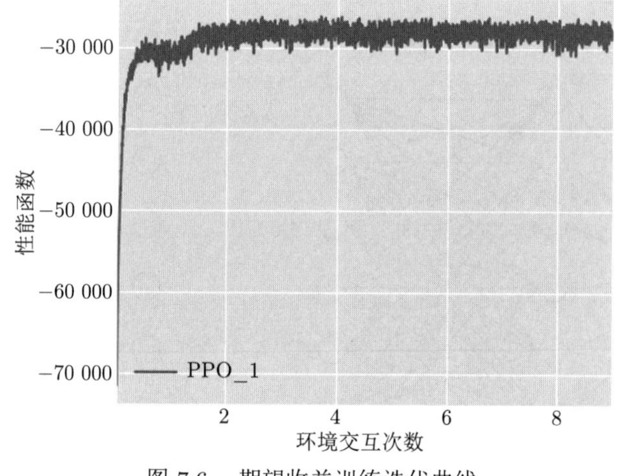

图 7.6　期望收益训练迭代曲线

7.2.7 总结

核电站复杂系统的维修优化问题是一个非常重要的课题，一个有效的维修计划不仅可以保障核电站安全可靠地运行，还可以大大降低核电站的运营成本。本案例对维修优化问题进行剖析，综合问题决策变量与目标函数的性质，提出了一种基于 PPO 算法的维修决策方法。该方法克服了传统方法在求解规模上的限制，并通过测试展现出了好的训练效果。在之后的维修过程中，维修人员根据检修获得的系统状态，利用该方法的训练结果，则可给出相应多个设备的维修方案，对维修计划的制订具有较强的指导意义。

7.3 5G 通信数据下行传输速率预测

7.3.1 问题背景

第五代移动通信技术（5G）是具有高速率、低时延特点的新一代宽带移动通信技术，对于工业控制、远程医疗、自动驾驶、智慧城市、智能家居、环境监测等对时延和可靠性具有极高要求的垂直行业应用有着极大的推动作用。目前，我国的 5G 通信网正在高速建设当中。对于 5G 通信网络安全性、稳定性和使用速度的预测，是目前工业大数据研究中的一个热点。

针对 5G 的传输特点，5G 基站的建设必须满足“分布式”。据统计，在城市中每几百米、在郊区中每 1000m 左右就需要一个 5G 基站，才能够满足用户 5G 的使用要求。因此，对于城市中的 5G 的数据监控，往往以小区为单位进行。

7.3.2 数据介绍

数据下行传输速率作为影响用户通信上网体验的重要指标，对 5G 网络的效果度量有着重大意义。我们的目标便是对某刚刚完成 5G 基站建设小区的数据下行传输速率进行预测。

所用的数据集有十余个属性，为一系列通信性能参数, 包括连接中断率、同频切换成功率、下行平均 MCS、拥塞率、小区下行流量、小区上行流量、下行 PDCP 丢包率等。使用这些参数来预测用户下行平均数据传输速率。这是一个典型的回归预测问题。

表 7.2 展示了若干个所用数据集的情况。

7.3.3 数据预处理

数据预处理分为以下几个步骤。

（1）**数据清洗**。这个数据集中存在大量全部为 0 的无效数据，以及部分属性缺失的数据，我们需要除去这些无效数据行。最终，得到 12 242 个有效数据条。

（2）**特征选择**。本数据集最大的特点，是数据的属性数目非常多。因此，选择出一些合适的特征，不仅有利于训练效果的提升，也有利于训练效率的提升。

常用的特征选择手段有 L1 正则项选择、相关性计算、单变量模型构建等。我们使用 Lasso 的 L1 正则项选择法进行特征选择，该方法利用 L1 正则项可以天然地得到稀疏解的特性，进行变量选择。最终，我们选出了 8 个属性来进行后续的建模。

（3）**标准化**。从上文的数据中可知，每个属性的取值范围差异都非常大，这将会对训练产生影响。我们对每个属性进行 Min-Max 标准化，将值映射到 $[0,1]$ 范围内，以便于后续训练。

（4）**训练集分割**。打乱数据集条目之间的顺序。我们把 60%的数据作为训练集，20%的数据作为验证集，20%的数据作为测试集。

表 7.2　部分数据展示

下行平均 MCS	上行 PDCP 丢包率/%	PDCCH 占用率/%	乒乓切换比例/%
5825.676	4.503	16.489	0.762
4491.394	5.761	12.801	0.559
2183.053	5.409	10.01	0.406
22 218.455	3.172	4.354	0.048
5288.64	2.941	10.827	0.511

上行 PRB 占用率/%	CS 呼叫建立成功率/%	RRC 拥塞率/%	RRC 建立成功率/%
5.085	99.892	0	100
18.024	97.886	0	99.959
21.576	99.977	0	99.977
1.679	100	0	100
11.584	99.894	0	99.894

小区下行流量/GB	小区上行流量/GB	上行平均干扰	下行 PDCP 丢包率/%	下行平均传输速率/（Mb/s）
1140.082	109.919	−119.25	0.001	40 841.4
3064.717	283.559	−109.75	0	4573.217
6268.42	403.275	−119	0	18 667.616
249.278	15.468	−119	0	42 410.181
1794.825	177.366	−110.5	0	13 433.083

7.3.4　模型构建

我们利用传统的广义线性模型来解决这个问题，利用传统的线性回归进行实验。将选择出的 8 个特征加上截距项 1 组合成自变量 $\boldsymbol{X}$，将预测目标（数据下行平均传输速率）作为因变量 y。由于数据规模过大，传统的求解析解的方式会带来过高的复杂度。因此，需要使用优化算法来逼近结果。本案例中，我们使用梯度下降法和随机梯度下降法来处理，具体流程如 3.1.4 节的算法 8 和算法 9 所示。

我们随后利用套索回归（lasso regression）以及岭回归（ridge regression）进行实验，通过 K 折交叉验证的方式，选择出最佳的 λ 系数值。关键算法的 Python 代码如下所示。

```
from sklearn.linear_model import Lasso
alpha = 0.1
lasso = Lasso(alpha=alpha)
y_pred_lasso = lasso.fit(X_train, y_train).predict(X_test)
r2_score_lasso = r2_score(y_test, y_pred_lasso)
print(lasso)
```

```
7 print("r^2 on test data : %f" % r2_score_lasso)
```

最终训练结果如表 7.3 所示。

表 7.3　回归模型训练结果

模型名称	线性回归	岭回归	Lasso 回归
Accuracy	0.709	0.752	0.748

我们再利用多项式回归进行实验，高次多项式会造成自变量数的指数增长，仅二阶多项式模型就有 $C_8^2 = 28$ 个交叉项，更不用说高次模型。这么大的自变量规模会极速加剧模型的过拟合，不利于训练模型。训练结果如表 7.4 所示。

表 7.4　多项式回归模型训练结果

模型名称	线性回归	岭回归	立方回归
Accuracy	0.709	0.752	0.748

7.3.5　结果分析

结果表明，二阶多项式回归模型取得了最好的效果。这表明，变量之间的内在关系不是简单的线性关系，因此，单纯的线性模型很难取得比较好的预测结果。

7.3.6　总结

本项目利用线性回归模型、多项式回归模型对 5G 通信系统中的下行流量进行了预测，取得了较好的结果。线性回归模型的简洁性，使得这个案例的拟合过程非常快，并且结果的解释性很好。

然而，这个结果的拟合效果依然不是特别理想。线性回归模型虽然有着简洁、解释性强的优点，但同时也存在着模型复杂度不够、欠拟合严重的问题。在实际项目中，稳定性、解释性和效果之间往往是一种 Trade-off 的关系，对于一些特别追求解释性的场景，往往就很难应用效果很好的神经网络模型。直到今天，在工程领域还有许多问题是使用传统的机器学习来解决的。虽然深度网络发展迅速，但传统机器学习模型直到今天仍有用武之地。深度学习论文中很多创新性的思路也是从传统机器学习模型中得到的。

第 7 章　能源、电信系统相关案例.rar

第 8 章

交通系统相关案例

8.1 高速列车车轮健康状态监测

8.1.1 背景介绍

随着高速铁路的不断发展，列车运行速度不断提升、运行里程飞速增长，列车系统的安全性和可靠性越来越受到重视。在“预防周期性维修为主”向“状态维修为主”的维修模式转变的大背景下，突破高速列车关键部件健康状态监测和故障诊断技术成为了提高高速列车安全性和可靠性的重要途径，也是实现高速列车智能化与持续发展的重要内容。列车车轮是列车运行的基础部件，几乎承担了列车的全部重量。在服役过程中，列车车轮长期承受循环荷载并要完成在钢轨上的转动，这使得列车车轮踏面、轮辋、轮辐及辐板孔部件容易出现应力集中等现象，导致车轮的擦伤、剥离、不圆度、非正常磨耗加剧。通常这些车轮磨损可分为局部非圆化磨损和全周非圆化磨损。其中，局部非圆化磨损会引起轮轨间严重的冲击荷载，而全周非圆化磨损则会导致机车-轨道系统在特定频率下的异常振动。这直接影响行车的安全性和舒适度。车轮镟修是如今控制列车车轮非圆化最为常用的方法。该方法可消除车轮局部及全周非圆化磨损并减小噪声和振动。然而，定期的车轮镟修不仅需要巨大的人力、财力投入，而且会使车轮直径减小、使用寿命降低，甚至导致车轮出现多边形磨损（Cui，2013）。所以，监测车轮健康状态对铁路运输具有极其重要的意义，它不仅保证了列车运行的安全，对车轮的日常维护和镟修也起着指导作用。

8.1.2 数据预处理

为了避免由于车轮长时间疲劳运转引起的非圆化磨损而导致的事故，各国铁路部门在镟修前后会对列车车轮廓形进行测量。图 8.1（a）中的不规则圆为镟修前的某个车轮的廓形。其中，中间的圆表示标准车轮的廓形，最外面的大圆和最里面的小圆的半径分别等于标准车轮的半径加减 0.03mm。图 8.1（b）为该车轮的径向跳动示意图，其中横坐标表示轮子的周长，纵坐标表示轮缘各点的径向跳动。列车车轮的径向跳动数据不仅可以反映车轮局部非圆化磨损程度，还可以体现车轮全周非圆化磨损程度。本节基于列车车轮的径向跳动数据对列车车轮健康状态进行监测，模型框架见图 8.2。

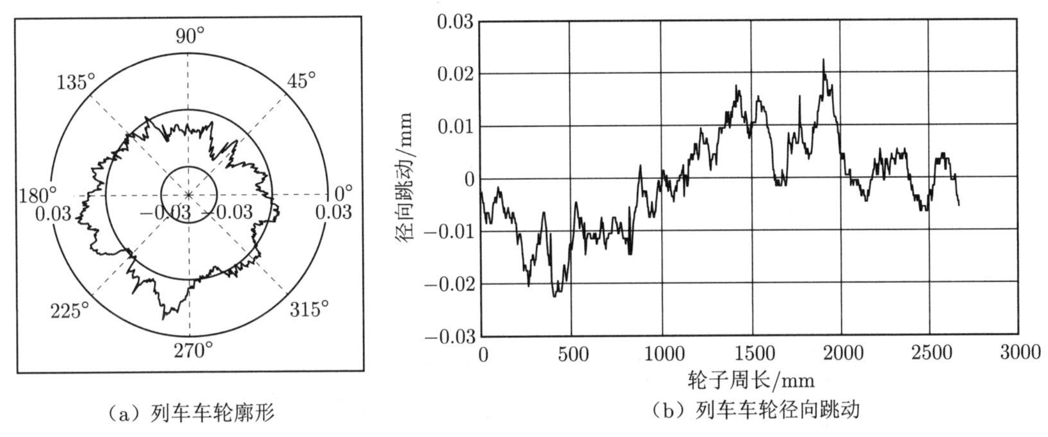

（a）列车车轮廓形　　（b）列车车轮径向跳动

图 8.1　列车车轮磨损数据示意图

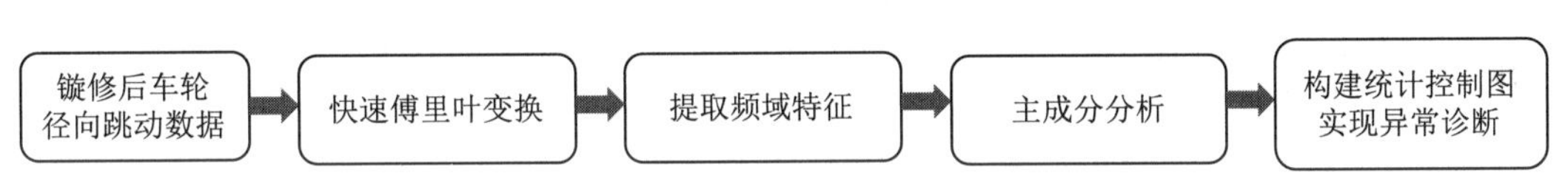

图 8.2　高速列车车轮健康监测模型框架

训练数据集由 3091 个正常轮子的径向跳动数据组成，测试数据集由 100 个正常轮子和 400 个故障轮子的径向跳动数据组成。图 8.3 所示为 5 个正常车轮和 5 个异常车轮径向跳动数据的示意图。从图中可以看出，径向跳动数据可看作非线性的时序信号，且具有一定的周期性。快速傅里叶变换是数字信号处理领域一种很重要的算法，它可以将原来难以处理的时域信号转换成易于分析的频域信号。所以，我们先通过快速傅里叶变换来提取数据频域特征，代码如下：

```
from scipy.fftpack import fft
n,p = Y.shape
X1 = np.zeros(shape=(n,int(p/2)))
for i in range(0,n):
    yf=abs(fft(Y[i,:]))
    X1[i,:]=yf[range(int(p/2))]
```

图 8.4 描绘了 3 个列车车轮径向跳动数据的快速傅里叶变换结果。从图中可以看出，较少的频率特征即可体现时域数据的变化信息，这里我们选取前 30 个频率特征。

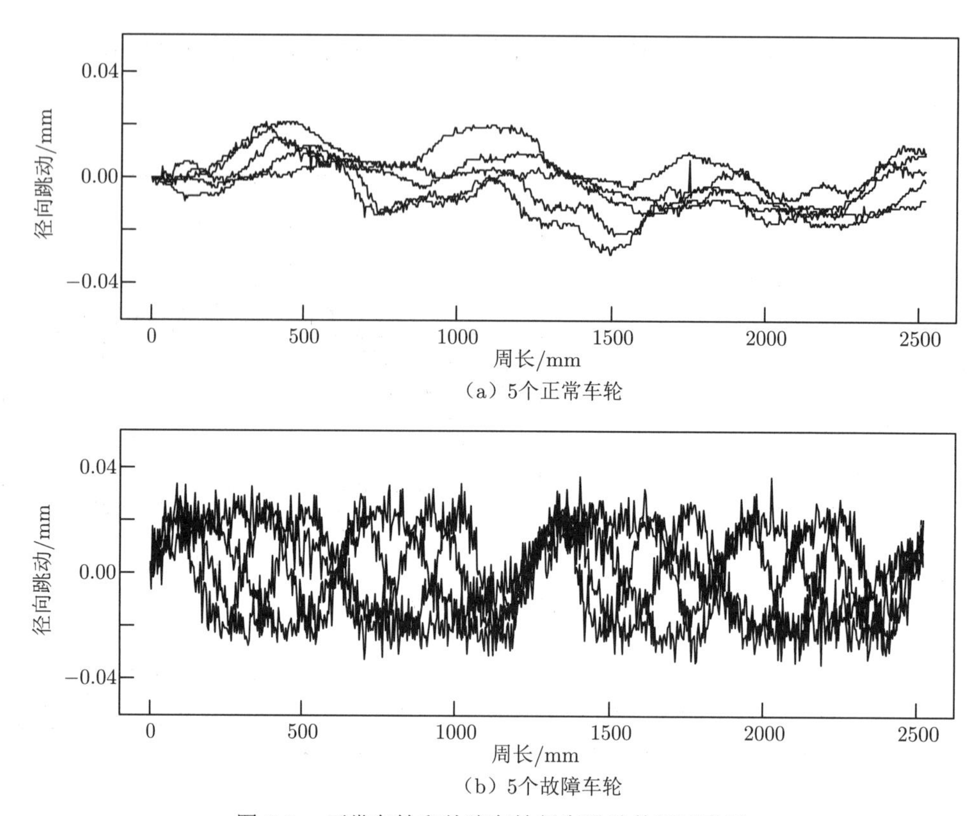

（a）5个正常车轮

（b）5个故障车轮

图 8.3　正常车轮和故障车轮径向跳动数据示意图

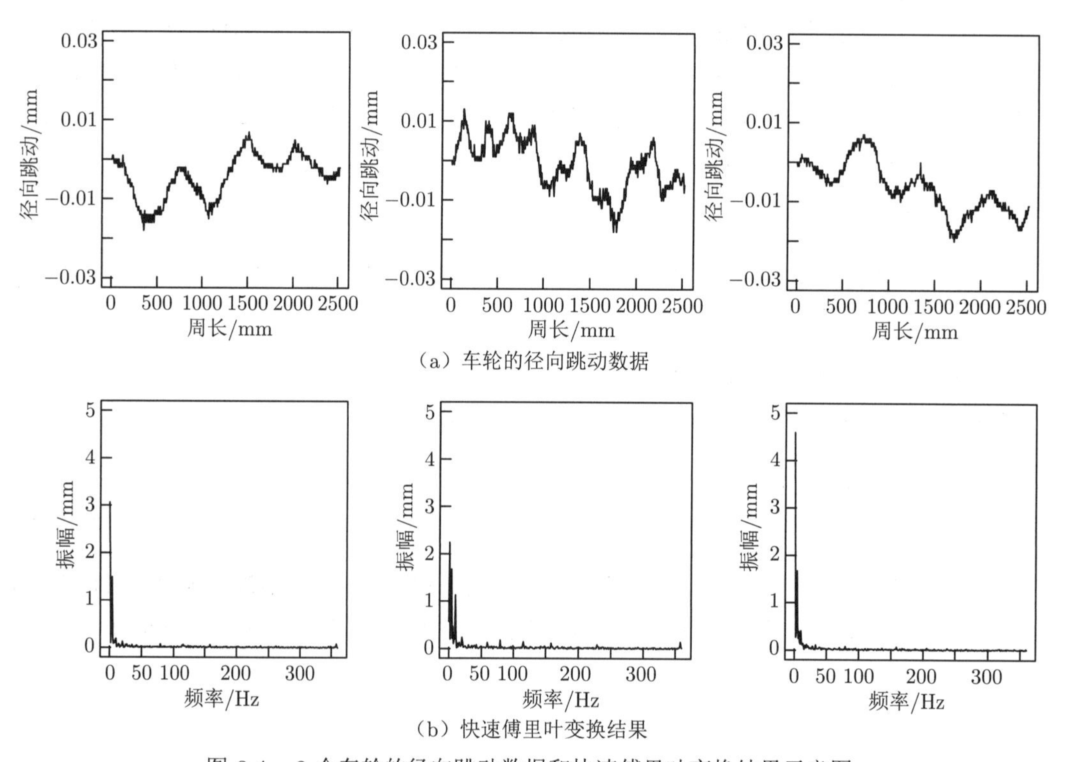

（a）车轮的径向跳动数据

（b）快速傅里叶变换结果

图 8.4　3 个车轮的径向跳动数据和快速傅里叶变换结果示意图

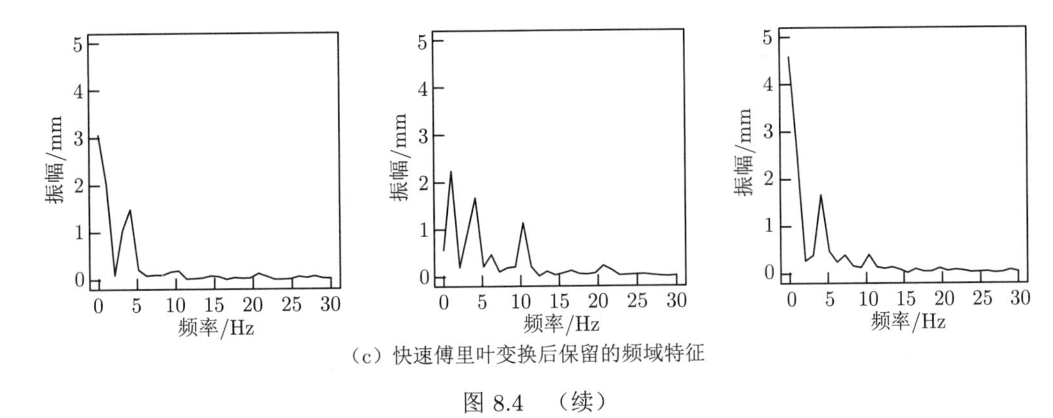

（c）快速傅里叶变换后保留的频域特征

图 8.4　（续）

8.1.3　监测方法

车轮频域特征数据含有多个变量，而且可能混杂着各种噪声，所以不适合直接用于故障诊断。主成分分析（PCA）是一种有效的数据降维手段，根据方差最大化原理，用一组线性无关且相互正交的向量表征原始数据，在尽可能保持原始信息的前提下大范围降低数据量。所以，本节先采用主成分分析方法提取频域关键特征信息，再通过平方预测误差（SPE）构建统计过程控制图来实现列车车轮的健康状态监测。设 $\tilde{\boldsymbol{X}} = (\tilde{x}_{ij}) \in \mathbb{R}^{n\times p}$ 表示频域特征数据组成的矩阵，其中 $n = 3091$ 表示训练数据集中样本的个数，$p = 30$ 表示频率特征数。具体步骤如下：

（1）对样本进行标准化：

$$x_{ij} = \frac{\tilde{x}_{ij} - \overline{x}_j}{\hat{\sigma}_j}, \quad i = 1, 2, \cdots, n; j = 1, 2, \cdots, p$$

其中，$\overline{x}_j = \dfrac{1}{n}\sum\limits_{i=1}^{n} \tilde{x}_{ij}$，$\hat{\sigma}_j = \dfrac{1}{n-1}\sum\limits_{i=1}^{n}(\tilde{x}_{ij} - \overline{x}_j)^2$。标准化后的矩阵记为 $\boldsymbol{X} = (x_{ij}) \in \mathbb{R}^{n\times p}$。

（2）计算协方差矩阵：

$$\boldsymbol{S} = \frac{1}{n-1}\boldsymbol{X}^{\mathrm{T}}\boldsymbol{X}$$

（3）计算协方差矩阵的特征值 $\lambda_1, \lambda_2, \cdots, \lambda_p$ 和对应的特征向量 $\boldsymbol{v}_1, \boldsymbol{v}_2, \cdots, \boldsymbol{v}_p$，其中 $\lambda_1 \geqslant \lambda_2 \geqslant \cdots \geqslant \lambda_p$。

（4）计算累计方差百分比（cumulative percent variance，CPV）：

$$\mathrm{CPV}(j) = \frac{\sum\limits_{l=1}^{j} \lambda_l}{\sum\limits_{l=1}^{p} \lambda_l} \times 100\%, \quad j = 1, 2, \cdots, p$$

当 $\mathrm{CPV}(q) \geqslant 99\%$ 时，则保留前 q 个特征向量组成映射矩阵 $\boldsymbol{V} = (\boldsymbol{v}_1, \boldsymbol{v}_2, \cdots, \boldsymbol{v}_q) \in \mathbb{R}^{p\times q}$。

（5）对于待监测车轮，先对其做快速傅里叶变换提取频域特征，数据标准化后得到数据 $\boldsymbol{x}_{i_0} \subset \mathbb{R}^p$。然后，计算其 SPE 统计量（又称为 Q 统计量）：

$$\mathrm{SPE}_{i_0} = \|\boldsymbol{x}_{i_0}(\boldsymbol{I}_p - \boldsymbol{V}\boldsymbol{V}^{\mathrm{T}})\|_2^2$$

SPE 统计量是一个非负的标量，它度量数据 $\boldsymbol{x}_{i_0}$ 对 PCA 重构数据的偏离程度。当前数据在统计意义上与建模数据是否一致是通过判断 SPE_{i_0} 是否处于一定的控制限 Q_α 以内来表示的。如果 $\mathrm{SPE}_{i_0} \leqslant Q_\alpha$，则表示此时列车车轮正常；否则，判定该车轮故障。当选取置信水平为 α 时，控制界限 Q_α 可由以下公式得到（Jensen and Solomon，1972）

$$Q_\alpha = \theta_1 \left[\frac{C_\alpha h_0 \sqrt{2\theta_2}}{\theta_1} + 1 + \frac{\theta_2 h_0 (h_0 - 1)}{\theta_1^2} \right]^{\frac{1}{h_0}}$$

其中，$h_0 = 1 - \dfrac{2\theta_1\theta_3}{3\theta_2^2}$，$\theta_i = \sum\limits_{j=q+1}^{p} \lambda_j^i$，$i = 1, 2, 3$，$C_\alpha$ 是正态分布置信水平 α 的统计量。

8.1.4 结果分析

首先，我们对提取的频域特征标准化后作主成分分析，代码如下：

```
from sklearn.decomposition import PCA
pca = PCA(whiten=True)
pca.fit(X)
```

累计方差百分比如图 8.5 所示。从图中可以看出，前 5 个主成分即可表达 99%的变异信息。所以，我们选取前 5 个主成分构成映射矩阵，计算测试数据集的 SPE 统计量来实现车轮健康状态监测。监测结果如图 8.6 所示。500 个测试集样本中，所有的故障轮子都被诊断出来了，仅有 3 个正常轮子被误判为故障。所以，漏报率（FNR）为 0，误报率（FPR）为 3%，监测结果准确率达到了 $(1 - \mathrm{FNR} + 1 - \mathrm{FPR})/2 \times 100\% = 98.5\%$。

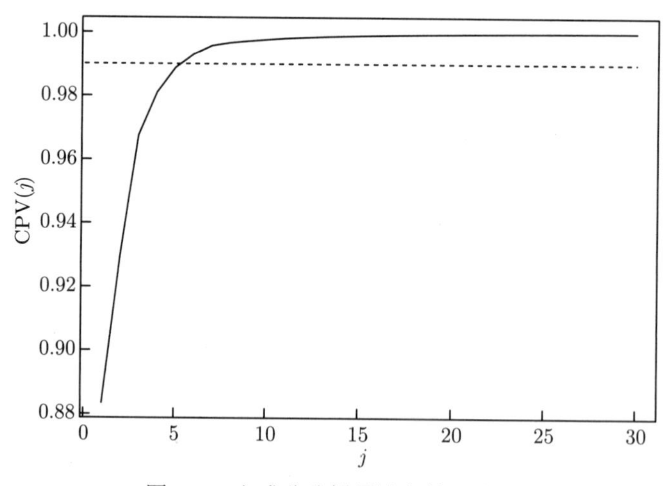

图 8.5 主成分分析累计方差百分比

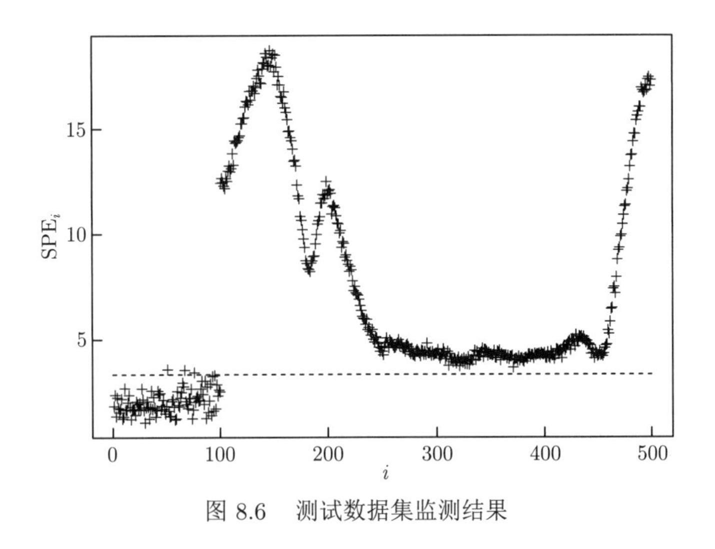

图 8.6　测试数据集监测结果

8.1.5　总结

高速铁路在世界范围内飞速发展，在满足人们对轻松舒适出行需求的同时也加重了高铁系统检测及维护任务。设备健康状态监测与故障诊断技术是一种利用各种测量方法，对设备信号进行建模分析、对异常状态进行判断的先进技术，可以及时检测早期故障，对恶性事件防患于未然，尽可能避免维修不足和维修过剩带来的经济损失。本节利用快速傅里叶变换和主成分分析构建 SPE 统计过程控制图，对列车车轮健康状态进行监测。真实的车轮数据验证了该方法的有效性。

高速列车车轮故障机理复杂、故障模式多样，未来在对其进行健康状态监测时依然有许多需要改进和研究的方面。一方面，可以考虑将信号处理和模式识别中的一些算法引入列车车轮健康状态监测中，以强化监控手段，提高监控能力，使其能够准确地进行故障的分析和监控。同时，在实际的工况中会出现数据分布不满足高斯分布、动态非线性分布等假设条件的复杂状态，需要对这些复杂的情况进行处理，尝试使用新的处理方法，这样可能会取得较好的监测效果。另外，目前很多列车车轮健康状态监测方法是针对单一故障，如何把已有单故障模型拓展到可以处理多重故障或复合故障的模型是今后研究的一个重要方向。

8.2　航天装备的结构振动预测

8.2.1　背景介绍

振动是一种结构在外激励作用下的运动表现形式。任何动态激励均会引起结构振动现象，这在航空航天、风能、公路运输、铁路运输以及海运等多个领域中尤其常见。以航天装备为例，航天装备在发射过程中，整个结构体会受到来自气流的不稳定扰动，因此必然存在整体结构振动现象。当结构振动响应较大时，可能会引起结构破坏。因此，结构振动研究是保障航空航天、公路运输、铁路运输以及海运等交通运输多个领域的各类设备运行安全的重要基础，而结构振动预测可以更好地提升设备的可靠性和安全性。通过振动预测，可以有效开展预防性维修，提前获取将要运行的设备的结构振动响应，从而预防传统技术手段下不可预料的结构振动事故、评估装备工作状态并排查振动故障，对保障装备安全稳定运行具有重要意义。

8.2.2 问题描述

为了确定航天装备结构振动的情况，通常在结构体上的不同部位布控一定数量的振动传感器实时采集航天装备运动过程中该测点处的振动情况，由于振动数据的采样率高、测点位置相对较多，因此获取的数据量非常巨大。从这些真实的振动数据中进一步提取其潜在的、未被挖掘出来的信息一直是传统结构振动预测领域亟待突破的方向。

尤其是在航天装备的设计过程中，通常为了保障航天员的安全，需要在实际试驾之前就根据一些预设的运行状态参数数据确定该设备在该参数条件下的振动水平，这就要求我们根据历史的运行状态参数数据和结构振动数据建立预测模型，在试驾前先预估测点可能的振动响应情况，从而保障人员安全、缩短试验周期和节约试验成本。

传统的结构振动预测方法主要通过建立物理模型进行预测，但这些方法通常假设条件太多，有些参数无法测量出来，对于不同的装备结构来说可推广性较差。近些年随着传感器技术的发展，数据采集变得越来越简单，已经开始尝试运用数据驱动的方法来预测航天装备的结构振动响应，通过建立模型将设备的运行状态参数和结构振动联系起来。所以本案例可以认为是一个回归问题，自变量是设备行驶过程中某时刻的相关运行状态参数，包括速度、转向角度、加速度等特征，因变量是交通设备行驶过程中某测点的实时振动响应。应进行说明的是，由于数据保密等要求，后续的所有实验和分析运用的运行状态参数数据和振动响应数据都是利用计算机仿真生成的，仅供教学说明使用。

8.2.3 数据预处理

本案例的数据主要可以分为两大类：第一类是运行状态参数数据，包括速度、转向角度、加速度等上千项特征数据，涉及声、电、力、热等多种类型的传感器数据，都是由一些机载传感器在行驶过程中实时采集的，采样频率约为 50Hz。图 8.7（a）展示了运行过程中某项特征随时间的变化情况。第二类是装备结构体测点的振动响应数据，在实际应用中航天装备的结构体上会布控几十甚至上百个测点，但在本案例的预测过程中并不考虑测点和测点之间的影响，所以在此都是对单个测点的实时振动响应情况进行预测，振动信号的采样频率比运行状态参数高得多，最低为 500Hz。图 8.7（b）展示了行驶过程中某个位置的测点的振动响应时域信号。整个数据预处理的流程如图 8.8 所示，可以分为四个主要部分。

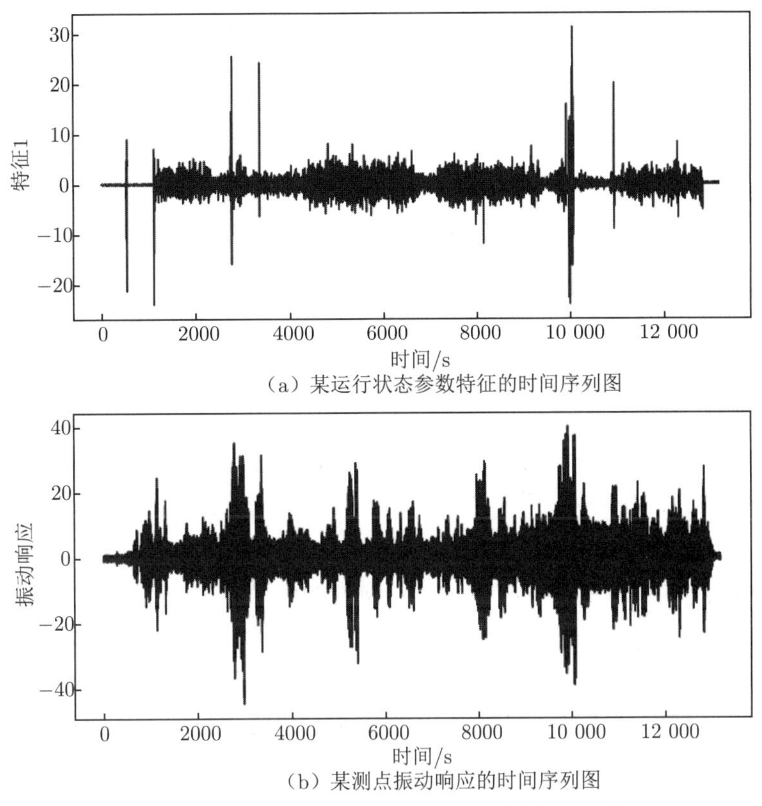

（a）某运行状态参数特征的时间序列图

（b）某测点振动响应的时间序列图

图 8.7 航天装备振动响应预测相关数据可视化

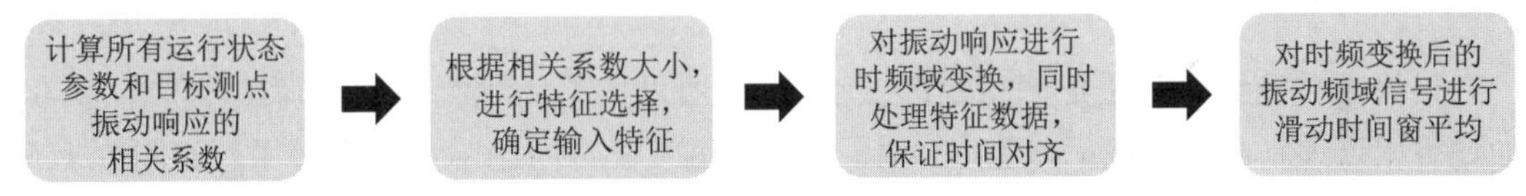

图 8.8 航天装备振动响应预测的数据预处理流程

运行过程中采集的状态参数（特征）很多，很显然并不是所有的特征都与振动响应强相关。根据机器学习的理论基础，需要提前进行特征选择，确定相关性比较高的特征作为模型输入。相比于一次性将所有的特征都作为模型输入，特征筛选之后再输入相关性高的特征能够有效降低模型的复杂度和训练的时间成本，同时提高最终的预测精度。考虑到数据量的大小、计算的复杂度和数据的性质等综合因素，此处最终采用皮尔逊相关系数（Pearson’s correlation）作为评价指标，具体计算公式如式 (8.2.1) 所示。皮尔逊相关系数在 $-1 \sim 1$ 之间，符号表示正负相关，绝对值的大小表示相关性的大小。为了方便之后进行特征筛选，需要计算出所有特征相对于振动变量的皮尔逊相关系数。之后根据相关系数的大小进行特征筛选。由于此次的各项特征都有明显的物理意义，所以不考虑采用特征融合的方式进行处理，而是直接挑选出相关系数较大的特征作为模型的输入。注意由于皮尔逊相关系数存在正负相关关系，所以在进行比较的时候需要先对相关系数进行取绝对值处理之后，再进行数值的大小比较。最终训练集中保留的特征数量可以自行设定，在本案例中最终选择保留相关系数绝对值最大的 20 个特征。

$$\mathrm{corr}(X,Y)=\frac{\mathrm{cov}(X,Y)}{\sqrt{\mathrm{var}(X)\mathrm{var}(Y)}}=\frac{E[(X-E[X])(Y-E[Y])]}{\sqrt{\mathrm{var}(X)\mathrm{var}(Y)}} \tag{8.2.1}$$

在本案例中，由于运行状态参数数据的采样频率远低于振动数据的采样频率，为了保证预测结果的准确性，须对振动数据先进行时频域变换，利用快速傅里叶变换（fast Fourier transform，FFT）将每个定长周期内的时域信号转换为频域信号，利用该周期内的各项运行参数的平均值预测频域信号，再利用快速傅里叶逆变换（inverse fast Fourier transform，IFFT）将最终预测的频域信号转换为需要的时域信号，并进行预测结果的评价。在本案例中运行状态参数数据采样频率为 50Hz，测点振动采样频率为 500Hz，设置每个周期为 1s，则需要对每秒采样的 500 个振动时序信号进行快速傅里叶变换，得到相应的频域信号，同时对每秒采样的 50 个运行状态参数数据取均值，作为这一秒的输入特征。

振动数据经过时频域变换从时域信号变换为频域信号后，可能存在一些噪声信号影响后续模型的预测，为了降低噪声的影响，提高模型预测的精度，可以对振动数据的频域信号进行滑动时间窗口平均。假设滑动时间窗口的大小为 10，即前 9 个频域信号使用原始值，第 i 个频域信号值可以用第 $i-9$ 至第 i 个频域信号的平均值进行替代 ($i \geqslant 10$)，这样可以有效地过滤频域信号中的噪声，当时间窗口大小为 1 时即相当于不进行滑动时间窗口平均。

8.2.4 评价指标

最终的预测结果是采样率很高的振动信号，所以典型的预测结果准确性评价指标，例如均方根误差（root mean squared error，RMSE）在本问题中并不太适用。如图 8.9 所示，如果用均方根误差进行评价，那么曲线 1 的预测误差为 1.4，曲线 2 的预测误差为 1，但在实际的应用中可以认为曲线 1 和曲线 2 的预测都是完全准确的，因为我们最终关注的是一段时间内的振动响应情况，而不是在超高采样频率下各个时刻的振动数值。

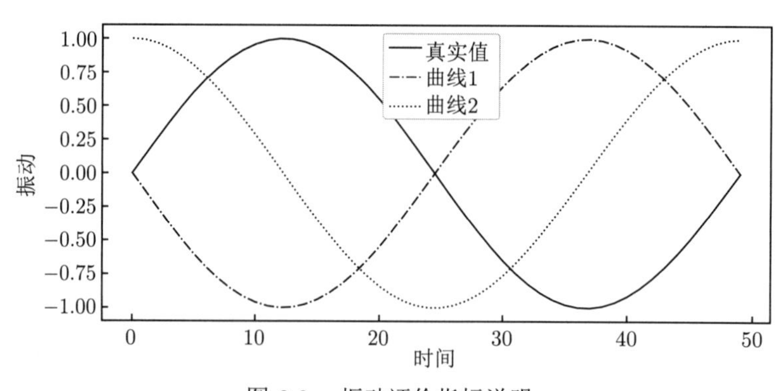

图 8.9 振动评价指标说明

因此，参考物理能量的概念，在本案例中我们使用均方根值误差百分比作为评价指标，即先分别计算真实曲线和预测曲线的均方根值（root mean squared value，RMSV），然后再计算两个均方根值的误差百分比（error percentage，EP），具体计算公式如下所示：

$$Y_{\mathrm{RMSV}} = \sqrt{\frac{\sum_{i=1}^{n} y_i^2}{n}} \tag{8.2.2}$$

$$\hat{Y}_{\mathrm{RMSV}} = \sqrt{\frac{\sum_{i=1}^{n} \hat{y}_i^2}{n}} \tag{8.2.3}$$

$$\mathrm{EP} = \frac{\left|Y_{\mathrm{RMSV}} - \hat{Y}_{\mathrm{RMSV}}\right|}{Y_{\mathrm{RMSV}}} \times 100\% \tag{8.2.4}$$

其中 y_i 和 $\hat{y}_i$ 分别为目标测点在时刻 i 的真实振动值和预测振动值，整条曲线共包含 n 个预测节点。

8.2.5 振动预测方法

如之前分析的那样，振动预测可以视为一个回归问题，很多经典机器学习方法可以用于解决回归问题，例如线性回归、支持向量回归、神经网络等。在本案例中我们采用一种多模型集成的方法进行解决，具体解决思路如图 8.10 所示。首先分割预处理后的数据集为模型训练集、集合体训练集和测试集。利用模型训练集训练线性回归模型、支持向量机回归模型和人工神经网络模型；基于集合体训练集训练上述三个模型的算法集合体，进一步提高模型的预测准确性；最终，利用测试集测试算法集合体实际预测效果。

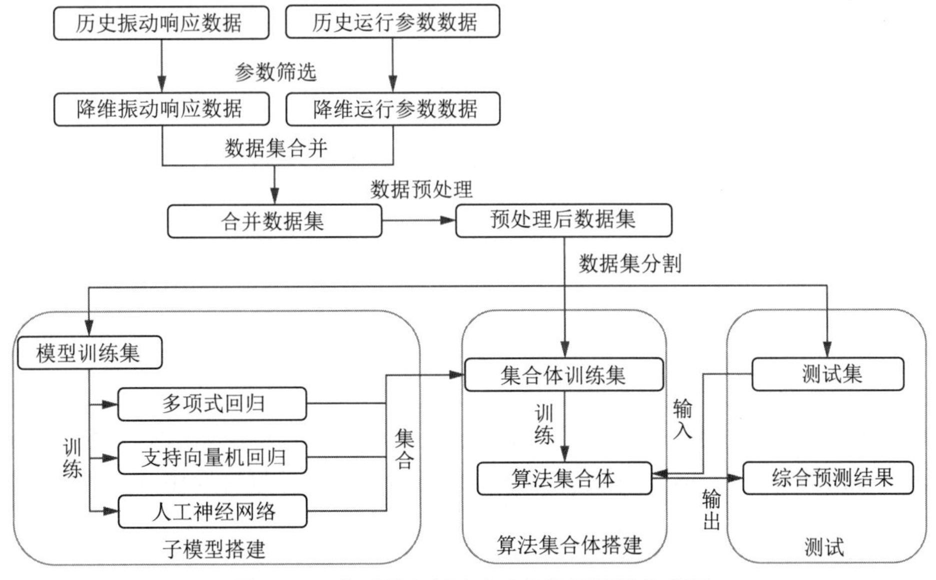

图 8.10 航天装备振动响应的预测算法流程图

三个子模型的实现都直接利用 Python 的 sklearn 工具包完成。经过预处理流程后，已经得到了模型的输入变量 $\boldsymbol{X}$ 和响应变量 $\boldsymbol{Y}$，假设预处理阶段选定的周期时长为 1s，模型训练集中共含有 n 秒的数据，则 $\boldsymbol{X}$ 应该是一个 $n\times 20$ 的飞行状态参数矩阵，响应变量 $\boldsymbol{Y}$ 应该是一个 $n\times 250$ 的振动响应频域信号矩阵。

1. 线性回归模型

对于线性模型，采用 Python 中 sklearn 函数库中的 LinearRegression 函数进行预测，该函数已经封装好各个接口，在训练过程中只要预先定义，然后再将输入变量 $\boldsymbol{X}$ 和响应变量 $\boldsymbol{Y}$ 的值分别输入定义好的函数模型中即可。主要的代码可以写为：

```
1 from sklearn.linear_model import LinearRegression
2 LRreg = LinearRegression().fit(X, Y)
```

2. 支持向量回归模型

对于支持向量回归模型，采用 Python 中 sklearn 函数库中的 SVR 函数进行预测，该函数也已经封装好各个接口，在训练过程中也须先预定义。需要注意的是支持向量回归模型较为复杂，具有多种超参数。此处我们预先将各个超参数设定为：核函数类型为径向基函数，惩罚系数 $C=100$，容忍误差限 $\text{tol}=0.1$，径向基函数的超参数 $\gamma=0.1, \epsilon=0.5$，最大迭代次数为 1000。定义好模型之后再将输入变量 $\boldsymbol{X}$ 和响应变量 $\boldsymbol{Y}$ 的值分别输入定义好的函数模型中进行训练。

此外，由于 sklearn 的 SVR 函数的回归变量必须是一维的，所以需要对每个频率下的振动响应分别建立一个回归模型，最后再进行组合。主要的代码可以写为：

```
1 from sklearn.svm import SVR
2 SVRreg = []
3 base_SVRreg = make_pipeline(SVR(kernel='rbf', C = 100, tol=0.1,
          gamma=0.1, epsilon=0.5, max_iter=1000))
4 for i in range(len(select_fre)):
5     SVRreg.append(sklearn.base.clone(base_SVRreg).fit(X, Y[: ,i])
          )
```

3. 神经网络回归模型

对于神经网络回归模型，采用 Python 中 sklearn 函数库中的 MLPRegressor 函数进行预测，该函数也已经封装好各个接口，在训练过程中也须先预定义。需要注意的是神经网络模型也具有多种超参数，我们预先将各个超参数设定为：激活函数类型为 Sigmoid 函数，神经网络隐藏层层数为单层，神经网络隐藏层神经元数量为 100，网络学习速率 $\eta=0.001$，最大迭代次数为 100。

另外，对于该模型需要注意的一点是，由于神经网络模型的特性，在训练的时候需要预先进行数据的标准化处理，所以此处的模型是标准化模型 StandardScaler 和一个全连接神经网络模型 MLPRegressor 的集合模型，无论是训练数据还是预测数据，在输入该模型之后会先由标准化模型 StandardScaler 进行数据标准化操作，再将标准化后的模型输入全连接神经网络模型 MLPRegressor 进行训练或预测。主要的代码可以写为：

```
from sklearn.neural_network import MLPRegressor
ANNreg = make_pipeline(StandardScaler(), MLPRegressor(
       hidden_layer_sizes=(100, ), alpha=0.001,   learning_rate_init=0.001,
       random_state=1, max_iter=100))
ANNreg.fit(X, Y)
```

4. 算法集成

本案例的算法集成采用线性组合的方式，即将上述三个子模型的结果进行加权平均，公式为

$$\hat{Y} = w_{\mathrm{lr}}\hat{Y}_{\mathrm{lr}} + w_{\mathrm{svr}}\hat{Y}_{\mathrm{svr}} + w_{\mathrm{nn}}\hat{Y}_{\mathrm{nn}} + b \tag{8.2.5}$$

其中权重 w_{lr}、w_{svr}、w_{nn} 和偏差 b 可以通过将集合体训练集的数据运用最小二乘算法确定得到，所以具体的操作类似于线性回归模型建模。首先需要预先定义一个线性模型，然后再将输入变量 $\boldsymbol{X}$ 和响应变量 $\boldsymbol{Y}$ 的值分别输入定义好的函数模型中即可。需要注意的是算法集合体的输入 $\boldsymbol{X}$ 不是子模型中的运行状态参数数据，而是三个子模型的预测结果，即子模型的预测输出。

8.2.6　结果分析

利用生成数据完成上述实验流程，各个子模型的预测结果如图 8.11 所示。其中线性回归模型在测试集上的均方根值百分比误差为 45.415%；支持向量回归模型在测试集上的均方根值百分比误差为 48.475%；神经网络回归模型在测试集上的均方根值百分比误差为 44.640%。

最终的算法集合体的预测结果如图 8.12 所示，整个测试集的均方根值百分比误差为 40.702%，相比于三个子模型的结果有了 5%左右的提升。

8.2.7　总结

航天装备运行过程中的振动环境预测是一个非常具有实际价值的课题，它有以下重要作用：① 为各成品附件研制单位提供环境技术要求，成为设备、附件研制的依据；② 为新工艺、新结构以及新设计的构件、部件做研制实验提供条件；③ 为各交通设备、系统的环境和可靠性鉴定试验提供基础数据；④ 不进行试驾即可预测航天装备的不同工况下的振动响应，提高装备的系统安全性。本案例运用数据驱动的方法直接利用运行过程中的状态参数数据预测对应时间节点的指定测点的振动响应情况，提出了一整套数据预处理流程和振动预测流程，仿真数据的实验结果展示了预测的均方根值误差。

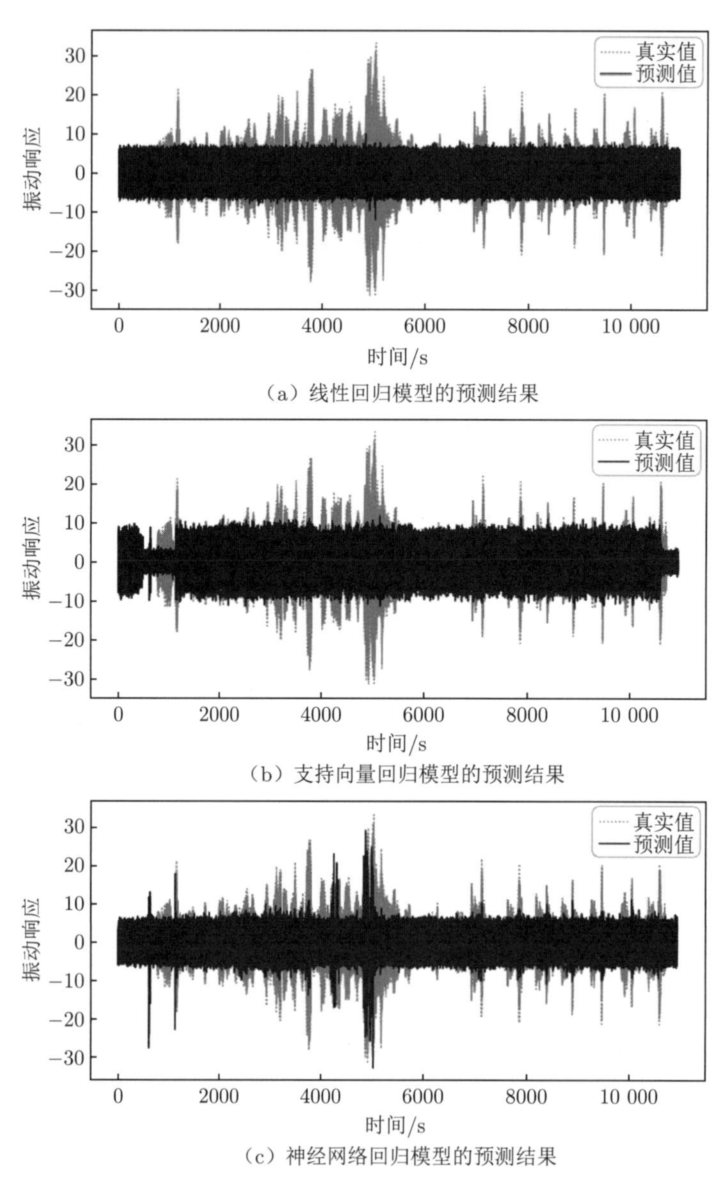

（a）线性回归模型的预测结果

（b）支持向量回归模型的预测结果

（c）神经网络回归模型的预测结果

图 8.11 三个子模型分别在测试集上的预测结果

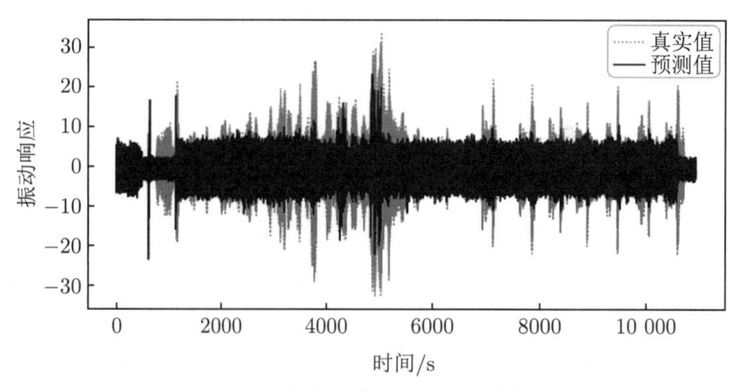

图 8.12 算法集合体的最终预测结果

对于航天设备的振动响应预测问题，还有一些新的方向可以进行尝试，例如如何将数据驱动模型和物理模型相结合，在保证预测精度的同时尽可能提高模型的可解释性等。

8.3 城市公共交通系统的客流预测

8.3.1 背景介绍

城市人群流量预测对于交通管理、土地使用、公共安全等具有重要的战略意义。其中城市公共交通系统带来大规模跨区域的人群流动，因此公共交通系统的客流预测是流量预测中非常重要的一部分。对于城市管理者而言，他们可以据此探测到城市中可能出现的交通堵塞，从而提前部署，缓解拥堵; 对于商人而言，他们可以找到流量密集地区或潜在的商业投资区域，以获得更大的商业利益; 对于居民而言，他们可以提前完善自己的出行计划，错开出行高峰期，选择更方便快捷的出行方式。

因为受到众多复杂因素的影响，城市的流量预测是一个充满挑战的问题。影响城市每个区域人群流动情况的模式可以分为两种：

（1）日常活动模式：这是主要的影响模式，包括上下班、往返学校等日常重复活动。

（2）异常活动模式：比如交通流量的激增，这可能源于交通拥堵以及社会安全问题等。针对这些情况，我们可以改善交通部署让人们出行更加便捷，加强安全应急使社会秩序更加稳定和谐。一些城市活动也会引起流量异常，比如当一个地区因为道路建设而实行临时交通管制时，该地区的交通流量将会相应减少。

随着定位获取和无线通信技术的发展，目前研究对于城市交通流量的预测通常使用具有时空特性的数据。这类数据同时带有空间坐标和时间戳信息，称为 ST（spatio-temporal，时空）数据，它们产生于各种不同的领域，包括交通、环境科学和通信系统等。在城市交通流量预测领域，可利用的 ST 数据包括手机信令数据、出租车轨迹数据、公共系统刷卡记录等。不同于文本数据和图像数据，ST 数据具有两个独特属性：

（1）空间属性: 首先，地理层级越高的位置颗粒度越粗，父节点的区域由其子节点构成。比如一个旅游景点属于一个地区，而这个地区属于一个城市区域。其次，两个位置之间存在地理距离，并且它们之间的相关性是可衡量的。例如，根据地理学第一定律，距离相近的两个位置比距离较远的两个位置相似程度更高。

（2）时间属性: ST 数据集中每条数据的时间戳使得这些数据可以按时间顺序进行排列，从而产生序列特性，相邻时间戳之间比相隔较久的时间戳之间具有更高的相似性。同样，ST 数据通常具有特定的周期模式, 以特定的频率重复。例如，上班高峰期间的交通情况可能与工作日相似，每 24h 重复一次。之前对于城市交通流量预测的研究工作主要采用时间序列的方法和传统的机器学习的方法，但是时间序列方法大多基于单一地点的交通流量序列数据进行预测，这类方法只利用了 ST 数据中的时间属性，而无法充分利用空间属性，这样的预测结果可能因信息缺失而存在偏差; 而传统的机器学习方法难以在交通大数据中挖掘深层次的、隐含的时空相关性。

近年来深度学习快速发展，也开始被尝试应用于智能交通领域。由于基于深度学习的模型能够有效地同时捕捉交通流量的时间关联性和空间关联性，并且可以融合其他外部因素的影响，因此它已经成为研究交通流量预测问题的主流方法。

8.3.2 数据描述

本案例使用某城市地铁的用户刷卡记录数据集，如表 8.1 所示，记录时间为 2011 年 11 月 25 日至 2012 年 1 月 14 日。

表 8.1 用户刷卡记录数据集字段描述

名称	描述
Transport-mode	乘坐方式，包括地铁和公交
Entry-date	进站/上车日期
Entry-time	进站/上车时间
Exit-date	出站/下车日期
Exit-time	出站/下车时间
Commuter-category	使用者种类，包括成年人、老年人和学生
Origin-location-id	出发站编号
Destination-location-id	到达站编号

该城市公交车和轨道交通的刷卡规则均为上下车（进出站）各刷一次卡，因此一位使用智能卡的乘客从出发地到目的地，在用户刷卡记录数据集中会出现两条有效记录。

已有的数据集还包括站点的地理位置信息，如表 8.2 所示。其中表 8.2 中的站点编号与表 8.1 中的出发站编号、到达站编号相对应。

表 8.2 站点的地理位置信息

名称	描述
Location-id	站点编号
Latitude	站点纬度
Longtitude	站点经度

该城市的轨道交通系统包含了 6 条线路 128 个站点信息，公交系统包含了 4903 个站点信息。用户刷卡记录数据集中每个站点编号对应其中一个车站，其中小于 1000 的编号为轨道交通站点，大于 1000 的编号为公交站点。

8.3.3 数据预处理

预处理的主要工作为将用户刷卡记录数据处理为交通流量张量 $\mathcal{X}$ 和转换量矩阵 $\boldsymbol{S}_t$。

第一步，清洗完整的用户刷卡记录数据。经过对数据集的基本统计，每周数据的缺失率（进站/上车时间或出站/下车时间丢失）稳定在 2.5%左右。由于缺失率整体较低，且基于该数据集特征难以对缺失值进行填充，因此直接去除这一部分失效数据。

第二步，对清洗后的用户刷卡记录数据在时间上进行切分，选取的时间间隔为 10min。根据该城市公共交通系统的运营时间，不考虑 0:00—5:30 的时间段，因此每天被切分为 111 个长度为 10min 的时间间隔，即每天的序列长度为 111。

第三步，基于该城市公共交通系统的站点分布信息，根据最边缘站点的位置截取矩形形状的该城市地图。根据基于经纬度信息的网格划分方法，将地图划分为 40×60 的网格，可以看作一个矩阵，元素值为位于该网格中的站点个数，如图 8.13 所示，包含轨道交通站点和公交站点共 5031 个。

由于该矩阵较为稀疏，可能对后续预测结果造成影响，因此我们删除了地图边缘部分的站点，共 27 个公交站，然后重新进行 40×60 的网格划分，结果如图 8.14 所示，站点数共 5004 个。

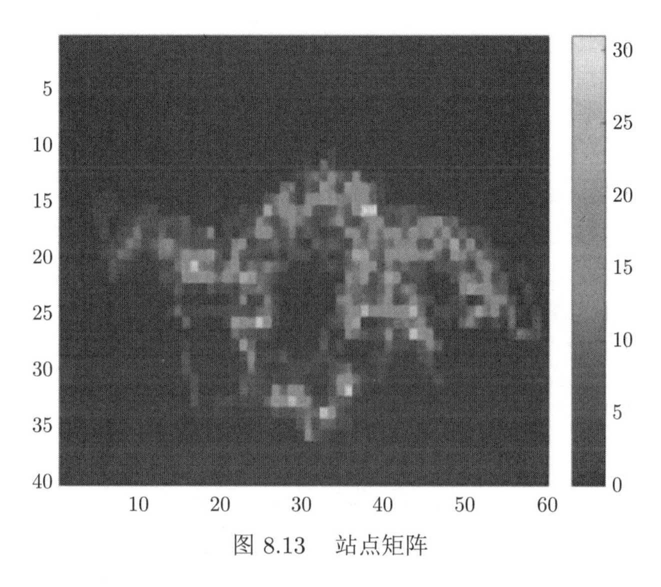

图 8.13　站点矩阵

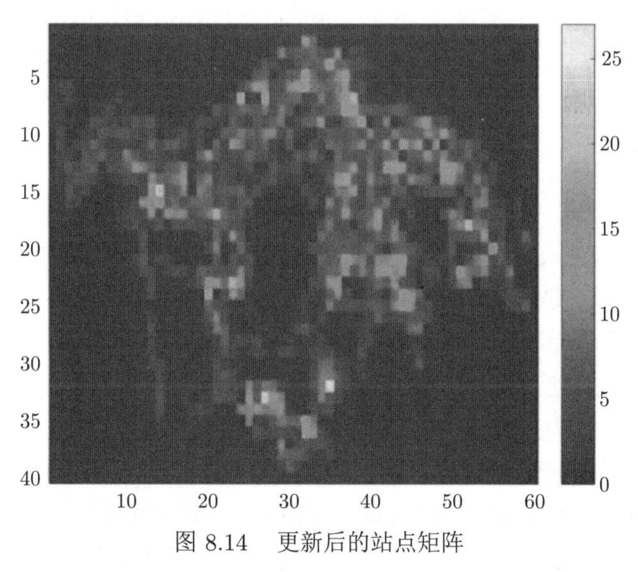

图 8.14　更新后的站点矩阵

第四步，将每个时间间隔内的用户刷卡记录数据与真实的地图网格结合，得到每个区域的交通流量数据，以及区域之间的转换量数据。整合这些数据，得到不同时间间隔内的流量矩阵和转换量矩阵。

第五步，对数据进行标准化处理并划分数据集准备训练。为了加快训练速度、提高精度，我们使用 Min-Max 标准化方法将流量矩阵和转换量矩阵的所有数据映射到 0~1 之间。后续得到预测结果与真实值进行比较时，利用 Min-Max 的逆转换恢复数据。划分前 40 天数据作为训练集，其中 20%数据作为验证集，划分后 4 天数据作为测试集。

8.3.4 评价指标

本研究使用三个指标对模型预测效果进行评价，即对预测信息 $\hat{X}_t$ 与真实记录信息 X_t 之间的差异情况进行评价。

（1）均方根误差（root mean squared error，RMSE）：

$$\mathrm{RMSE}=\sqrt{\frac{1}{n}\sum_{t=1}^{n}\left(X_t-\hat{X}_t\right)^2} \tag{8.3.1}$$

（2）平均绝对误差（mean absolute error，MAE）：

$$\mathrm{MAE}=\frac{1}{n}\sum_{t=1}^{n}\left|X_t-\hat{X}_t\right| \tag{8.3.2}$$

（3）拟合度（R^2）：

$$R^2=1-\frac{\sum\limits_{t=1}^{n}\left(X_t-\hat{X}_t\right)^2}{\sum\limits_{t=1}^{n}\left(X_t-\bar{X}_t\right)^2} \tag{8.3.3}$$

其中，RMSE 和 MAE 用于衡量预测值与真实值之间的误差，值越小模型效果越好，两个指标相比 RMSE 受异常值的影响更大; R^2 用于衡量预测能力，值越大模型效果越好。

8.3.5 模型构建

由前面的章节可知，RNN 模型在时序数据预测中应用广泛。我们使用带有门控的 RNN 框架 LSTM 来完成训练，并在 LSTM 的基础上加上卷积操作，构成 ConvLSTM 网络，如图 8.15 所示。ConvLSTM 网络的输入层、隐藏层、细胞状态都为三维张量，在 LSTM 的基础上加上卷积操作，能够同时提取时间特征和空间特征。每一个特定网格的未来流量，由自身及邻近区域的历史状态决定。实验过程中，由于每个区域客流量规模差异大，对输入的数据先进行最大最小归一化，将流量值映射到 [0,1] 上，用以避免数据分散，同时可提高模型的预测精度和收敛速度。设计三层 ConvLSTM，滤波器数量分别为 16、8、8，卷积核大小为 3×3，每层后面加一层批标准化处理，利用规范化手段限制上一层网络更新的参数分布对于下一层输入的影响，使得训练时梯度保持较大的状态，收敛速度更快，模型更稳定。激活函数为 tanh 函数。设置序列长度为 111，即用前 111 个时间段的数据预测第 112 个时间段的流量情况。设置 batch-size = 50。模型主要代码如下:

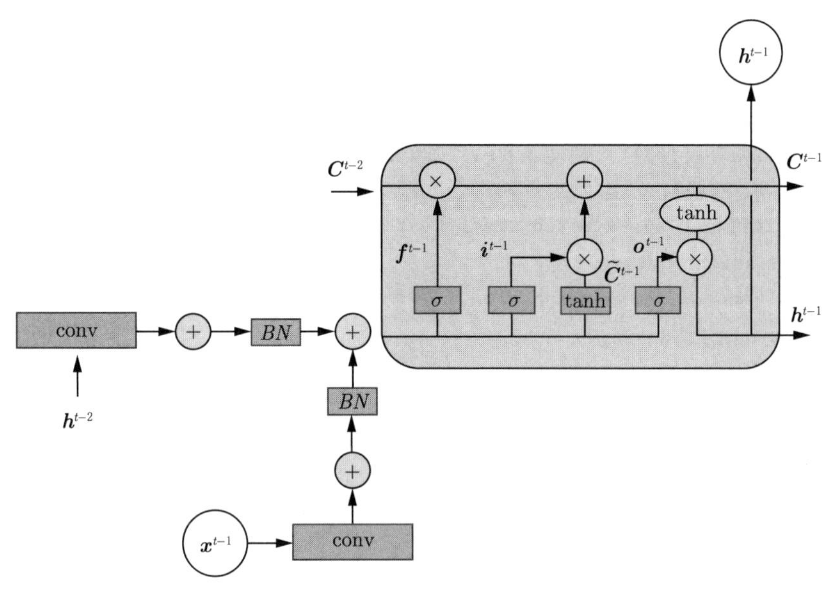

图 8.15 ConvLSTM 结构图

```
class ConvLSTMCell(nn.Module):
    def __init__(self, input_dim, hidden_dim, kernel_size, bias):

        super(ConvLSTMCell,self).__init__()

        self.input_dim = input_dim
        self.hidden_dim = hidden_dim
        self.kernel_size = kernel_size
        self.padding_size = kernel_size[0]//2,kernel_size[1]//2
        self.bias = bias
        self.conv = nn.Conv2d(self.input_dim + self.hidden_dim,
                              4 * self.hidden_dim,#4*
                              self.kernel_size,
                              padding=self.padding_size,
                              bias=self.bias)

    def forward(self,input_tensor,cur_state):
        h_cur,c_cur = cur_state
        combined = torch.cat((input_tensor,h_cur),dim=1)
        combined_conv = self.conv(combined)
        cc_f,cc_i,cc_o,cc_g = torch.split(combined_conv, self.hidden_dim, dim=1)
        f = torch.sigmoid(cc_f)
        i = torch.sigmoid(cc_i)
        o = torch.sigmoid(cc_o)
        g = torch.tanh(cc_g)

```

```
27            c_next = f*c_cur + i*g
28            h_next = o*nn.Tanh(c_next)
29
30        def  init_hidden(self,batch_size, image_size):
31            heigth,weight = image_size
32            return(torch.zeros(batch_size, self.hidden_dim, height, width, device=self
            .conv.weight.device),
33                    torch.zeros(batch_size, self.hidden_dim, height, width, device=self
            .conv.weight.device))
```

8.3.6 结果分析

基于前面小节的评价指标，得到如表 8.3 所示的预测结果。

表 8.3 ConvLSTM 模型训练结果

项目	RMSE	MAE	R^2
流入量	36.21	12.89	0.79
流出量	31.98	12.10	0.83

网络训练得到了较好的拟合效果，表明模型对于流量有着比较好的预测效果。同时，选取其中某一区域的预测结果进行展示，如图 8.16 所示。

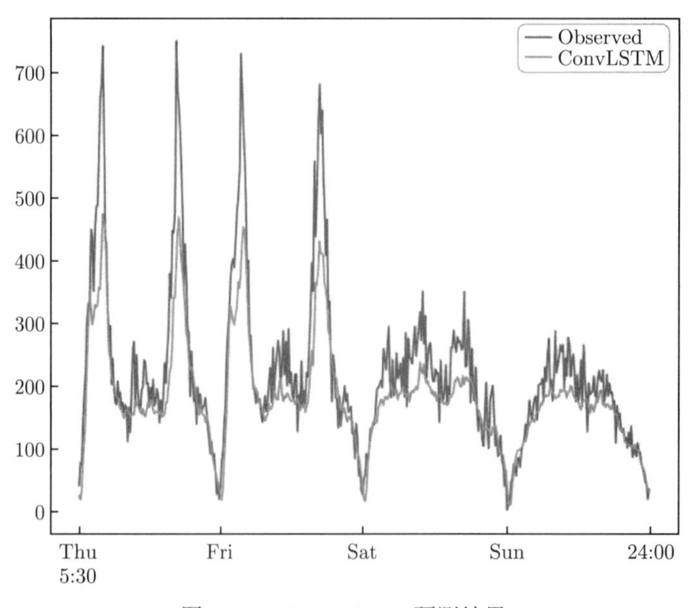

图 8.16 ConvLSTM 预测结果

从曲线图中可以看出，模型可以较好地预测出地铁流量的趋势，无论是高峰时期还是低谷时期，在预测结果上都有比较明显的反馈。不过也可以看出，相对于真实值，模型对于流量的预测比较趋于“平稳”，对于峰值的预测不够到位。产生该结果的原因可能是短时间间隔内的大量客流与各区域的流量情况关联性更强，而与邻近的历史时间情况关联性较弱，长期相关历史时间的情况可能存在较大波动，因此空间关联性的建模部分对于高峰值的预测更为重要。而 ConvLSTM 这方面功能比较有限。

8.3.7 总结

ConvLSTM 模型可以捕捉时空特征信息，完成公共交通系统的客流量时空预测。其在应用于现实数据集进行预测时，具有良好的预测效果。本节研究城市公共交通系统客流量预测问题，使用 ConvLSTM 模型并在真实数据集上对其预测效果进行了验证，但是还存在许多问题需要继续进行研究。

不同于其他交通流量预测问题，公共交通系统的客流预测同时考虑两种乘客规模差异较大且运作不同的交通方式。本节采用简单的数据归一化进行处理，以解决不同区域间流量差异大的问题，后续可作进一步研究，如考虑地铁的固定运作时间、公交的发车方式等因素，提高模型表现。

第 8 章　交通系统相关案例.rar

第 9 章

医疗系统相关案例

9.1 糖尿病患者的血糖预测

9.1.1 背景介绍

糖尿病是一种常见的慢性疾病，主要是由多种致病因子作用于人体导致胰岛素分泌不足（I 型糖尿病）、胰岛素无法发挥作用（II 型糖尿病）等而引起人体新陈代谢的部分功能紊乱，导致患者血糖在长时间内处于较高水平，若控制不当，容易造成失明、尿毒症、心脑血管疾病、肾病变、糖尿病足等严重并发症，危及患者生命。截至 2016 年，全球糖尿病患者人数估计为 4.22 亿人，约占成年人口的 8.5%。目前还没有根治糖尿病的有效方法，只能通过控制饮食、运动疗法以及药物治疗等方式来控制患者的病情。对于 I 型糖尿病患者，通常需要在血糖高的时候及时注射适量胰岛素，并在血糖低时停止注射，以确保血糖值处于正常范围内。因此，若是能够根据历史血糖数据准确地预测 30min 甚至更长时间后的血糖值，将有利于及时有效地做出医疗决策。在理想情况下，有效的血糖预测将能够提前预测患者即将出现高血糖症和低血糖症，进行快速反应，降低甚至避免对患者的伤害。另一方面，实时血糖预测也可以指导患者饮食、用药、运动和及时就医，将血糖控制在正常范围，从而减少并发症的发生。

9.1.2 问题描述

对于糖尿病患者来说，每天测试血糖是必不可少的动作。目前绝大多数糖尿病患者还是依靠指血糖仪进行针刺取血测量，不仅操作麻烦，还会对患者造成创伤，并且只能测出患者某个时间点的血糖值，不能持续监测患者在运动、吃饭、睡眠等各种状态下的血糖水平。随着科技的发展，连续血糖监测（continuous glucose monitoring，CGM）系统应运而生，并在近些年得到了迅速的发展。CGM 系统通常是非创的或是微创的，十分便携，不会影响佩戴患者的日常生活。系统一般都是通过刺入皮下的微型传感器，在患者的组织液与葡萄糖发生氧化反应时形成电信号，电信号被转换为血糖读数，再发射到无线接收器上，从而达到连续几天不间断监测患者血糖水平。连续血糖监测提供了有关血糖水平波动的方向、幅度、持续时间、频率等方面的信息，与传统的每天三到四次血糖测量（也称为强化血糖监测）相比，连续监测可以帮助患者和医生更深入地了解患者全天的血糖水平，提供血糖变化趋势信息，有助于糖尿病患者做出最佳的治疗决定。

CGM 系统的应用极大地促进了血糖预测的发展。很多最新的血糖预测方法都是基于数据驱动的，原先的强化血糖监测并不能提供足够的血糖数据进行糖尿病患者的实时血糖预测，而 CGM 系统的发展提供了预测所需要的数据，使得实时血糖预测成为可能，并且两者相结合可以帮助识别和预防患者的低血糖和高血糖事件，进行实时预警，实现治疗的改善，降低糖尿病的危害。

本案例使用 CGM 系统采集患者的血糖数据，每 3min 报告一次患者的血糖水平，因此每天有 480 个数据点可用。由于 CGM 系统电池电量等因素的限制，每组监控数据连续监测约 3~5 天。图 9.1 展示了使用 CGM 系统采集到的某位糖尿病患者的血糖数据。

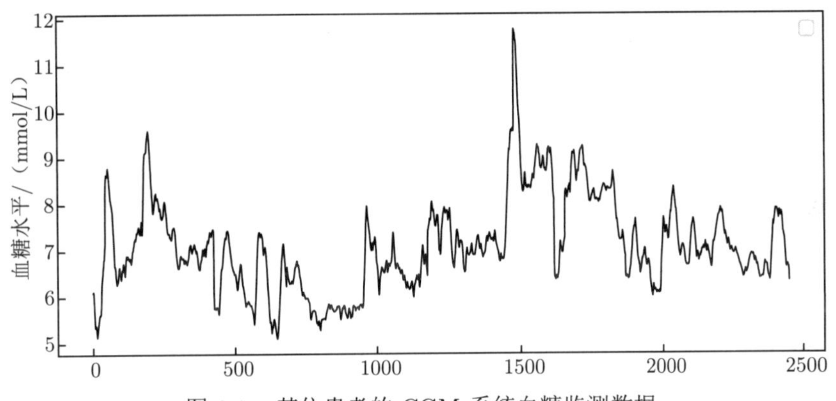

图 9.1　某位患者的 CGM 系统血糖监测数据

本案例采用数据驱动血糖预测方法（也称为非生理方法），该方法完全依赖 CGM 数据，而不涉及复杂的生理模型，避免了一些复杂生理数据如膳食信息、运动信息、胰岛素水平等数据收集困难的问题。数据驱动预测方法又可以细分为时间序列预测方法和机器学习方法。时间序列预测的基本思想就是根据系统的历史运行记录（观察数据），建立能够反映历史数据中所包含的动态依存关系的数学模型，并凭此对系统的未来进行预测。主要分为确定性变化分析和随机性变化分析。其中，确定性变化分析包括趋势变化分析、周期变化分析、循环变化分析等。随机性变化分析有 AR、MA、ARIMA 模型等。血糖预测问题中主要运用随机性变化分析的方法。血糖预测也可以被认为是时间分量上的回归问题，输入变量（即历史血糖数据）与当前时刻血糖水平之间的关系是非线性的、动态的，并且根据患者的不同而有所不同，故而一些机器学习方法如支持向量回归、人工神经网络等也在血糖预测中有较多的应用。

对患者未来某一时刻血糖水平的点估计是血糖预测中最常见的形式。预测可分为一步预测和多步预测，其中向前预测的步数称为预测水平（prediction horizon，PH），在本案例中根据 CGM 系统的采样频率，每一步的时长确定为 3min。为了使血糖预测结果具有实际意义，对 PH 值有一个要求：提前预测时长足够患者或医生进行反应。其中包括患者身体对胰岛素增加或减少做出生理反应所需要的时间。典型剂量的胰岛素起效时间为 30min。结果表明，患者中 60%的低血糖可以在 PH=30min 时预防，80%的低血糖可以在 PH=45min 时预防。所以综合考虑预测难度和实用性需求，本案例所有预测方法的 PH 值均设置为 30min（10 步），即从当前时刻开始预测患者 30min 之后血糖水平的点估计。

9.1.3 数据预处理

为了保证血糖数据能够真实反映糖尿病患者的血糖特征，并检验血糖预测对于高血糖事件预测的准确度，必须要求用于预测的血糖数据部分包含高血糖事件。由于个体生理系统的不同，每个人的肾脏葡萄糖阈值会有所不同，从而导致不同的高血糖阈值。在本案例中，我们设置参考阈值为 10mmol/L。除了要求输入数据包含高血糖事件外，另外一个要求是必须是超过一定数量的连续观测数据。实验采用的 CGM 系统每 3min 报告一次患者的血糖水平，因此每天有 480 个数据点可用。但是，一个 CGM 系统使用几天后就要进行更换，所以获得的数据样本可能会出现时间上的中断。在本研究中，考虑到人类生理活动可能存在的周期性行为，选择标准是至少有 960 个（2 天）连续血糖数据。本案例所用的血糖数据集包含 110 多名患者的超过 60 万行的血糖数据，共有五列，包括用户 ID、血糖值、电流值、采集时间、上传时间。由于 CGM 系统上传故障等原因，会存在部分血糖值或电流值为 0 的情况，对于这些数据也需要进行相应的清洗。最终数据清洗的流程如图 9.2 所示。

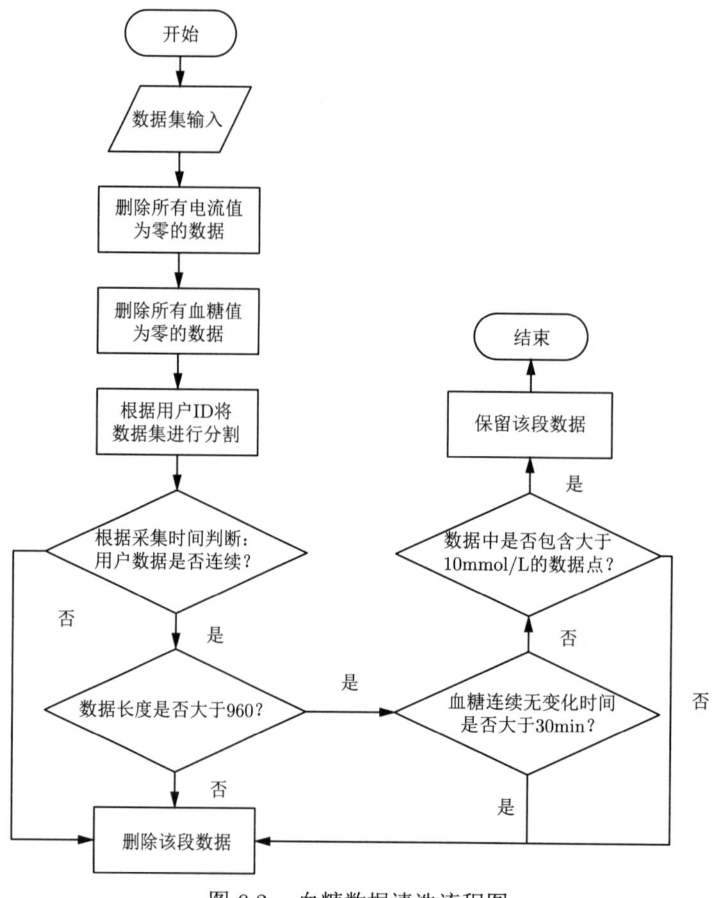

图 9.2 血糖数据清洗流程图

从图 9.1 中采集的血糖数据来看，血糖数据曲线的平滑性较差，数据中可能存在一些噪声，已有研究表明血糖数据的噪声将会影响到血糖预测结果的准确性，所以在预测开始前，需要对血糖数据进行降噪处理。最常见的降低数据噪声的方法为中心移动平均（centered moving average，CMA），其主要原理如式 (9.1.1) 所示：

$$\hat{x}_i = \frac{\sum\limits_{t=i-n}^{t=i+n} x_t}{2n+1} \tag{9.1.1}$$

式中，i 为当前时刻；x_t 为 t 时刻的血糖水平；$\hat{x}_i$ 为经过降噪后 t 时刻的血糖水平；$2n+1$ 为平滑步长，步长越大，则处理后的曲线越平滑。图 9.3 所示分别为 21 号患者的血糖数据经过平滑步长为 5、15、25 的中心移动平均处理前后的血糖监测曲线。

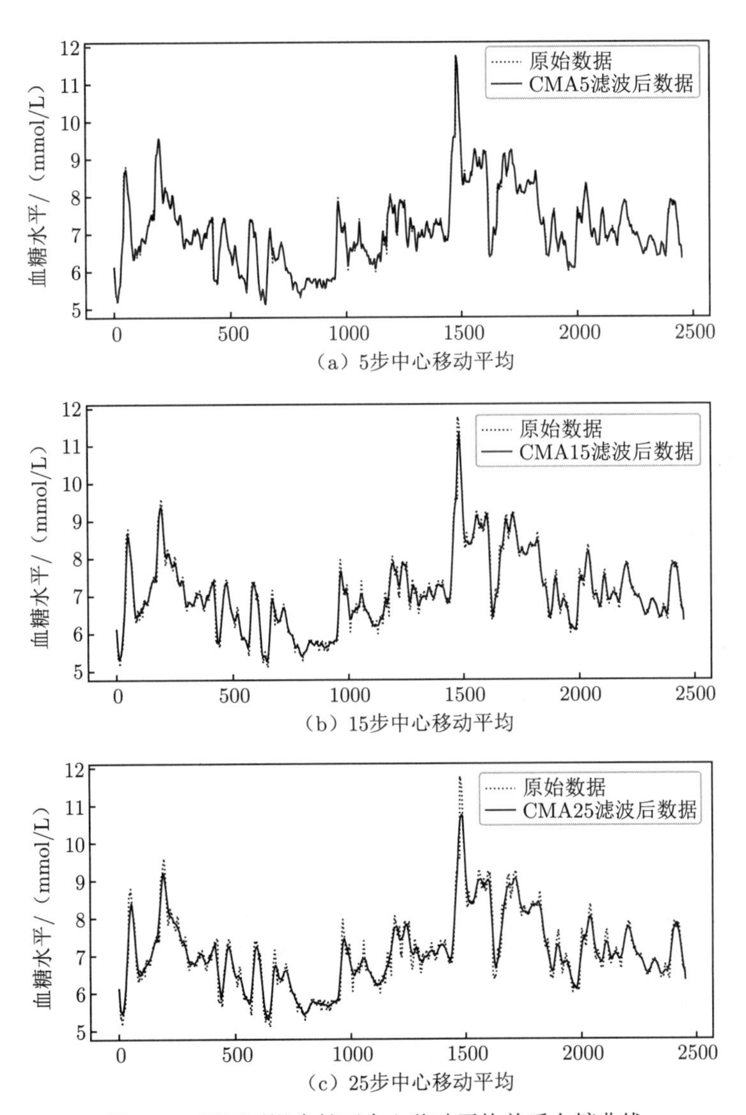

图 9.3 不同平滑步长下中心移动平均前后血糖曲线

9.1.4 评价指标

评价预测结果准确性的指标有很多，典型的评价指标包括均方误差（mean squared error，MSE）、均方根误差（root mean squared error，RMSE）和平均绝对百分误差（mean absolute percentage error，MAPE）等。本章所有实验均采用均方根误差评估预测方法的精度，其具体计算公式如下：

$$\mathrm{RMSE}=\sqrt{\frac{\sum\limits_{j=1}^{q}(\hat{y}_j-y_j)^2}{q}} \tag{9.1.2}$$

其中，$\hat{y}_j$ 为 j 时刻患者血糖的预测值；y_j 为 j 时刻患者血糖的真实值；q 为数据总长度。

血糖预测结果中预测值和真实值之间通常还存在显著的延迟，所以需要设计指标来定量评估血糖预测结果的滞后性。本研究中血糖预测的延迟是通过预测结果与真实血糖值最匹配时的回移步数来衡量的，即

$$\mathrm{delay}=\arg\min_{i}\sqrt{\frac{\sum\limits_{j=1}^{q}(\hat{y}_j-y_{j-i})^2}{q}} \tag{9.1.3}$$

其中，延迟（delay）等于经过回移后测得 RMSE 最小时回移的步数。以 23 号患者的预测结果为例，预测的 RMSE 为 0.7905mmol/L。为了确定延迟，预测值按时间步长进行移动，直到出现最佳拟合（RMSE 最小），当回移步长为 3 时，RMSE 为 0.5684mmol/L，当回移步长为 9 时，RMSE 最低，为 0.2956mmol/L，所以此次预测精度 RMSE 为 0.7905mmol/L，预测延迟 delay 为 9 个时间步长。

9.1.5 血糖预测方法

1. 多层感知器神经网络

多层感知器神经网络（multi-layer perceptron neural network，MLP NN）是一种常用于预测的前馈人工神经网络模型。通常为三层结构，分别为输入层、隐藏层和输出层，每一层由几个神经元（节点）组成，在前一层输入若干变量的值，通过当前层的计算将输出信号传输给下一层作为其输入，节点间由权重 $\boldsymbol{w}$ 连接，层与层之间需要通过激活函数进行转换。

用于血糖预测的 MLP NN 也为三层结构，其中输入层具有 10 个节点，将最近 10 个单位时间测得的血糖值作为输入数据，隐藏层的节点数量可以通过实验确定，确定最优的数量，输出层只有一个节点，输出值为患者当前时刻 30min 后（10 步）血糖水平的点估计。预测前按照 8 : 2 的比例将患者的血糖数据分为训练集和测试集。训练以 PH =10（30min）时的血糖数据为目标输出，层与层之间使用 ReLU 激活函数进行转换。具体网络结构如图 9.4（a）所示，网络搭建的代码可以写为：

```
model = Sequential()
model.add(Dense(4, activation='elu', input_shape=(1, 10), use_bias=True))
model.add(Dense(4, activation='elu', use_bias=True))
model.add(Dense(1, activation='elu', use_bias=True))
model.compile(loss='mean_squared_error', optimizer='adam')
model.fit(trainX, trainY, epochs=500, batch_size=16, verbose=2)
```

2. 多步多层感知器神经网络

多步多层感知器神经网络（multi step ahead multi-layer perceptron neural network，MSA MLP NN）是上述 MLP NN 的一种变体，其原理和 MLP NN 相同，主要改变是输出层节点数量由一个增加到 10 个。每个输出节点都在前一节点基础上向前预测一个步长，因为 PH 值是 10，所以共设置 10 个输出节点。10 个输出节点中的每一个都被训练用来预测其代表的时间节点的血糖值。第 10 个节点的输出用于评估预测精度（以 RMSE 为单位）及预测延迟，其余部分均与 MLP NN 相同。具体网络结构如图 9.4（b）所示，网络搭建的代码可以写为：

```
model = Sequential()
model.add(Dense(4, activation='elu', input_shape=(1, 10)))
model.add(Dense(4, activation='elu', use_bias=True))
model.add(Dense(10, activation='elu'))
model.compile(loss='mean_squared_error', optimizer='adam')
model.fit(trainX, trainY, epochs=500, batch_size=16, verbose=2)
```

3. 多层感知器神经网络——单步迭代

多层感知器神经网络——单步迭代（multi-layer perceptron neural network—single step iteration，MLP NN—SSI）是将原本的多步血糖预测变成单步迭代血糖预测，其原理和网络结构与普通的 MLP NN 完全相同，唯一区别是每次预测的 PH 设置为 1，即每次预测向前推进 3min。为了得到 30min 后患者的血糖水平，每次都需要迭代预测 10 次，即第 10 次单步预测的输出将用于评估预测精度及预测延迟。具体网络结构如图 9.4（c）所示，网络搭建的代码可以写为：

```
model = Sequential()
model.add(Dense(4, activation='elu', input_shape=(1, 10)))
model.add(Dense(4, activation='elu', use_bias=True))
model.add(Dense(1, activation='elu'))
model.compile(loss='mean_squared_error', optimizer='adam')
model.fit(trainX, trainY, epochs=200, batch_size=16, verbose=2)
```

4. 循环神经网络

循环神经网络（RNN）是一种可以结合先前的状态和新输入数据两方面来进行预测的神经网络模型，与一般的前馈神经网络相比，递归神经网络通过引入连接相邻时间节点的边来增强网络结构中的时间概念。在 RNN 血糖预测模型中，网络参数设置类似于 MLP NN，具有 10 个输入节点，一个输出节点，输出值为患者当前时刻 30min 后血糖水平的点估计。具体网络结构如图 9.4（d）所示，网络搭建的代码可以写为：

```
model = Sequential()
model.add(LSTM(4, input_shape=(1, 10)))
model.add(Dense(1))
model.compile(loss='mean_squared_error', optimizer='adam')
model.fit(trainX, trainY, epochs=500, batch_size=16, verbose=2)
```

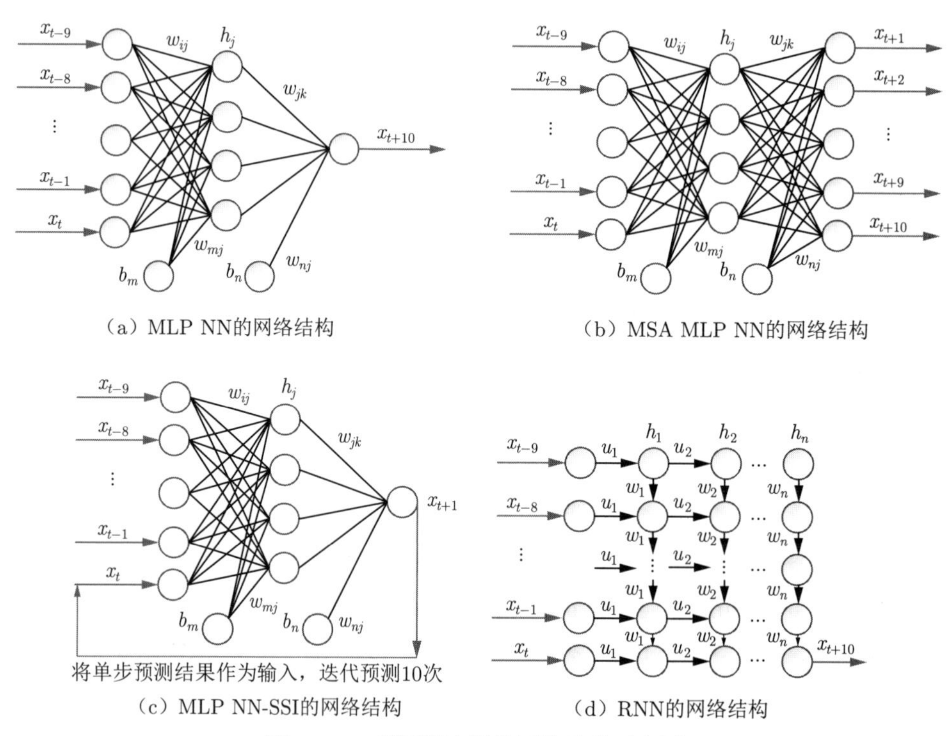

（a）MLP NN的网络结构

（b）MSA MLP NN的网络结构

（c）MLP NN-SSI的网络结构

（d）RNN的网络结构

图 9.4　4 种预测方法的网络结构示意图

9.1.6　结果分析

分别利用上述的四种预测模型对通过数据清洗和预处理的编号 1~20 患者的血糖数据进行预测，并比较四种模型在测试集上的预测结果。图 9.5 所示为不同模型对 20 位糖尿病患者血糖的预测结果，可以看出，不同患者数据的预测结果差异较大，而不同预测方法对同一个患者的预测结果比较接近，但也存在着一些差异，这表明输入数据对预测性能有很大影响。

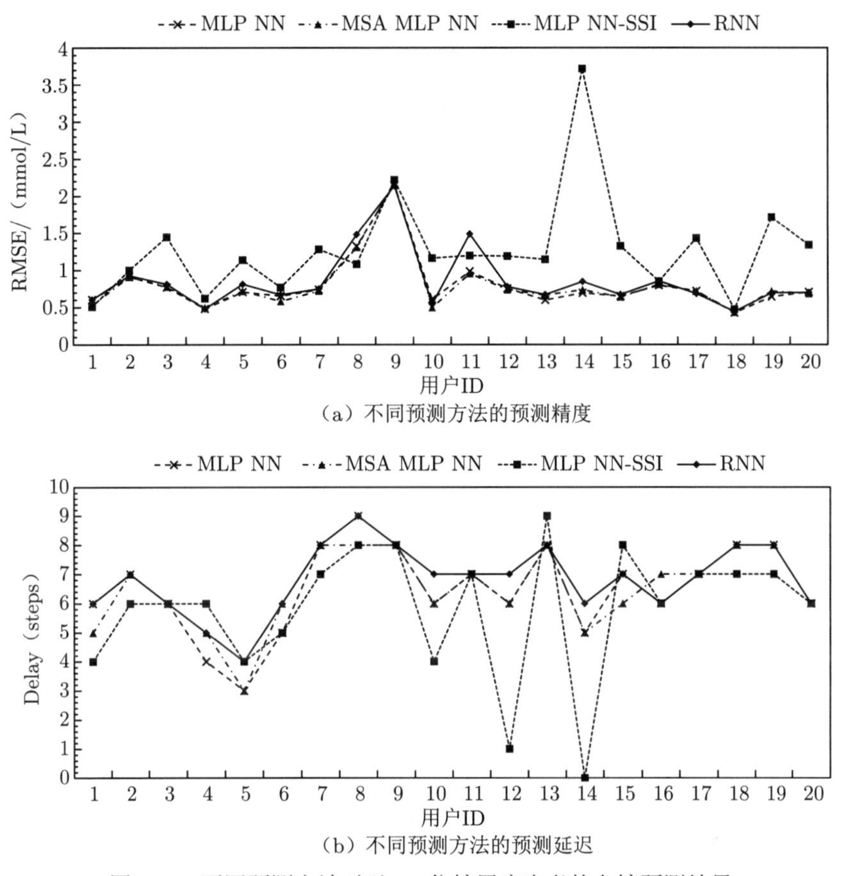

（a）不同预测方法的预测精度

（b）不同预测方法的预测延迟

图 9.5 不同预测方法对于 20 位糖尿病患者的血糖预测结果

由于不同患者的预测结果差异明显大于不同方法对同一患者的预测差异，所以直接对 20 位患者的预测结果取平均值来评判各种血糖预测方法的优劣是不科学的。因此对每位患者分别根据预测结果中的准确性指标（RMSE）和滞后性指标（delay）列出了 6 种预测方法的优劣排名，从表现最好到表现最差依次用 1~6 进行表示，再对各方法的排名求平均进行比较。

对预测准确性进行比较，各方法从好到差的排名为：MLP NN > MSA MLP NN > RNN > MLP NN-SSI。其中 MLP NN 和 MSA MLP NN 两种方法在预测精度上表现比较接近，MLP NN-SSI 方法对不同病人的预测准确度波动较大，且由于误差累积效应，预测精度明显要比其他方法差上一大截。对预测滞后性进行比较，各方法从优到劣的排名为：MLP NN-SSI > MLP NN = MSA MLP NN > RNN。其中 MLP NN 和 MSA MLP NN 两种方法在预测延迟上表现也比较接近，而 MLP NN-SSI 方法由于预测结果波动较大，在牺牲了预测精度的情况下于预测延迟方面取得了不错的表现。

图 9.6 展示了 4 种预测方法对于 23 号患者的血糖预测曲线，从图中可以看出，预测的结果整体是较为准确的。

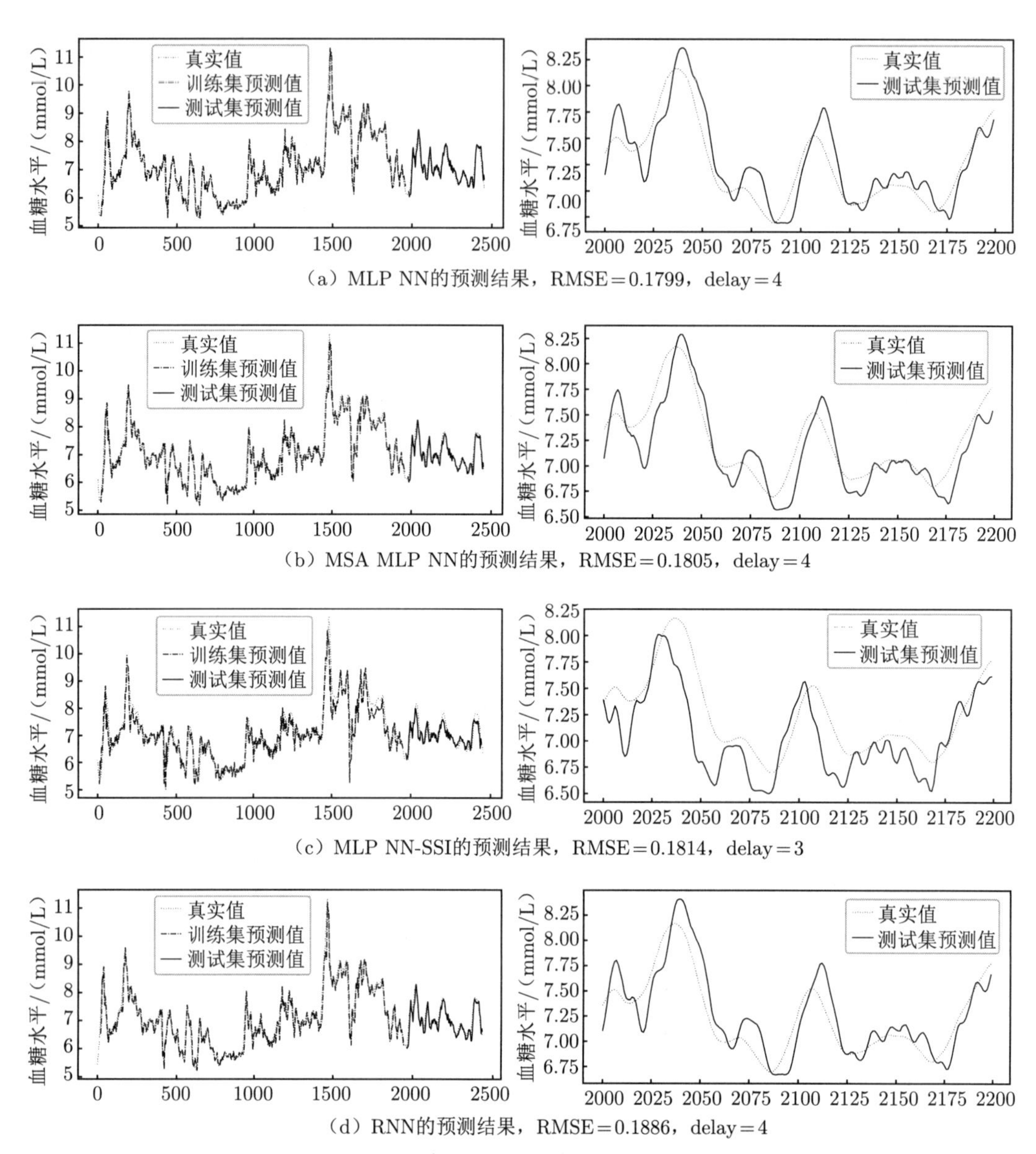

（a）MLP NN的预测结果，RMSE＝0.1799，delay＝4

（b）MSA MLP NN的预测结果，RMSE＝0.1805，delay＝4

（c）MLP NN-SSI的预测结果，RMSE＝0.1814，delay＝3

（d）RNN的预测结果，RMSE＝0.1886，delay＝4

图 9.6　不同预测方法对于 23 号糖尿病患者的血糖预测曲线

9.1.7 总结

糖尿病是最常见的慢性疾病之一，根据国际糖尿病联合会的数据，2015 年全球有 4.15 亿人患有糖尿病，到 2035 年这一数字估计会增加到 5.92 亿。糖尿病会引起心脑血管疾病、肾衰竭等严重并发症，危及患者生命。世界卫生组织公布的全球死亡十大原因中，糖尿病排名第六，每年都要夺走近 200 万人的生命。目前还没有发现根治糖尿病的有效方法，因此对患者进行定期监测和血糖预测，及时进行医疗决策，帮助患者将血糖水平控制在正常范围内是至关重要的。本节应用 CGM 系统获取糖尿病患者的连续血糖监控数据，并实现了 4 种数据驱动血糖预测方法，仅使用患者的历史血糖监测数据，预测患者当前时刻 30min 之后的血糖水平，利用 20 位糖尿病患者的实际血糖数据，比较和分析了 4 种方法的预测结果，并分析了预测结果的滞后性。

需要说明的是，本案例中用到的中心移动平均降噪方法并不能应用于实时数据，未来可以尝试开发适用于血糖数据的实时降噪方法。此外可以进一步探究血糖预测过程中产生预测延迟的原因，从而设计新的预测方法来降低预测的延迟，进一步提高血糖预测的精度。

9.2　国内各省份新冠疫情聚类分析

9.2.1　背景介绍

新型冠状病毒（简称新冠病毒）是一种传染力很强的新型病毒，被世界卫生组织正式命名为 COVID-19。2020 年春节期间，我国由于人员的大量流动和聚集，从而造成新冠病毒迅速席卷全国。世界卫生组织已经将新型冠状病毒疫情列为国际关注的公共卫生事件（public health emergency of international concern，PHEIC）。自疫情暴发以来，全国各地陆续出台严格应对措施，截至 1 月 29 日，全国共有 31 个地区启动重大突发公共卫生事件 I 级响应。各省市在疫情初期严格的疫情防控措施切断了病毒的传播途径，大幅度降低了人员流动与互相接触，已经取得了良好的防控效果，但与此同时也对各省市的经济发展造成巨大冲击。随着疫情得到有效控制，各地政府部门在做好疫情防控的同时，也要开始组织企业有序进行复工复产，并制定合理的政策刺激当地经济恢复，减少疫情损失。为了辅助全国各省市在疫情期间工业生产、经济恢复的策略制定，本节利用政府公开的各地区经济数据和疫情数据对全国 31 个省、自治区（除港、澳、台地区）、直辖市进行聚类分析，对各地区受疫情影响的实际状况做出综合判断，在此基础上因地制宜、结合当地经济特点为不同地区制定合理的经济恢复策略提供参考。

9.2.2　问题描述

本案例是一个典型的聚类问题，聚类分析是将物理或抽象对象的集合分组为由类似对象组成的多个类的分析过程，其本质是将集合划分为具有一定意义的子类，使得同一子类的对象尽可能相同，不同子类的对象尽可能相异。现有的聚类分析方法根据其基本思想主要可以分为以下四类：

（1）基于原型的聚类方法。这类算法假设聚类结构能够通过一组原型进行刻画，是一种非常常见的聚类方法。该类算法一般通过具体规则对原型进行初始化，然后对原型进行迭代更新求解。典型的基于原型聚类算法包括 k 均值、学习向量量化、混合高斯模型等。它的缺点是需要用户指定聚类的个数，并且初始原型的选取对于最终聚类结果有较大的影响。

（2）基于密度的聚类方法。这类算法假设聚类结构能够通过样本分布的紧密程度确定。该类算法一般从样本密度的角度考虑样本之间的可连接性，基于可连接样本不断扩充聚类簇来获得最终的聚类结果。典型的基于密度聚类算法有 DBSCAN 等。这类聚类算法对于用户输入的参数比较敏感，并且计算的复杂度较高。

（3）基于层次的聚类方法。这类算法试图在不同层次上对数据集进行划分，形成一种树形的聚类结构，可以分为“自底向上聚合”和“自顶向下分拆”两大类。典型的层次聚类方法包括 BIRCH、CURE 等。这一类方法无法处理一些大规模数据集，并且计算的复杂度较高，结果很容易聚类成链状。

（4）基于图论的聚类方法。这类算法一般会将聚类问题转换为一个组合优化问题，然后利用图论和一些启发式算法来解决，所以该类方法并不需要进行一些相似度的计算，一些能用图来表示的问题应用该方法能取得较好的结果。典型的方法有谱聚类和超图聚类。

除了上述四大类聚类方法外，还有基于模型的聚类方法、模糊聚类等，都各有优缺点，在此不进行详细分析。

本案例的地区聚类问题是一个小样本的聚类问题，一共只有 31 个样本，而绝大多数的聚类方法都是针对规模较大的数据集聚类，其在应用到小样本数据集时会出现一些问题，例如混合高斯聚类如果样本数量过少，在计算每一类样本分布的方差时会出现较大误差，导致聚类结果很不稳定。这就要求我们选择合适的聚类方法，这样才能得到合理的聚类结果。

9.2.3 数据预处理

对于中国 31 个省、自治区、直辖市（除港、澳、台地区）受新冠病毒疫情影响程度这样一个具体的问题，首先需要进行相关数据的收集和处理。为了量化各地区疫情早期的情况，本节收集了全国各地区卫健委官方网站发布 2019 年 1 月 19 日至 2 月 19 日各地区每天的累计确诊人数、累计治愈人数和累计死亡人数。同时考虑到地区医疗卫生、经济发展和人口等地区特征，通过特征选择，又从国家统计局发布的数据中收集了各地区 2018 年末常住人口（万人）、各地区 2018 年地区人均生产总值（万元）、各地区 2018 年第三产业占地区生产总值比例、各地区 2018 年每万人拥有卫生技术人员数（人）、各地区 2017 年规模以上工业企业实收资本（亿元）和各地区 2018 年货运量（万吨）这 6 项特征来代表各地区的地区发展特点。除此以外，考虑到此次疫情的传播因素，作者还通过百度迁徙收集统计了自 2020 年 1 月 1 日至 2 月 10 日武汉至全国各地区的迁徙比例（百分比），统计结果如图 9.7 所示，其中武汉迁往湖北本省的比例占到了 66.2%。

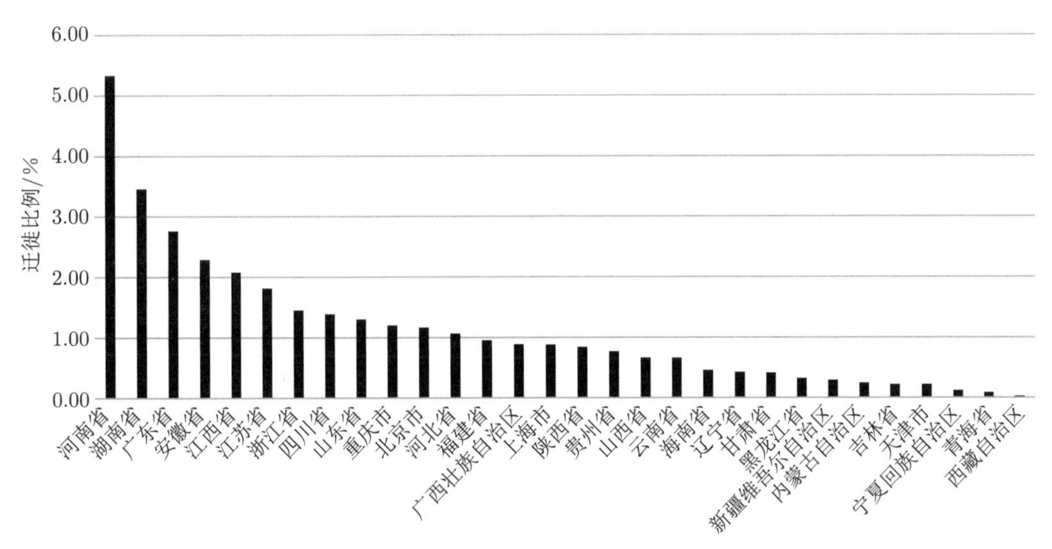

图 9.7 2020 年 1 月 1 日—2 月 10 日武汉至各省市相对迁徙规模（不包含湖北）

9.2.4 评价指标

聚类效果的评价也一直是聚类问题的一大难点，以往的研究中评价聚类效果的方法主要分为两大类：

（1）**外在方法**。外在方法主要是在有基准数据的情况下，根据基准数据的监督信息进行评判。在该种情况下，聚类结果的评价就等同于传统分类算法结果的评价，可以使用精度等评价指标。

（2）**内在方法**。内在方法是一种无监督的评判方法，并不需要基准数据，而是综合考虑聚类结果的类内相似程度和类间差异程度评判聚类结果的好坏，包括 DI 指数、DBI 指数、轮廓系数等聚类效果评价指标。

本案例由于没有基准数据，所以无法使用外在方法进行评价。而内在方法由于需要用到类内相似程度的度量，所以在样本数量极其有限的情况下每一类中可能只包含有限的几个样本，甚至一类只有一个样本，因此内在方法往往也不能准确评判聚类效果。所以本案例不使用定量指标进行评价，也无法给出聚类的“标准答案”，而是根据先验知识对聚类结果进行合理的分析。

9.2.5 多阶段分级聚类框架

目前大多数的聚类算法都是一次性将所有筛选过的相关特征输入算法中进行聚类，如果特征之间存在优先级差异，则一次性加入所有相关特征得到的聚类结果并不能体现特征的优先级，得到的聚类结果往往不太合理，聚类结果的可解释性也较差。

针对上述问题，提出一种多阶段分级聚类框架，框架的结构如图 9.8 所示。该框架综合原型聚类和层次聚类的思想，构建出一种类似层次聚类中“自顶向下分拆”的聚类树结构，在开始聚类前通过特征选择和比较划分好各特征的优先级，并且根据特征的优

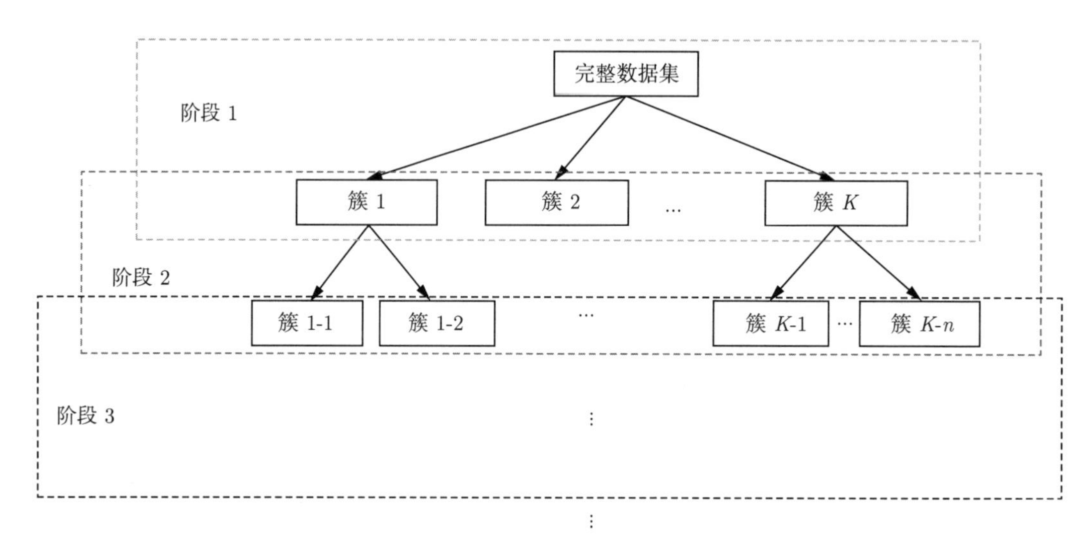

图 9.8 多阶段分级聚类框架示意图

先级确定每一阶段需要用到的样本特征，在每一阶段应用原型聚类方法对上一阶段的某些子类进一步细分聚类，直到得到满意的聚类结果。

该框架的自由度很高，可以根据数据的特点和聚类的目的进行修改。在样本量较少并且聚类的现实意义明确的情况下，可以利用专家知识来确定每一阶段聚类类别数量以及该框架聚类的层数；如果样本数量较大并且聚类中间过程意义不明确，则可以根据一些类内相似和类间差异评价指标来自动确定每一阶段聚类类别数量以及该框架聚类的层数。并且在聚类的每个阶段可以根据需要达到的目标和数据的特点，选择不同的聚类方法。在多阶段分级聚类框架中，特征加入的顺序对聚类结果有着重要的影响，所以当特征之间存在优先级差异的时候，运用该方法能够取得比较合理的结果。

对于本案例中的省份聚类问题，根据该聚类的目的，可以确定上述特征中各地区疫情相关统计数据的优先级要高于地区发展相关特征，数据集的总体情况如表 9.1 所示，所有特征在聚类前都经过标准化处理。其中湖北省由于疫情相关数据和其他地区相差过大，所以为了方便之后的数据归一化和保证最终聚类结果的合理性，本案例始终将湖北省单独视为一类。接下来则可以应用多阶段分级聚类框架进行具体的聚类分析。

在第一阶段，考虑到疫情的发展是一个动态的过程，为了充分利用疫情数据的时空分布特性，最终采用 k 均值聚类对各省份截至 2020 年 2 月 19 日新冠肺炎的累计确诊人数、累计治愈人数和累计死亡人数对各地区的疫情进行了聚类分析，共聚为 6 类。在第二阶段需要考虑到疫情严重程度相似的各地区之间的经济、医疗卫生、工业水平、人口等条件的差异，对这些特征进行聚类，方便之后制定具体的经济恢复策略。故第二阶段我们运用 k 均值算法对表 9.1 中优先级为 Ⅱ 级的 7 项特征进行聚类分析，每一子类再聚成两类。其核心代码如下所示：

```
import pandas as pd
```

```
import numpy as np
from sklearn.cluster import KMeans

df = pd.read_csv('全部数据.csv', encoding='gbk')

trainX = df[['累计确诊人数', '累计治愈人数', '累计死亡人数']].values
cluster1 = KMeans(n_clusters=5).fit(trainX)
result_stage1 = cluster1.predict(trainX)
df['类别'] = result_stage1
df.set_index(['地区'], inplace=True)

label = 0
df_class = df[result_stage1 == label]
trainX = df_class.drop(['累计确诊人数', '累计治愈人数', '累计死亡人数', '类别'],
        axis=1).values
cluster2 = KMeans(n_clusters=2).fit(trainX)
result_stage2 = cluster2.predict(trainX)
df_class.loc[: , '类别'] = pd.DataFrame(result_stage2)
```

表 9.1　数据特征及优先级汇总表

特征	优先级
累计确诊人数/人	Ⅰ
累计治愈人数/人	Ⅰ
累计死亡人数/人	Ⅰ
2018 年末常住人口/万人	Ⅱ
2018 年地区人均生产总值/万元	Ⅱ
2018 年第三产业占地区生产总值比例/%	Ⅱ
2018 年每万人拥有卫生技术人员数/人	Ⅱ
2017 年规模以上工业企业实收资本/亿元	Ⅱ
2018 年货运量/万吨	Ⅱ
2020 年 1 月 1 日至 2 月 10 日武汉至全国各地区的迁徙比例/%	Ⅱ

9.2.6　结果分析

聚类结果见图 9.9，从图中可以看出第一阶段共聚为 6 类（湖北省单独作为一类）。再进行第二阶段聚类，部分第一阶段子类再聚成两类，得到的多阶段分级聚类框架的聚类结果如图 9.9 所示。

根据第一阶段的聚类结果可以看出，距离湖北省较近的地区普遍受灾较为严重，其中广东、浙江、湖南、河南、安徽和江西是除湖北以外疫情最严重的地区，被聚为一类。这一类中广东和浙江的经济相较其余四省更加发达，所以在此次疫情中受到的经济损失可能更大，算法也在第二阶段将广东和浙江归为一个子类。此外在第一阶段，疫情较为严重的山东、江苏、四川和重庆聚为一类，疫情情况好一些的北京、上海、河北、陕西、福建、广西和黑龙江被聚为一类，再根据地区经济发展情况等区域特征，在第二阶段将山东和江苏、四川和重庆、北京和上海以及其余五个地区聚为四个子类，这一结果也是符合先验认知的。剩余疫情不太严重的各地区中，青海和西藏受疫情影响明显小于其他地区，在第一阶段被聚为一类，其余各地区在第二阶段根据区域特征被分为两个子类，天津、吉林、甘肃、宁夏、新疆、海南为一类，山西、辽宁、贵州、云南、内蒙古为一类。

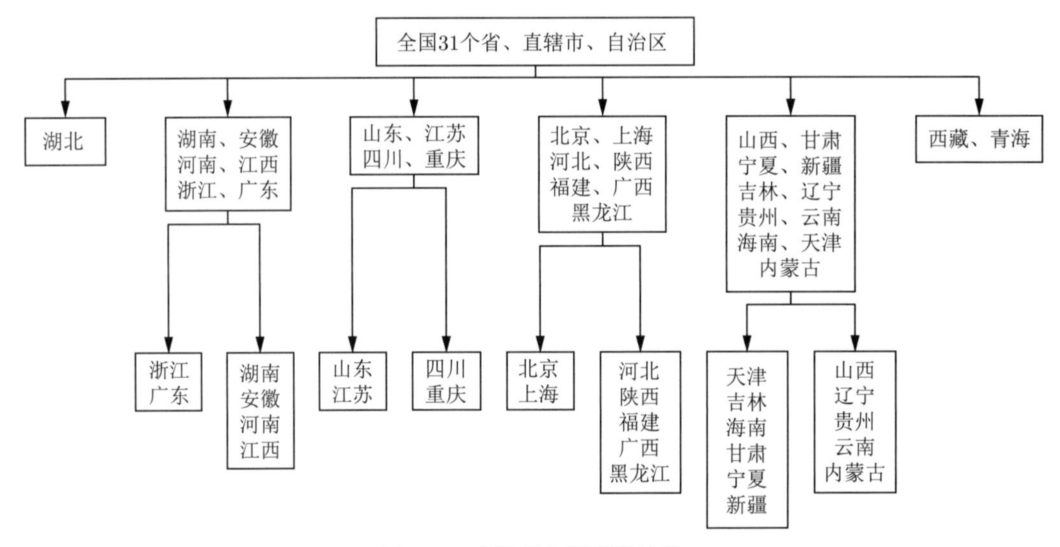

图 9.9　多阶段分级聚类结果

将表 9.1 中所有 10 项特征全部输入进行 k 均值聚类，其中累计确诊、治愈、死亡人数等轮廓数据均取 2 月 19 日的最新数值，聚类类别数量设置为 10 类，聚类结果如图 9.10 所示。

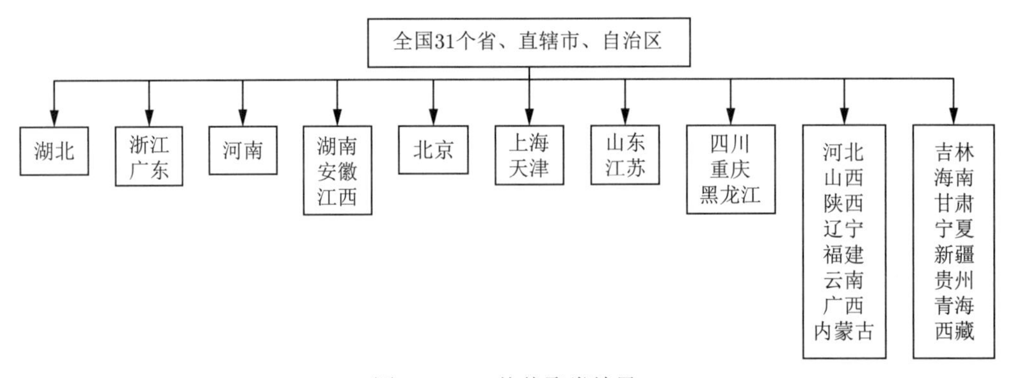

图 9.10　k 均值聚类结果

同样将上述所有特征全部输入进行层次聚类，聚类结果如图 9.11 所示。由于差异过大，图中层次聚类的结果不包含湖北省。

从不同方法聚类结果的对比中可以发现，k 均值和层次聚类由于一次性将疫情特征和地区经济特征等所有特征全部考虑进行聚类，反而会造成特征之间的相互干扰，导致信息丢失，例如聚类结果中北京和上海并没有被聚为一类，四川、重庆、黑龙江和河北等地区聚类结果不太合理，这也一定程度上导致最终的聚类结果的可解释性较差，不太符合先验认知。此外直接运用 k 均值和层次聚类的方法无法对疫情不太严重的地区进行有效的分割，这些地区往往都被集中归为一到两类，达不到聚类分析的目的，相比之下多阶段分级聚类的结果更加合理。

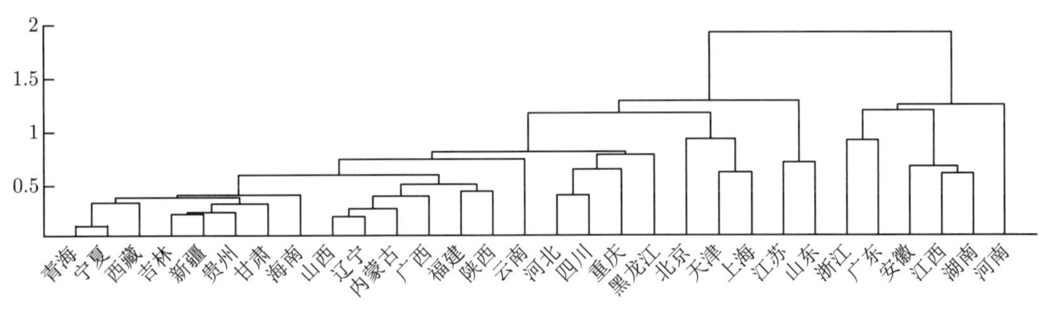

图 9.11　层次聚类结果

根据多阶段分级聚类的结果，我们可以看到广东和浙江是受疫情影响最严重的发达地区，其第三产业经济占比较高，当地政府可以出台一些优惠政策帮助当地服务业企业弥补经济损失。河南、安徽、湖南、江西等湖北周围的受灾严重的省份，其原本的经济基础相比一些发达地区较为薄弱，可能中央政府需要在疫情结束后出台一些地方优惠政策帮助其快速恢复。山东和江苏作为经济大省，受疫情影响也比较严重，应该在严格做好疫情防控的同时推进经济发展，尽快恢复正常生产。四川和重庆的经济水平与地理位置都比较接近，在制定政策时可以互相借鉴，携手共赢。北京和上海作为全国经济中心，需要充分发挥其带动作用，在自身经济恢复的同时帮助周边地区。而天津、吉林和山西、贵州等这一类地区，以及受疫情影响最小的青海和西藏，当地政府可以适当降低响应等级，尽快组织全面复工复产。其余各地区也可以参考聚类结果，根据整体疫情形势和本地区经济特点制定合理的经济恢复策略。

9.2.7　总结

本案例对国内各省份新冠疫情进行了聚类分析，综合原型聚类和层次聚类的思想，提出了一种多阶段分级聚类框架。该框架充分考虑了特征的优先级，具有较高的自由度，可以通过调整每个阶段的具体聚类方法使得该方法在数据规模较大或者较小的情况下都取得较好的结果，并且得到的聚类结果可解释性高。之后利用多阶段分级聚类框架对目前中国各地区受新冠肺炎疫情影响程度进行了聚类分析，综合考虑了各地区累计确诊人数、死亡人数等疫情数据和各地区的经济水平、医疗卫生条件、人口等地区特征进行两阶段分级聚类，将全国的 31 个省级行政区域（除港、澳、台地区）共聚为 10 类，与 k 均值聚类和层次聚类结果进行对比，多阶段分级聚类的结果更为合理。最后根据聚类结果对各地区受疫情影响的实际状况做出切合实际的综合判断，为各地区疫情结束后制定经济恢复政策提供参考。

9.3 某种蛋白质电泳图像的分类

9.3.1 背景介绍

电泳技术，作为物质检测的常用手段，是分子生物学研究工作中不可缺少的重要分析工具。该技术已经被广泛应用于基础理论研究、农业科学、医药卫生、工业生产、国防科研、法医学和商检等许多领域。因此，对于电泳结果图像的分析，已经成为上述领域的重要任务之一。

9.3.2 问题描述

本案例研究对于 M 蛋白电泳图片的分类结果。数据集包含 1 万余张电泳图片及其对应的标签。电泳图片中 SP 带为样本未经任何抗体处理得到的参考带，G、A、M、κ、λ 分别为标本经过 IgG 抗体、IgA 抗体、IgM 抗体、κ 抗体和 λ 抗体处理后的条带。如图 9.12 所示，M、κ 相同位置有一条致密条带，与之对应的 SP 条带中相同位置也有一条致密条带，该致密条带对应 M 蛋白（SP 带中另一条靠底部的致密条带对应白蛋白）。该标本类型为 IgM-κ 型 M 蛋白异常，以下将省略“M 蛋白”，以此类推可得：

（1）如果在 A、κ 相同位置有一条致密的条带，则为 IgA-κ 型异常。

（2）如果在 A、λ 相同位置有一条致密条带，则为 IgA-λ 型异常。

（3）如果在 G、κ 相同位置有一条致密条带，则为 IgG-κ 型异常。

（4）如果在 G、λ 相同位置有一条致密条带，则为 IgG-λ 型异常。

（5）如果在 M、λ 相同位置有一条致密条带，则为 IgM-λ 型异常。

（6）如果仅在 κ 或者 λ 条带出现致密带，则为 κ 型异常或者 λ 型异常。

（7）如果在 G、A、M、κ、λ 条带均没有致密带，则为阴性（无异常）。

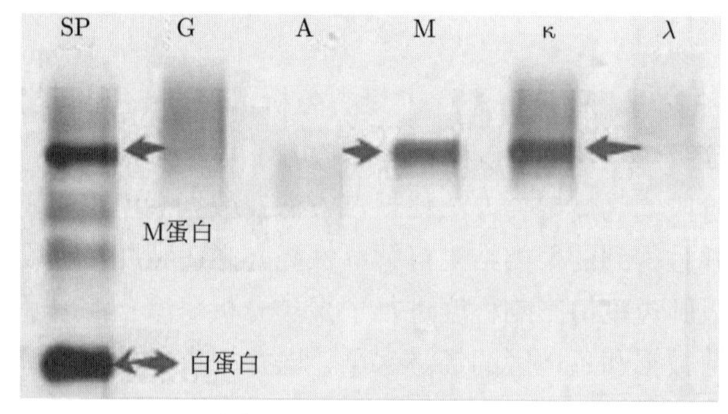

图 9.12　电泳图片示例

9.3.3　数据预处理

1. 数据清洗

数据集为 12 242 份电泳图片及对应的 6 条带异常类型描述。其中阴性样本数量为 10 330 个，占比 84.4%，各类阳性样本数量在 50~500 之间，这说明后续模型构建当中要着重考虑不平衡数据处理的问题。

随机生成包含 10 000 个样本的数据集作为训练集，其余数据作为测试集。两个集合的样本 M 蛋白异常类型分布接近，从而可以用测试集的预测结果来说明训练集的训练情况。

2. 图片处理

我们遵循下列步骤进行图片的处理：

（1）图片灰度化。将电泳图片转化为灰度矩阵。矩阵的高度固定为 167，宽度在 300 左右，矩阵内的每个位置在 0~255 之间，数值越小说明该点颜色越深。

（2）图片剪切。每张图片最顶端有无用的字符信息，因此首先删去每幅图片最顶端的若干行；最底端的白蛋白为所有图片共用，对分析问题没有帮助，故一并剪去。

（3）统一图片大小。为了统一数据格式，将每一张图片重构为 60×120 大小，再转化为矩阵。

（4）图片标准化。对矩阵进行 Min-Max 归一化，将每个元素都除以该矩阵中的最大元素，可以保证矩阵中每个元素的值都在 0~1 之间，从而消除图片之间由于颜色深浅带来的影响。

处理后得到的灰度图如图 9.13 所示。

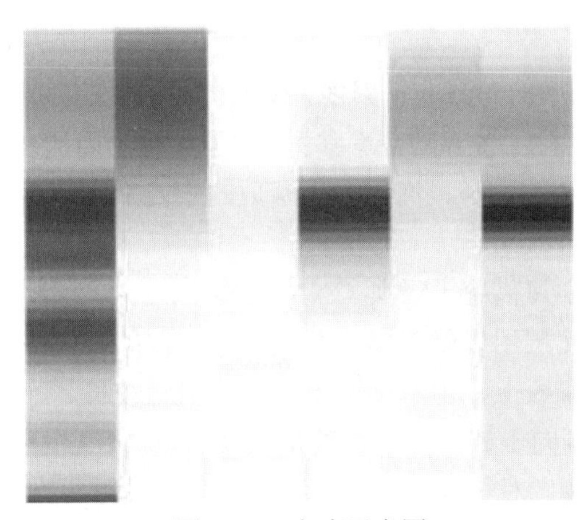

图 9.13　灰度示意图

9.3.4　评价指标

对于不平衡的分类问题，常用的评价指标分类精度（accuracy）并不能够准确描述分类结果。因此本案例中，我们同时采用召回率（recall）和精度作为评价指标。具体定义参见风力发电机故障案例。

9.3.5 模型构建

在前面已经提到，本案例是一个类不平衡的分类问题，目前已经有很多专门针对类别不平衡分类的方法，在本案例中，我们主要采用下面两种方法（或技术）来解决这个问题。

（1）**重采样方法**。重采样方法主要通过对训练集数据进行重新采样，来调整训练集的非平衡比。重采样有两种方式：过采样和欠采样。其中过采样方法通过增加训练集中的少数类样本使得类平衡，而欠采样方法通过减少训练集中的多数类样本使得类平衡，两种类型的方法都很常见，应用广泛。

（2）**合成少数样本过采样技术**（synthetic minority over-sampling technique, SMOTE）。SMOTE 是一种最常用的过采样方法，其核心思想是通过对训练集中已有的少数类样本进行凸组合，将得到的新的少数类样本加入训练集中使得类平衡。

我们利用卷积神经网络（CNN）来完成这个分类任务。CNN 是一种常用的图像识别分类的工具，相较于本研究中所用的其他方法，其最大的特点在于能够直接接收图片信息，而不需要将每一个样本转化为一维向量或进行进一步的降维和特征提取，因此最大限度地保留了原始信息。该算法高度类似于人眼进行图像识别的模式，依靠多个卷积核对图像特征进行识别，每个卷积核只处理一小块图像，相比其他算法能够更清晰地识别平面上的二维特征或关注于图像的某个区域，对于图像的缩放、旋转、平移等也具有理论上的不变性。CNN 的另一大特点和优势是使用卷积的权值共享机制，相较于全连接神经网络能够大幅度减少参数数量，提高反向传播算法确定参数的训练效率，从而实现防止过拟合的同时简化模型的数学复杂度操作。这两个特点是我们前述的全连接神经网络和许多机器学习算法所欠缺的。因此，我们选择对于本问题建立 CNN 模型。

CNN 框架中可以调节的参数非常繁多，模型构建层面的参数包括卷积层的数量、每层卷积核的个数与尺寸、特征舍弃的概率参数，模型训练层面的参数包括训练轮数 epoch 的数量、训练批次 batch 的大小、优化损失函数的学习率等。由于参数众多，因此我们基于探索性调整改进模型效果。

模型构建层面我们学习借鉴了经典 CNN 架构 AlexNet 的网络设计，尽可能在每一个卷积层后放置一个池化层用以降采样，并通过卷积核的数量变化实现对于特征更为有效的提取。在模型训练参数上，由于模型单次训练用时较长，不易进行网格搜索，为缩小参数搜索空间，我们倾向于认为各个参数是独立的。对于 batch size，我们进行了若干次实验，取最优值为 200。对于 epoch，我们设定了一个较长的轮数 50，同时设置了提前终止条件，多数模型在 30 轮左右即可取得无过拟合情况下的最优结果。模型结构如图 9.14 所示。该模式主要代码如下:

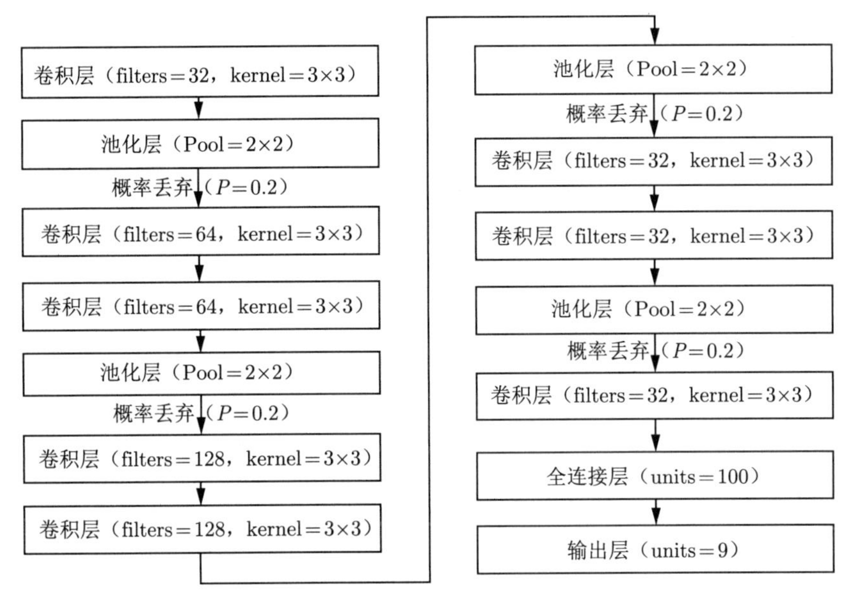

图 9.14　CNN 模型的架构图

```
class CNN(nn.Module):
    def _init_(self):
        super(CNN, self)._init_()
        self.conv1 = nn.Conv1d(1, 15, 32)
        self.conv2 = nn.Conv1d(15, 30, 32)
        self.fc1 = nn.Linear(30*16, 1)
    def forward(self, x):
        x = F.relu(self.conv1(x))
        x = F.max_pool1d(x, 2)
        x = F.relu(self.conv2(x))
        x = F.max_pool1d(x, 2)
        x = x.view(-1, self.num_flat_features(x))
        x = F.relu(self.fc1(x))
    return x
    def num_flat_features(self, x):
        size = x.size()[1: ]
        num_features = 1
        for s in size:
            num-features *= s
        return num_features
```

9.3.6　结果分析

所构建的 3 层 CNN 模型对于测试集的最佳分类结果如表 9.2 所示，可以看到，随着层数增加，网络复杂度提高，模型对于结果的预测能力也显著增强。尤其是对于阳性样本的预测准确率大幅提高。

最终的训练结果如表 9.2 所示。我们同时给出了训练的过程曲线（图 9.15），以及结果的混淆矩阵（图 9.16）。

表 9.2　CNN 模型分类结果

模型名称	3 层 CNN	6 层 CNN	8 层 CNN
精确度（Accuracy）	0.918	0.941	0.960
召回率（Recall）	0.584	0.655	0.789

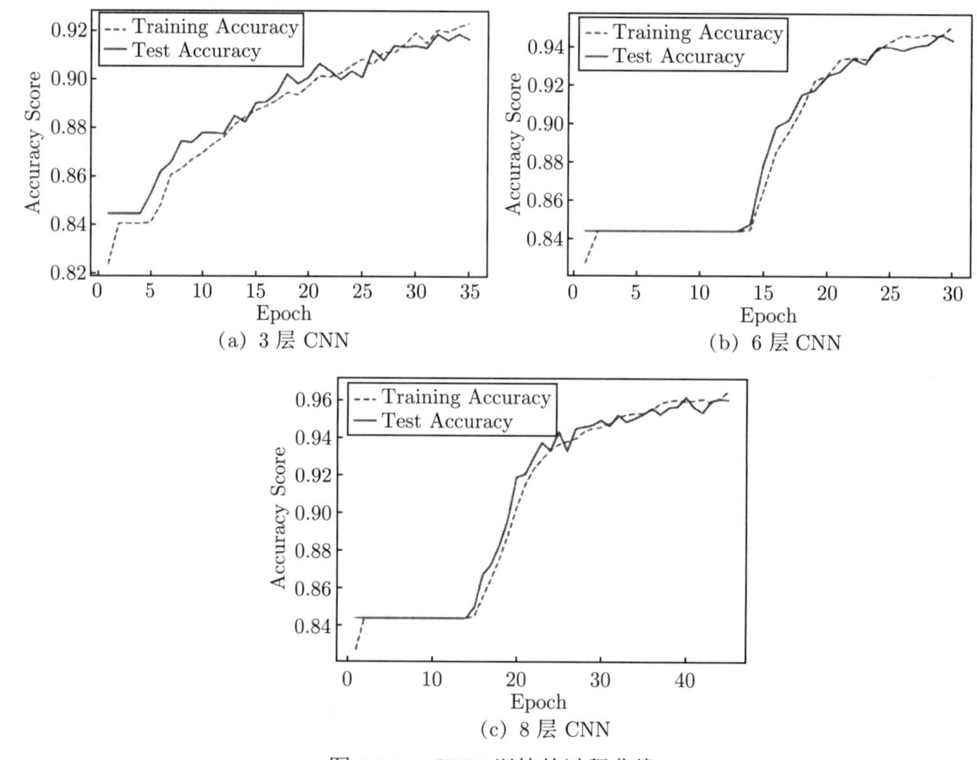

(a) 3 层 CNN

(b) 6 层 CNN

(c) 8 层 CNN

图 9.15　CNN 训练的过程曲线

根据训练结果可知，当网络层数增加后，模型的拟合效果有较大的提升。但网络层数的增加也导致模型的复杂度上升，收敛速度变慢。理论上使用更多层卷积神经网络，可以得到更优的结果，但是实验中发现层数更多的卷积神经网络往往伴有较为严重的过拟合，需要通过调整 dropout 等方式进行修正，然而如果舍弃概率较大，则会影响到模型的拟合速度，需要数十轮训练才能得到较好的结果，实际操作中往往会触发提前终止（early stopping），导致结果不够稳定。其次，模型训练时间会随着层数增加而增长，但是更深的 CNN 的模型效果较 8 层没有明显提升，增加层数带来的边际效益较低，这是由于没有搜索对应的最优参数导致的，也反映了模型会受到部分极端数据的限制，很难进一步实现提升。

	0	1	2	3	4	5	6	7	8
0	1.9e+03	0	5	3	3	1	0	0	1
1	4	25	7	0	0	0	0	0	0
2	10	0	61	1	0	0	0	0	1
3	11	0	0	68	1	0	0	0	0
4	16	0	2	2	80	1	0	0	0
5	5	0	0	1	0	27	0	0	0
6	1	0	0	0	0	0	10	0	0
7	5	0	0	0	0	0	0	0	0
8	5	0	1	0	0	0	0	0	5

图 9.16　训练结果的混淆矩阵图

另一方面，由混淆矩阵可以看出，对于不平衡数据集来说，提升召回率是一个非常困难的问题。根据统计，部分类别的样本图片，仅有不到 10 张。从这个位数的样本中能够提取的特征是极为有限的，即使采用重采样的方法，也很难从数据中得到新的信息。另一方面，由于正常的样本过多，因此，模型对于正常样本的特征掌握更深，内部参数也更有利于正常样本的识别，这更为样本数较少的类识别带来了困难。因此对于不平衡数据集的处理是一个值得深入探究的问题。

9.3.7　总结

本节展示了适用于 M 蛋白电泳图片识别分类的方法。利用图片处理、降维、特征提取、分类算法、神经网络等方法，为医生提供辅助性的参考建议。

我们的机器学习算法检测准确率在鉴定阴性时达到了 96%左右，整体召回率在 79%左右。未来在类似特异性上有可能允许临床实验室使用该方法作为蛋白排除的筛选方法，并提高实验室的工作效率。

从产业角度讲，与我国对医疗服务需求大相对应的现状却是我国的医疗卫生资源分配极度不平均，经济落后地区和贫困山区的患者体验现代医学的机会少之又少。基于机器学习算法检验技术的出现为医护人员工作带来便利，减少检测诊断误差的同时，一定程度上改善了我国医疗资源分配不平均的局面。

第 9 章　医疗系统相关案例.rar

附录 数学符号列表

符号	含义
$\mathbb{R}$	全体实数构成的集合
$\mathbb{R}^n$	全体 n 维实向量构成的集合
$\mathbb{R}^{n\times m}$	全体 $n\times m$ 的实矩阵构成的集合
$\mathbb{R}^{n\times m\times k}$	全体 $n\times m\times k$ 的三阶实张量构成的集合
$\mathbb{S}^n$	全体 $n\times n$ 的实对称矩阵构成的集合
$\mathbb{S}_+^n$	全体 $n\times n$ 的实对称半正定矩阵构成的集合
$\mathbb{S}_{++}^n$	全体 $n\times n$ 的实对称正定矩阵构成的集合
$\boldsymbol{a}$	向量
$\mathbf{0}$	零向量
$\mathrm{Span}(\boldsymbol{a}_1,\boldsymbol{a}_2,\cdots,\boldsymbol{a}_m)$	向量 $\boldsymbol{a}_1,\boldsymbol{a}_2,\cdots,\boldsymbol{a}_m$ 的生成空间
$\boldsymbol{A}$	矩阵
$\boldsymbol{A}_n$	n 阶方阵
$\boldsymbol{A}_{n\times m}$ 或 $\boldsymbol{A}=(a_{ij})_{n\times m}$	$n\times m$ 的矩阵
$\boldsymbol{I}_n$ 或 $\boldsymbol{I}$	n 阶单位阵或单位矩阵
$\mathrm{diag}(a_1,a_2,\cdots,a_n)$	主对角线元素为 $(a_1,a_2,\cdots,a_n)$ 的对角阵
$\boldsymbol{O}$	零矩阵
$\boldsymbol{a}^{\mathrm{T}},\boldsymbol{A}^{\mathrm{T}}$	向量 $\boldsymbol{a}$ 的转置，矩阵 $\boldsymbol{A}$ 的转置
$\boldsymbol{A}^{-1}$	矩阵 $\boldsymbol{A}$ 的逆矩阵
$\lvert\boldsymbol{A}\rvert$ 或 $\det(\boldsymbol{A})$	矩阵 $\boldsymbol{A}$ 的行列式
$\mathrm{tr}(\boldsymbol{A})$	矩阵 $\boldsymbol{A}$ 的迹
$\boldsymbol{A}\odot\boldsymbol{B}$	矩阵 $\boldsymbol{A}$ 和 $\boldsymbol{B}$ 的阿达马 (Hadamard) 积
$\boldsymbol{A}\otimes\boldsymbol{B}$	矩阵 $\boldsymbol{A}$ 和 $\boldsymbol{B}$ 的克罗内克 (Kronecker) 积
$\mathcal{A}_{n\times m\times k}$ 或 $\mathcal{A}$	大小为 $n\times m\times k$ 的三阶张量
$\lVert\boldsymbol{a}\rVert_1$	向量 $\boldsymbol{a}$ 的 L^1 范数
$\lVert\boldsymbol{a}\rVert_2$	向量 $\boldsymbol{a}$ 的 L^2 范数
$\lVert\boldsymbol{a}\rVert_\infty$	向量 $\boldsymbol{a}$ 的 L^∞ 范数
$\lVert\boldsymbol{A}\rVert_F$	矩阵 $\boldsymbol{A}$ 的 F (Frobenius) 范数
$P(A)$	随机事件 A 的概率
$X\sim P$	随机变量 X 服从概率分布 P
$X\sim p$	随机变量 X 服从概率密度 (或分布列) 为 p 的分布
$E[X]$, $\mathrm{var}(X)$, $\mathrm{std}(X)$	随机变量 X 的数学期望、方差和标准差
$\mathrm{cov}(X,Y)$, $\mathrm{corr}(X,Y)$	随机变量 X 和 Y 的协方差和相关系数
$H(X)$	随机变量 X 的熵
$H(X,Y)$	随机变量 X 和 Y 的联合熵

续表

符号	含义
$H(X\|Y)$	给定随机变量 Y 的条件下，随机变量 X 的条件熵
$I(X;Y)$	随机变量 X 和 Y 的互信息
$D_{\mathrm{KL}}(p\\|q)$	概率密度 (或分布列) 为 p 和 q 的两个分布的相对熵
$H(p,q)$	概率密度 (或分布列) 为 p 和 q 的两个分布的交叉熵
$\mathrm{JS}(p\\|q)$	概率密度 (或分布列) 为 p 和 q 的两个分布的 JS (Jensen-Shannon) 散度
$W(p,q)$	概率密度 (或分布列) 为 p 和 q 的两个分布的 Wasserstein 距离
$\Pi(p,q)$	概率密度 (或分布列) 为 p 和 q 的两个分布组合起来的所有联合分布的集合
$\frac{\partial f}{\partial x}$	函数 f 对变量 x 的偏导数
$\nabla f(\boldsymbol{x})$ 或 $\nabla_{\boldsymbol{x}} f$ 或 ∇f	函数 f 对向量 $\boldsymbol{x}$ 的梯度
$\boldsymbol{J}(f)(\boldsymbol{x})$ 或 $\boldsymbol{J}(f)$	多变量向量函数 $\boldsymbol{y}=f(\boldsymbol{x})$ 对向量 $\boldsymbol{x}$ 的雅可比 (Jacobian) 矩阵
$\boldsymbol{H}(f)(\boldsymbol{x})$ 或 $\boldsymbol{H}(f)$	函数 f 对向量 $\boldsymbol{x}$ 的黑塞 (Hessian) 矩阵

参 考 文 献

胡广书, 2004. 现代信号处理教程 [M]. 北京: 清华大学出版社.

靳希, 杨尔滨, 赵玲, 2008. 信号处理原理与应用 [M]. 北京: 清华大学出版社.

李航, 2012. 统计学习方法 [M]. 北京: 清华大学出版社.

刘全, 翟建伟, 章宗长, 等, 2018. 深度强化学习综述 [J]. 计算机学报, 41(1):1-27.

周志华, 2016. 机器学习 [M]. 北京: 清华大学出版社.

CUI D, 2013. Out of round high-speed wheel and its influence on wheel/rail behavior[J]. Journal of Mechanical Engineering, 49(18):8.

GOODFELLOW I, BENGIO Y, COURVILLE A, 2016a. Deep Learning[M]. MIT Press.

GOODFELLOW I, BENGIO Y, COURVILLE, A, 2016b. Deep learning[M]. MIT press.

GOODFELLOW I, POUGET-ABADIE J, MIRZA M, et al., 2014. Generative adversarial nets. Advances in neural information processing systems, 27.

JENSEN D, SOLOMON, H, 1972. A gaussian approximation to the distribution of a definite quadratic form[J]. Journal of the American Statistical Association, 67(340):898-902.

MCLACHLAN G J, KRISHNAN T, 2007. The EM algorithm and extensions, volume 382[M]. John Wiley & Sons.

MENARD S, 2002. Applied logistic regression analysis, volume 106[M]. Sage.

MNIH V, KAVUKCUOGLU K, SILVER D, et al., 2013. Playing atari with deep reinforcement learning. arXiv preprint arXiv:1312.5602.

MNIH V, KAVUKCUOGLU K, SILVER D, et al., 2015. Human-level control through deep reinforcement learning[J]. nature, 518(7540):529-533.

NOBLE W S, 2006. What is a support vector machine?[J] Nature biotechnology, 24(12):1565-1567.

SILVER D, HUANG A, MADDISON C J, et al., 2016. Mastering the game of go with deep neural networks and tree search[J]. nature, 529(7587):484-489.

SUÁREZ L E, RICHARDS B A, LAJOIE G, MISIC B, 2021. Learning function from structure in neuromorphic networks[J]. Nature Machine Intelligence, pages 1-16.

SUTTON R S, MCALLESTER D A, SINGH S P, MANSOUR Y, 2000. Policy gradient methods for reinforcement learning with function approximation[C]. In Advances in neural information processing systems, pages 1057-1063.

WOLD S, ESBENSEN K, GELADI P, 1987. Principal component analysis[J]. Chemometrics and intelligent laboratory systems, 2(1-3):37-52.